工控技术精品丛书

TIA博途软件与S7-1200/1500 PLC应用详解

张 硕 编著

電子工業出版社
Publishing House of Electronics Industry
北京 • BEIJING

内 容 简 介

本书全面介绍了TIA博途（V13SP1）软件和S7-1200/1500 PLC的基本功能、硬件组态、编程和调试的方法与技巧，在结构上分为4篇：首先简单介绍TIA博途软件和S7-1200/1500 PLC产品；接着通过电气技术发展的历史脉络阐述PLC有关的基本知识和基本概念；然后详尽介绍在TIA博途软件和S7-1200/1500 PLC下各部分基本功能的使用方法；最后，总结一般工控程序的编写方法和技巧，并简要介绍PLC技术在“工业4.0”和“智能制造”背景下的地位和方向。

对于初学PLC的人员，可以通过前两篇轻松理解PLC相关的基础知识，并直接对接TIA博途软件下的各种应用；对于有S7-300/400 PLC使用经验的读者，可以在通读第1篇的整体产品介绍后，直接跳到第3篇，快速上手新软件、新设备。

图书在版编目（CIP）数据

TIA博途软件与S7-1200/1500 PLC应用详解 / 张硕编著.
——北京：电子工业出版社，2017.2
（工控技术精品丛书）
ISBN 978-7-121-30903-8

Ⅰ. ①T… Ⅱ. ①张… Ⅲ. ①PLC技术—程序设计 Ⅳ. ①TM571.61

中国版本图书馆CIP数据核字（2017)第022363号

策划编辑：陈韦凯
责任编辑：万子芬　　特约编辑：徐　宏
印　　刷：北京虎彩文化传播有限公司
装　　订：北京虎彩文化传播有限公司
出版发行：电子工业出版社
　　　　　北京市海淀区万寿路173信箱　邮编　100036
开　　本：787×1092　1/16　印张：21　字数：538千字
版　　次：2017年2月第1版
印　　次：2024年7月第19次印刷
定　　价：69.00元（含DVD光盘1张）

凡所购买电子工业出版社图书有缺损问题，请向购买书店调换。若书店售缺，请与本社发行部联系，联系及邮购电话：（010）88254888，88258888。

质量投诉请发邮件至zlts@phei.com.cn，盗版侵权举报请发邮件至dbqq@phei.com.cn。

本书咨询联系方式：bjcwk@163.com。

前　言

2010 年，西门子公司发布了 TIA 博途软件（V10 版本），成为业内首个全集成自动化概念下的自动化软件。2012 年，西门子公司又推出了 S7-1500 PLC，软硬件的更新换代使自动化工程的组态和设计被重新定义。这一套新产品的问世标志着全集成自动化概念的成熟，代表了自动化技术的未来。

自新产品问世以来，新一代的 PLC 和 TIA 博途软件正在世界各地逐渐普及。作为一名一直工作在工控一线的工程师，笔者明显感到这股强劲的趋势。为了跟上时代的潮流，我于 2016 年年中参加了西门子公司 TIA 博途软件和 S7-1200/1500 PLC 的培训，又在今年年初远赴北美，参与了一套 AGV 设备的调试，亲自尝试并体验了 TIA 博途软件和 S7-1500 PLC 在实战中的效果。而在国内，也正是这套新产品高速普及的时期，我希望在这个时候可以贡献我的力量。出于这个简单的目的，我耗费了近一年的业余时间，完成这本书的编写。

在本书的编写过程中，我一直把握着如下几个原则：

（1）照顾两类人群。在学习和使用 TIA 博途软件和 S7-1500 PLC 的用户中，一部分是从未使用过 PLC 的人群，另一类是使用过经典 STEP7 软件和 S7-200/300/400 的人群。前者可能需要从基础概念开始阐述，直到新产品的应用，而后者可能只希望快速了解新产品的使用方法和新的功能。本书在内容编排上，将所有西门子 PLC 的基础知识和基础概念集中在第 2 篇讲解，而与 TIA 博途软件和 S7-1500 PLC 有关的概念则集中在第 3 篇阐述。对于希望从基础开始学习 PLC 技术的读者可以从第 2 篇开始阅读，并在内容上可以较好地衔接并过渡到第 3 篇。而对于有西门子 PLC 使用经验的读者，则可以直接阅览第 3 篇的内容，快速掌握新产品下的所有基本操作。

（2）注重实用性。笔者是一名工作在工控一线的工程师，对于 PLC 技术会更多关注其中各个功能的实用性，也更希望自己的作品可以更突出实用的特点。首先，在产品功能阐述中，简要对该功能在实际项目中的作用进行说明。其次，本书几乎没有任何照抄产品手册中图表数据的内容。笔者认为，手册对每个人来说，都可以方便地下载和阅读。一本讲述 PLC 技术的书籍应该让读者具备更好地理解手册的能力，而不是简单地引用手册中的数据。一本实用的 PLC 技术书籍应该更注重技术本身的解析。最后需要说明的是，本书中的软件截图界面均使用了英文版的 TIA 博途软件，因为英文版的软件确实更加实用。不过，在阐述软件使用的过程中，对于这些截图中的英文都给出了笔者的翻译。这些翻译与中文版的 TIA 博途软件不见得一致。但总的来看，笔者的翻译比软件中文版要更加严谨。因为鉴于软件界面的限制，软件汉化过程中的翻译可能无法做得过于严谨。笔者在自动化系统集成的岗位工作几年之后，深深感到阅读和理解各种产品手册是一名自动化工程师的核心能力。在此，也希望广大读者可以从这些英文界面截图中或多或少地了解一些 PLC 技术相关的英文专有名词，或许对读者在阅读产品手册时有一定帮助。

本书第 4 篇总结了一些笔者的编程经验。有人说："如果经验可以被总结的话，那还叫经验吗？"但是我还相信"语言的力量是无穷的"，我坚信没有什么是用语言表达不了的，包括经验。笔者的编程和调试经验并不算丰富，但就 PLC 程序来看，一名初学者和一名老工程师所编写的程序，虽然都可以实现同样的功能，但代码质量确实还是有差距的。本篇内容希望可以给初学者一个启发，向他们展示一种编程的思路。对于老工程师来说，那算是献丑了。

在本书的编写过程中，电子工业出版社工业技术分社社长徐静和策划编辑陈韦凯给予我极大的帮助和支持，首先对他们表示由衷的感谢。同时，也得到了很多亲朋好友的鼓励和帮助，在此表示中心感谢。另外，特别感谢安东先生对本书的编写提出了很多宝贵建议。同时，编写过程中还得到了白一男、张进取、李辉、向湘南、李永刚、孟海军、杨慧敏、朱建影、张小敏、李楠等很多亲朋好友的鼓励和支持，在此一并表示衷心感谢。

由于作者水平有限，加之时间仓促，书中错误和不足之处在所难免，请广大读者朋友不吝批评指正。任何批评指正请发至如下邮箱：cyberneticist@126.com 。最后需要对本人的邮箱做一个解释，"Cyberneticist"取自"Cybernetics"一词，是著名科学家诺伯特·维纳（Norbert Wiener）所著《控制论》一书时使用的单词。加入表示"专家"意思的后缀"ist"，变成了"Cyberneticist"一词。还是在我上学的时候，当时以成为一名控制论专家为目标和理想，便申请了这个邮箱。现在反思自己，距离理想还很遥远，还需继续努力。在这里晒出这个邮箱，实在是太过献丑了。

张　硕

2017 年 1 月于

美国密西根州 FORI 自动化公司总部

目　录

第1篇　初　探

第2篇　PLC技术基础

第 3 篇 TIA 软件和 S7-1200/1500 PLC 基础

第 1 篇

初　探

第1章　TIA博途软件和S7-1200/1500初探

1.1　自动化发展概况

1．从过程控制的发展看

自从20世纪40年代起，自动化技术开始获得了惊人的成就，并开始“正式”走入生产活动中。在那个阶段，经典控制理论刚刚出现，人们通过将一些仪表集中安装，并将一些仪表信号组合在一起，构建一些控制闭环。虽然也可以构建出串级、前馈补偿结构的控制系统，但是，当时的仪表多为机械或含有模拟电路的半机械式仪表，组合起来比较烦琐。另外，当时的系统大多属于“操作指导控制系统”，即控制系统不直接控制设备，只是显示数据，然后由操作员参考这些数据完成最终的输出。总体来说，整体自动化水平处在低级阶段。

到了60年代，现代理论、最优控制和卡尔曼滤波理论已经产生。人们需要更多的信号和更快的反应速度来构建更加精准的控制系统。同时，电子计算机和电子信息技术有了较大的发展，这从硬件上支持了新理论的应用。在60年代中期，已经出现了DDC（Direct Digital Control）控制系统，即直接数字控制。当时人们尝试使用一台计算机替代车间的全部模拟仪表，实现“全盘计算机控制”。这都为计算机技术引入工业生产过程创造良好的开端和尝试。

不过，这种“全盘计算机控制”的方式有很大缺陷。首先，系统的稳定性和容错能力较差。在这种结构下，一旦该计算机出现问题，整个工厂将陷入瘫痪。任何工段上的故障都有可能引起全厂的停产，生产效率较低。其次，设计和调试过程麻烦，所有工段的程序都需要统一设计并在一台计算机上调试，设计和调试的效率较低。总之，整个系统的可靠性和灵活性较差。

到了70年代，为了适应工业大规模生产的要求，控制系统采用了一种新的结构——集散控制系统（Distributed Control System，DCS）。集散控制系统将整个工厂划分为各个控制单元，每个控制单元拥有一台控制设备（如计算机），控制单元之间进行通信，共同组成一个控制系统。这种将控制分散到各个生产现场、各个工段的方式，不仅提高了整个系统的稳定性、可靠性、容错能力，也提高了系统的灵活性。任何一个控制单元中的故障，不会对整个工厂的生产造成大的影响。多位工程师可以分散在各控制单元协作完成整个工厂的调试。对于任何一个控制单元的改造都只有有限的影响。同时，为了方便对整个系统的管理，人们将来自每个控制设备的重要信号汇总，制作管理系统。集中的管理有助于操作员快速了解整个工厂的状态，同时也方便于操作和管理相应设备，达到“运筹帷幄之中，决胜千里之外”的境界。从全盘计算机控制再到集散控制系统，“分散控制，集中管理”成为构建整个自动化系统的理念和方向，一直沿袭至今。在工控行业中 DCS 系统也特指 IO 点特别多，分散范围特别广的系统，这类系统广泛应用于电力、水利、化工等行业中。

2．从运动控制的发展看

对于电动机启停、位置的控制来说，自从电气化时代开始以来，在很长一段历史时期一直使用继电器、接触器以及位置开关等，通过各种元器件上的辅助触点，构建整个控制系统。当出现多轴、多（工作）位置、多步序的情况，这种控制系统在设计，组装，调试，维护方面，都会变得非常烦琐。

在 20 世纪 60 年代，随着电子信息等基础技术的发展，“由电子设备取代烦琐的触点逻辑电路”的思想首先由通用汽车提出（汽车行业多属于多轴、多位置、多步序的控制），并最终发展成为 PLC。PLC 专为工业控制设计，有良好的可靠性和安全性上，并且便于编程和调试。随着 PLC 功能的不断完善。在底层（现场层）控制上，PLC 逐渐成为制造行业所使用的基础控制器件。

围绕着 PLC 的控制，结合 DSC 的理念，融合计算机、网络、管理学等多方面技术，最终形成了制造企业管控体系，如图 1-1 所示。

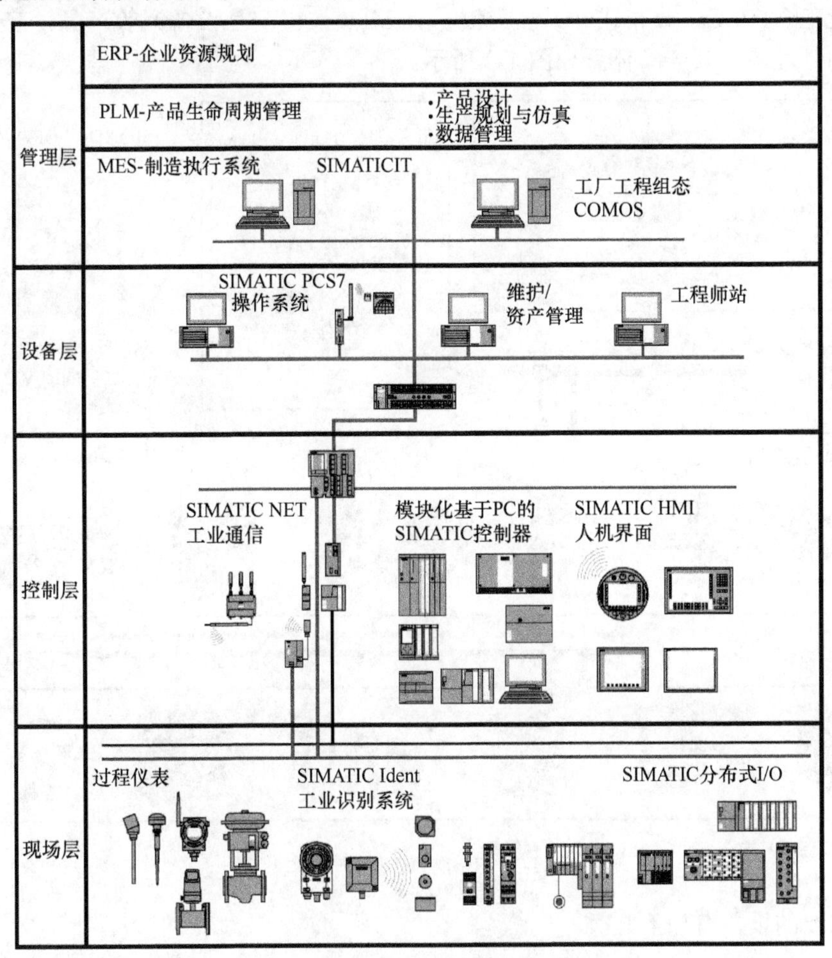

图 1-1　制造企业管控体系

根据工业和信息化部、国家标准化管理委员会 2015 年 12 月联合制定并发布的《国家智能制造标准体系建设指南（2015 年版本）》，这一管控体系在整个智能制造架构下被定义为系统层级。系统层级共划分和定义了 5 个层次，分别为设备层、控制层、车间层、企业层、协同层，其中协调层彰显了智能制造的“智能”特性。

相比较来看，图 1-1 的层级定义更偏重于底层控制，在底层控制环节划分比较详细。智能制造架构下的系统层级划分考虑到了车间、企业、行业间的控制、管理和交互，涉及面更广，考虑因素更多，融入了更多新技术、新业态的内容，是面向未来的架构。在本书第 16 章，将对整个智能制造的架构体系进行简要介绍。

1.2 西门子集成自动化和产品体系简介

SIMATIC S7 是西门子公司推出的一套面向制造应用和行业部署的独一无二的集成系统。该系统包含 PLC、分布式 IO、工控机、HMI（人机交互设备）等产品，产品涵盖范围从现场层到管理层，其产品体系如图 1-2 所示。

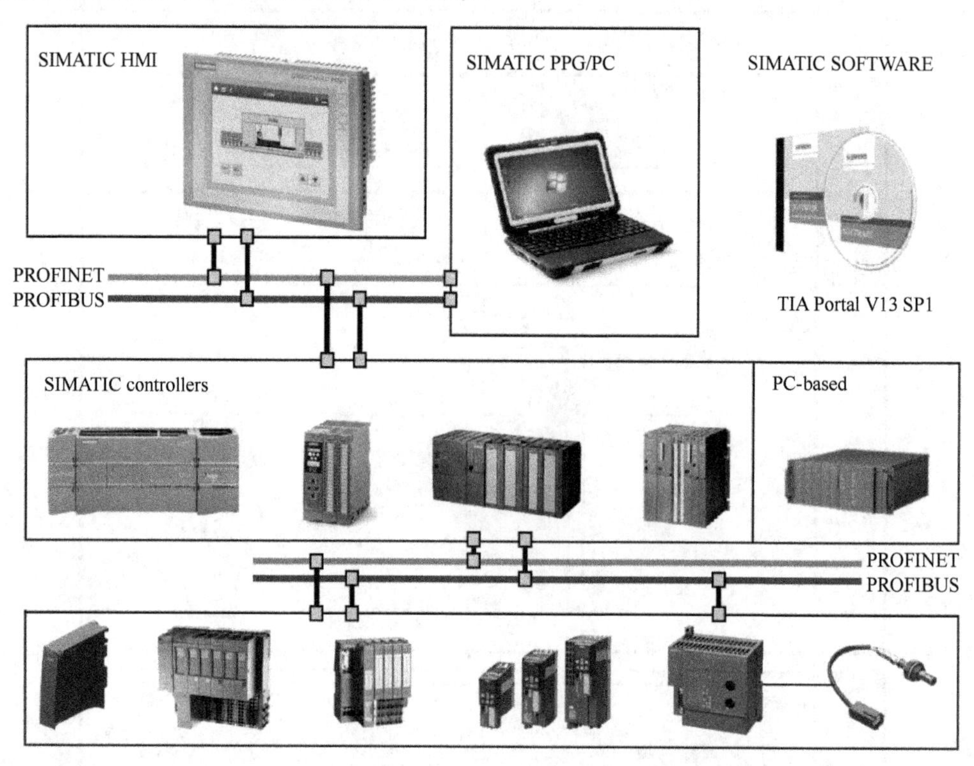

图 1-2 SIMATIC S7 产品体系

其中主要的设备有如下几类。

（1）控制器。PLC 控制器有 S7-200、S7-300、S7-400、S7-1200、S7-1500 等系列，基于

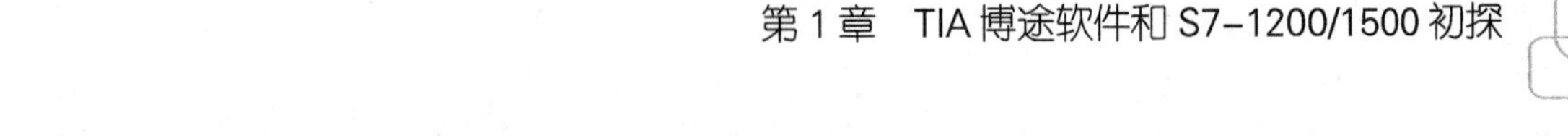

PC 结构的控制器有 PC-based 系列。

（2）现场设备——分布在生产现场的设备。图中设备从左到右依次是 MP、SP、ET200S、变频器以及 AS 接口设备。在控制器和现场设备之间通常由总线连接，一般为 Profibus 总线或 Profinet 总线网络。在现场组建控制系统时，从控制器相应的总线或网络接口接出总线，将现场所有分散设备连接到相应的总线或网络上，控制器便可以对总线或网络上的设备进行通信，这意味着控制器可以得到现场设备收集的信号和其本身的状态信息，同时可以对现场设备直接进行控制。

（3）人机接口设备（HMI）。人机接口设备是操作人员管理整个控制系统的设备，通常指的是触摸屏一类的设备，一般直接称为 HMI。

（4）PC/PG。PG 指的是设置与编程设备（通常特指西门子开发的用于工业现场编程和调试的计算机），PC 指的是计算机，通常普通的计算机安装了相应软件后就可以作为编程设备。工程师将编程设备（PC/PG）连接到控制器上，就可以将编辑好的程序载入控制器中，同时也可将控制界面载入 HMI 设备中。对于程序的修改、调试都使用相同的方式。

1.3　S7-1200/1500 介绍

1.3.1　S7-1200/1500 在 SIMATIC S7 体系中的位置

在 S7-1200/1500 问世之前，西门子的 PLC 产品主要是 S7-200/300/400 系列。S7-200 是微型 PLC，采用集中式结构，即电源、通信、IO 点等模块全部集中在一起，但可以向外拓展部分模块。S7-300/400 分别是基础型和高级型 PLC，为模块式 PLC，各部分模块根据实际需要自行在背板上组合，其中 S7-400 的各方面性能高于 S7-300。S7-1200/1500 PLC 在这其中的位置如图 1-3 所示。

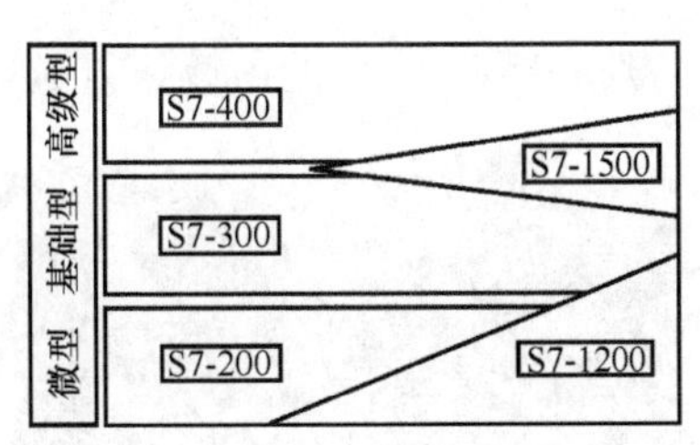

图 1-3　S7-1200/1500 在 SIMATIC S7 体系中的位置

S7-1200 采用集中式的结构，同时可以向外拓展部分模块。这一系列的 PLC 性能涵盖了 S7-200 全部产品及 S7-300 中低端部分。

S7-1500 采用模块式 PLC 结构，这一系列的 PLC 性能涵盖了 S7-300 的高端部分产品及 S7-400 的低端部分。目前，S7-400 中冗余型 PLC 还无法被 S7-1500 替代。

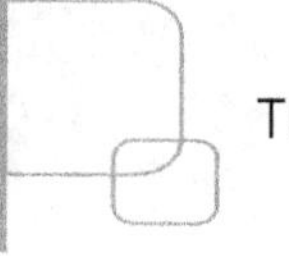

1.3.2 S7-1200 特点介绍

S7-1200PLC 如图 1-4 所示。这一系列 PLC 的主要特点如下：

（1）可拓展模块的数目得到提升，最多可以拓展 11 个模块（具体数目根据 CPU 的型号而不同），其中在 PLC 主体左侧最多可以拓展 3 个通信模块，右侧最多可以拓展 8 个 SM 模块（IO 模块）。

（2）RJ45 接口成为标配，使得编程和调试更加方便，其中 RJ45 接口可直接用作 Profinet（具体是否可作为 Profinet，还与 CPU 型号和 CPU 版本有关）。

（3）在 PLC 本体上新添加了一个板卡拓展接口，该接口可以连接信号板卡（Signal board，SB）、通信板卡（Communication board，SB）、电池板卡（Battery board，CB）。

（4）在 PLC 上可以选择插入一张 SD 卡。该卡可以有三种用途：用于传递程序，用于传递固件升级包，为其 CPU 的内部载入内存（load memory）拓展。当然如果没有插入 SD 卡，PLC 依然可以使用。

（5）使用 TIA 博途软件为其编程软件，可以应用一切软件专为本设备设计的新功能（1.3 节有介绍）。

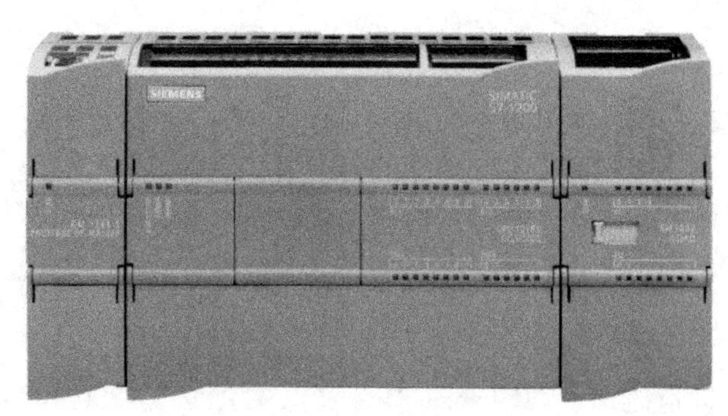

图 1-4 S7-1200 PLC

1.3.3 S7-1500 特点介绍

S7-1500PLC 如图 1-5 所示，这一系列 PLC 的主要特点如下所述。

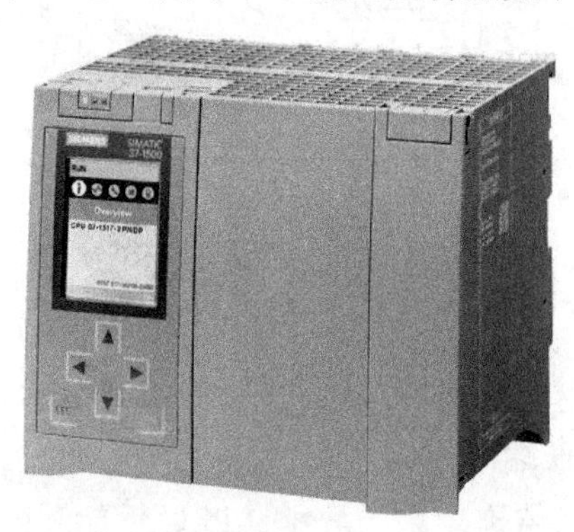

图 1-5 S7-1500 PLC

（1）CPU 显示模块（CPU Display）：在 CPU 模块上可以选择添加一个 CPU 显示模块。显示模块上方是一个彩色液晶显示屏，下方是按钮。按钮由上、下、左、右四个方向键和分布于左下和右下的两个按钮组成。操作方式类似于传统诺基亚板砖手机的模式，方向键用于选择菜单，左下按钮的功能等于当前屏幕左下方所显示的文字，通常为返回上一菜单的功能。右下按钮的功能等于当前屏幕右下方所显示的文字，通常为确认功能。CPU 显示模块可以用于查看 CPU 的状态、查看 CPU 的诊断信息、对 CPU 进行简单的参数设置、查看和修改变量。显示模块本身是一个选件，用于方便 PLC 的使用者，是否装配该模块不影响 PLC 本身的使用。

（2）卡槽与安装：S7-1500PLC 与 S7-300 类似，使用纯机械背板，背板上不带任何电子元器件，也不需要硬件组态，使用时将所有模块固定在背板上。模块与模块之间使用 U 型连接器相连。一台 S7-1500PLC 本体机架上最多可安装 32 个模块（包括电源和 CPU 模块），其中槽号从 0 开始计数。这样电源模块为 0 号槽（slot0），CPU 模块为 1 号槽（slot1）。

（3）Profibus 和 Profinet：所有型号均配有 Profinet 和两端口交换机（有两个 Profinet 接口，两个接口之间连接有内置交换机）。部分型号（CPU1516 和 CPU1518）有 Profibus 总线接口。

（4）PS 和 PM 电源：在机架上，电源模块需要安装在 CPU 模块的左侧。S7-1500PLC 的电源有两种形式——PS 和 PM。若使用 PS 电源模块，模块通过 U 型连接器连接到 CPU 模块。电源通过背板（各个模块的 U 型连接器）传递给每个模块。在使用时，需要将电源模块组态在项目中。电源被组态后，TIA 博途软件会自动计算背板上各个模块对电源的消耗。如果计算出供电问题，会给予相应的错误提示。若使用 PM 电源模块，则与 S7-300 的电源使用方式类似。该模块无须组态，只需要从模块上取下 24VDC 电源并用导线连接到需要接入电源的模块上便可。

（5）SD 卡的使用：S7-1500PLC 必须插入一个 SD 卡才可以使用，它没有内部载入存储器（Load memory），外部插入的 SD 卡作为载入存储器使用。

（6）使用 TIA 博途软件为其编程软件，可以应用一切软件专为本设备设计的新功能（1.3 节有介绍）。

1.4　TIA 博途软件介绍

1.4.1　TIA 博途软件的特点

1.2 节介绍过 SIMATIC S7 产品体系，体系中使用 Profinet 网络达到了“一网到底”的便利。而在软件端，这一产品体系也实现了统一。在使用传统软件设计这个系统时，编辑 PLC 程序需要一款软件，编辑 HMI 控制界面需要一款软件，配置现场设备（比如变频器）还需要一款软件，而各部分却需要紧密联系才能构成一个控制系统。如果使用一款统一的软件完成上述所有的工作，将非常有益于整个系统的构建工作。TIA 博途就是这样的一款软件，上述的所有 SIMATIC 产品都可以统一集成在这款软件中进行相应的配置、编程和调试。TIA

是 Totally integrated automation 的缩写，意思是全集成自动化，这一概念一直以来是西门子自动化技术和产品的发展理念。对于 TIA 博途软件下的集成自动化，大体在三个方向上体现了集成：

（1）各个设备的组态、配置和编程工作高度集成。这使得各部分在组态环节中出现的参数、变量以及在编程过程中使用的参数和变量可以高度共享。

（2）各部分的数据集成并统一管理。这使得操作层、控制层和现场层之间对于所有变量和数据可以高度共享，成为一个整体。

（3）所有部件间的通信集成配置和管理。这使得配置所有需要通信的部件更为高效，因为各部件的信息集中在一款软件中，工程师只需要组态出通信意向，软件在编译过程中可以自动匹配通信双方的相关协议和配置。

TIA 博途软件在高度集成这个大理念下制作完成。在具体使用上，结合 S7-1200/1500 PLC 的硬件平台，优化了很多功能，也新添加了很多实用功能，可以大体概括为如下几个特点。

（1）友好的界面。在 TIA 博途软件的界面上，以项目树为核心。项目中的所有文件通过树形逻辑结构合理整合在项目树中。单击项目树中的相应文件，可以在工作区打开该文件的编辑窗口，同时巡视窗口显示相应的属性信息。各个资源卡智能地根据编辑的文件选择当前所需的资源。每个窗口都可以固定位置，也可以游离到主窗口之外的任意位置，便于多屏编辑时使用。

（2）更加方便的帮助系统。软件不仅编辑了大量的帮助信息，并将这些信息有效编排和索引。同时，在进行编辑的时候，如果对某个按钮或属性值需要查询帮助，只需将鼠标放在其上方，便会显示一个概括的帮助信息。如果单击这个帮助信息，会展开一个更详尽的帮助信息。如果再次单击其中的超链接，会进入帮助系统。这样的设计，使得程序的编辑可以高效进行。

（3）FB 块的调用和修改更加方便。当 FB 块的调用被建立或删除的时候，软件可以自行管理背景数据库的建立、删除和分配。当 FB 块被修改后，其对应的所有背景数据块也会自行更新。

（4）变量的内置 ID 机制。在标签表中，每一个变量除了绝对地址和符号地址以外，还对应有一个内置的 ID 号。这样，任意修改一个变量的绝对地址或符号地址，都不会影响程序中相关变量的访问。

（5）与 Office 软件实现互联互通。在 TIA 博途软件中的所有表格都可以与 Excel 软件的表格之间实现复制、粘贴。

（6）SCL、Graph 语言的使用更加灵活。无须任何附加软件，可直接建立 SCL 语言和 Graph 语言编辑的程序块。

（7）优化的程序块功能更加强大。对于优化的 OB 块，对中断 OB 内的临时变量进行了重新梳理，使用更加便利。对于优化的 DB 块，CPU 访问数据更加快速，并可以在不改变原有数据的情况下向某 DB 块内添加新变量的功能（下载而不初始化 DB 块）。

（8）更加丰富的指令系统。重新规划了全新的指令系统，在经典 Step7 下很多库中的功能整合在指令中。在全新的指令体系下，增添了 IEC 标准指令、工艺指令和可内部转换类型的指令（比如输入一个数学公式，可以直接得到计算结果，即使公式内变量类型不一致，也可以被隐形转换）。

（9）更加丰富的调试工具。在优化原有的调试功能外，还增加了很多新功能。如跟踪功能，可以基于某个 OB 块的循环周期采样记录某个变量的变化状况。

（10）HMI、PLC 之间资源的高度共享。PLC 中的变量可以直接拖到 HMI 界面上，软件自动将该变量添加到变量词典中。

（11）整合了 HMI 面板下的一些常用功能。如时间同步、在 HMI 上显示 CPU 诊断缓存等功能，不再需要烦琐的程序和设置来实现，可直接通过简单设置和相应控件完成。

（12）更好的程序保护措施。程序的加密功能更加强大（仅限 S7-1200/1500）。一段程序可以和 SD 卡上的序列号绑定，也可以与 CPU 序列号绑定。加密的程序即便整体复制，也无法在其他 PLC 上运行。

1.4.2　TIA 博途软件的结构和版本

如图 1-6 所示，整个 TIA 博途软件包含三个产品：分别为 TIA 博途 STEP7、TIA 博途 WinCC、TIA 博途 Startdrive。其中 TIA 博途 STEP7 产品用于组态和调试 PLC 硬件及编辑和调试 PLC 程序。在 TIA 博途 STEP7 产品下，可以选择添加 Safety 软件包，用于组态、编辑和调试故障安全系统。TIA 博途 WinCC 产品用于编辑和调试 HMI 设备。TIA 博途 Startdrive 用于配置和调试西门子 G 系列变频器（G 系列变频器是 MM4 系列变频器的替代产品，主要用于异步电动机的控制）。未来 TIA 博途软件还会将 SCOUT 软件集成在内，用于精密运动控制（如伺服电动机的控制）。

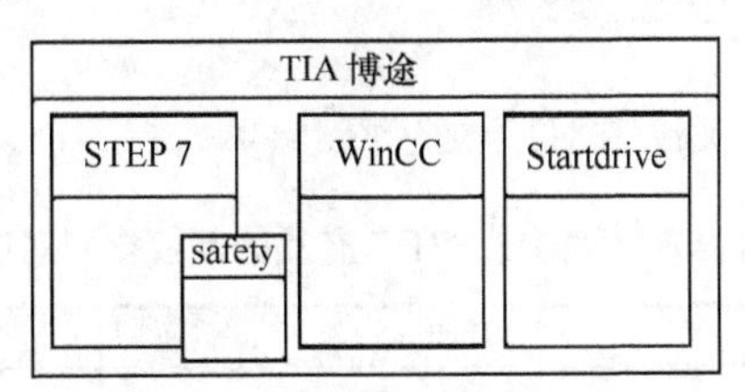

图 1-6　TIA 博途软件所包含的软件包

在 TIA 博途软件平台下，对于每一款产品都有不同的版本。不同版本功能也不一样，具体差别如图 1-7 所示。

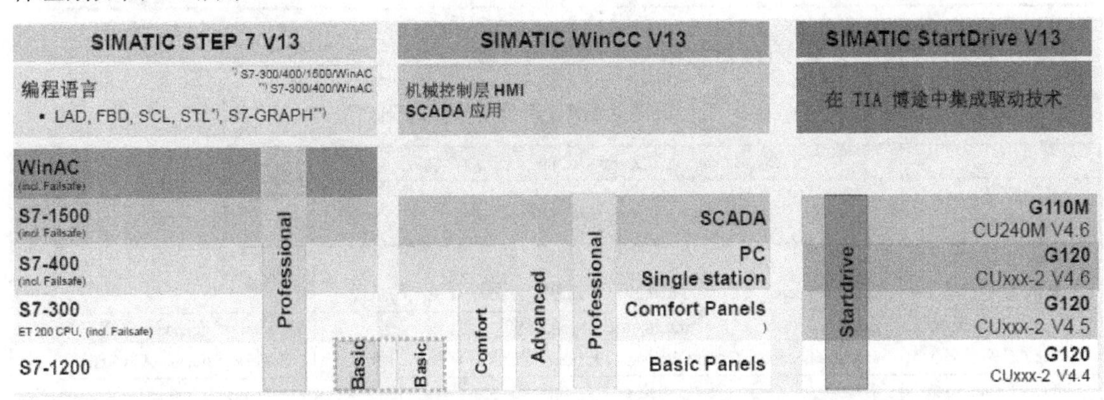

图 1-7　TIA 博途软件下各个产品的版本与功能

其中 TIA 博途 STEP7 产品有 Professional 和 Basic 两个版本。Basic 版本只能调试 S7-

1200，而 Professional 版本可以调试所有控制设备。

同理，TIA 博途 WinCC 划分了更多的版本，越高级的版本可调式的设备就越高级且向下兼容。在图 1-7 所示的 HMI 设备中：Basic Panels 为精简系列面板、Comfort Panels 为精智系列面板，PC 指的是运行 TIA 博途 WinCC Runtime 的个人计算机。SCADA 为运行 SCADA 系统的 TIA 博途 WinCC Runtime 的个人计算机。安装 TIA 博途 STEP7 产品，就会附带安装 TIA 博途 WinCC 产品中的 Basic 版。

1.4.3　TIA 博途软件的支持软件

支持 TIA 博途软件的操作系统有 Windows 7（企业版或旗舰版，32 位或 64 位）、Windows 8（企业版或旗舰版，32 位或 64 位）、Windows Server 2008/12 64 位。

TIA 博途软件也可以安装在虚拟机上，支持 TIA 博途软件的虚拟机软件有 VMware vSphere Hypervisor ESX(i) 4.1,5、VMware Workstation 10、WMware Player 5、Microsoft Windows Server 2008 R2 SP1 Hyper-V。

关于平行安装的兼容性情况：TIA 博途软件 V13 无法与 WinCC V7 平行安装。TIA 博途软件 V12 Professional（包括 Runtime 版）无法与 TIA 博途软件 V13 Professional 中的 WinCC 产品平行安装。STEP 7 5.5 SP2 和 WinCC flexible 2008 SP2/SP3（包括 Runtime 版）均可与 TIA 博途软件平行安装。更早版本的 STEP7 和 WinCC 产品的平行安装兼容信息不详。

1.4.4　TIA 博途软件的授权

TIA 博途 STP7 产品的授权权限对应表见表 1-1。

表 1-1　TIA 博途 STP7 产品的授权权限对应表

	S7-1200	S7-300/400/WinAC
STEP 7 Basic（STEP7 基础版）	Single license（单授权）	—
STEP 7 Professional（STEP7 专业版）	Floating license（浮点授权） Upgrade license + Combo license（升级授权配合原有授权的组合）	
Failsafe（故障安全系统）	Floating license（浮点授权）	

TIA 博途 WinCC 产品的授权权限对应表见表 1-2。

表 1-2　TIA 博途 WinCC 产品的授权权限对应表

	Engineering System（ES）（工程版）	Runtime（RT）（运行版）
WinCC Basic（WinCC 基础版）	Floating license（浮点授权）	—
WinCC Comfort（WinCC 精智版）	Floating license（浮点授权） Upgrade license + Combo license（升级授权配合原有授权的组合）	—
WinCC Advanced（WinCC 高级版）	Floating license（浮点授权） Upgrade license + Combo license（升级授权配合原有授权的组合）	Single license（单授权） Upgrade license（升级授权）
WinCC Professional（WinCC 专业版）	Floating license（浮点授权）	Single license（单授权）

对于 TIA 的 WinCC 产品，ES 为可编辑版本，RT 则只运行不能编辑。

第2篇

PLC 技术基础

第2章　电气控制基础

电器是一种能够根据外界的信号和要求，手动或自动接通、断开电路，改变电路参数，以实现电路或非电对象的切换、控制、保护、检测、变换和调节的电气设备。凡是工作在交流 1200V 及直流 1500V 以下电路中的电器称之为低压电器。简单来说，低压电器就是一种能控制电、使电按照人们的要求安全地工作的工具。

通常低压电器主要用于配电传送、保护和控制电气传动系统。这里我们举出一个最简单、最原始的控制电动机的电气系统，如图 2-1 所示。

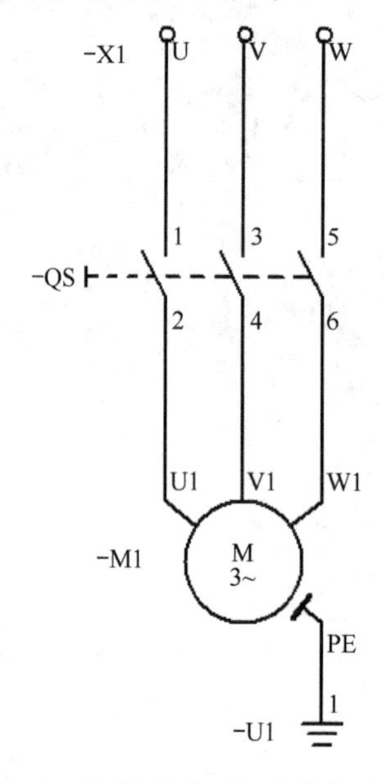

图 2-1　刀闸控制电动机启停的电路图

当需要电动机转动的时候，操作人员向上推动刀闸手柄，刀闸 QS 闭合。三相交流电通过刀闸向电动机供电，电动机上电后转动。当需要电动机停止时，操作人员向下拉回刀闸手柄，刀闸 QS 断开，通向电动机的三相交流回路被切断，电动机按惯性停车，逐渐停止转动。

2.1　常用的电气控制元件

2.1.1　保护（配电）器件

在刀闸控制电动机这个简单的电气系统中，如果电动机出现过流或者电网电压出现波动，都有可能烧毁电动机或配电线路，所以在控制电动机的电路中，通常会加入一些保护器

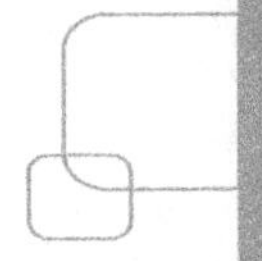

件，又称为配电器件。这里介绍最常用的两款配电器件——熔断器和低压断路器。

1）熔断器

熔断器在电路中起保护作用，用于防止电路中持续出现较大的电流。使用时，它的熔体部分串联在被保护的电路中。当电路中出现持续较大电流时，电流会流过熔体部分，使得熔体自身产生并累积热量，当热量累积至一定程度时，熔体熔断从而自动切断电路，实现了对短路、过载这类事件的保护。当熔断器熔断后，需要更换熔体才可以继续使用。熔断器具有结构简单、体积小、重量轻、使用维护方便、价格低廉、分断能力高、可靠性强、限电流能力良好等优点。它的实物照片如图 2-2（a）所示。它在国标（GB4728—2008）下的电气简图如图 2-2（b）所示（下文中所有带“S00”前缀的标号均表示国标（GB4728—2008）下的编号）。

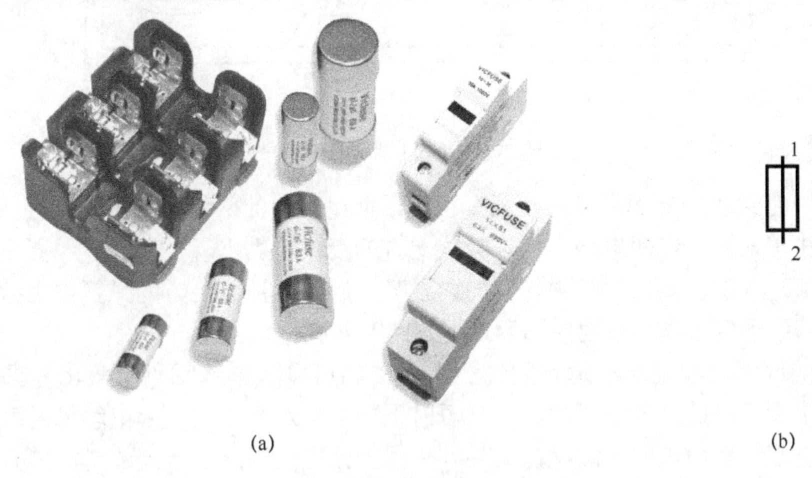

(a) (b)

图 2-2 熔断器及其电气简图

2）低压断路器

相对于只有限制电流能力的熔断器而言，低压断路器可以对负载端（电动机或变频器等）和电源端起到更全面的保护。当电路发生过载、短路、欠电压或失电压等故障时，低压断路器都可以自动切断电路，它的原理如图 2-3 所示。

当操作人员向上推动断路器手柄后，触点闭合，如图 2-3 中 A 圈所示位置。同样是在这个位置，在电路闭合点的左侧有一个弹簧，右侧有一个挂钩。如果右侧的挂钩成功挂住，那么电路始终处在闭合的状态。如果右侧的挂钩没有挂住，那么左侧的弹簧会将已经闭合的触点拉回断开位置。这样，当需要断路器断开电路的时候，只需要让挂钩脱离，自然电路就断开了，这个过程称之为脱扣。

过流保护的原理：在图中 2-3 中 C 圈所示位置，电路中的电流流经一个线圈，线圈产生的磁场吸引一块衔铁。当电流过大时，线圈产生的磁场加强，吸引衔铁的力量也随之加大，导致衔铁向线圈方向过大移动，和衔铁绑在一起的杠杆另一端会翘起，向上拖动自由脱扣器（图 2-3 中 B 圈所示位置），使得断路器脱扣。

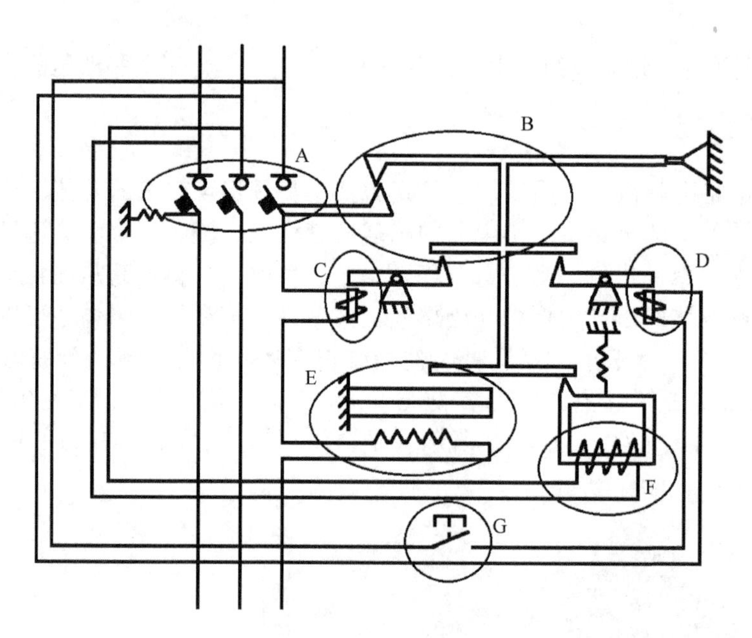

图 2-3　低压断路器原理图

欠压保护的原理：图 2-3 中 F 圈所示位置，取电路中的两相相电压，连接一个高阻抗的线圈。当电压正常时，线圈电磁场足以吸住上方的衔铁。当出现欠压时，线圈中流经的电流减弱，磁场随之减弱。当衔铁失去足够的电磁吸力后，会被其上方的弹簧向上拉回，衔铁在被拉回的过程中会向上拖动自由脱扣器，使得断路器脱扣。

热保护的原理：在电动机运行的过程中，受到启停等电气或负载变化等机械因素的影响，往往会出现短时的过载或断相。一般短时不严重的过流不会引起电动机过度的发热而烧毁，是合理也是可以出现的。因此，需要一种保护器件，可以在一定的时间内允许电路中适当过流，而当电流过大或过流时间过长时，表明电动机可能温度过高，这时候该器件会自动断开电路，这类保护称为热保护。

热保护是利用电流热效应原理工作的。如图 2-3 中 E 圈所示，电路中的电流会经过一段热元件，当电路经过时，该元件会发热。当发热或聚集的热量过大时，其上方双金属片的温度就会过高。双金属片上方和下方由两种不同膨胀系数的金属构成，当温度过高时，金属片下方金属膨胀比较大，而上方的金属片膨胀比较小，这样整个金属片会向上弯曲。弯曲的金属片会向上拖动自动脱扣机构，达到自动断开电路的目的。

由于热元件的发热和聚集热的特性与电动机类似，因此整个热保护器件具有与电动机容许过载特性近似的反时限特性，很适用于电动机的保护。

分励脱扣器：图 2-3 中 G 圈所示位置有一个按钮，按动后处于图 2-3 中 D 圈位置的线圈会通电，向下吸衔铁，导致与衔铁绑定的杠杆另一端翘起，而向上拖动自动脱扣机构，从而自动断开电路。通常这个按钮用于连接远程操控的配件。

图 2-4 是低压断路器实物。

图 2-5（a）为低压断路器的电气简图（标准内简图编号 S00295），其中图 2-5（b）所示的简图表示脱扣器机构（标准内简图编号 S00293），图 2-5（c）所示为热保护功能（标准内编号 S00325），而在图 2-5（a）中的“I >”标识可以理解为过流保护功能（标准内简图编号 S00351）。

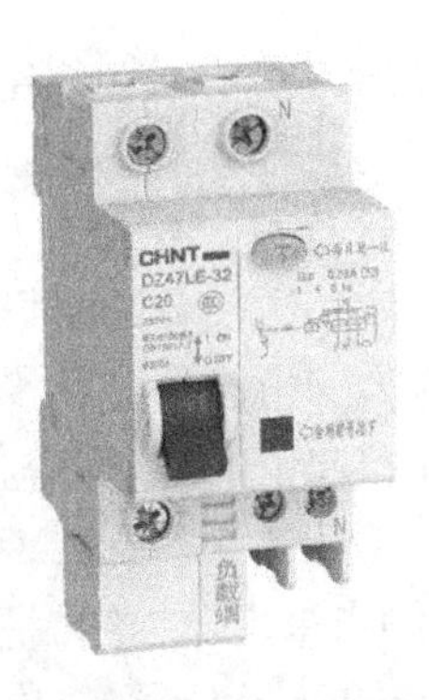

图 2-4　低压断路器

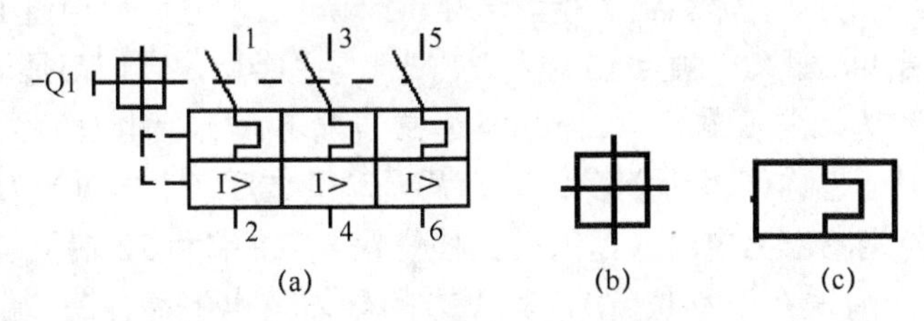

图 2-5　低压断路器的电气简图

2.1.2　接触器

从刀闸控制电动机的例子来看，都是通过人扳动刀闸控制电动机的启停。在自动化控制中，有时需要通过液位开关输出的信号控制水泵电动机，有时需要通过温度开关输出的信号控制压缩机，有时需要通过按钮输出的信号控制电动机，总之，电动机启停的控制往往取决于各种信号而不是人。在自动控制系统中，24V 直流电压为标准的信号。这就需要这样一种器件，将 24VDC 信号转换为控制电动机启停的开关，这就是接触器，它的结构如图 2-6 所示。

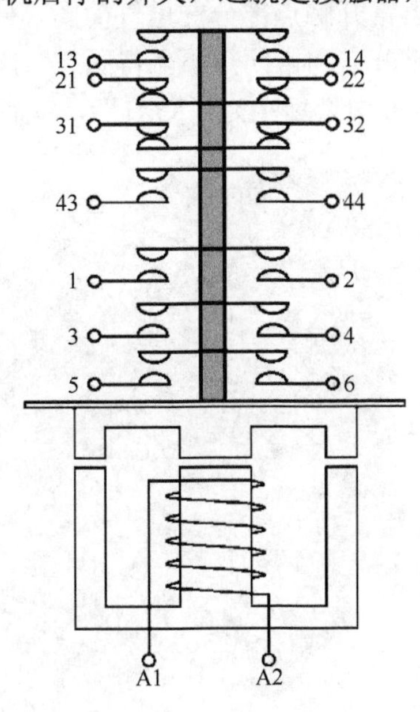

图 2-6　接触器结构图

当 A1 和 A2 端上电后，这两端所连接的线圈通电。线圈通电后产生的磁场吸引上方衔铁，衔铁下移。当 A1 和 A2 端断电后，衔铁失去向下的吸引力，在弹簧的作用下上移恢复到原先的位置。衔铁上方连接一个绝缘连杆，绝缘连杆上装有若干（本图中是 6 个）导体条，每个导体条两侧都有一段固定导体，这部分固定导体可连接外部电路。绝缘连杆上的一个导体条和它两侧的固定导体整体称为一个触点。绝缘连杆和其上的导体条与衔铁是一个整体。当衔铁上移或下移时，绝缘连杆和其上的导体条与衔铁一起移动，导体条两侧的固定导体则始终固定不动。

在图 2-6 中，以 1 端和 2 端这个触点来说，当线圈未上电时（衔铁在上移位置），1 端和 2 端之间并不导通。当线圈上电后（衔铁在下移位置），原来在 1 端和 2 端上方的导体条也移下来，导体条左侧触到 1 端，右侧触到 2 端，这样，1 端与 2 端之间便导通了。同理“触点 3 端和 4 端”、“触点 5 端和 6 端”、“触点 13 端和 14 端”与之类似，它们都是上电时导通，不上电时断开。这类触点称为“常开触点”，意思是通常情况下（不上电时）为断开。英文缩写为“NO（Normal open）”，也称作“动合触点”，意思是动了之后（上电时）为闭合。

在图 2-6 中，当线圈未上电时（衔铁在上移位置），21 端和 22 端依靠其下方的导体条导通。当线圈上电后（衔铁在下移位置），其下方的导体条也下移，21 端和 22 端便不再导通。同理“触点 31 端和 32 端”与之类似。它们都是上电时断开，不上电时导通。这类触点称之为“常闭触点”，意思是通常情况下（不上电时）为闭合。英文缩写为“NC（Normal close）”，也称作“动断触点”，意思是动了之后（上电时）为断开。

如图 2-6 所示，在接触器上通常“触点 1 端和 2 端”、“ 触点 3 端和 4 端”、“ 触点 5 端和 6 端”可以承载更大的电流，且均为常开触点。用于连接电动机，控制电动机启停，称为主触点。而“触点 13 端和 14 端”、“触点 21 端和 22 端”、“触点 31 端和 32 端”既有常开又有常闭，用于组合相应的控制逻辑，处理控制信号，称为辅助触点。

图 2-7 所示为接触器的实物。图 2-8 所示为接触器的电气简图，其中（a）为接触器线圈部分的电气简图，（b）为接触器常开触点部分的电气简图，（a）为接触器常闭触点部分的电气简图。在电路图纸中线圈、常开点和常闭点不见得画在一起，也有可能画在不同的页上，但只要标注同样的名称（如图 2-8 中都标注为“KM1”），就表示为同一个器件。

图 2-7　接触器实物

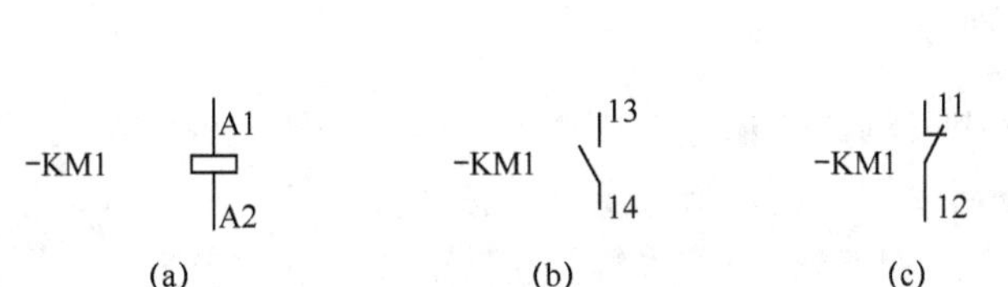

图 2-8　接触器的电气简图

2.1.3　继电器

继电器是这样的一种电器：当输入量变化到某个值的时候，其触头接通或断开，触头准许交直流小容量流过。

一般一个继电器上会有丰富的常开和常闭触点，其定义与接触器中常开和常闭点的定义类似。当输入量变化到某个值的时候，其触头接通——就是常开触点（NO）。当输入量变化到某个值的时候，其触头断开——就是常闭触点（NC）。继电器的触点上不能流过大电流，所以不能控制电动机启停。但丰富的触点适用于搭配出各种控制逻辑。如果把接触器的主触点去掉，仅保留辅助触点，那么就可以算作“电压继电器”了。

根据继电器动作的条件，继电器包括电流继电器、电压继电器、热继电器、时间继电器、速度继电器等。在本章的举例中，虽然没有涉及继电器，但实例中使用了接触器的辅助触点，设计出了保护电路，这是一种通过触点搭配出某个控制逻辑的实例。实际继电器在应用中也是通过其上的各个触点组合出相应的逻辑功能。

2.1.4　主令电器

主令电器是指在控制电路中通过闭合或断开控制电路，以发出指令或做程序控制的开关电器。在介绍接触器时，设想有时需要通过液位开关输出的信号控制水泵电动机，有时需要通过温度开关输出的信号控制压缩机；有时需要通过按钮输出的信号控制电动机。通过接触器可以解决信号控制电动机启停过程中信号与开关之间转换的问题，而这个信号就如发布的控制命令。“通过液位开关输出的信号控制水泵电动机”中，“液位开关”就是这个控制命令发布者，所以“液位开关”就是主令电器。同理，“温度开关”、“按钮”都属于主令电器。常见的主令电器还有行程开关、接近开关、万能转换开关、主令控制器、选择开关、足踏开关等。

虽然主令电器种类繁多，但多采用触头形式，使用时主要考虑其常开和常闭的逻辑，所以这里仅对最普通主令电器——按钮进行介绍。

其结构如图 2-9 所示。

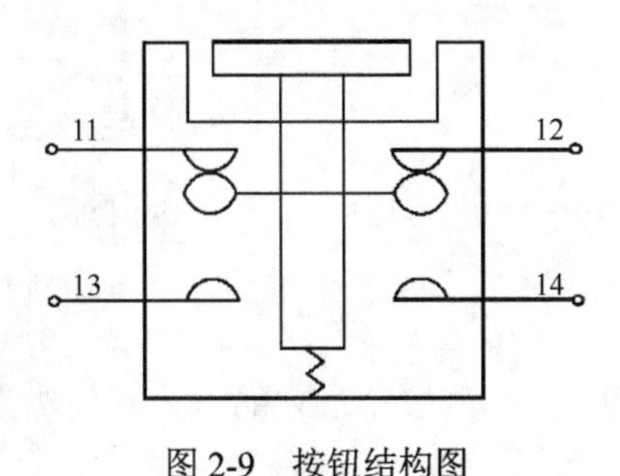

图 2-9　按钮结构图

按钮头向下带一个长柄，长柄低端通过弹簧连接按钮壳。按钮按下时，按钮头和长柄一同向下移动。手松开后，在弹簧反弹作用下，按钮头和长柄向上移动恢复到预先的位置。和接触器的触点类似，长柄上有一个导体条，在默认位置下（未按压）导体条两端分别接触 11 端和 12 端，该两端导通。而 13 端和 14 端不接触导体条，所以这两端不导通。当按钮按下后，原来接触 11 端和 12 端的导体条向下移动至接触 13 端和 14 端。这样，按钮按下后，11 端和 12 端不再导通而 13 端和 14 端变为导通。

11 端和 12 端称为常闭触点（NC），它的意思是当按钮按下时断开，抬起来后又变为导通。13 和 14 端为常开触点（NO），它的意思是当按钮按下时导通，抬起来后又变为断开。

2.2 电气控制系统简单实例

这里我们举出一个通过接触器控制电动机启停和正反转，通过其辅助触点完成对电动机控制逻辑的例子。假设有三个按钮，分别是“电动机正转按钮”“电动机反转按钮”“电动机停止按钮”。控制逻辑如下：只有在电动机停转的时候，按动“电动机正转按钮”时，电动机开始正转。也只有在电动机停转的时候，按动“电动机反转按钮”时，电动机开始反转。在任何情况下，当按动“电动机停止按钮”时，电动机停转。同时，系统本身具有保护功能，无论如何按动按钮，都不会同时正反转供电使得出现短路的情况。这样的系统如图 2-10 所示。

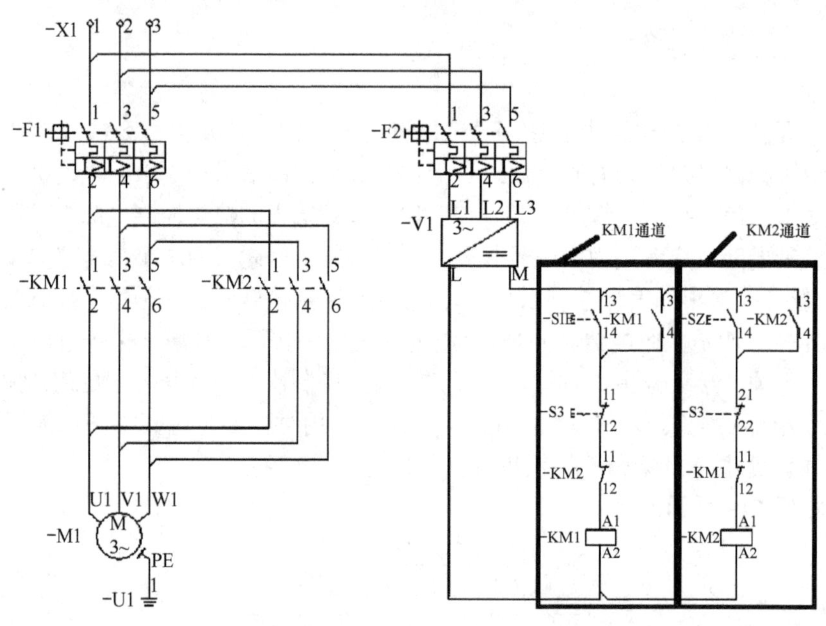

图 2-10　电动机正反转控制电路图

在图 2-10 中，S1 为“电动机正转按钮”；S2 为“电动机反转按钮”；S3 为“电动机停止按钮”。在该电路中，电动机正转的逻辑如下：在“KM1 通路”上，S1 被按下时其常开点变为导通状态。S3（停止按钮）没有被按动，它的常闭点仍然为导通状态。如果电动机此前处在停止状态，那么 KM1 和 KM2 两个接触器均为断开状态。KM2 的常闭触点为导通状

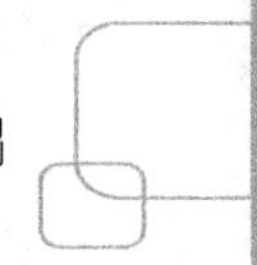

态，自然 S1 的按下将直接使得 KM1 上电吸合，电动机便会开始正转。

一旦 KM1 上电吸合之后，在 KM1 通路上与 S1 按钮并联的 KM1 常开变为导通。这时，即使松开 S1 按钮，虽然按钮这一点不再导通。但是 24VDC 可以通过与之并联的 KM1 常开继续导通，确保了 KM1 一直上电，电动机可以持续运转。否则只有用手一直按在 S1 上电动机才会运行，手一松开电动机就停止了。这种结构称之为“自锁”结构。

电动机反转的逻辑与之类似，只不过是在 KM2 通路上实现相应功能，这里不再重复解释。

电动机停止按钮的两个常闭点分别放在两个通路给接触器供电的“必经之路”上，所以只要停止按钮被按下，两个接触器必然会断电。同时在 KM1 通路的“必经之路”上串联有 KM2 的常闭，在 KM2 通路的“必经之路”上串联有 KM1 的常闭。这样，当 KM2 闭合的时候，KM1 不可能闭合；而 KM1 闭合的时候，KM2 不可能闭合，起到了对电路的保护作用。

第3章　PLC控制基础

3.1　从继电器（接触器）到PLC控制

从 2.2 节所举出的实例来看，通过各种触点在相应通路中串并联的搭配，设计出了我们想要的逻辑。如果控制逻辑更复杂的话，线路也会变得更复杂，使用的继电器和接触器会变得更多。如果一条生产线或是一台设备使用这种方式控制，可能需要庞大的机柜，机柜中需要密布各种继电器和接触器。在这种情况下，更改一个小逻辑或添加一个小功能都会非常麻烦。因为需要在密布的器件中更改线路或是添加新的器件。同时，当系统中密布过多的继电器和接触器时，发生故障的概率也会大幅提高，任何一个触点接触不良，都可能造成故障甚至是事故。而要在密布的继电器中排查维修一个接触不良的触点也是很棘手的事情。所以，这样的系统不仅设计、调试过程烦琐，而且维修和维护的过程也非常困难。

在 PLC 发明之前，在全世界都在采用这种控制方式的年代，同样的问题困扰着各国的工程师们。人们不禁在想，能不能使用计算机进行逻辑运算替代由继电器搭配逻辑电路呢？美国通用汽车公司（GM）的工程师们首先对这个想法发起了挑战。1968 年，GM 公司公开招标研制一种新型的工业控制装置，并拟定了 10 项公开招标技术，这 10 项技术如下：

（1）编程简单方便，可在现场修改程序。

（2）硬件维护方便，最好是插件式结构。

（3）可靠性要高于继电器。

（4）体积小于继电器。

（5）可将数据直接送入管理计算机中。

（6）成本上可以与继电器竞争。

（7）输入可以是 AC115V。

（8）输入为 AC115V，2A 以上，能直接驱动电磁阀。

（9）扩展时，原有系统只需要做很小改动。

（10）用户程序存储器容量至少可以扩展到 4KB。

根据这样的招标要求，1969 年，美国数字设备公司（DEC）研制出了世界上第一台 PLC——PDP-14 型。该 PLC 在通用汽车公司自动装配线上试用并获得成功。这经典的十个条件中有些条件已经不再适用于当前的 PLC，但是从这 10 条中可以总结出 5 个特点作为 PLC 的主要特征。

（1）通过计算机进行控制逻辑的运算，替代继电器。

（2）用程序替代硬接线。

（3）输入/输出电平可与外部装置直接连接。

（4）结构易于扩展。

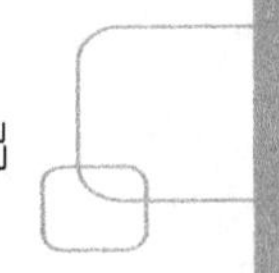

（5）易于与其他设备通信。

在IEC标准中，对PLC（Programable logic controller），即可编程控制器的定义如下：是一种数字运算操作的电子系统，专为工业环境应用而设计。它采用一类可编程的存储器，用于其内部存储程序，执行逻辑运算、顺序控制、定时、计数和算数操作等面向用户的指令，并通过数字或模拟式输入/输出控制各种类型的机械和生产过程。

在使用PLC之后，PLC只是取代了原有电路中通过各种辅助触点的串并联组合出的逻辑控制电路部分，对于其他的部分并没有取代（比如熔断器、断路器、电源、变压器等），所以2.2节的例子在使用PLC后的电路图如图3-1所示。

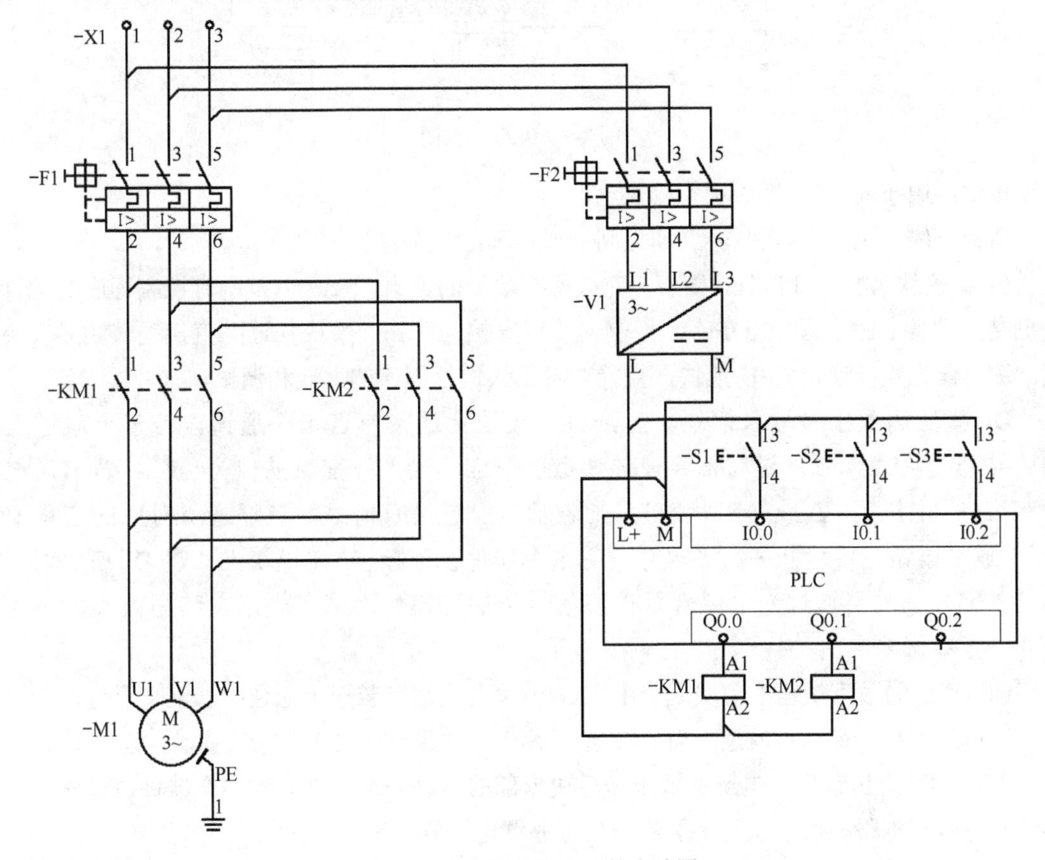

图3-1 PLC取代触点后的电路图

3.2 PLC的硬件结构

目前，PLC生产厂家很多，西门子公司生产的PLC也有很多品种，每种产品的结构并不相同，但综合来看，PLC主要由电源部件、中央处理器（CPU）、输入/输出部件、通信接口和编程器组成，其结构如图3-2所示。

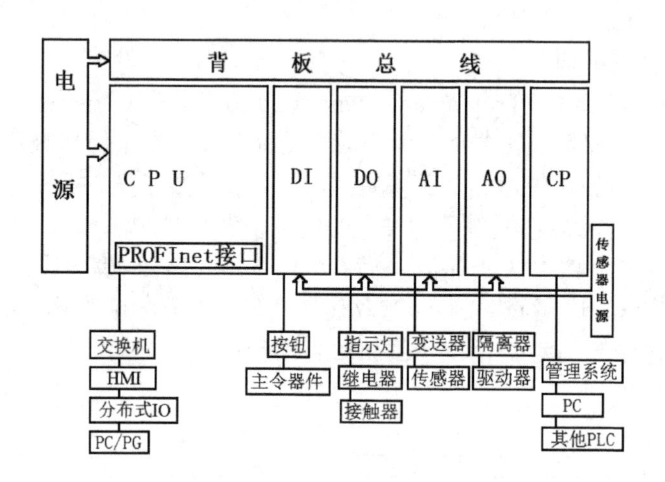

图 3-2 PLC 结构图

电源：用于向 CPU 模块和背板供电。

背板总线：供各个模块与 CPU 之间的通信和给各个模块供电。

CPU 模块为整个 PLC 的核心，完成所有数据的搜集、发送以及所有控制程序的运行。人机交互设备（HMI）、PROFInet 控制网络都直接与 CPU 模块相连并直接受 CPU 模块控制。编程器也直接连接 CPU 模块，直接对各模块进行程序的下载和调试。

DI 模块为数字量输入模块。一个 DI 模块上通常有若干个通道，若某个通道上有 24V 电压，则表示该通道有信号，该通道所对应（输入）变量的值为“1”；若该通道上没有 24V 电压（0V 或高阻状态），则表示该通道没有信号，该通道所对应的变量值为“0”。通常按钮、接近开关、光电开关等主令器件会连接在 DI 模块上。在 DI 模块内 24V 的（外部）信号会通过光电耦合器件将信号传递到模块内部，外部电路与内部电路相对独立，互不影响。

DO 模块为数字量输出模块。一个 DO 模块上通常有若干个通道，若某个通道对应（输出）变量为“1”，那么该通道上有 24V 电压输出；如果某个通道对应变量为“0”，那么该通道上没有 24V 电压输出。电压的输出和模块内部的电路间也是靠光电耦合器件进行联系。外部电路与内部电路相对独立互不影响（也有靠继电器联系输出模块）。

AI 为模拟量输入模块，一个 AI 通道对应一个整型（16 位）变量。该通道上的电压值为 0～10V（设定为电压输入时）或 4～20mA（设定为电流输入时），其电压值或电流值会线性地转换为 0～32 768 的值并赋值在相应的变量中（供程序使用）。模拟量的输入可以接自监控温度、压力、流量等过程量的变送器和相关仪表。

AO 为模拟量输出模块，一个 AO 通道对于一个整型（16 位）变量。该变量为 0～32 768 不同的值时，输出模块线性转换并输出 0～10V 电压（设定为电压输出时）或 4～20mA 电流（设定为电流输出时）。模拟量的输出可以用来控制电动调节阀或变频器。

通常，输入/输出模块上会接入与相关传感器一样的电源，保证输入信号端（如 DI 模块）和输出信号端（如按钮）有相同的电位。

CP 为通信模块，可以为 PLC 拓展通信接口。

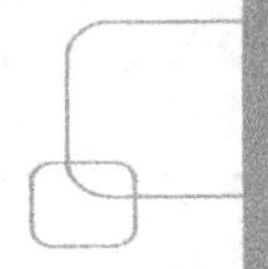

3.3　PLC 程序运行原理

3.3.1　程序循环机制

继续从 2.2 节中的例子来看，使用 PLC 替代了原先的触点逻辑电路，取代的电路由图 3-3 所示。图 3-3（a）是实例的一部分。使用 PLC 后，这部分被图 3-3 中（b）所代替。注意，为了在介绍程序时便于举出（程序中的）常闭指令的例子，这里将所有按钮全部换成了常开触点。不过，在实际工程中与安全相关的信号点建议使用常闭触点，这样可以避免断线、接触不良等错误所造成的隐患。

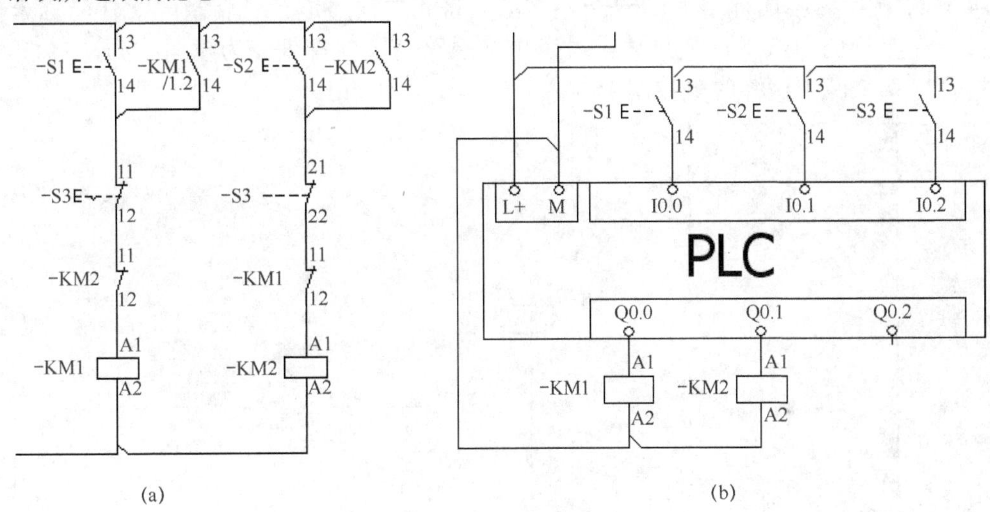

图 3-3　PLC 对触点逻辑的替代

由于 KM2 的逻辑与 KM1 类似，这里只分析通路 KM1 的情况，PLC 要运行一段程序来“模拟”这个电路的逻辑，那么程序大概是这样的意思：从输入端检测 S1 开关的状态，如果 S1 开关没闭合，那么 Q0.0 不输出（Q0.0 端为 0V），程序结束。如果 I0.0 有信号了（S1 闭合），检测输入端 S3 的状态。S3 在 PLC 输入端为常闭点，所以如果 I0.3 没信号，意味着按动了停止按钮 S3，同样 Q0.0 不会有输出，程序结束。如果 S3 有信号，继续检测 Q0.1 当前的输出状态，如果 Q0.1 没有输出，则给 Q0.0 输出 24V，程序结束，否则 Q0.0 不输出（Q0.0 端为 0V），程序结束。

这样的程序看似可以完美地复现原电路中的逻辑，但还有一个问题：这个程序什么时候运行，运行多少次合适？如果程序仅在 PLC 开机时运行一次的话，那么当且仅当程序在运行的那一次过程中检测按钮状态时按动了相应按钮，程序才可以计算出相应的逻辑，才可以操作成功。执行这样简单的逻辑，程序的运行时间小于 1ms，也就是说没有任何操作成功的概率。所以要想完成电路所表达的逻辑，随时按动按钮，随时可以操作，那么程序必须循环运行。

程序的循环运行意味着程序运行结束之后会重新运行，这样无限往复地运行下去。当程

序循环运行后，操作人员随时按动 S1 按钮，在 S1 按钮按动之后，循环运行的程序肯定会出现从头运行的情况。当程序从头运行时，这个操作将会被正确执行。一般 PLC 程序运行一遍的时间是几个毫秒。也就是说，按动按钮后，最多延迟几毫秒便可生效。

3.3.2 编程语言

这里依然用 3.3.1 节的例子。当例子中的控制系统由 PLC 取代各种触点所搭配的逻辑后，需要用某种编程语言编写一段程序，当程序运行时模拟原有电路的逻辑。最直接的方式就是将原有的表示控制逻辑这部分的电路直接输入 PLC 中。

如图 3-4（a）所示是在中国国家标准下的原电路中的控制逻辑部分。图 3-4（b）是图 3-4（a）转换为美国标准后的样子。这里只将元件符号进行了转换，元件名称未按美标更改。在美标的图纸下，从总体上看，电路通路由竖向排列变为横向排列，PLC 中的梯形图程序就来源于这样的美标图纸。

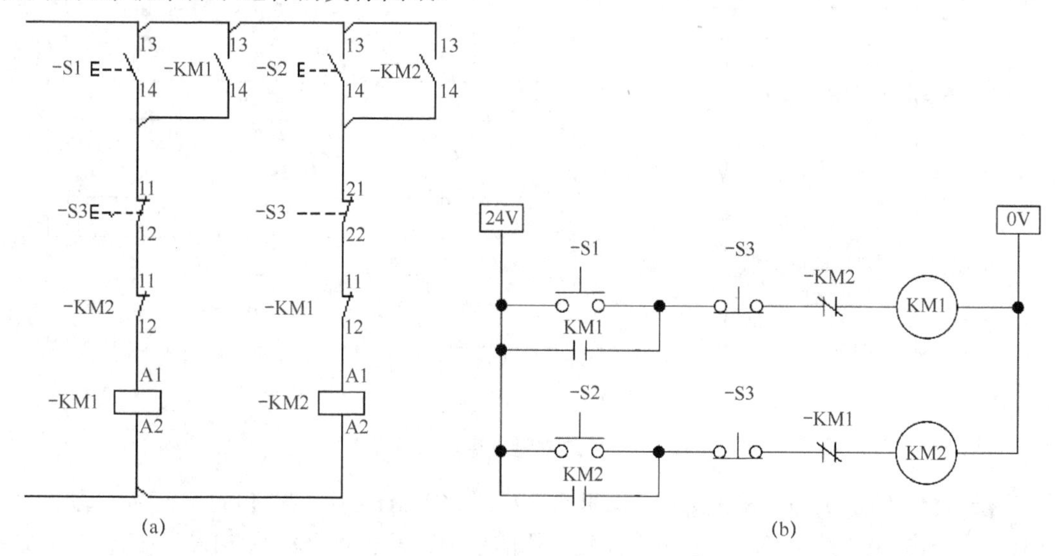

图 3-4　国标到美标的转换

在使用 PLC 控制后，无论是按钮常开常闭、还是继电器（接触器）的常开常闭，都由 PLC 内部变量所对应常开和常闭所取代。所以图 3-4（b）中的按钮常开和常闭的符号均由普通常开和常闭点的符号取代。元件名称由 PLC 中的变量所取代，这就成为了图 3-5（a）的样子。该图形可以向 PLC 表达其需要运算的逻辑，在美系 PLC 中[以罗克韦尔（AB）为例]，它的梯形图程序就是这个样子（仅变量名命名规则不同）。SIMENS 的 PLC 对于图 3-5（a）又有些修改，图 3-5（b）为该段逻辑在 TIA 博途软件中的样子。

这种编辑程序的语言就是梯形图。

梯形图完全沿用了原来继电器电路图的逻辑表达方式，是 PLC 编程中最为经典和常用的语言。除了这种语言以外，PLC 的编程语言还有其他种类。根据 IEC61131-3 标准，共定义了五种 PLC 编程语言，分别如下所述。

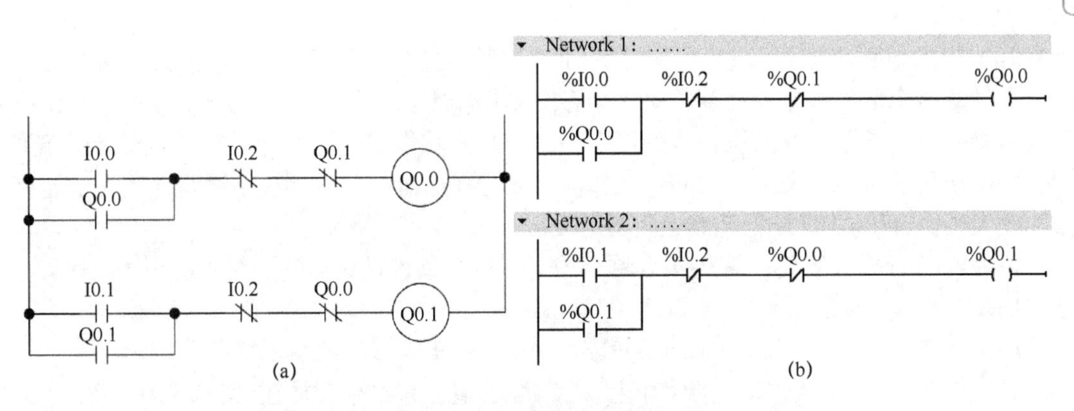

图 3-5 美标图纸到梯形图程序的转换

（1）指令表（IL）：在西门子的编程软件中称为 STL。
（2）结构文本（ST）：在西门子的编程软件中称为 SCL。
（3）梯形图（LD）：在西门子的编程软件中称为 LAD。
（4）功能块图（FBD）：在西门子的编程软件中称为 FBD。
（5）顺序功能图（SFC）：在西门子的编程软件中称为 S7-GRAPH。

3.3.3 CPU 的结构和运行原理

对于西门子 S7-300/400/1200/1500 PLC 的 CPU，其结构大体上可以分为寄存器部分和存储器部分，存储器部分又分为装载存储器、工作存储器、系统存储器和断电保持存储器，但寄存器 S7-1500 与 S7-300/400 的结构并不一样。S7-300/400 PLC 中寄存器分为累加器、地址寄存器、状态寄存器、数据块寄存器。在 S7-300/400 PLC 中所有程序最终会被编译为语句表语言（STL），然后再被编译为机器语言运行。这些寄存器可以和 STL 语言下的指令配合，完成各种程序功能的实现，具体实现的机理在下面和第 4 章中会有介绍。S7-1500 PLC 中的程序（梯形图、SCL、GRAPH 等语言编辑的程序）是直接被编译为机器语言执行的，淡化了 STL 指令的作用，所以其运行程序的机理也有所变化，不再使用 S7-300/400 PLC 下的那套寄存器了。不过 S7-1500 PLC 在其内部虚拟了 S7-300/400 PLC 下的这套寄存器，所以 S7-1500 PLC 也可以运行 STL 语言编辑的程序。虽然目前我们不清楚具体 S7-1500 PLC 的编译过程和程序的执行机理。但是了解 STL 语言指令和 S7-300/400 PLC 下这套寄存器的使用方法，依然可以让我们明白 PLC 程序编译和执行的过程。S7-1500 PLC 虽不一样，但一定原理相同，步骤类似。所以本章和第 4 章将对 STL 指令和各个寄存器的用法进行原理上的介绍。

1. 寄存器

1）累加器

累加器是处理字节、字或者双字的 32 位寄存器。CPU 模块中至少拥有 2 个累加器，有些 CPU 模块中拥有 4 个累加器。分别命名为：ACCU1、ACCU2、ACCU3、ACCU4，其中 ACCU 是累加器“Accumulator”的缩写。

累加器是一种暂存器，通常所有的运算指令（指加、减、乘、除、比较、移位等）都是以累加器内的值作为操作数进行计算的，所以累加器的作用在于储存操作数供指令进行计算；另外，所有运算指令的计算结果也会存在累加器中。这样上一条运算指令的运行结果有可能直接作为下一条指令的操作数使用。当 CPU 需要作连续运算时，累加器相当于起到了储存中间结果的目的。又由于 CPU 运算内核读写累加器的速度远快于读写存储器的速度，累加器大幅提升了 CPU 进行连续运算的速度。

例如，CPU 模块需要计算 2+4+8 这个式子。运行过程是这样的（对照语句表程序）：

```
L-2         //将 2 载入 ACCU1 中
L-4         //将 ACCU1 中的值传递到 ACCU2 中，再将 4 载入 ACCU1 中
+I          //将 ACCU1 的值加上 ACCU2 的值并将结果存放在 ACCU1 中
L-8         //将 ACCU1 中的值传递到 ACCU2 中，再将 8 载入 ACCU1 中
+I          //将 ACCU1 的值加上 ACCU2 的值并将结果存放在 ACCU1 中
```

现在 ACCU1 中的值变为 2+4+8 的结果。

2）地址寄存器

地址寄存器为 32 位寄存器，用于配合相关指令完成间接寻址的功能。一般 CPU 模块中拥有两个地址寄存器。分别命名为 AR1 和 AR2，其中 AR 由 Address register 缩写而成。在进行间接寻址时该寄存器用于存放基本地址。

3）状态字寄存器

状态字寄存器为 16 位寄存器，用于存储 CPU 执行指令的状态。每个 CPU 模块都只有一个状态寄存器，16 位中第 0 位到第 8 位有定义，其余位处在预留状态。在 CPU 运行指令的过程中，状态寄存器会记录一下运行时的特殊状态，以保证指令的正常执行。在第 4 章介绍指令运行原理时，将会介绍部分状态字寄存器在指令运行中的作用。

4）数据块寄存器

用于存放数据块的两个区域，称为 DI 和 DB。其具体的使用方式，当运行 FB 块的时候，该次调用所对应的背景数据块会被载入 DI 中（有关 FB 块和背景数据块的概念请参见本章对 FB 块的讲解内容）。通过 OPN 指令，可以将存储器中的某个 DB 块中的数据载入 DB 存储区或 DI 存储区（未调用 FB 块时，用户可以使用）。该寄存器的作用可以让 CPU 更快捷的读取用户数据。

2. 存储器

1）装载存储器（Load Memory）

用于存放代码块、数据块、系统数据（包括硬件组态信息）以及用户编写的所有程序。即使用户编写的某个程序块未被调用执行，也依然会被编译并保持在该存储器中。对于 S7-1200 PLC，其内部有装载存储器，也支持外部插入 MMC 卡拓展装载存储器。对于 S7-1500 PLC，没有内置装载存储器，用户必须外插 MMC 卡用作装载存储器。无论是外部 MMC 卡还是内置的装载存储器，都为断电保持型存储设备，这保证了在故障和断电的时候，用户程序和硬件组态可以始终保留。

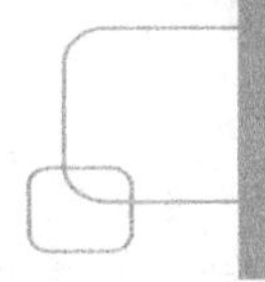

2）工作存储器（Work Memory）

用于执行代码和处理用户程序数据。它位于 CPU 模块内，通常不可扩展（除了 S7-400 系列中的 S7 417-4 可以扩展工作存储器）。工作存储器分为两部分，一部分为代码存储部分（Code work memory），另一部分为数据存储部分（Data work memory）。CPU 运行时，工作存储器从装载存储器载入运行的指令并存放在其代码存储部分供 CPU 指令执行单元使用。数据存储部分主要存储数据块（DB）、背景数据块（Instance-DB）、技术指令附带的数据。这部分存储器为 RAM 存储器，断电后其中的数据将会丢失。不过对于可以通过软件设置将数据块（DB）、背景数据块（Instance-DB）中的数据存储在断电保持存储器中，达到断电不丢失数据的目的。

3．系统存储器

用于存放用户程序的操作数据，包含几种存储区域，分别是输入和输出映像（PII PIQ）、位存储器（M）、定时器（T）、计数器（C）、本地堆栈（L）。它集成在 CPU 中，不可扩展。通过设置可以将其中部分数据存储在断电保持存储器中。下面将分别做以介绍并阐述在程序运行中它们的作用。

1）输入映像和输出映像（PII PIQ）

PII 是 Process Image Input 的缩写，译为输入过程映像，简称输入映像。PIQ 是 Process Image Output 的缩写，译为输出过程映像，简称输出映像。输入过程映像和输出过程映像通常被统称为过程映像。为了便于阐述过程映像的作用和工作原理。这里直接从一个控制实例开始分析。

程序如图 3-6 所示，该程序在运行时实际使用了过程映像。我们首先假设没有过程映像情况下，对该程序的运行进行分析。在“Network1”中，输入点“I0.0”的值赋值给“Q0.0”。执行这步操作，CPU 需要向输入模块发送查询变量“I0.0”的指令，得到 I0.0 的值后，再向输出模块发送写变量“Q0.0”的指令。Network2 至 Network4 没有读写 IO 点的指令，程序顺畅运行下来。到 Network5，又需要读写 IO 点，程序被中断下来，等待 CPU 与输入模块和输出模块的通信，然后继续运行。运行到 Network6，程序又需要等待 CPU 从外设（指输入模块、输出模块）读写变量。这样下来只要程序中遇到 IO 点，程序就要中断一下。整个程序的运行可谓“磕磕绊绊”效率极低。

使用过程映像就解决了这个问题。在 CPU 模块内专门划分出一块过程映像存储区。在每个程序循环开始前，CPU 统一扫描所有外设。CPU 先将其输出过程映像区中的数据（上一个程序运行周期中的计算结果）全部传送到输出模块并输出出来（这一过程称为刷新输出过程映像区）。然后，CPU 再将所有外设输入点存入输入过程映像区中（这一过程称为刷新输入过程映像区）。再之后，运行程序，程序中使用输入点的地方直接从输入过程映像区的相应位置中取值。程序中写入输出点的地方，直接写入相应的输出过程映像区中，如图 3-7 所示，通常 PLC 的一个循环周期指的是：“刷新输出过程映像区”、“刷新输入过程映像区”、“运行主程序（图中的 OB1）”三个步骤。

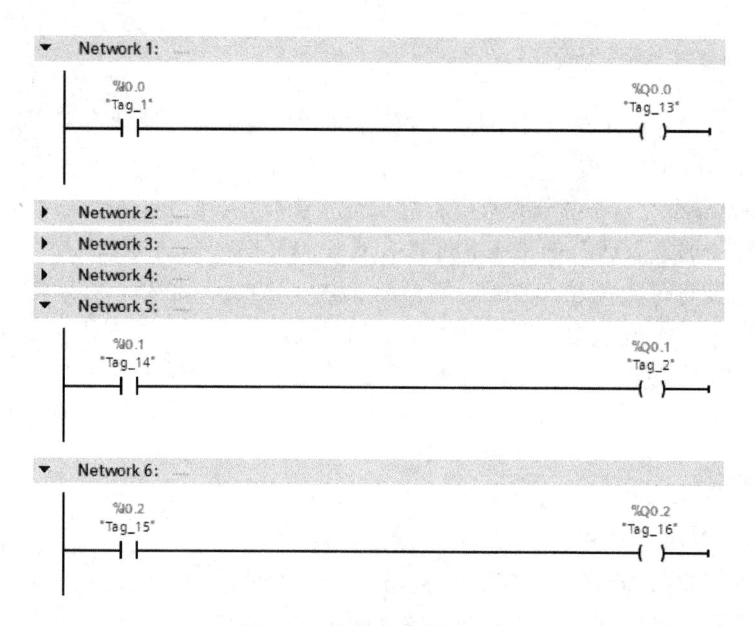

图 3-6　过程映像举例程序

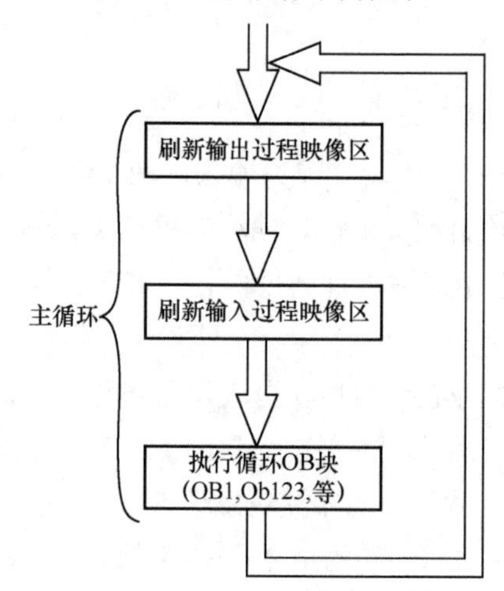

图 3-7　整个 PLC 的主循环过程

对于图 3-5（b）所示的程序，在实际运行时，其实全部是读写的过程映像，然后统一向外设刷新。当然，对于某些对象的控制，需要在运行某个程序时，立刻对外设进行读写操作。西门子的 PLC 也是支持这种直接访问外设 IO 点的。在程序中一个 IO 点地址后加上"：P"，程序在访问该 IO 点时，会直接访问外设。例如，将图 XX 所示程序的 Network1 改为均直接 IO 点访问，如图 3-8 所示。

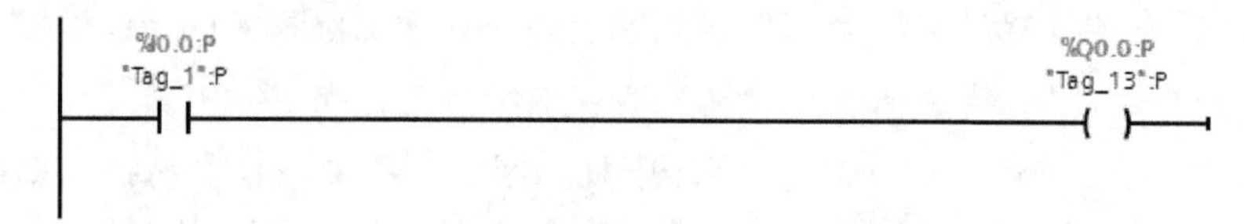

图 3-8　使用直接 IO 点访问的程序

通常，直接外设访问会降低整个 PLC 的运行效率，尤其是当外设处在分布式 IO 中，直

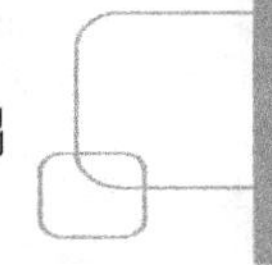

接外设访问还会降低总线周期。如果没有控制上的必须，不建议在程序中使用直接外设访问的方式。对于 S7-300/400PLC 其过程映像区大小需要在 CPU 属性中进行设置。S7-1200/1500PLC 无须设置该值（在 S7-1200/1500PLC 内过程映像区已被设计的足够大了）。

2）位存储器（M）

位存储器（M）又名位存储区，是存放数据的一块区域。用户可以用这一区域建立变量和存放数据。其中用户可以使用的最小存储单位是“位”，即可存放一个二进制数位。当在程序中使用该存储区时，直接写上字母“M”再写上地址便可。如 M5.6 表示位存储器中第 5 字节（从 0 开始计数）中的第 6 个位。MW8 表示位存储器中第 8 字节开始组成一个“Word”（字，表示 16 个位），即表示第 8 字节和第 9 字节合在一起的一个 16 位变量。

3）定时器（T）

在程序中可能会有一些需要定时的地方。CPU 模块内设计了若干个定时器，该区域存放这些定时器的定时值。程序使用定时器指令时需要指定这里面的某个定时器（写作 T1，或 T2，或 T3，…）。

4）计数器（C）

在程序中可能会有一些需要计数的地方。CPU 模块内设计了若干个计数器，该区域存放这些计数器的计数值。程序使用计数器指令时需要指定这里面的某个计数器（写作 C1，或 C2，或 C3，…）。

5）本地堆栈（L）

在 CPU 模块中为每个 OB 块（后文中有介绍）分配了一块 L 堆栈用于存放临时数据。在运行某个程序块时，有的时候需要临时存储下某个数据，这时可以使用 L 堆栈。比如，程序需要计算：5×8+6×9 这个式子，可以先计算 5×8，然后将结果临时存在 L 堆栈中。再去计算 6×9 后，导入储存在 L 堆栈中的 5×8 的结果，最后做加法运算便可，程序如下：

```
L5      //将 5 载入 ACCU1 中
L8      //将 ACCU1 的值赋值到 ACCU2，将 8 载入 ACCU1 中
*I      //将 ACCU1 的值和 ACCU2 的值相乘，结果放入 ACCU1 中
T LW0   //将 ACCU1 的值存储到 L 堆栈第 0 字节起一个字（16 位）的空间中
L6      //将 5 载入 ACCU1 中
L9      //将 ACCU1 的值赋值到 ACCU2，将 9 载入 ACCU1 中
*I      //将 ACCU1 的值和 ACCU2 的值相乘，结果放入 ACCU1 中
LLW0    //将 ACCU1 的值赋值到 ACCU2，将 L 堆栈第 0 字节起一个字（16 位）的空间
中的数据载入 ACCU1 中
+I      //将 ACCU1 的值和 ACCU2 的值相加，结果放入 ACCU1 中
```

这就是 L 堆栈的作用。使用 L 堆栈时该段程序（该程序块）中。总是先向 L 堆栈中写入数据，然后在本段程序中读出。这样每段程序（每个程序块）可以使用相同的 L 堆栈地址作为临时储存本段的数据，互补影响。这样，在使用 L 堆栈时不必考虑那段存储空间分配给

那个程序块使用的问题，对于临时存储来说使用比位存储区方便。这就是 L 堆栈的作用。

4．断电保持存储器（Retentive Memory）

S7-300/1200/1500 都具有断电保持存储区，通过软件中的设置可以将一部分位存储器（M）、定时器（T）、计数器（C）和 DB 块中的数据设置成断电保持状态，那些需要断电保持的数据将存放在这个区域中。对于 S7-400 PLC，数据在断电后可以保持主要依靠后备电池。对于 TIA 博途软件，在其中建立的 DB 块将默认为断电不保持，这一点相比经典 STEP7 软件来说区别较大。

3.3.4 存储器的编址与变量

在 PLC 的存储器中，最小的存储单元是存放一个只有“0”和“1”两种状态的布尔量数据。在程序运行时，程序需要读、写变量，而变量的值是存储在存储器中的，也就是说，程序需要读、写存储器中的某些数据。为了便于这样的行为，对这些数据定义了一套地址规范，定义：一个只有“0”和“1”两个状态的数据称为一位（Bit）（一位二进制数），每 8 位称为一字节（Byte）。每两字节称为一个字（Word）。每两个字称为一个双子（Double word）。在各个存储器中（如 M、I、Q、L 等），从 0 开始计数，即从第 0 字节开始，以字节为单位排序，在每字节中，对这 8 位再依次排序，即第 0～7 位。当程序读写一个变量时，只要该变量对应存储器的地址，指出第几字节、第几位，就能找到存储器中这个位置上的数据了。程序中这种寻找存储器某个特定位置的行为称为寻址。

如图 3-9 所示的程序。程序中的 M2.0 和 Q4.7 既表示该变量也表示该变量的地址（程序中支持直接写存储器地址来表示该位置上的变量，这个地址称为变量绝对地址）。M2.0 表示在 M 存储器中第 2 字节中的第 0 位。Q4.7 表示输出映像存储器中第 4 字节的第 7 位，所以程序的意思是：仅当 M 存储器中第 2 字节中的第 0 位为 1 时，输出映像存储器中第 4 字节的第 7 位也为 1。

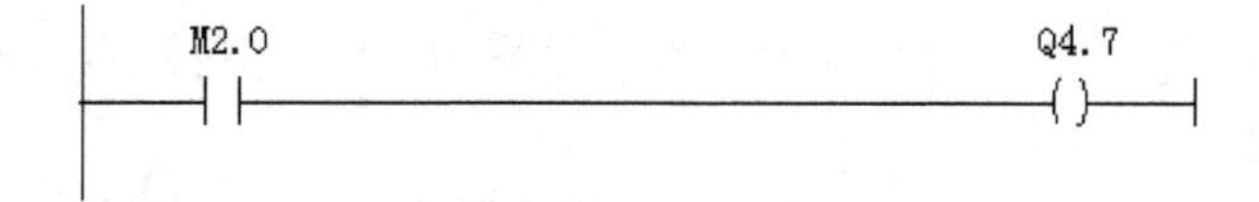

图 3-9　布尔量应用示例程序

从这段程序来看，使用 M2.0 和 Q4.7 这样的书写方式表示变量，虽然也完成了表达控制逻辑的目的，但是如果程序中总是书写这样的“代码”，不易阅读程序，也不易编写程序。因为人们需要记住这些“代码”在程序中的意思。为了方便记忆，编程软件都支持给这些“代码”再起一个名字。

例如，之前的程序变成如图 3-10 所示的形式，这样人们可以容易看出它的功能：控制电动机点动（Jog）上升。

一个变量直接写出其在存储器内位置的“代码”称为这个变量的绝对地址（Absolute），而它用于助记的名字称为这个变量的符号地址（Symbol），又称为符号（Tag）或别名。

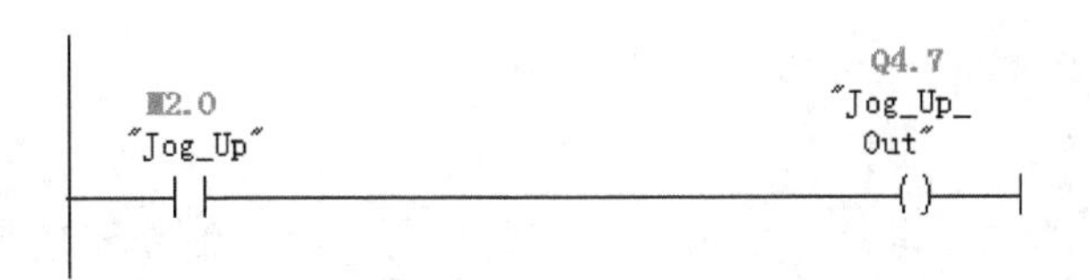

图 3-10　符号地址应用示例程序

3.3.5　变量类型

之前，我们所举的程序例子都仅使用了布尔量（在存储器中只占一位的变量）。早期的 PLC 只能处理布尔量，但随着 PLC 技术的发展，其功能越来越强大，所控制处理的信息也越来越多，PLC 也需要处理整数和实数（浮点数）等更多类型的数据，需要定义更多类型的变量。所谓“变量类型”就是用于规定一个变量在存储器中占用的空间以及该空间内数据的编码规则，这样的规则用于完成相应数据的存放和配合相应类型指令的读取与运算。

例如，在编程软件中定义一个布尔型变量，那么在存储器中会有一位用于存放这个变量的值。所有“位操作”的指令都可以使用该变量作为操作数，而整型指令则无法使用该变量。因为把一位作为整数运算是没有意义的。长整型和实型的变量都是占用一个“双字”空间，但其内部数据的编码规则不同。同样的双字空间内，存放相同的“001101…”这样 32 位，若这个控件被定义为整形，可以解码出一个整数量，仅可以被所有整形指令使用。若这个空间被定义为了实型，则会解码出一个（与之前的整数量完全不一样）实数（也有可能无法解出任何数）。这个变量仅可以被所有实型指令使用。当然，在很底层的语句表（STL）语言中，由于两种变量类型均为双字，所以按长整型的编码规则写入的数据，也可以被实型指令使用（程序不会报错）。那是由于语言太过底层，系统无法纠出这个错误，但是这样的程序是毫无意义的。

在西门子 PLC 中可以定义 INT（整型）、DINT（长整型）、REAL（实型，即浮点型）变量类型。将一个变量定义为 INT（整型），则意味着给该变量规划出两字节的空间，其变量值按整型的编码规则存放在该空间中。DINT（长整型）和 REAL（实型）也类似，即表示为变量规划了四字节的空间也规定了其中的编码规则。

同时在西门子 PLC 中也可以定义 BYTE（字节）、WORD（字）、DWORD（双字）这样的变量类型。将一个变量定义为 BYTE（字节），则意味着给该变量规划出一字节的空间，但并未指明其中的编码规则。WORD（字）和 DWORD（双字）也是类似，仅规划出空间而未指明编码规则。

不同类型的变量要与相应的指令配合使用。变量的类型和所使用的指令相匹配，就不会出现程序上的错误。当然，如果变量类型在程序中用错的话，TIA 博途软件可以自动转换或提示错误（在 TIA 博途软件中可以开启 IEC 检查，会对程序中的变量类型进行更严格的审查）。

S7-1200/1500PLC 支持更加丰富的变量类型，包括长实型（LREAL）、日期和时间（TOD）、数组型，等等，相关总结参阅 7.3.1 节。

3.3.6 OB 块简介

如前所述，程序通过循环运行的方式，实时进行一套控制逻辑的执行。但是有时会出现一些特殊的事件，这些事件需要中断当前的程序循环，然后运行一段“紧急”处理该事件的程序。待这些程序处理完成后，继续执行之前中断的程序。还有些特殊事件不属于这种“中断”性质，但也不是循环运行的，比如某些程序需要在 PLC 启动或重启的时候运行一次，这就需要一种机制，使得编程人员针对每种事件可以编写相应的程序，对每种事件所对应的行为进行管理。PLC 内部的操作系统对于 OB 块的调用和用户对 OB 块的编程就是这种机制。

在 PLC 内部的操作系统中，每种事件对应相应的 OB 块，这种对应关系不可更改。例如，程序循环对应为 OB1，那么当 PLC 在一个循环周期内完成了输出/输入映像刷新后，需要执行循环程序时，就会调用并执行 OB1（主程序）内的程序。OB100 是“启动”事件对应的 OB 块，在 PLC 启动的时候，说明“启动事件”出现。PLC 会先运行一遍 OB100 再进入循环周期。OB80 对应为超时错误事件。当一个循环周期长时间没有运行完成时，表示超时错误事件发生，程序会中断循环 OB 块（如 OB1）的运行，优先运行 OB80 的程序。

程序之所以会中断循环 OB 块的运行，而优先运行 OB80 的程序，是因为每个 OB 块都对应一个优先级，优先级高的 OB 块可以中断优先级低的 OB 块。

总之，OB 块可以定义为用户程序是由启动程序、循环程序、各种中断事件对应程序等不同的程序模块构成的，这些模块在 PLC 中的实现形式就是组织块（OB 块），它们是操作系统与用户程序的接口。

3.3.7 DB 块简介

DB 块是 Data block 的简称，通常被译为数据块。DB 块分为共享数据块和背景数据块。共享数据块，就是用户建立的一套变量。在整个控制程序过程中，不太可能只有输入点（输入变量）和输出点（输出变量），必然还会有很多用户自定义的中间变量，这些变量可以使用位存储区，但是并不方便，需要规划划分使用资源，并且相似功能的变量不易分组管理。用户可以在程序中建立若干个数据块，将这些变量分成若干组放在不同的 DB 块中，不仅可以建立大量的变量，还有益于变量的管理，用户建立的这种数据块就是共享数据块。而背景数据块则是软件根据某个 FB 块内的设置（相当于有一套变量模板）自动合成一个 DB 块，对于背景数据块的更多概念，参阅 FB 块的介绍。

3.3.8 FC 块简介

1. 不含接口参数的 FC 块

无接口参数的 FC 块是一个可以将若干程序指令放在一起的程序块。整个项目中允许建立多个 FC 块，每个 FC 块可以取一个符号名，但不能重名。同时每一个 FC 块都有一个编号，编号也不能重复。在调用和书写该 FC 块的时候，可以写该 FC 块符号名，也可以写字母『FC』，然后在其后方加上该 FC 块的编号，如 FC1，FC2，FC103 等。

通常，一套 PLC 程序调用的指令较多。如果将所有指令全部写在主程序（OB1）中，程序过于杂乱，不易于调试和编辑，并且一个程序块（包括 OB 块、FC 块、FB 块）本身也有程序大小的上限限制，所以，在实际编程中，通常会把程序按照功能或者控制区域划分为若干组。然后，为每组建立一个 FC 块，将该组程序放在 FC 块中。在 OB1 中以此调用各个 FC 块，就完成了整个程序的调用和执行。

对于一个 FC 块，可以进行嵌套调用，即在 FC 块中再调用另一个 FC 块，允许嵌套的层数根据不同的 CPU 并不相同。如果一个 FC 块没有被任何 OB 块调用（或被间接嵌套调用），那么该 FC 块中的程序将不会运行。

以 2.2 节所示的电动机启停程序为例。假设在某个工厂中，一条生产线有三个电动机，该车间共有 50 条生产线。每个电动机有单独的启停控制按钮（仅控制向一个方向运行，相比图 3-5（b）的梯形图，每个电动机的启停逻辑中不再有反向互锁信号）。那么如果不使用 FC 块，程序是这样如图 3-11 所示。

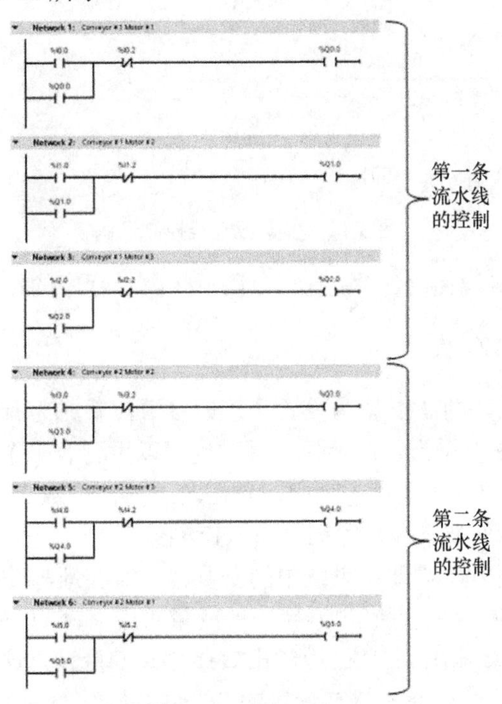

图 3-11　不使用 FC 块时多条流水线控制示例

在实际的程序中，并没有后方的大括号标注，需要很仔细地辨别，并且在每个 Network 上添加详尽注释，才能够看清楚哪几个 Network 是控制那条生产线的。如果使用 FC 块，整个程序就会变得更加清晰。我们在项目中建立 50 个 FC 块，起名为 FC1，FC2，…，FC50，然后将相应生产线的程序放在相应编号的 FC 块中，最后在 OB1 中统一调用各个 FC 块，如图 3-12 所示。

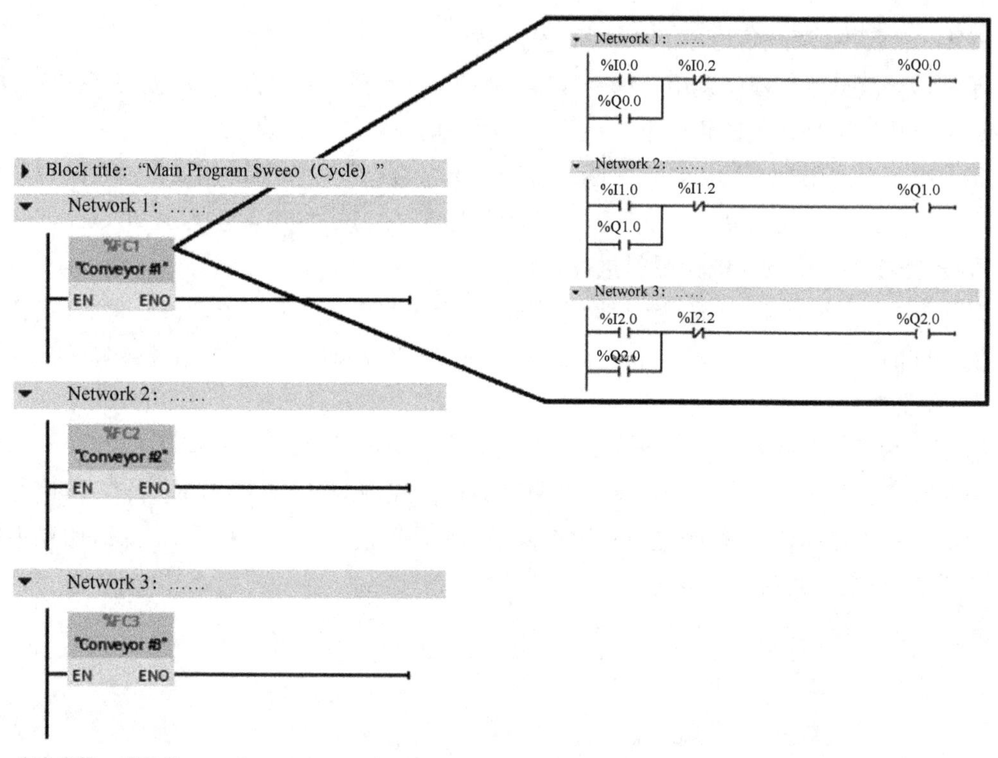

图 3-12　多条流水线控制示例

从图 3-12 中可以看出，使用 FC 块进行分段后，整个程序的结构变得清晰明了。

2. 含有接口参数的 FC 块

如果在一个已经建立好的 FC 块内设置了接口参数，就成为有接口参数的 FC 块。可以为一个 FC 块设置若干变量作为入口参数，同时也可以设置若干个变量作为出口参数。这些接口参数可以在该 FC 块的内部程序中使用，使用时“入口参数”只能被读，“出口参数”只能被写，也可以设置出即刻被读和被写的“出入口参数”。

当这个 FC 块被调用时，需要将系统中的变量一一对应地与 FC 块内设置的所有接口参数联系在一起。当这个 FC 块执行时，系统中的变量对应“FC 内的入口参数（变量）”并按照 FC 块内的程序逻辑运算输出到“FC 内的出口参数（变量）”，这些变量的值再输出到与之对应的“系统中的变量”，这就是有接口参数的 FC 块。

例如，50 条流水线的例子，在调用的 FC1 到 FC50 中，每个 FC 块内都是“两个常开并联再串联两个常闭，最后输出，重复三次”的逻辑，相同的逻辑写了 50 遍（每次仅仅是其中的变量不同），如果使用含有接口参数的 FC 块，就可以省去这个麻烦。

我们建立一个名为“ConveyorControl”的 FC 程序块，然后在其中的“入口参数”中建立如下接口变量：Motor1_StartPB、Motor1_StopPB、Motor2_StartPB、Motor2_StopPB、Motor3_StartPB、Motor3_StopPB（行业上，通常用 PB 表示“按钮”对应过来的信号，并建立如下“出入口参数”：Motor1_Run、Motor2_Run、Motor3_Run。“出入口参数”所连接的变量在 FC 块内既可以读，也可以写（“入口参数”则只能在块内读操作；“出口参数” 则只

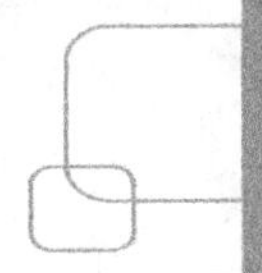

能在块内写操作)。从前面对电动机启停的控制逻辑看，FC 块既要输出电动机运行信号（写操作)，又要通过该信号进行自锁（需要都操作)，所以适合“出入口参数”，建立的这个 FC 块如图 3-13 所示。

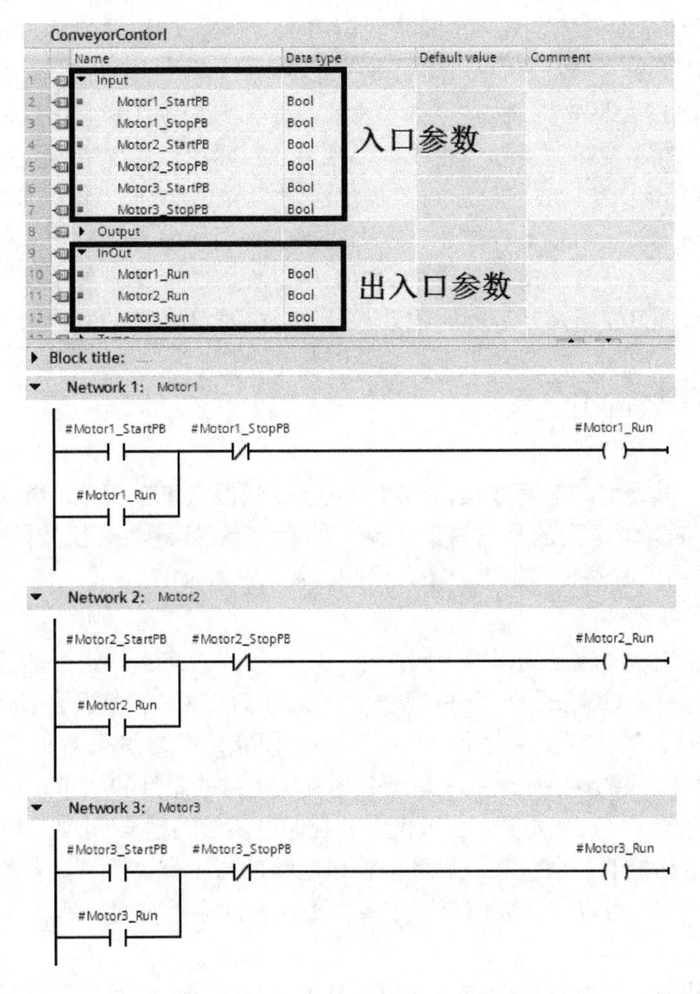

图 3-13　FC100 程序块的接口参数和程序

然后在 OB1（主程序）中调用这个“Conveyor”的 FC 程序块，并输入相应的变量作为本次调用的入口变量，如图 3-14 所示。

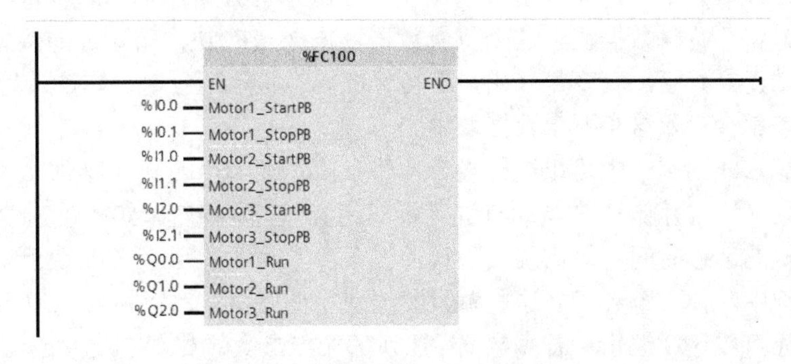

图 3-14　带参数的 FC 块调用的情况

在本次调用后，只需要将该条流水线上三个电动机的启停按钮对应的变量和控制三个电动机运行的变量连入这个 FC 块的接口参数中。在程序运行该程序块时，就会对这条流水线上的三个电动机执行启停控制。启停控制的逻辑就是这个 FC 程序块内部编辑的逻辑。如此一来，构建 50 个流水线的控制程序，只需要调用 50 次该 FC 块，然后对每次调用输入相应的接口变量便可，不必再编辑 50 遍相同的程序逻辑。

从本例可以看出，那些 FC 内的“入口变量”、“出口变量”和“出入口变量”主要目的是用来表达出一种程序逻辑。实际使用时，必须对应实际的“系统中的变量”才有运行的意义，所以这些“接口参数”被称为形式参数，而它们所对应的“系统中的变量”被称为实参。整个 FC 的调用过程可以这样描述：在调用 FC 块时实参与形参一一对应，运行时实参数值先写入形参（入口变量或出入口变量）中，进行程序的运算，程序执行完毕后，再将形参（出口变量或出入口变量，即运行的结果）写入对应的实参中。

3.3.9 FB 块简介

对于 FB 块，其命名、书写方式、调用和嵌套原则都与 FC 相似，并且也可以定义形参（接口参数）。与 FC 块不同的是它内部所编写的程序不仅可以表达逻辑，而且可以储存数据。FB 块在被调用的时候必须指定一个背景数据块（一种 DB 块），用于储存本次调用（运行）过程中产生的数据。

继续以电动机流水线控制的程序为例，在使用带参数的 FC 块进行的控制中，每段流水线作为一个对象，每个对象引用一个 FC 块进行控制。FC 块中包含了这个对象的所有控制逻辑，只要将一个对象的实际变量“接入”FC 块，便完成了对这个对象所有控制逻辑的编程。但是有的时候，对象需要通过程序总结并储存其本身的属性和状态，这时 FC 块完成这样的任务就比较麻烦了（FC 块更适合于仅含有控制逻辑的编程）。比如电动机本次开机后的运行时间，这是电动机的一个状态，也可以看作电动机的一个属性，如果希望程序块在处理这个对象（流水线）时可以统计并储存其中各个电动机的运行时间，那么使用 FB 块就比较方便了。

在编辑 FB 块时，不仅可以像 FC 块那样定义接口参数，而且可以定义一系列状态量，用于定义对象的一系列状态或属性（比如，对流水线这个对象，可以定义“第一个电动机的运行时间”、“第二个电动机的运行时间”、“第三个电动机的运行时间”三个状态），这些状态（也包括接口参数）都将被储存起来。在调用 FB 块时，每次调用软件都会自动建立（也可以手动建立）一个背景数据块。这个背景数据块根据 FB 块内所定义的接口参数和一系列状态量已经自动建立好了一套变量，用户不可修改。在程序运行时，本次调用 FB 块所计算出来的所有状态都会存入这个背景数据块中。

在 50 条流水线的例子中可以这样设计：每条流水线调用一次 FB 块，每次调用都产生一个背景数据块（块内存储 3 个电动机的运行时间），这样共产生 50 个背景数据块。需要查看哪一个电动机的运行时间，只需要找到调用该条流水线时的那个 FB 块所对应的背景数据块，在该数据块中，便可查看了。这些背景数据块中的变量也可以被其他程序块读写。

实际的程序可以这样编辑：首先定义 FB 块的接口参数，如图 3-15 所示。接下来编辑程序，控制电动机启停的部分与之前介绍的 FC 块程序类似，参考图 3-13，而 FB 块中计算各电动机运行时间的部分如图 3-16 所示。

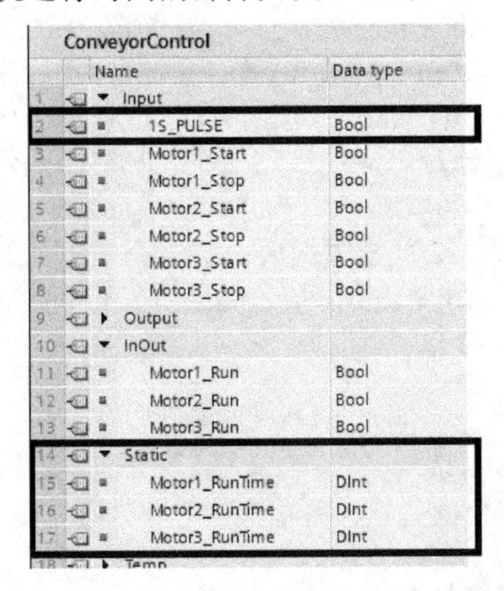

ConveyorControl

	Name	Data type
1	▼ Input	
2	1S_PULSE	Bool
3	Motor1_Start	Bool
4	Motor1_Stop	Bool
5	Motor2_Start	Bool
6	Motor2_Stop	Bool
7	Motor3_Start	Bool
8	Motor3_Stop	Bool
9	▶ Output	
10	▼ InOut	
11	Motor1_Run	Bool
12	Motor2_Run	Bool
13	Motor3_Run	Bool
14	▼ Static	
15	Motor1_RunTime	DInt
16	Motor2_RunTime	DInt
17	Motor3_RunTime	DInt
18	▶ Temp	

相对于FC块，入口参数中，新加入一个1S脉冲量，用以通过脉冲计数的方式进行计时

在"状态（Static）"中，定义用以记录三个电机运行时间的变量

图 3-15　FB 块控制流水线程序中的接口变量声明部分

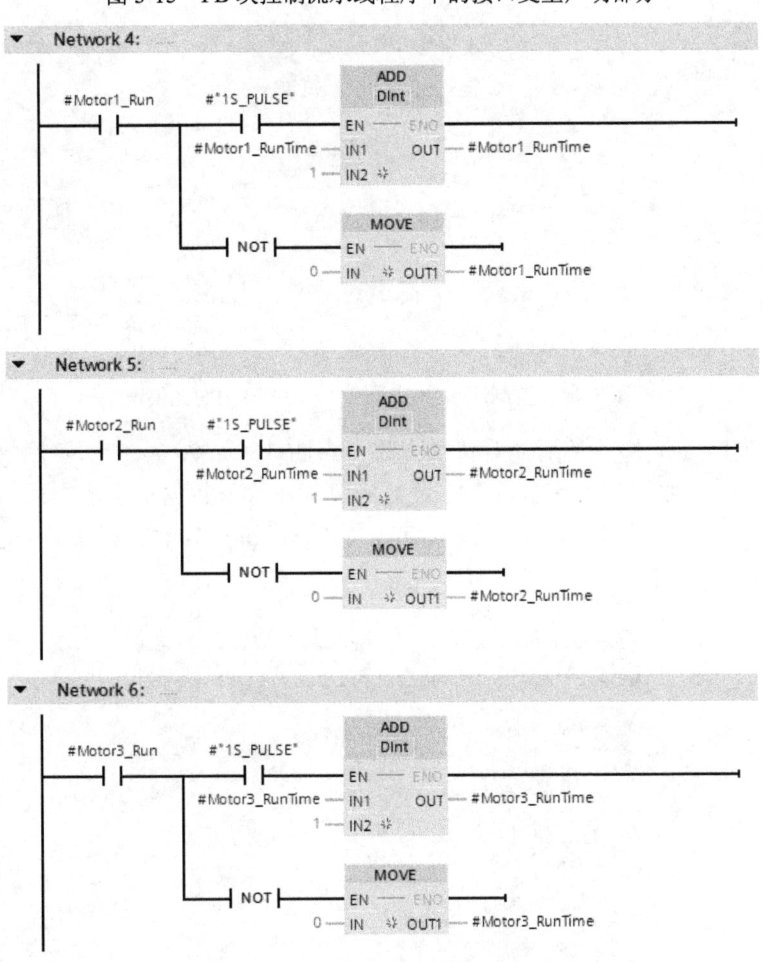

图 3-16　计算各个电动机运行时间部分

图 3-16 所示程序的 Network4 为计算（该流水线上）第一台电动机运行时间的程序，当

电动机运行时，变量“#Motor1_Run”为“1”，其常开触点导通（在梯形图中），运行其后方的指令——在 1s 脉冲到达时给变量“#Motor1_RunTime”加 1，即每隔 1s 给变量“#Motor1_RunTime”加 1。当电动机不运行时，变量“#Motor1_Run”为“0”，运行其后方（第二行）“NOT”后方的指令——给变量“#Motor1_RunTime”清零。通过这样的逻辑实现对电动机运行时间的计算。Network5 和 Network6 是针对流水线中第二个和第三个电动机的计时程序。

当这个 FB 块被调用时，软件会提示创建并使用一个背景数据块。当这个 FB 块被调用后，如图 3-17 所示。图中接入接口变量，其中在 1S_PULSE 中接入的是 1s 周期的脉冲信号，其他接口变量的配置与图 3-14 类似。

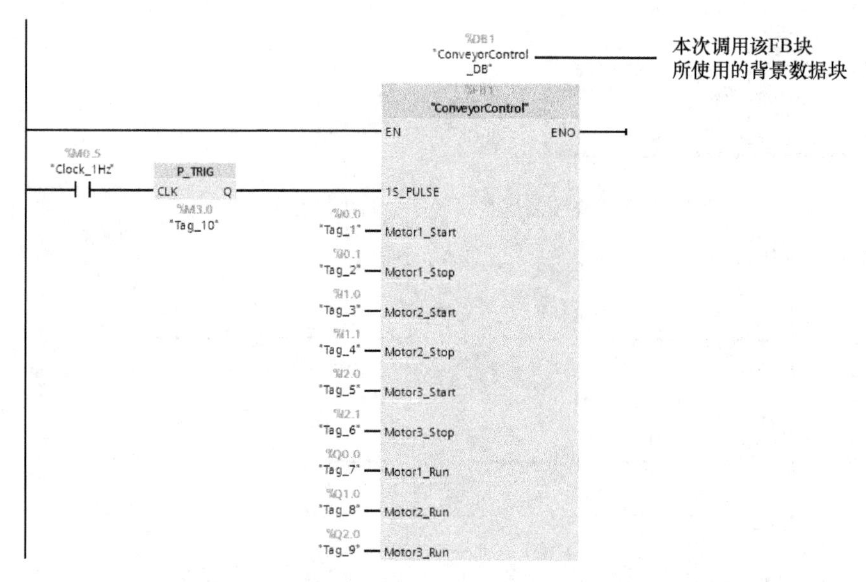

图 3-17 控制流水线程序的 FB 块被调用时的情况

打开本次调用 FB 块所使用的背景数据块——DB1，如图 3-18 所示。可见，软件根据 FB 块中的“接口参数”和“状态量”的设置情况，在背景数据块中建立了相应的变量。其中的“Motor1_RunTime”、“ Motor2_RunTime”、“ Motor3_RunTime”三个变量储存的就是三个电动机的运行时间。

ConveyorControl_DB

	Name	Data type	Default value	Start value	Snapshot
1	▼ Input				
2	1S_PULSE	Bool	false	false	—
3	Motor1_Start	Bool	false	false	—
4	Motor1_Stop	Bool	false	false	—
5	Motor2_Start	Bool	false	false	—
6	Motor2_Stop	Bool	false	false	—
7	Motor3_Start	Bool	false	false	—
8	Motor3_Stop	Bool	false	false	—
9	Output				
10	▼ InOut				
11	Motor1_Run	Bool	false	false	—
12	Motor2_Run	Bool	false	false	—
13	Motor3_Run	Bool	false	false	—
14	▼ Static				
15	Motor1_RunTime	DInt	0	0	—
16	Motor2_RunTime	DInt	0	0	—
17	Motor3_RunTime	DInt	0	0	—

图 3-18 打开的背景数据块

CPU 模块运行 FB 块时的原理是这样的：当一个 FB 块被调用时，首先将该次调用所对应的背景数据块中所有数据（从工作存储器中）载入数据块寄存器中的 DI 区域（这一区域也称为背景数据块寄存器），进行 FB 块的运行，运行期间对寄存器高速读写。FB 块运行完毕后，所有（针对对象状态的）计算结果都储存在 DI 区域中，系统再将 DI 区域中所有数据（储存在工作存储器中）写入背景数据块中。

3.3.10　UDT 简介

UDT 是 User-Defined Data Types 的缩写，意思是用户自定义数据类型。在编写 PLC 程序的时候，用户可以使用基础数据类型组合出一套数据类型集合体，这套由用户定义的数据类型集合体就是 UDT。在 TIA 博途软件中 UDT 称为 PLC 数据类型，但行业上仍然习惯将其叫作 UDT。

这里举一个使用 UDT 的例子。比如控制一台电动机，需要对该电动机建立一系列变量，如电动机运行允许位、电动机运行方向位、电动机运行速度值、电动机扭矩值、电动机运行时间等变量。如果程序中有 100 台电动机需要控制，那么对每一台电动机都将如上的变量建立一遍，比较麻烦。这时候，可以使用 UDT，建立一个名为“Motor”的 UDT。在该 UDT 中建立两个布尔量，一个表示运行状态，一个表示运行方向。再建立三个整型量，分别表示电动机的速度值、扭矩值和运行时间。那么对于这 100 台电动机，每台电动机都建立一个“Motor”型变量，这样每台电动机都对应这一套变量。

3.4　现场总线与分布式 IO 简介

在如上介绍的控制系统解决方案中，大体是这样的：布置一个机柜，柜内有各种保护器件和一台 PLC，所有的现场输入点和输出点全部引到机柜内，并连接至 PLC 的输入/输出模块上。

这种方式固然没有问题，但是当 PLC 控制区域过大时，这种方式会非常麻烦。可以设想，一台 PLC 负责控制一条长 300 m 的生产线，那么 300 m 区域内所有的传感器信号都要接到 PLC 机柜中去，所有信号灯蜂鸣器控制线缆都要接到 PLC 机柜中去，所有电动机抱闸线缆都要接到 PLC 机柜中去……

这种麻烦，总结起来有如下几个方面：

（1）对设计施工造成不便。在图纸设计阶段，需要制作繁杂的线缆表。施工时需要安装铺设大量桥架和线缆。

（2）对调试和维护造成不便。如果要检查某一个 IO 点是否连接正确，需要在满布各种线缆的桥架中查找某一根线缆。

（3）对控制信号造成干扰，尤其影响模拟量信号的准确性。各种传感器发出的信号需要经过长距离的线缆才能抵达 PLC，增加了被干扰的概率。

（4）浪费线缆和桥架，增加了控制系统组建的成本。

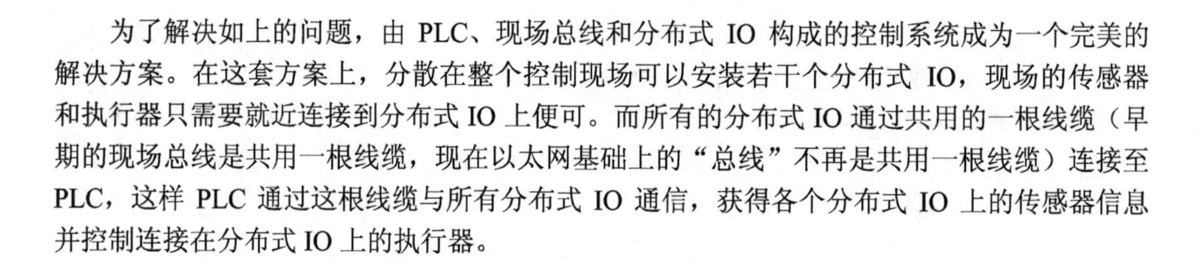

为了解决如上的问题，由 PLC、现场总线和分布式 IO 构成的控制系统成为一个完美的解决方案。在这套方案上，分散在整个控制现场可以安装若干个分布式 IO，现场的传感器和执行器只需要就近连接到分布式 IO 上便可。而所有的分布式 IO 通过共用的一根线缆（早期的现场总线是共用一根线缆，现在以太网基础上的“总线”不再是共用一根线缆）连接至 PLC，这样 PLC 通过这根线缆与所有分布式 IO 通信，获得各个分布式 IO 上的传感器信息并控制连接在分布式 IO 上的执行器。

3.4.1 PROFIbus 现场总线简介

PROFIbus 是现场总线标准中的一种，于 1989 年成为国际标准。PROFIbus 总线有三个规约——PROFIbus DP、PROFIbus PA 和 PROFIbus FMS。

PROFIbus FMS 多用于车间监控的通信，在设备层（现场层）并不是很常用，PROFIbus DP 和 PROFIbus PA 则适用于设备层（现场层）的应用。

PROFIbus PA 多用于过程控制领域（控制压力、流量、温度等，如石化、化工等行业），很多测量过程量的仪表多配有 PROFIbus PA 接口。PROFIbus PA 总线以电流信号为基础，使整个传输过程达到安全的标准，适用于过程控制领域中的防爆需要。

PROFIbus DP 的应用最为广泛，它以 RS485 串行通信为基础。从拓扑结构上看，支持 PROFIbus DP 的设备只需要将两根串行信号线均并接在总线上，就完成了与控制器的组网。

如今，成熟的网络通信技术已经取代了 RS485 为基础的串口通信，PROFIbus 总线也逐渐被 PROFInet 所取代。

3.4.2 网络简介

Profibus 以 RS485 通信为技术基础。随着通信技术的不断发展，以太网通信成为更加快速、更加稳定的通信系统解决方案。以以太网技术为基础，基于工业控制系统实际需求而进行通信技术的改造，最终形成了工业以太网。工业以太网技术的不断成熟，逐渐取代了基于串口通信技术的总线系统。在众多公司推出的工业以太网产品中，西门子公司所推出的就是 PROFInet。

1）PROFInet 的灵活性

（1）完全兼容 IEEE 以太网标准。当编程计算机需要连接 PLC 或其他连接在网络中的设备时，可以直接通过计算机上的以太网口经过普通网线（或 PROFInet 线缆）在 PROFInet 网络上任意一个接口上（交换机或其他设备的空闲网口）连接 PLC。

除了编程可使用普通网线外，组建 PROFInet 网络建议使用 PROFInet 线缆。PROFInet 线缆使用铜质线缆在两个节点之间进行数据传输，两节点间最大长度为 100m。该线缆根据工业上的实际需要分为三类：A 类为永久安装的电缆，用于安装后不再移动的设备。B 类为可移动电缆，用于安装需要移动位置或有振动的设备。C 类为特殊用途线缆，用于高灵活、需要拖曳或扭转的设备。PROFInet 线缆也兼容普通网线的功能。

关于 PROFInet 接口的兼容性：PROFInet 的网络接口根据防护等级不同，分为 IP20（防水和防尘能力较低，使用该接口的设备需要安装于机柜内）和 IP67（防水和防尘能力较强，可安装在机柜外）两类，防护等级 IP20 的接头均采用 RJ45 接头，易于与普通计算机互联。防护等级 IP67 的接头一部分使用高防护 RJ45 接口（也便于直接与计算机连接），一部分使用 M12 接口。

（2）便于工业无线局域网（IWLAN）的使用

使用工业无线局域网（IWLAN）不仅可以降低维护成本、提高系统的可靠性，同时还可确保高性能的数据通信，尤其可以保证安全数据的无线传输。正是基于 PROFInet 才能实现安全性与 IWLAN 的完美结合。

（3）网络拓扑结构的高度灵活

在 PROFINET 中,除了线形拓扑结构之外，还可选择星形、树形和环形拓扑结构。因此，PROFINET 具有高度灵活性。用户可根据具体的工业环境要求，灵活构建 PROFINET 网络。通过 PROFInet，即使在生产运行过程中，也可根据需要对网络架构进行灵活扩展。

（4）开放的标准

凭借 PROFInet 优秀的开放性，用户可通过统一的机器、工厂自动化网络连接各种自动化设备和常规以太网设备，实现工厂各层级通信的贯通。

2）PROFInet 技术内容

PROFInet 有两个技术内容：PROFInet IO 和 PROFInet CBA。PROFInet CBA 适用于通过 TCP/IP 进行机器（控制器）之间的通信。PROFInet IO 适用于控制器和 IO 点信息的通信。比如，PLC 与分布式 IO 之间的通信使用的是 PROFInet IO。PROFInet IO 具有更高的实时性能，它包括循环过程数据的实时通信（RT）和等时实时通信（IRT）。本书所涉及的内容均为 PROFInet IO。

3）PROFInet 规约

PROFInet 是一个不断扩展和融入新功能的协议。这些功能的扩展，使得在集成各设备厂家的设备时，用户可以更多地使用统一的界面和操作。在 PROFInet 行规中，指定了一些与设备制造商无关的自动化设备和系统特性，如能源管理、故障安全和受控驱动技术等。这些设备和系统可在用户程序中作为独立于设备与厂商的软件接口，无须考虑后台运行细节及具体通信方式。实现机器或工厂中所用设备的软件组态完全与制造商无关。

（1）PROFIisafe：集开放性和集成性于一体的安全相关协议。

通过 PROFIisafe，可基于 PROFInet 和无线/有线通信网络，实现工厂与设备的安全运行，而无须安装另一个总线系统（专职处理安全信息）。除此之外，该协议还支持对传输报文的持续监视。

（2）PROFIdrive：快速实施各种驱动的解决方案。

PROFIdrive 定义了 PROFInet 上的设备特性及电气驱动装置内部设备数据的访问方式，

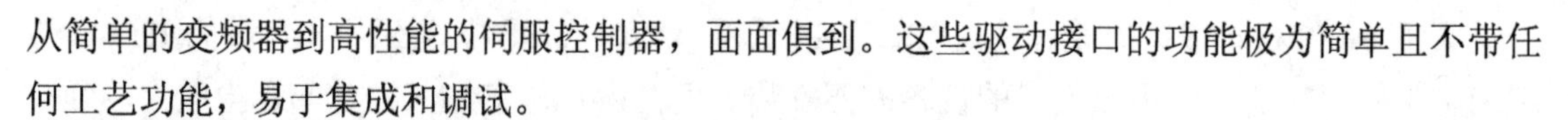

从简单的变频器到高性能的伺服控制器，面面俱到。这些驱动接口的功能极为简单且不带任何工艺功能，易于集成和调试。

（3）PROFIenergy：快速识别各种节能潜力的通信协议。

基于 PROFIenergy 协议,可根据需要自动断开/连接相关工厂区段，并采用一个上层控制器进行统一协调控制，基于该协议可大幅降低能源成本。

在网络技术的背景下，虽然 PROFInet 使用灵活的网络拓扑结构互连各个设备，超越了传统“总线”的概念，但是行业上仍然习惯地称其为 PROFInet 总线，并依然使用“主站”和“从站”的称呼，以便在 PROFInet 网络下，区分和强调“控制器”和“控制设备”的概念（实际上，称“控制器”和“控制设备”更严格）。

第4章　梯形图、基础指令和执行原理

4.1　梯形图语言基础

在梯形图的编辑过程中，每一段梯形图都必须包含两部分，输入部分和输出部分。就像通过继电器和接触器的辅助触点搭配控制逻辑的电路一样，无论辅助触点之间有多么复杂的串并联关系，最终一个通路都要输出到一个接触器或电压继电器的线圈上，否则没有意义。同理，如果一个接触器或电压继电器的线圈没有经过任何触点直接接到电路中，相当于永久闭合，也就没有“逻辑”可言了，依然没有意义。所谓的逻辑，就是梳理清楚什么条件下有什么输出。一段梯形图必须包含输入部分和输出部分，其中输入部分就是在表达条件，输出部分就是在表达输出。梯形图就是通过这样的方式表达逻辑的。

如图 4-1 所示为一段梯形图程序，其中“ —| |— ”模仿继电器常开触点，“ —( )— ”模仿继电器线圈。完全从电路角度看，其逻辑是这样的：继电器“I0.0”吸合且继电器“I0.1”也吸合，这时候继电器“Q0.0”得电，即继电器“Q0.0”也吸合。否则(I0.0 和 I0.1 任意一个未吸合)，继电器“Q0.0”都不得电，即继电器“Q0.0”不吸合。其中继电器“I0.0”和继电器“I0.1”是“Q0.0”是否有输出的条件。

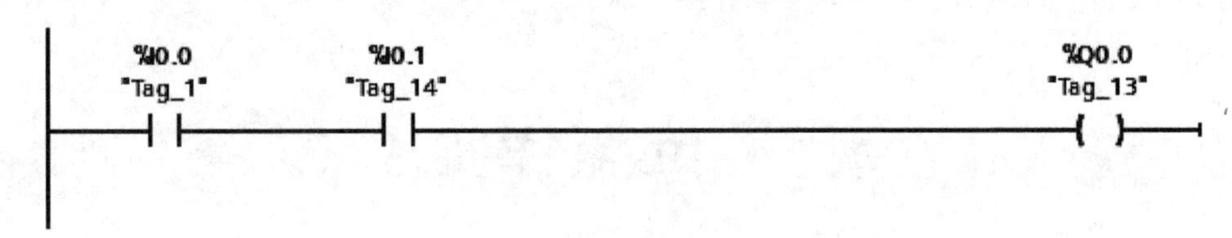

图 4-1　梯形图举例

在梯形图下分析如下：当变量“I0.0”为“1”且变量“I0.1”也为“1”时，将变量“Q0.0”赋值为“1”，否则（变量 I0.0 和变量 I0.1 任意一个为“0”）均将变量“Q0.0”赋值为“0”。其中“ —| |— ”部分为该段梯形图的输入部分，“ —( )— ”为该段梯形图的输出部分。前者是后者（给变量赋值为“1”还是“0”）的条件。通常，类似“ —| |— ”（常开指令）这样的指令称为“输入类指令”。类似“ —( )— ”（线圈指令）这样的指令称为“输出类指令”。

在梯形图编辑过程中，总是使用若干“输入类指令”搭配出一套条件，连接一个（或几个）“输出类指令”，然后再编辑下一段梯形图，也是若干“输入类指令”连接几个“输出类指令”。这样一段接着一段编辑。为了编辑方便，每一段都有一个编号，依次为“Network1”、“Network2”、“Network3”……也就是说每一段梯形图都在一个“Network”中，“Network”也被翻译为“逻辑网络”。

从分析方法看，在电路图中看一个继电器是否会闭合，主要是看其线圈是否上电。如果把图 4-1 看作美标图纸的话，最左侧的一条线为 24V 电源，通过观察电源是否传到线圈来判别相应继电器的闭合状况。在梯形图的分析上，依然是观察这种“传递”的情况。在图 4-1 中，左侧的线称为母线，概念上的能源恒定在这条母线上，概念上的能流从左侧向右流动。通常我们用信号表示这个概念上的能流。母线看作信号源，整个梯形图看作信号（能流）从左向右在各个节点间传递（触点间的连接点看作节点）。通过分析信号是否达到输出来判定输出的情况。当梯形图处在在线的状态下，信号流通的那些节点，软件会通过不同的颜色区分出来，可以一目了然地观察出当前程序和逻辑的运行状态。

梯形图来源于电气图纸（仅触点逻辑部分），由实际电气触点组成的逻辑只是位逻辑，所以梯形图对于位逻辑的分析具有绝对的优势。本章首先介绍了位逻辑的使用。随着发展，梯形图不仅适用于位逻辑也适用于其他运算指令，并在处理其他指令时依然有独特的优势。

在监控梯形图的过程中，可以很方便地看到某个通路通还是不通，可以很方便地看到信号传递的状况。对于那些非位指令来说，它们虽然处理的是整形、浮点、字、双字、时间日期等，看似和位逻辑关系不大，但是无论处理的是什么，无论程序块处理的内容多复杂、功能多强大，必然都会有一个用布尔量表示的状态——运行或是未运行，或者说调用或是未调用，所以当把那些非位指令以及程序块加入梯形图中后，可以借助梯形图强大的分析布尔状态的能力，让我们清晰地编辑、调试、分析某个功能被调用（运行）的条件。本章在介绍位指令之后，还会介绍 S5 定时器和 S5 计数器，这是两类很常用的非位指令，其他的非位指令（S7-1200/1500 下的指令）将在第 8 章介绍。

4.2 位操作指令

4.2.1 常开、常闭和“与”逻辑

在图 4-2 中分别出现了常开触点、常闭触点和输出线圈。它们的名称和图标的对应关系如图 4-3 所示。

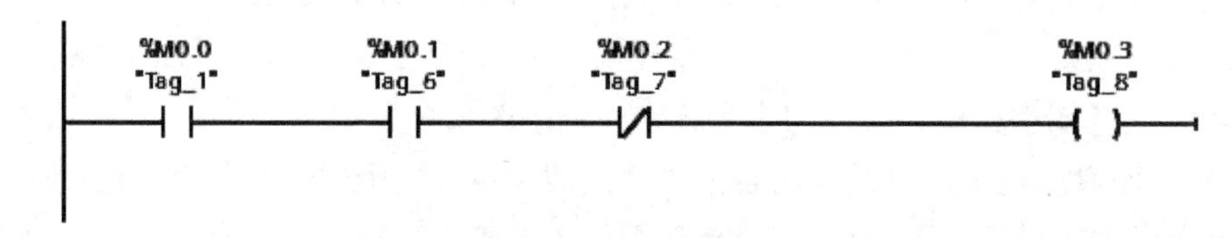

图 4-2 常开、常闭触点和“与”逻辑实例图

如图 4-3（a）所示图标，仿照电气元件的叫法，依然称常开触点。在程序中该符号的上方需要标注一个布尔量作为操作数，表示是哪个变量的常开触点，在程序运行该指

令时，当变量为“1”，这个触点为导通状态（信号可通过）。即这个符号左侧如果有信号的话，其右侧也有信号。如果其左侧没有信号的话，其右侧也没有信号。当变量为“0”，这个触点为断开状态（信号不可通过）。即这个符号的左侧无论是否有信号，其右侧都没有信号。

如图 4-3（b）所示图标，仿照电气元件的叫法，依然称常闭触点。逻辑上与常开触点相反。在程序中该符号的上方需要标注一个布尔量作为操作数，表示是哪个变量的常闭触点。在程序运行该指令时，当变量为“1”，这个触点为断开状态。即这个符号的左侧无论是否有信号，其右侧都没有信号。当变量为“0”，这个触点为闭合状态。即这个符号左侧如果有信号的话，那么其右侧也有信号。如果其左侧没有信号的话，那么其右侧也没有信号。

如图 4-3（c）所示图标，仿照电气元件的叫法，依然称线圈输出。在程序中该符号的上方需要标注一个布尔量作为操作数，表示输出给哪个变量。程序运行该指令，当线圈左侧没有信号时，给这个布尔量赋值为“0”。当线圈左侧有信号时，给这个布尔量赋值为“1”。

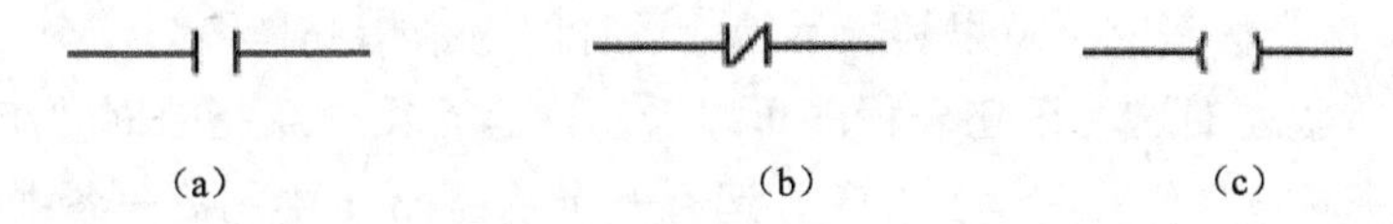

图 4-3　常开、常闭触点和线圈在梯形图中的图标

从图 4-2 来看，当 M0.0 为“1”时，信号通过 M0.0，同时 M0.1 也为“1”时，信号继续通过 M0.1。当 M0.2 为“0”时，信号再继续通过 M0.2，信号抵达线圈 M0.3。此时 M0.3 赋值为“1”，也就是说这段梯形图的逻辑是：仅当 M0.0 为“1”、M0.1 为“1”，M0.2 为“0”时 M0.3 为“1”，否则均为“0”。M0.3 是 M0.0 和 M0.1 及 M0.2 非值三个量“与”的结果。由此也可看出，梯形图中的常闭相当于给一个变量取“非”，而这种串联的结构相当于做“与”运算。

这段梯形图被编译为语句表后是这样的：

```
A      M0.0
A      M0.1
AN     M0.2
=      M0.3
```

指令 A：该指令后接一个布尔量作为操作数。如果 CPU 内状态字中的“/FC”位为“0”，则将 A 后面的操作数存放到 RLO（也是 CPU 内状态字中的一位）中，然后将“/FC”位置位（赋值为“1”）。如果 CPU 内状态字中的“/FC”位为“1”，则将指令 A 后面的操作数与 RLO 中的量做与运算，然后将运算结果存放到 RLO 中，“/FC”位仍处于置位状态。

指令 AN：该指令后接一个布尔量作为操作数。如果 CPU 内状态字中的“/FC”位为 0，则将 A 后面的操作数取反后存放到 RLO 中，然后将“/FC”位置位。如果 CPU 内状态字中的“/FC”位为 1，则将 A 后面的操作数取反后与 RLO 中的量做“与”运算，然后将运算结果存放到 RLO 中，“/FC”位仍处于置位状态。

指令 = ：该指令后接一个布尔量作为操作数，将 RLO 中的量输出给“=”指令后面的操作数，同时将“/FC”位复位（赋值为“0”）。

这段程序运行起来是这样的：在运行该指令“A　M0.0”（第一行）之前，“/FC”位一定是“0”（原因稍后解释），所以 M0.0 的值被赋值给 RLO，“/FC”位被置位。运行第二行指令“A M0.1”时，此时“/FC”已经为“1”，所以 RLO（即 M0.0 的值）与 M0.1 进行与运算，结果存入 RLO 中，“/FC”位继续为“1”。运行第三行指令“ANM0.2 ” 时， 由于“/FC”仍然为“1”，所以将 RLO 的值（M0.0 与 M0.1“与”运算的结果）与 M0.2 的非值（取反后的值）进行与运算，结果存入 RLO 中，“/FC”继续为“1”。执行第四行指令“=M0.3”时，将 RLO 的值赋值（M0.0 和 M0.1 及 M0.2 的非值三个量做“与”运算的结果）给 M0.3，“/FC”位被复位。对于“=”这样的输出类指令，都会将“/FC”位复位。在运行本段第一条指令“A　M0.0”之前，CPU 运行的是上一个 Network 中的最后一条指令，一定是输出类型的指令，“/FC”位在此时已经复位，所以在运行本段第一条指令“A M0.0”之前，“/FC”位一定处在“0”的状态。

对于“/FC”这个状态位，意思是表示当前运行的这个指令是否为一个 Network 的首条指令。根据上面所叙述的这段语句表程序可以看出，运行第一条指令时“/FC”位被置位，运行最后一条指令时被复位，其意义在于，运行一个 Network 中的第一条指令时，该指令不会与上一个 Network 中“残留”的结果进行运算，而在所有输出类指令运行时都复位“/FC”位，说明本 Network 已经运行完毕，其结果不会影响后面的运算。

4.2.2 取反和“或”逻辑

如图 4-4 黑框所示为取反指令在梯形图中的图标。在程序运行该指令时，当取反符号左侧有信号时，其右侧的输出为无信号。当取反符号左侧无信号时，其右侧的输出为有信号。

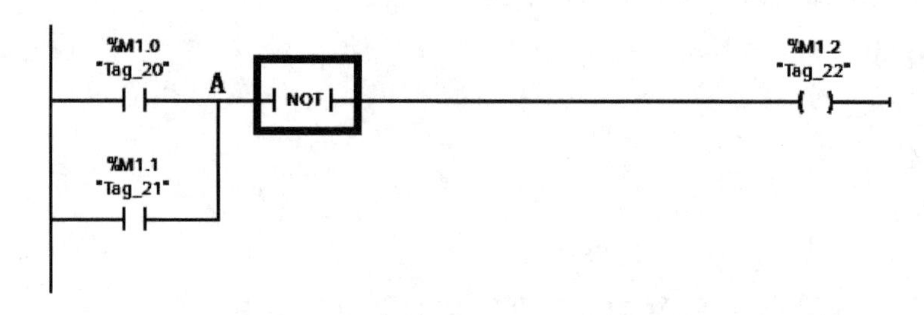

图 4-4　包含取反和“或”逻辑的梯形图

如图 4-4 所示这段程序运行的逻辑是：M1.0 和 M1.1 两个变量任意一个为“1”，则信号都可以流通到“NOT”指令之前的 A 点。A 点处是否有信号就是变量 M1.0 和 M1.1 做“或”逻辑运算的结果。通过“NOT”指令后，将这个结果进行取反，然后将结果赋值给变量 M1.2。由这段程序可以看出在梯形图中的并联结构就是在做“或”运算。

将图 4-4 所示的程序编译为语句表后如下：

O　M1.0

O　M1.1

NOT

=　M1.2

在 4.2.1 节中所述的“与”运算中，使用了语句表指令 A，取自单词 AND，意思是“与”。本节中使用语句表指令 O，取自单词 OR，意思就是“或”。

指令 O：该指令后接一个布尔量作为操作数。如果 CPU 内状态字中的“/FC”位为 0，则将 O 后面的操作数存放到 RLO 中，然后将“/FC”位置位。如果 CPU 内状态字中的“/FC”位为 1，则将 O 后面的操作数与 RLO 中的量做或运算，然后将运算结果存放到 RLO 中，“/FC”位仍处于置位状态。

指令 NOT：该指令无须后接任何操作数。运行该指令时，如果 RLO 的值为“1”，则将“0”赋值给 RLO；如果 RLO 的值为“0”，则将“1”赋值给 RLO。

这样，整个 4 条语句运行下来就完成了“M1.0 和 M1.1 做或运算后取反再赋值给 M1.2”的逻辑。

4.2.3　置位、复位、置位优先触发器（RS）和复位优先触发器（SR）

1）复位指令

复位指令在梯形图中的图标如图 4-5 框 A 所示。

图 4-5　包含置位和复位的梯形图

在程序中，该指令图标上方需要标注一个布尔型变量，作为操作数。在程序运行该指令时，当复位符号左侧有信号时，将该变量赋值为“0”，该过程称为对这个变量的复位。当复位符号左侧没有信号时，不对该变量进行任何操作。也就是说若该变量原先为“1”，运行完该指令后仍为“1”；若该变量原先为“0”，运行完该指令后仍为“0”。

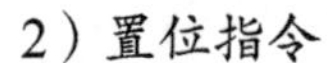

2）置位指令

置位指令在梯形图中的图标如图 4-5 框 B 所示。

在程序中，该指令图标上方需要标注一个布尔型变量，作为操作数。在程序运行该指令时，当置位符号左侧有信号时，将该变量赋值为“1”，该过程称为对这个变量的置位。当置位符号左侧没有信号时，不对该变量进行任何操作。也就是说若该变量原先为“1”，运行完该指令后仍为“1”；若该变量原先为“0”，运行完该指令后仍为“0”。

在程序中，通常对一个变量的置位指令和复位指令会成对出现（但不见得写在一个 Network 中或两个相邻的 Network 中）。

所以，图 4-5 所示的梯形图程序描述了如下逻辑：

对 M1.0 和 M1.1 进行与运算。若计算结果为“1”，则将 M1.2 赋值为“1”，将 M1.3 赋值为“0”，将 M1.4 赋值为“1”。若计算结果为“0”，则将 M1.2 赋值为“0”，对 M1.3 和 M1.4 不进行任何操作，这两个变量依然保持原来的值。

3）置位优先触发器（RS）

变量置位和复位的逻辑类似于数字电子电路中 RS 触发器的逻辑，在 PLC 程序中也有类似的触发器——置位优先触发器（RS）和复位优先触发器（SR）。

置位优先触发器（RS）如图 4-6 所示。该指令有两个入口参数：“S”和“R1”。这两个入口参数各自均需要连接一个布尔型变量，可以直接划入梯形图中。在指令的上方需要填写一个布尔型变量作为操作数。指令还提供了一个出口参数“Q”，可以不填写任何变量，也可以在后方继续编辑梯形图逻辑。出口参数“Q”的设计方便在该指令使用后继续绘制梯形图逻辑。出口参数“Q”永远是传递操作数当前的状态。

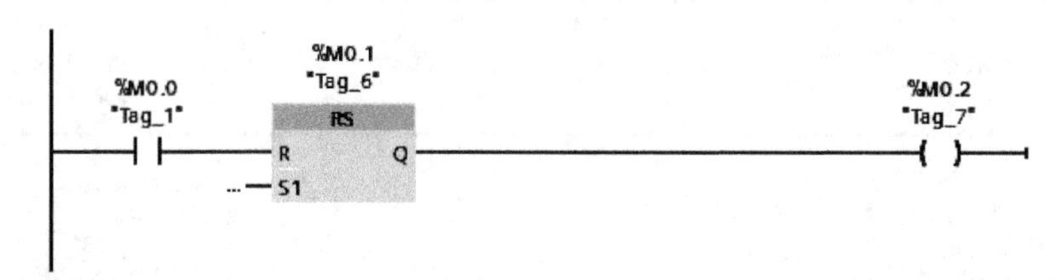

图 4-6　包含置位优先触发器（RS）的梯形图

当入口参数“S”有信号时（入口参数“R1”端无信号），该指令将其操作数置位，出口参数“Q”将传递出信号。

当入口参数“R1”有信号时（入口参数“S”端无信号），该指令将其操作数复位，出口参数“Q”将无信号输出。

当入口参数“S”端和“R1”端都无信号时，该指令不对操作数进行任何操作，操作数保持原值不变。若操作数为“1”则出口参数“Q” 将传递出信号；若操作数为“0”则出口参数“Q” 将无信号输出。

当入口参数“S”端和“R1”端都有信号输入时，该指令已按置位处理，即该指令将其操作数置位，出口参数“Q”将传递出信号。这就是所谓的置位优先的含义。

4）复位优先触发器（SR）

如图 4-7 为复位优先触发器（SR）在梯形图中的一个实例。该指令逻辑上与置位优先触发器（RS）类似，只是当入口参数“S”端和“R1”端都有信号输入时，该指令按复位处理。

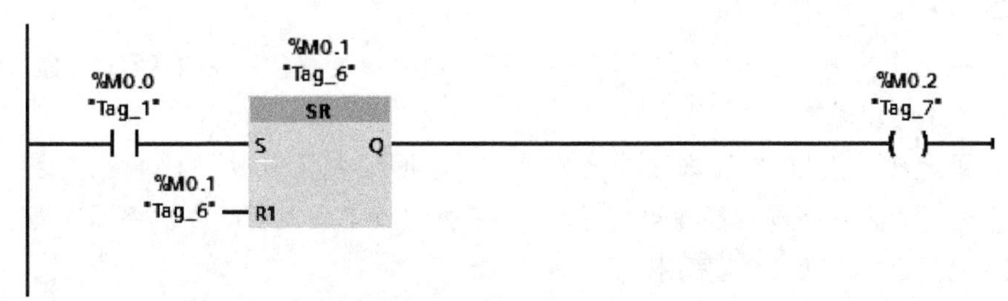

图 4-7　包含置位优先触发器（SR）的梯形图

在语句表中，有关置位和复位指令只有“复位指令”和“置位指令”两个。梯形图中的复位指令（图 4-5 框 A）编译成语句表就是“R 指令”（语句表中的复位指令）。梯形图中的置位指令（图 4-5 框 B）编译成语句表就是“S 指令”（语句表中的置位指令）。对于（RS）和（SR）指令编译为语句表后，依然使用“S 指令”和“R 指令”的搭配来实现相应的功能。

对于“RS 指令”，R 在前，S 在后，所以在语句表中先判断是否有复位条件“R”，若有则完成复位操作，若无则不进行任何操作。然后判断是否有置位条件“S”，若有则完成置位操作，若无则不进行任何操作。这样，当 R 条件和 S 条件都满足时，对操作数先进行复位操作（“R”），然后再进行置位（“S”）操作，这样置位的操作会覆盖之前复位的操作，最后的输出就是置位操作的结果，所以实现了置位优先的功能。

同理，对于“SR 指令”，S 在前，R 在后，所以在语句表中先判断是否有置位条件“S”，若有则完成置位操作，若无则不进行任何操作。然后判断是否有复位条件“R”，若有则完成复位操作，若无则不进行任何操作。这样，当 S 条件和 R 条件都满足时，对操作数先进行置位操作（“S”），然后再进行复位（“R”）操作，这样复位的操作会覆盖之前置位的操作，最后的输出就是复位操作的结果，所以实现了复位优先的功能。

4.2.4　上升沿检测和下降沿检测

有的时候需要这样的功能：当某一个信号从“0”向“1”跳变的瞬间，触发一个输出，或者当某一个信号从“1”向“0”跳变的瞬间，触发一个输出，这时就需要一个上升沿检测或下降沿检测指令。

先假设这样的一个功能需求：当 M0.0 从“0”向“1”跳变的瞬间（即 M0.0 的上升沿），让 Q0.1 置位。对于一个循环运行的 PLC 程序，若要实现这样的功能，其机理是在循环运行的程序中，每一次都将 M0.0 的值赋值给另一个沿储存位（比如说 M0.1）。在下次运行程序时，对 M0.0 和 M0.1 的值进行比较，相当于 M0.0 这个信号的本次值与其上一次程序循环时的值（如下简称上次的值）进行比较。比较的逻辑关系如下：

（1）如果上次的值为“0”本次的值为“1”，说明该变量出现了上升沿，上升沿检测指令给出输出。

（2）如果上次的值为“0”本次的值为“0”，说明该变量一直为“0”，没有上升沿，上升沿检测指令不给出输出。

（3）如果上次的值为“1”本次的值为“1”，说明该变量一直为“1”，没有上升沿，上升沿检测指令不给出输出。

（4）如果上次的值为“1”本次的值为“0”，说明该变量出现了下降沿，上升沿检测指令不给出输出（而若是下降沿指令给出输出）。指令比较完成之后，再次将本次 M0.0 的值复制给 M0.1，供下次循环时比较使用。

如图 4-8 所示，为实现当 M0.0 从“0”向“1”跳变的瞬间（即 M0.0 的上升沿），让 Q0.1 置位功能的梯形图，其中的沿检测位（即 M0.1）写在该指令的下方。同样的机理，还有下降沿检测指令，如图 4-9 所示。

需要注意的是，一个信号从“0”变为“1”后，只有在变化的时候，上升沿指令在比较该信号上次循环时的值和本次的值时，能比较出一个为“0”，另一个为“1”的情况，在之后（该变量持续为“1”）的比较就是一个为“1”，另一个为“1”的情况了。所以只有在该信号“0”变为“1”的那个程序周期中，该指令有信号输出。直到下一个程序周期运行到该指令时刻，就没有信号输出了。下降沿检测也是同样的道理。总之，上升沿指令只在信号出现上升沿的瞬间，该指令有信号输出，输出仅仅持续一个周期的时间；下降沿指令只在信号出现下降沿的瞬间，该指令有信号输出，输出仅仅持续一个周期的时间。由于输出时间极短，这类指令后面通常会跟随置位或复位这类指令，而不会跟随线圈这样的指令。另外，也是由于这类指令输出时间极短，其后方是否有信号输出的状况，在程序监控时是不可能监控到的。

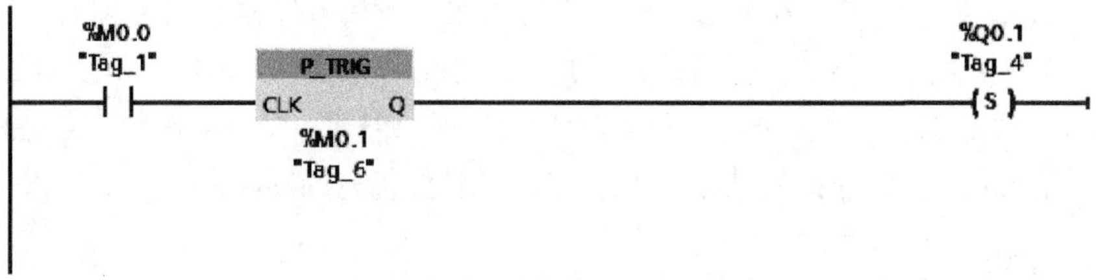

图 4-8　上升沿检测程序实例

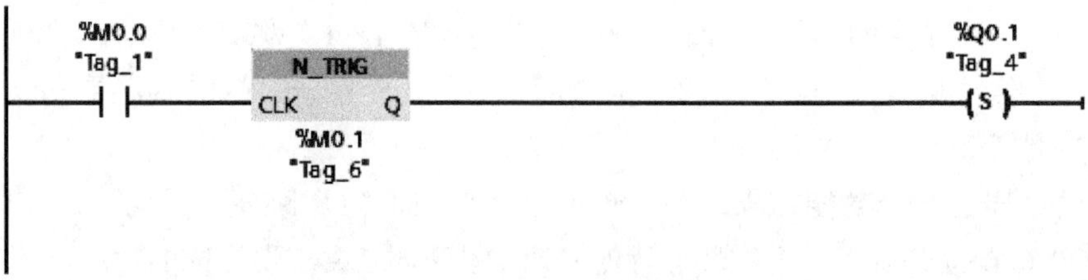

图 4-9　下降沿检测程序实例

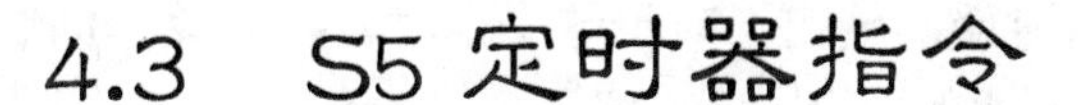

4.3 S5定时器指令

在控制程序中，有的时候需要定时的逻辑。比如在某一个事件（信号）出现延迟一个特定的时间后触发另一个事件。这时需要在程序中引用定时器逻辑。在S7-300/400PLC中可以使用S5定时器。在S7-1200/1500PLC中既可以使用S5定时器也可以使用IEC定时器。有关IEC定时器的内容将在第8章讲解。这里主要阐述S5定时器，并借助S5定时器讲解定时器的基本逻辑和使用方法。

由于西门子PLC下定时器种类繁多，在使用的时候，可以参见定时器指令的帮助信息。通常查看帮助信息时，主要是看该定时器的时序图，这样可以最快速地理解定时器指令的控制逻辑。鉴于这样的编程经验，本节将重点阐述各个定时器和它们时序图的关系，以及时序图的读图方法。

4.3.1 脉冲定时器（S_PULSE）

脉冲定时器用于产生一个脉冲，所设定的时间为脉宽的大小。该定时器的主要作用是：当触发信号出现后，定时器输出从“0”变为“1”，这时候定时器开始从预设时间起进行倒计时。当倒计时到0时，即已经经过了一个预设时间，这时定时器的输出从“1”变为“0”，形成了一个脉冲的输出，如图4-10所示为该定时器在梯形图中的图标。

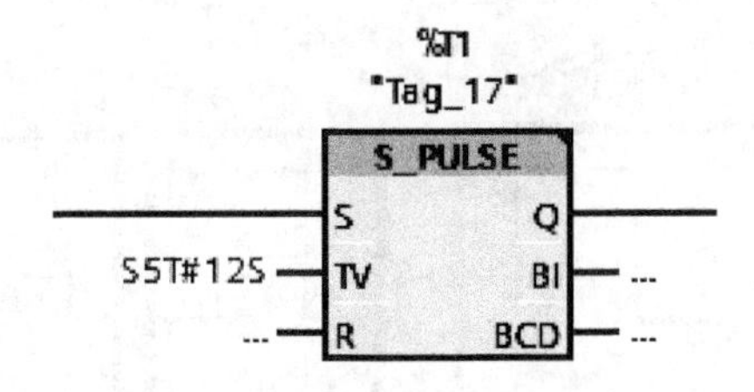

图4-10　S_PULSE定时器在梯形图中的图标

可以看出，该指令上方需要填写一个定时器编号，指令将占用系统中一个定时器的资源。该块左侧为“入口参数”，需要填写三个变量：“S”、“TV”、“R”。

入口参数“S”：定时器的触发端，在梯形图中直接插入该定时器指令时，该端直接嵌入梯形图中。梯形图中的信号直接控制该定时器的触发。在调试时，通常会关注于定时器的触发逻辑，所以将触发端嵌入梯形图中，发挥了梯形图的优越性，提高了定时器设计和调试的效率。

入口参数“TV”：输入定时器预设值的地方。

入口参数“R”：定时器的复位端，如果不使用定时器复位功能，该端可以不连接任何变量。定时器的复位相关逻辑将在下面讲述定时器时序逻辑时阐述。

该定时器的出口参数有三个："Q"、"BI"、"BCD"。

出口参数"Q"：定时器的输出。对于这个定时器，其输出的脉冲从该端输出。该端将嵌入梯形图中，其后方可以直接连接梯形图的其他指令。

出口参数"BI"：以 BI 码的形式显示当前计时时间，由于 S5 定时器为倒计时，此处的值就是剩余时间。

出口参数"BCD"：以 BCD 码的形式显示当前计时时间。

在图 4-10 中，该指令使用了定时器资源中的"T1"，这个"T1"的符号本身可以作为一个布尔量应用在梯形图的位指令（输入类）中，如图 4-11 所示。这个"T1"的值相当于图 4-10 中的"定时器 Q 端"的输出值。

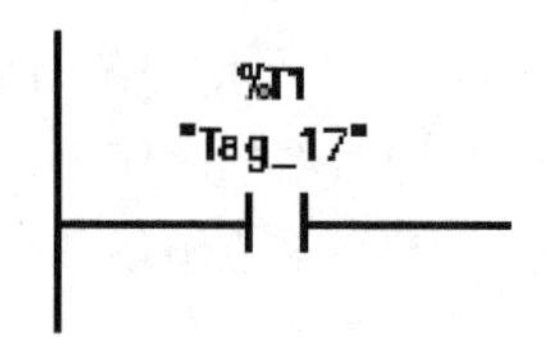

图 4-11　输入类位指令中直接引用定时器

在图 4-12 中，通过指令各个参数变化的时序图直观地表达了该定时器在各种状态下的运行逻辑。图中各个信号意思如下：

"RLO at input S"表示该指令入口参数"S"的信号。在时序图中，高电平表示该端输入为"1"，低电平表示该端输入为"0"。

"RLO at input R"表示该指令入口参数"R"的信号。在时序图中，高电平表示该端输入为"1"，低电平表示该端输入为"0"。

"Time running"表示定时器是否在运行，即是否在倒计时中。在时序图中，高电平表示定时器正在运行，低电平表示定时器未运行。

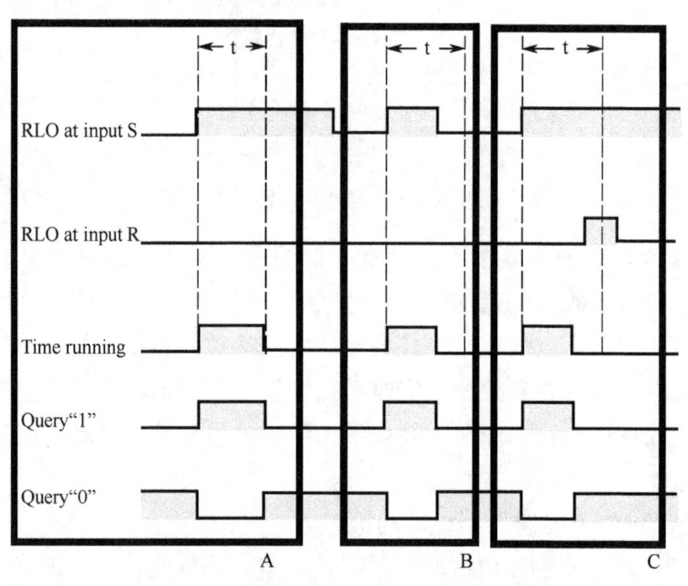

图 4.12　S_PULSE 定时器的时序图逻辑

“Query‘1’”表示基于逻辑“1”时的定时器输出信号。在时序图中，高电平表示定时器输出信号为“1”，低电平表示定时器输出信号不为“1”(即为“0”)。

“Query‘0’”表示基于逻辑“0”时的定时器输出信号。在时序图中，高电平表示定时器输出信号为“0”，低电平表示定时器输出信号不为“0”(即为“1”)。

由图 4-12 的 A 框可见，当定时器输入端从“0”变为“1”且一直持续为“1”的情况：在输入“S”端从“0”变为“1”时，定时器开始倒计时，同时定时器的输出由“0”变为“1”。当倒计时结束后（到达预设时间），定时器结束运行，输出从“1”变为“0”。这样，输出了一个预设脉宽大小的脉冲。这是该定时器最常规的用法，所以在时序图最前面画出。

由图 4-12 的 B 框中可见，当定时器输入“S”端从“0”变为“1”且持续一小段时间为“1”后，在定时器还没有计时完之前，输入信号由“1”又变为了“0”的情况：在输入端从“0”变为“1”的时刻，定时器开始倒计时，同时定时器的输出由“0”变为“1”。在输入信号提前变为“0”的下降沿，定时器停止倒计时，定时器的输出立刻变为“0”，定时器输出了一个小于预设脉宽的脉冲。

由图 4-12 的 C 框中可见，当定时器输入端信号正常时（从“0”变为“1”且一直持续为“1”）通过定时器“R”端进行复位的情况：在输入“S”端从“0”变为“1”的时刻，定时器开始倒计时，同时定时器的输出由“0”变为“1”。在定时未结束之前，定时器复位“R”端得到“1”信号。当“R”端为“1”时，定时器停止运行，输出由“1”变为“0”。

4.3.2　扩展脉冲定时器（S_PEXT）

扩展脉冲定时器用于产生一个脉冲，所设定的时间为脉宽的大小，其功能与 S_PULSE 定时器类似，但又略有区别。区别在于，它总会产生一个完整脉宽的脉冲，不会因为输入信号的复位而提前关断脉冲的输出，如图 4-13 所示为该定时器在梯形图中的图标。其接口参数与“脉冲定时器”(4.3.1 节所介绍的）一样，这里不再重复解释，其中的复位端“R”可以不使用（不连接任何变量）。

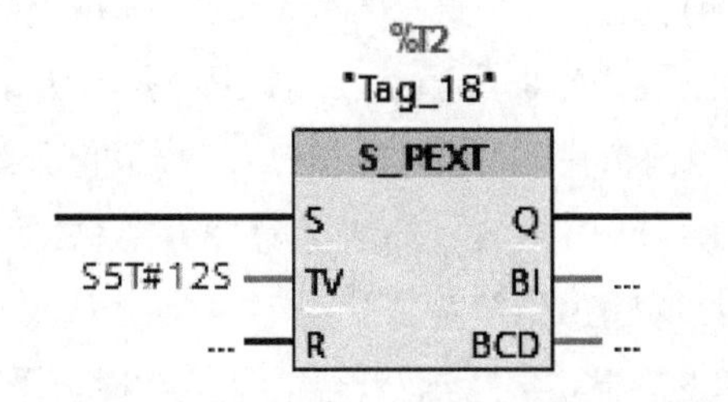

图 4-13　S_PEXT 定时器在梯形图下的图标

图 4-14 为 S_PEXT 定时器的时序图逻辑，图中各个信号的意思与“脉冲定时器”(4.3.1 节所介绍的）一样，这里也不再重复解释。

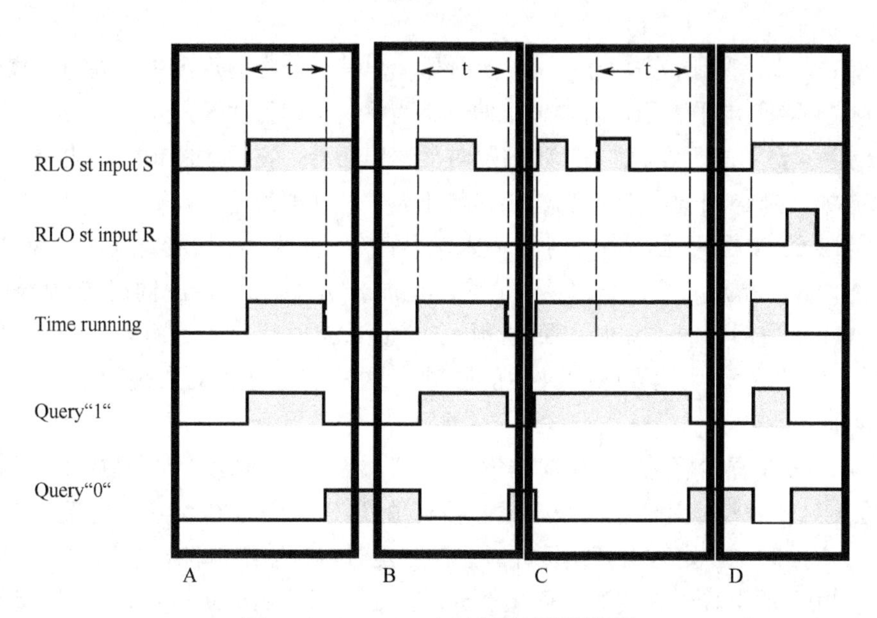

图 4-14　S_PEXT 定时器的时序图逻辑

由图 4-14 的 A 框中可见，当定时器输入端从"0"变为"1"且一直持续为"1"的情况：在输入"S"端从"0"变为"1"时，定时器开始倒计时，同时定时器的输出由"0"变为"1"。当倒计时结束后（到达预设时间），定时器结束运行，输出从"1"变为"0"。这样，输出了一个预设脉宽大小的脉冲。

由图 4-14 的 B 框中可见，当定时器输入"S"端从"0"变为"1"且持续一小段时间为"1"，在定时器还没有计时完之前，输入信号由"1"又变为了"0"，然后一直持续为"0"的情况：在输入端从"0"变为"1"时，定时器开始倒计时，同时定时器的输出由"0"变为"1"。在输入信号提前变为"0"时，定时器的运行不受影响，定时器继续运行直至定时器倒计时完成。倒计时完成的时候，定时器输出立刻变为"0"。定时器依旧输出了一个预设脉宽大小的脉冲。

由图 4-14 的 C 框中可见，当定时器输入"S"端从"0"变为"1"且持续一小段时间为"1"，在定时器还没有计时完之前，输入信号由"1"又变为了"0"，然后持续一小段时间为"0"后，在定时器还没有计时完成之前有变为"1"的情况：当定时器正在运行中且并未倒计时结束的时候，如果此时出现"定时器输入'S'端由'0'变为'1'的情况"，那么在"S"端上升沿时刻定时器会重置。即当前值变为预设值，然后从预设值开始重新向下倒计时。换句话说，无论何种情况（复位"R"端出现信号的情况除外），只要"S"端出现上升沿，定时器就重置预设值并运行，运行期间输出始终为"1"。

由图 4-14 的 D 框中可见，当定时器输入端信号正常时，通过定时器"R"端进行复位的情况：在输入"S"端从"0"变为"1"时，定时器开始倒计时，同时定时器的输出由"0"变为"1"。在定时未结束之前，定时器复位"R"端得到"1"信号。在"R"端从"0"变为"1"后，定时器停止运行，输出由"1"变为"0"。

4.3.3　延迟输出定时器（S_ODT）

延迟输出定时器用于一个信号到来延迟一段预设时间后再输出的情况。该定时器是控制程序中最常用的定时器之一，如图 4-15 所示为该定时器在梯形图中的图标。其接口参数与“脉冲定时器”一样，这里不再重复解释，其中复位端“R”可以不使用（不连接任何变量）。

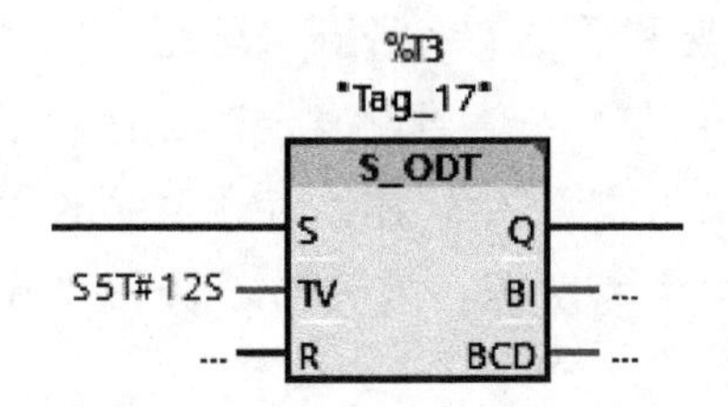

图 4-15　S_ODT 定时器在梯形图下的图标

由图 4-16 为 S_ODT 定时器的时序图逻辑，图中各个信号的意思与“脉冲定时器”一样，这里也不再重复解释。

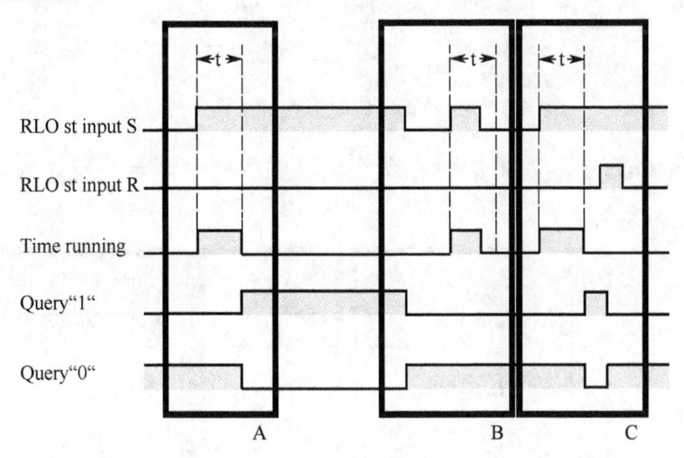

图 4-16　S_ODT 定时器的时序图逻辑

由图 4-16 的 A 框中可见，当定时器输入端从“0”变为“1”且一直持续为“1”的情况（复位信号始终为“0”）：在输入“S”端从“0”变为“1”时，定时器开始倒计时，但此时定时器输出保持为“0”。当倒计时结束时，定时器输出从“0”变为“1”，并一直持续，直到输入“S”端变为“0”时，定时器输出也同时变为“0”，定时器在此时刻重置。

由图 4-16 的 B 框中可见，当定时器输入“S”端从“0”变为“1”后，在定时器计时未完成之前输入信号提前复位的情况：在输入“S”端从“0”变为“1”的上升沿时刻，定时器开始倒计时。在定时未完成时，在输入“S”端复位为“0”。这时，定时器始终不会输出，并在输入“S”端复位为“0”的下降沿时刻，定时器重置。

由图 4-16 的 C 框中可见，定时器正常输出时复位端“R”的复位作用。在定时器正常输出，复位端“R”为“1”时，将终止定时器的输出。当“R”端信号消失后，如果没有触发信号出现（“S”端从“0”变为“1”），该定时器不会恢复运行和输出。

4.3.4 带记忆的延迟输出定时器（S_ODTS）

带记忆的延迟输出定时器用于一个信号到来延迟一段预设时间后再输出的情况，它与延迟输出定时器的区别在于，输入信号触发定时器运行后，无论输入信号是否复位，定时器总会在延迟一段预设时间后产生输出。输出复位仅与复位端“R”有关，如图 4-17 所示为该定时器在梯形图中的图标。其接口参数与“脉冲定时器”一样，这里不再重复解释。

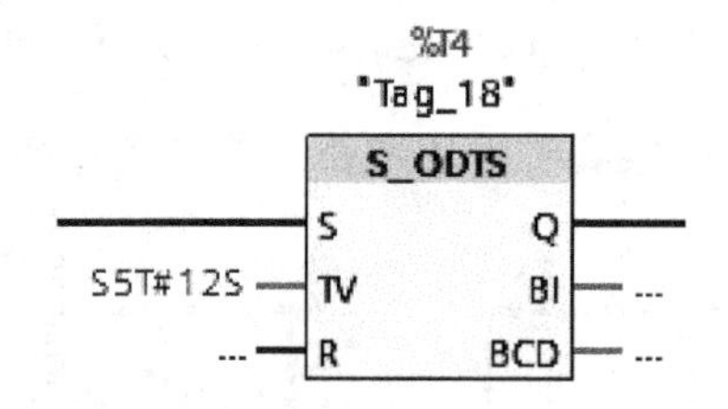

图 4-17　S_ODTS 定时器在梯形图下的图标

图 4-18 为 S_ODTS 定时器的时序图逻辑，图中各个信号的意思与“脉冲定时器”一样，这里也不再重复解释。

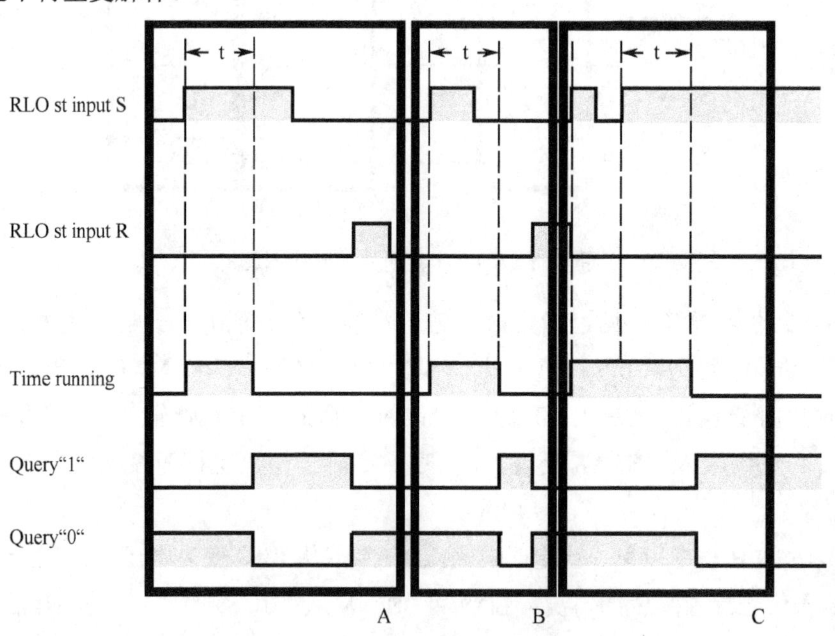

图 4-18　S_ODTS 定时器的时序图逻辑

由图 4-18 的 A 框中可见，当定时器输入端从“0”变为“1”，且持续一段时间（这段时间大于预设时间）后恢复为“0”的情况。当定时器输入端从“0”变为“1”时，定时器开始倒计时。当定时器定时完成时，开始输出信号。当定时器的复位端“R”出现信号时，在复位端“R”的上升沿时刻，定时器输出变为“0”。

由图 4-18 的 B 框中可见，当定时器输入端从“0”变为“1”，且在定时器未完成倒计时之前恢复为“0”的情况。当定时器输入端从“0”变为“1”时，定时器开始倒计时。如果在倒计时未完成之前，输入端信号消失，那么定时器的运行不受影响。定时器继续倒计时至 0，然后输出信号。直到复位端“R”出现上升沿时刻，定时器输出变为“0”。

由图 4-18 的 C 框中可见，当定时器输入“S”端从“0”变为“1”，并在计时未完成之前反复出现振荡时的情况。当定时器输入端从“0”变为“1”，且在定时器未完成倒计时之前，输入端信号出现振荡。那么在振荡中，每一次出现上升沿时刻，定时器都会重置，即重新从预设值开始倒计时。当计时完成后，定时器输出信号。

4.3.5　关断延迟定时器（S_OFFDT）

延迟输出定时器用于一个信号消失延迟一段预设时间后再取消输出的情况。该定时器是控制程序中最常用的定时器之一，如图 4-19 所示为该定时器在梯形图中的图标。其接口参数与“脉冲定时器”一样，这里不再重复解释，其中复位端“R”可以不使用（不连接任何变量）。

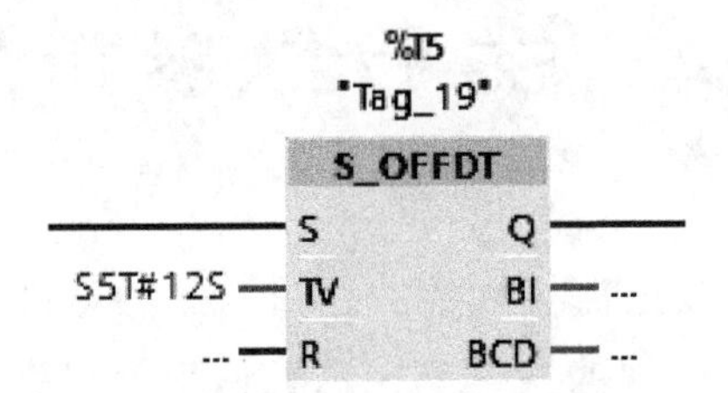

图 4-19　S_OFFDT 定时器在梯形图下的图标

图 4-20 为 S_OFFDT 定时器的时序图逻辑。图中各个信号的意思与“脉冲定时器”一样，这里也不再重复解释。

由图 4-20 的 A 框中可见，当定时器输入端已经有信号（为“1”），在该信号消失（为“0”）且持续处在“0”状态的情况。当定时器输入端从“0”变为“1”时，定时器输出端跟随输出，但并不运行。当定时器输入端从“1”变为“0”时，定时器开始倒计时。此时，定时器输出依然为“1”，直到倒计时完成后，输出变为“0”。

由图 4-20 的 B 框中可见，当定时器输入端在定时器倒计时未完成时反复振荡的情况。当定时器输入端从“0”变为“1”时，定时器输出端跟随输出。此时，输入端出现振荡（即在定时期间多次出现触发信号），在振荡中每一次出现上升沿定时器都被重置，每一次出现下降沿，定时器都重新开始运行。直到计时完成（即在计时过程中，输入始终为“0”），定时器输入变为“0”。

由图 4-20 的 C 框中可见，复位端“R”出现信号的情况。如果复位端“R”出现信号，那么定时器输出立刻重置，输出变为“0”。

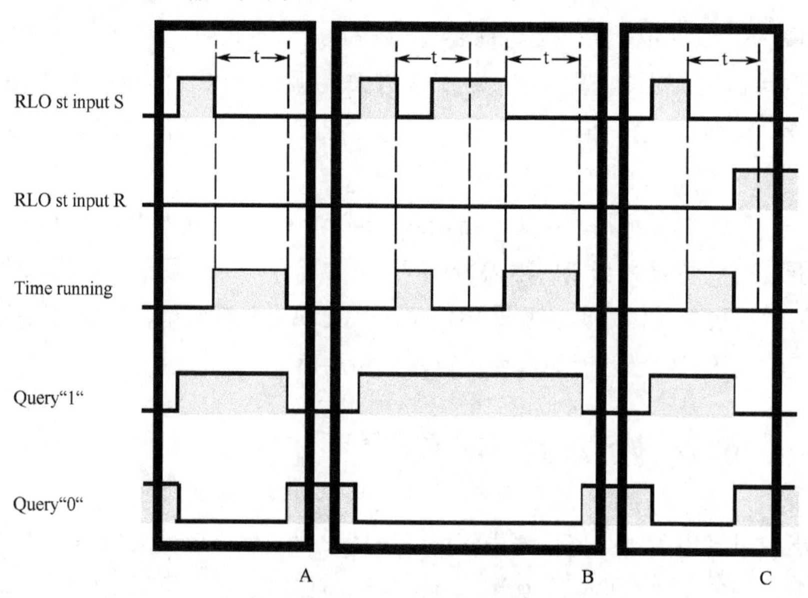

图 4-20　S_OFFDT 定时器的时序图逻辑

4.4　S5 计数器指令

在控制程序中，有的时候还需要计数的逻辑，比如记录一段时间内某个脉冲信号发生的次数，或记录某个事件出现的次数等，这种情况可以选择使用计数器指令。在 S7-300/400 PLC 中可以使用传统计数器（S5 计数器）。在 S7-1200/1500 PLC 中既可以使用 S5 计数器也可以使用 IEC 计数器。有关 IEC 计数器的内容将在第 8 章讲解，这里主要阐述 S5 计数器。

4.4.1　向上计数器

使用该指令时，计数器最上方需要从系统计数器资源中分配一个计数器填写在这里，如图 4-21 中的“%C1”。“CU”和“Q”端直接画在梯形图中。“S”端和“R”端可以画在梯形图中，也可以直接填写上布尔量。“PV”端可以连接一个 Word 型变量，也可以自行填写一个 C 型立即数（如图 4-21 所示），作为计数器预设值。

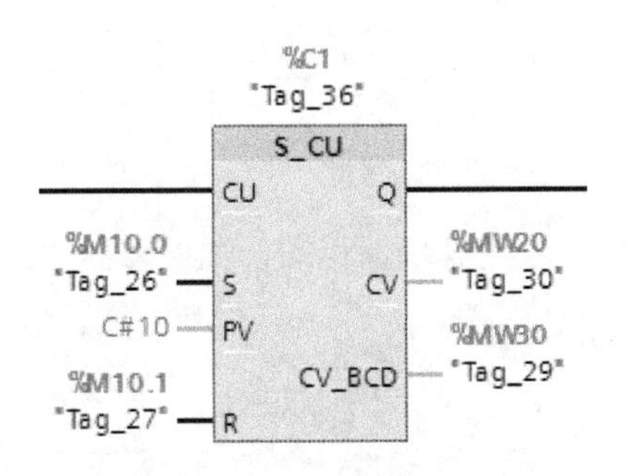

图 4-21　向上计数器（C 计数器）

当“R”端为 0 时，若“CU”端出现上升沿，且当前计数值小于 999 时，其计数值加一。若“S”端出现上升沿时，则载入“PV”端所输入的数值作为当前的计数值。

当“R”端为 1 时，整个计数器重置，计数值变为 0。

计数器的计数值以十六进制形式（可以看作整型）输出在“CV”端上，以 BCD 形式输出在“CV_BCD”端上。

当计数值不等于 0 时，则在“Q”端输出信号，否则不输出。

在该指令中使用的计数器是 C1，可以将 C1 看作一个布尔量，其等效于“Q”端的输出。这样将其放在位指令中，可以在程序任意地方使用该指令“Q”点的信号。使用方式如图 4-22 所示。以下的计数器指令均可如此使用。

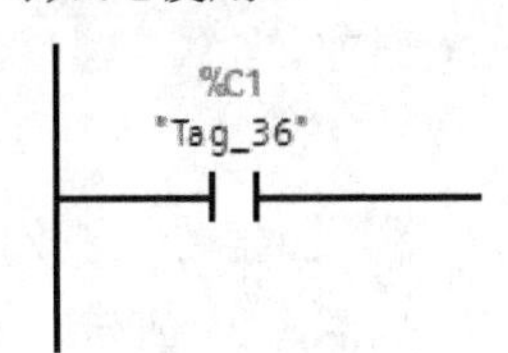

图 4-22　在程序其他地方引用计数器指令的输出

4.4.2　向下计数器

向下计数器各个端口与向上计数器基本相同，如图 4-23 所示。区别在于当“R”端为 0 时，若“CD”端出现上升沿，且当前计数值大于 0 时，其计数值减一。

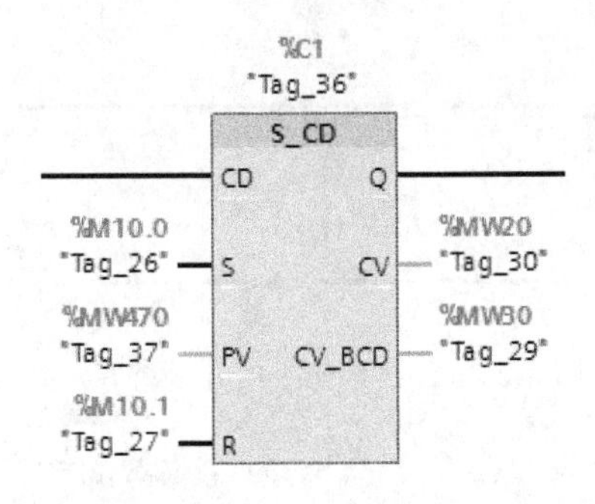

图 4-23　向下计数器

4.4.3 上下计数器

上下计数器各个端口与向上计数器基本相同，如图 4-24 所示。

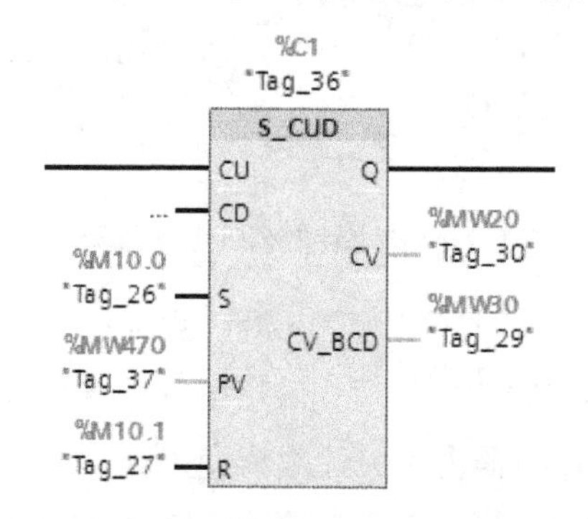

图 4-24 上下计数器

当“R”端为 0 时，若“CU”端出现上升沿，且当前计数值小于 999 时，其计数值加一；若“CD”端出现上升沿，且当前计数值大于 0 时，其计数值减一。当“S”端出现上升沿时，则载入“PV”端所输入的数值作为当前的计数值。

当 R”端为 1 时，整个计数器重置，计数值变为 0。

计数器的计数值以十六进制形式输出在“CV”端上，以 BCD 形式输出在“CV_BCD”端上。

当计数值不等于 0 时，则在“Q”端输出信号，否则不输出。

这些计数器还可以使用缩写形式，如图 4-25 所示。

%M10.0
"Tag_26"
%C1
"Tag_36"
SC
C#100
%M10.1
"Tag_27"
%C1
"Tag_36"
CU
%M10.2
"Tag_28"
%C1
"Tag_36"
CD
%M10.3
"Tag_31"
%C1
"Tag_36"
R

图 4-25 计数器指令的几种缩写形式

其中-(SC)为计数值变为预设值指令。-(CU)为计数器的计数值加 1 指令。-(CD)为计数器的计数值减 1 指令。-(R)为重置计数器指令。

第3篇

TIA 软件和 S7-1200/1500 PLC 基础

第5章　TIA 软件的基本操作

5.1　软件的视图

在软件安装完毕之后，双击图 5-1 所示的图标，打开 TIA 博途软件。

图 5-1　TIA 博途软件图标

软件打开后，如图 5-2 所示。在软件界面的左下角有“项目视图（Project view）”按钮。单击该按钮，将进入“项目视图”。

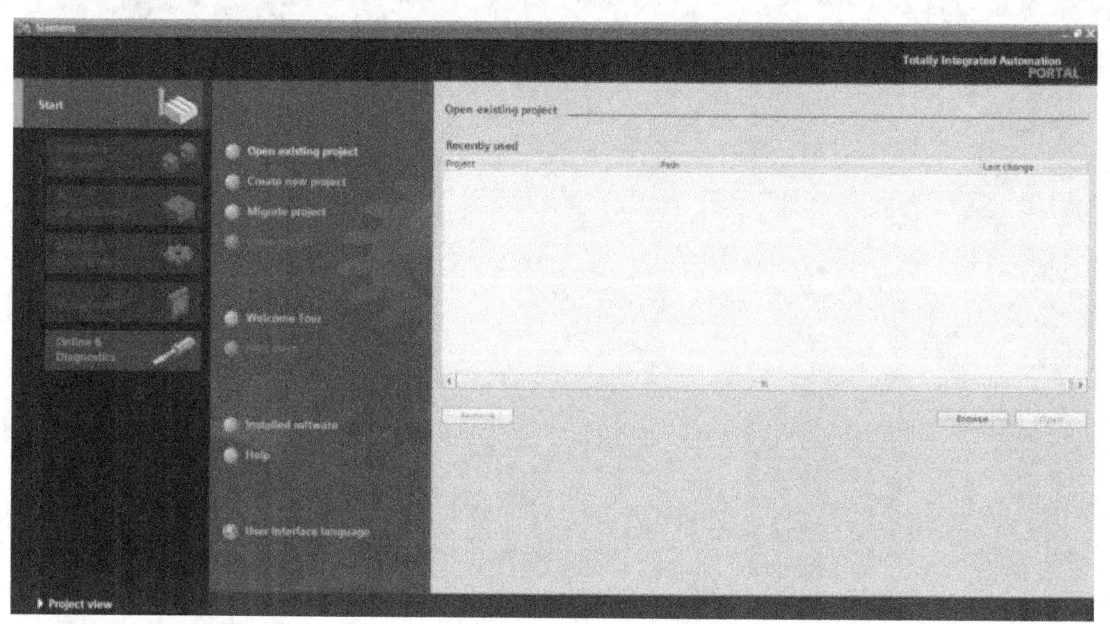

图 5-2　软件视图

在项目视图中（图 5-3），单击左下角的“博途视图（Portal view）”，可以切换回软件视图。这两个视图都可以完成很多功能。但通常的操作都是在项目视图中完成的。本书中所有功能的介绍将主要基于项目视图。

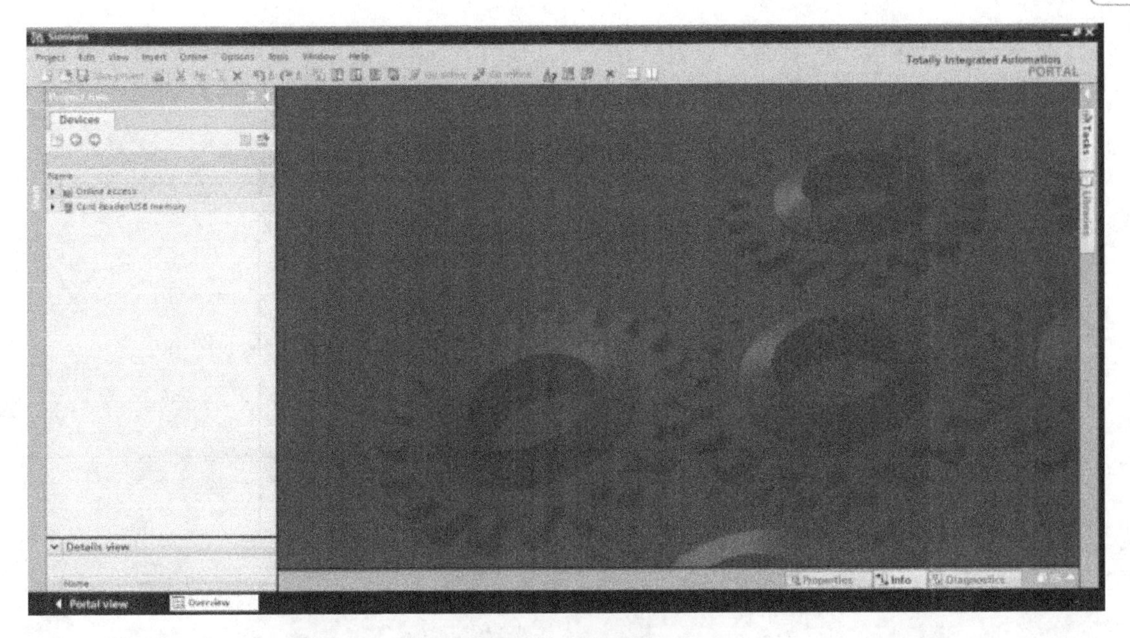

图 5-3　项目视图

5.2　软件的常用操作

5.2.1　项目的创建、打开、关闭、移植、压缩和解压缩

1．项目的创建、打开和关闭

在项目视图下，选择菜单栏中的“新建（New）”命令，如图 5-4 中的（a）所示，弹出新建项目对话框，如图 5-5 中的（b）所示。在其中填写新建项目的名称（Project name）、保存路径（Path）、作者姓名（Author）和简要的说明（Comment）（也可不填写），然后单击“建立（Create）”按钮便可。

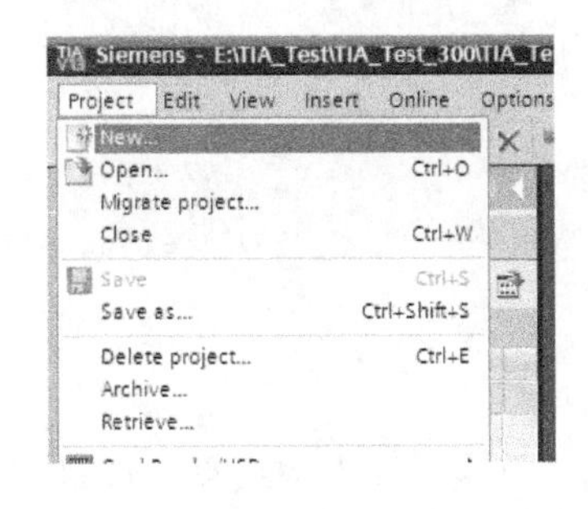

（a）

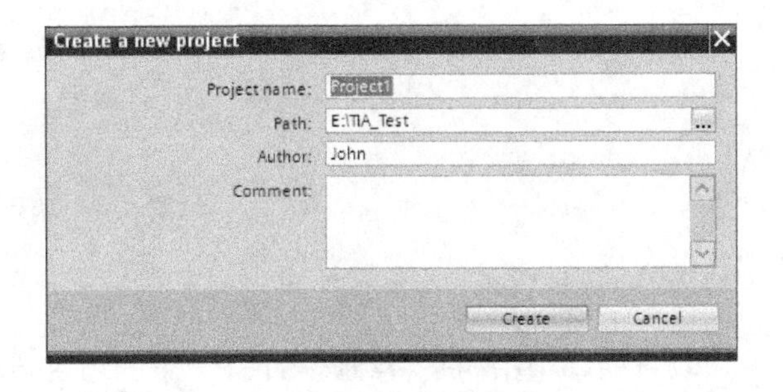

（b）

图 5-4　新建项目

同样在项目视图下，选择“打开（Open）”命令，如图 5-5 所示，弹出打开项目对话框，如图 5-6 所示。

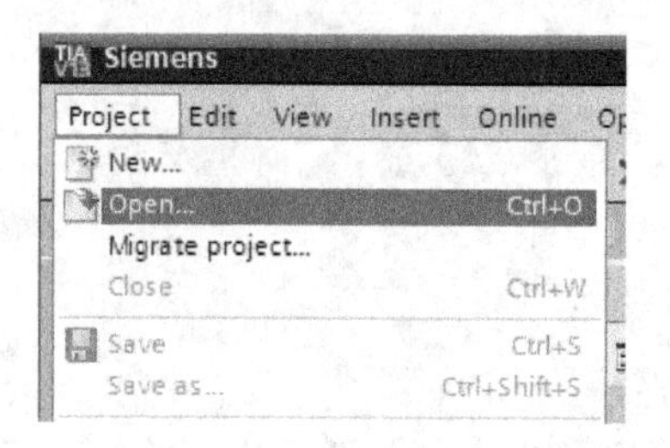

图 5-5　打开项目的选项

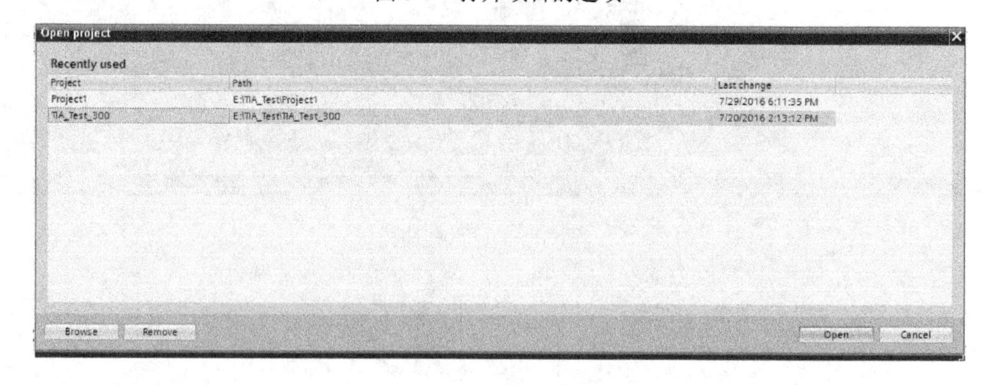

图 5-6　“打开项目”对话框

在这个对话框中，罗列出最近打开过的项目。如果其中有准备打开的项目，直接选中，然后单击“打开（Open）”按钮便可。如果罗列的项目过多，可以选中一些项目后，单击“移除（Remove）”按钮，这些项目将不再显示在这里。如果这里没有要打开的项目，单击“浏览（Browse）”按钮，选择要打开的项目，打开便可。

在某个项目打开的情况下，选择项目视图下项目菜单中的“关闭（Close）”命令可以关闭当前项目，如图 5-7 所示。

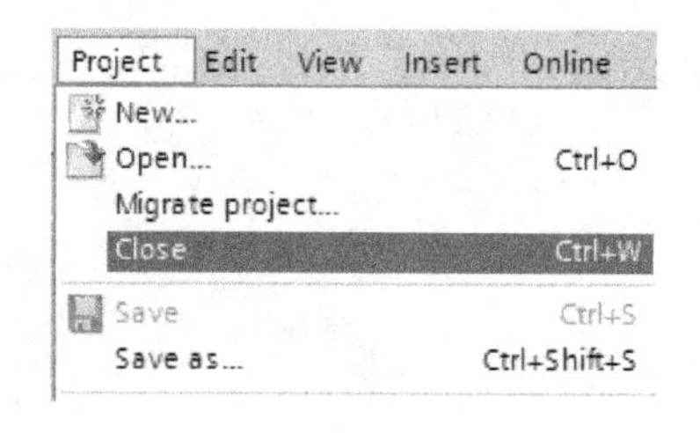

图 5-7　关闭项目

2．项目的移植

项目的移植指的是将经典 STEP7 下的项目自动转换为 TIA 博途软件下的项目。选择项目视图下项目菜单中的“移植项目（Migrate project）”菜单，如图 5-8 所示。弹出项目移植对话框，如图 5-9 所示。在上方部分需要填写的是原经典 STEP7 下的项目路径和名称。单击图 5-9 中的框 A，在弹出的窗口中选择准备移植的原始项目。选择好后，该项目名称会自动填写在框 B 处。下方的部分需要填写移植后 TIA 博途软件下的项目名称和存放地址。单击框 C，在弹出的窗口中选择存放地址，在框 D 中填写移植后的项目名称。然后单击“移植（Migrate）”按钮，程序开始自动移植。在框 E 处，如果没有选上“包含硬件组态（Include hardware configuration）”，那么移植后的项目含有原项目中的程序部分，硬件部分处在未确定状态。如果选中了这一项，原项目中的硬件组态部分也会被移植到新的项目中。项目移植过程中，需要等待一段时间，软件会显示出移植的进度。移植完成后会自动打开刚移植好的项目。

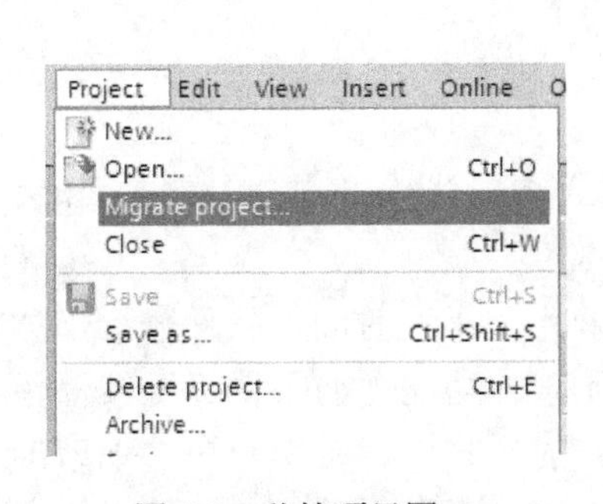

图 5-8　移植项目图

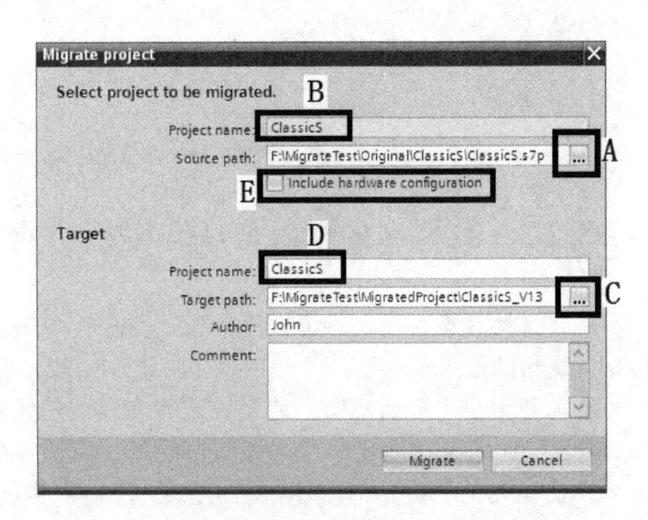

5-9　“项目移植”对话框

由于 TIA 博途软件下的指令系统和硬件驱动都重新进行了规划和调整。在移植过程中难免会出现不兼容的地方。一般有可能是原有项目下有一些库程序不再支持（通常移植过程中，软件会自动将不再支持的库程序替换为同等功能的新指令，但有时也无法自动替换），或者有一些硬件模块不再支持，这时需要使用者根据相应的提示替换（或去除）这些不支持的硬件或程序。

3．项目的压缩和解压缩

一个 TIA 博途软件下的项目由相应目录下多个文件组成，这不易于项目的复制和存档。TIA 博途软件提供了压缩功能，可以将一个项目压缩为一个文件。选择项目视图下项目菜单中的“压缩（Archive）”菜单，如图 5-10 中（a）所示，在之后弹出的窗口中输入压缩文件的名称并选择存放的路径后保存，等待一段时间后便可。

解压缩的过程与压缩过程相反，选择同一个菜单下的“解压缩（Retrieve）”菜单，如图 5-10 中（b）所示。在之后弹出的窗口中选择一个已经压缩好的项目文件，单击打开后，等待一段时间后便可完成。

这种解压缩的功能除了便于项目的复制和存档以外，还起到了项目重组的作用。这是一个更为实用的功能。项目中的错误和一些与当前软件安装包不匹配的信息会通过这种方式清除。

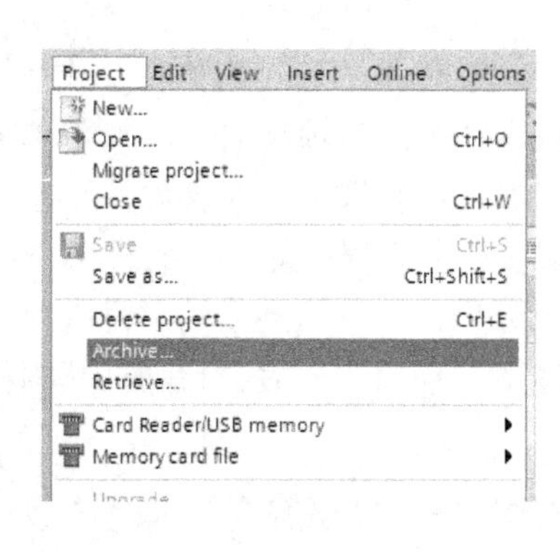

(a)

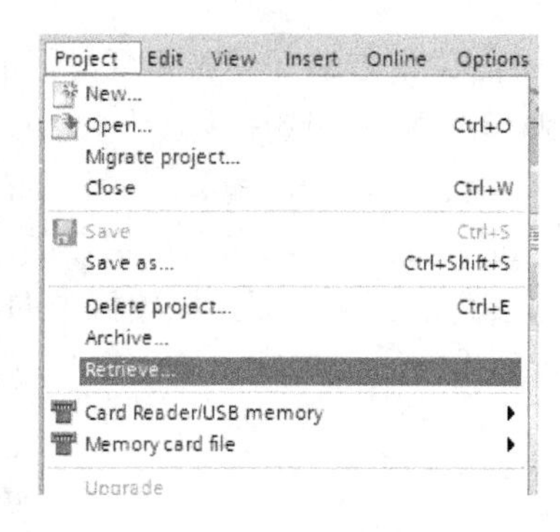

(b)

图 5-10　项目的压缩和解压缩

5.2.2　软件中的帮助系统和撤销功能

在 TIA 博途软件中，对于按钮、选项、指令、控件、各种配置参数等元素都可以自由方便地调出帮助信息。

当需要调出帮助信息时，将鼠标放置在相应的元素上静止一小段时间，软件会弹出如图 5-11（a）所示的简要信息，该信息会用一句话解释该元素的功能。如果鼠标继续停留或者单击这句简要信息，软件帮助信息会变为图 5-11（b）的形式，给予用户更加细节的解释。在这个解释中，如果用户单击其中的超链接，软件将打开帮助系统窗口，给予用户完整的解释。

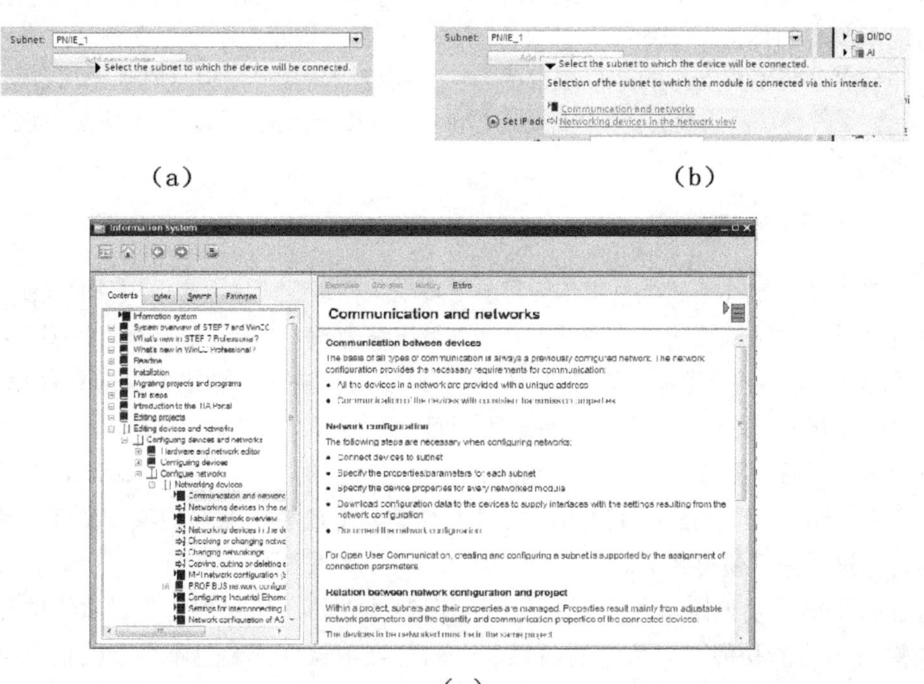

(a)　　(b)

(c)

图 5-11　TIA 博途软件中的帮助系统

在 TIA 博途软件中，添加了实用的撤销和反撤销功能。在软件工具栏上，有“撤销”按钮和“反撤销”按钮，如图 5-12 所示。其中撤销按钮快捷键为“Ctrl+Z”，是 Windows 和 Office 惯用的撤销快捷键。在撤销按钮和反撤销按钮旁带有向下的箭头，可以选择撤销到第几步操作或反撤销到第几步操作。

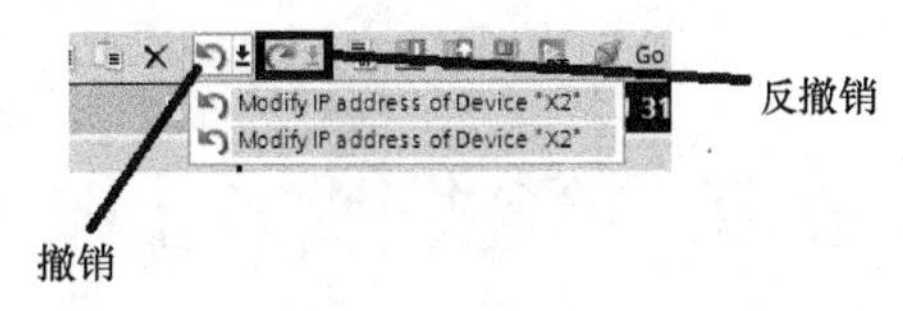

图 5-12　撤销和反撤销操作

5.2.3　软件的升级

在 TIA 博途软件运行后，任务栏右侧常驻图标中可以找到 TIA 博途软件的自动更新程序，图标如图 5-13 所示。或者单击软件“帮助（Help）”菜单中的“安装的软件（installed software…）”，在弹出的对话框中选择“检查更新（Check for updates）”也可以。

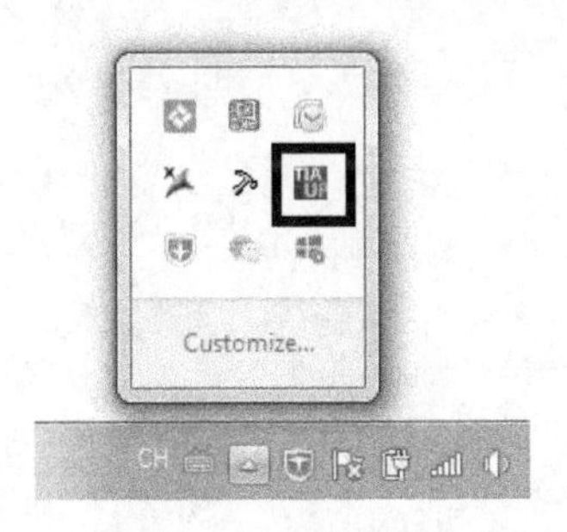

图 5-13　TIA 博途软件的自动更新程序

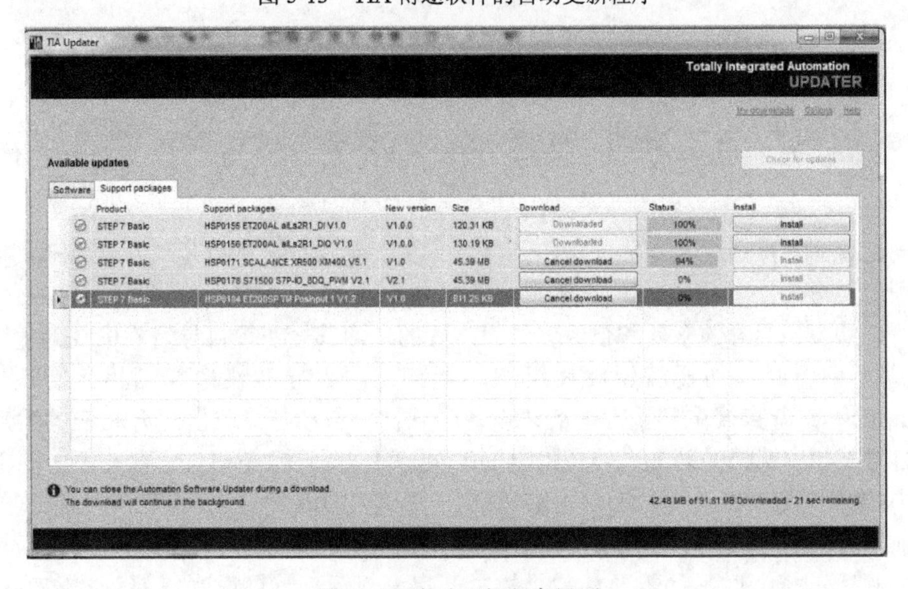

图 5-14　自动更新程序界面

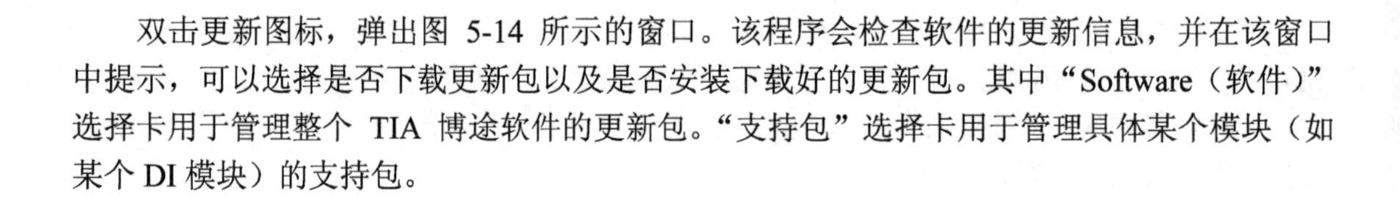

双击更新图标，弹出图 5-14 所示的窗口。该程序会检查软件的更新信息，并在该窗口中提示，可以选择是否下载更新包以及是否安装下载好的更新包。其中“Software（软件）”选择卡用于管理整个 TIA 博途软件的更新包。“支持包”选择卡用于管理具体某个模块（如某个 DI 模块）的支持包。

5.3 软件的窗体

5.3.1 窗体的划分

为了更好向大家展示项目视图下软件各部分的功能，这里随便打开了一个测试项目，并打开了程序 OB1 的编辑页，打开后如图 5-15 所示。

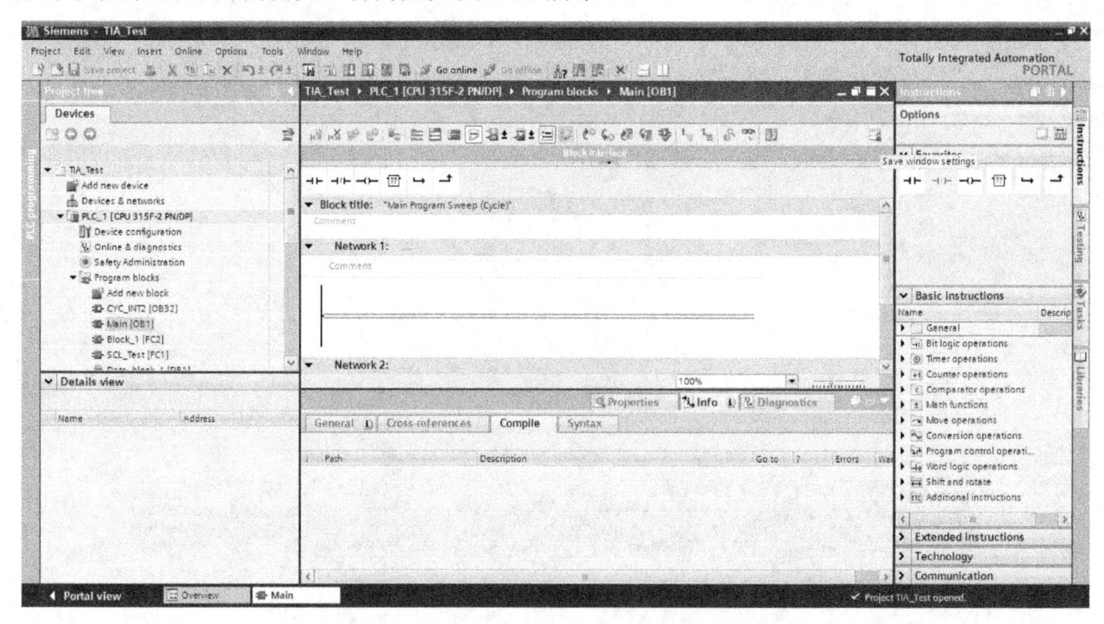

图 5-15　TIA 博途软件的界面

在项目视图中，最上方是标题栏和菜单栏。在软件界面的左侧有一个项目树，如图 5-16 所示。项目树分为上下两部分，上方显示设备（Devices），下方为细节显示（Detail）。项目中所有需要编辑、组态的东西和已经编辑组态好的东西都会在项目导航栏中找到。当需要对某一项进行编辑时，如要编辑硬件组态，直接在项目导航栏中找到相应的项（Device configuration）或者直接在导航栏里新建设备。软件将自动在工作区打开相应的编辑窗口。当在项目导航栏中选择的某个选项（比如 DB 块）可以显示细节时，将会在下面的 Detail 中显示其中的细节（比如这个 DB 块中的数据）。总之，项目树是以树状逻辑的编排方式展示所有当前项目中的资源，用于在编辑项目时起到资源管理和导航的目的。当需要编辑和创建任何本项目下的资源时，都需要从项目树中开启编辑窗口，同时当需要查找本项目的资源时，也需要从项目树中查找。

在图 5-15 中间显示梯形图的地方为工作区，用于打开编辑窗口。软件允许在工作区打开多个编辑窗口，如图 5-17 所示，这个项目中包含了多个程序块，在所示的界面下已经打开了多个程序块。图中上面的黑框所示为工作区，显示正在编辑程序的窗口（该窗口处在最大化状态）。下方黑框所示为罗列出来的已经打开的程序块编辑窗口。鼠标单击这里可以在工作区切换显示相应的窗口。本图中仅同时打开了部分程序块，软件中也可以同时打开其他编辑窗口，比如硬件组态、HMI 的画面等。

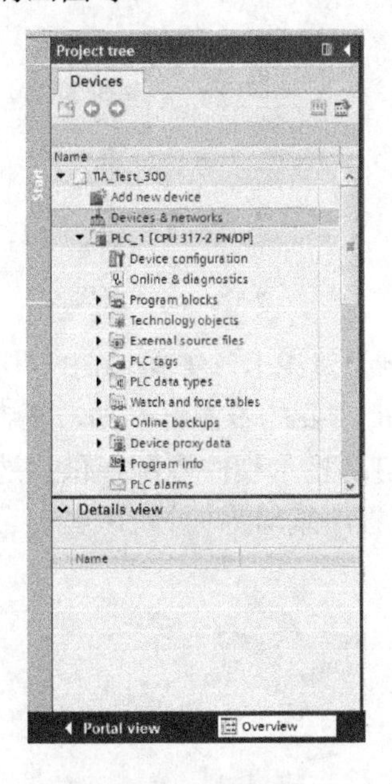

图 5-16　项目树

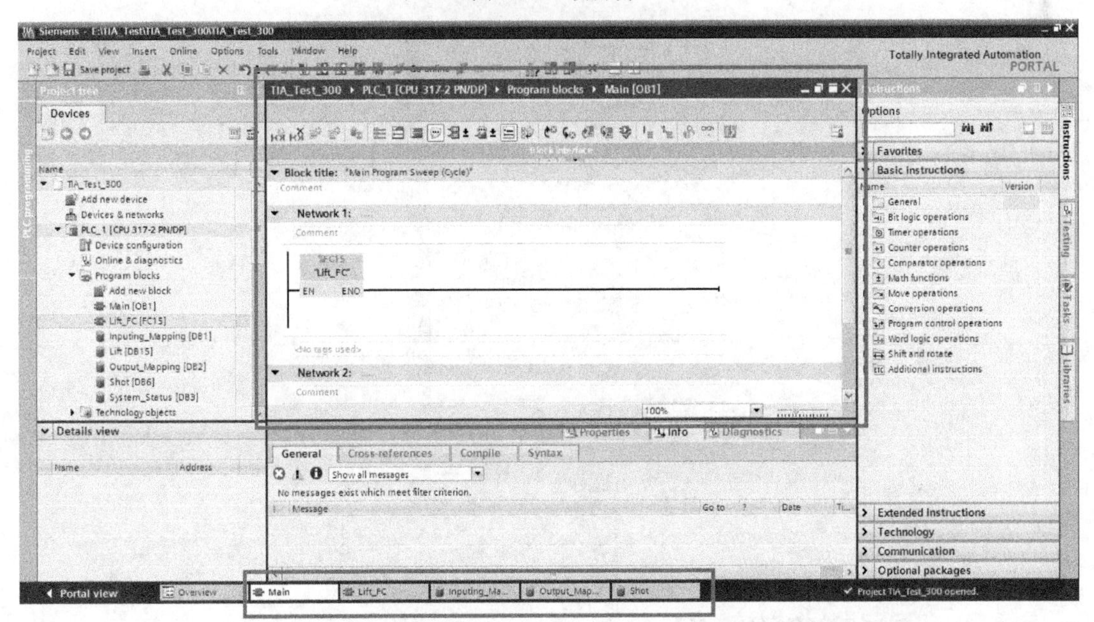

图 5-17　工作区与多个编辑窗口的切换

在图 5-15 页面中间下面部分为巡视窗口，如图 5-18 所示。在巡视窗口中可以点选属性

(Properties)、信息(Info)、诊断(Diagnostics)三个选项卡。在项目编辑的过程中，当选中任何一个元件时，这个元件的属性都可以在巡视窗口中查看和修改。同时，通过选项卡的选择，在本窗口中还是显示交叉检索、编译信息和语法检查信息等。

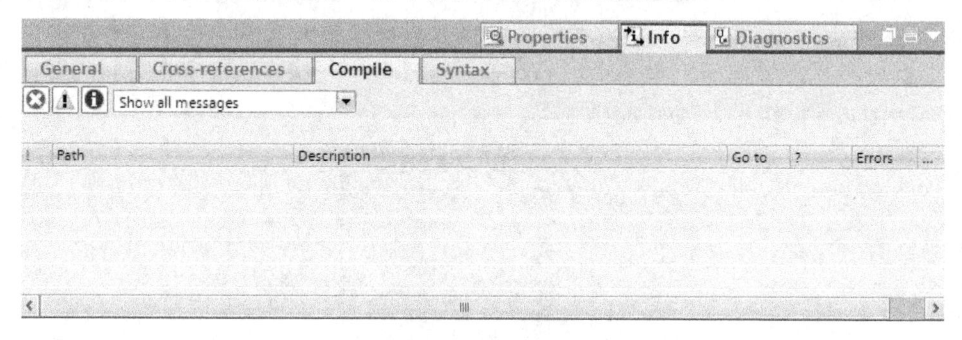

图 5-18 巡视窗口

在图 5-15 所示页面的最右侧为资源卡，如图 5-19 所示。这里可以选择与当前操作有关的资源。软件会自动选择当前可能需要的资源。例如，正在编辑硬件组态时（工作区显示的是硬件组态编辑界面），这里会自动显示硬件资源，供挑选所有可以组态上去的硬件。而正在编辑程序时（工作区显示的是程序编辑界面），这里会自动显示指令资源，供挑选所有可以被编辑的指令。

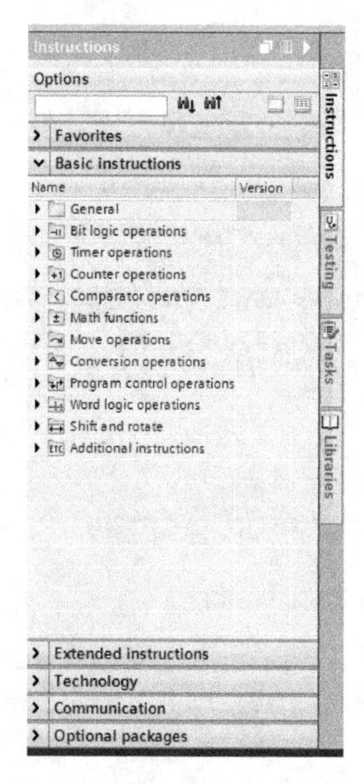

图 5-19 资源卡

5.3.2 项目树中的操作

如 5.3.1 节所介绍的，项目树的功能是收集管理项目中的所有文件。为了便于项目文件的管理，可以将项目文件拓展到工作区，以大页面展示和操作这些文件。

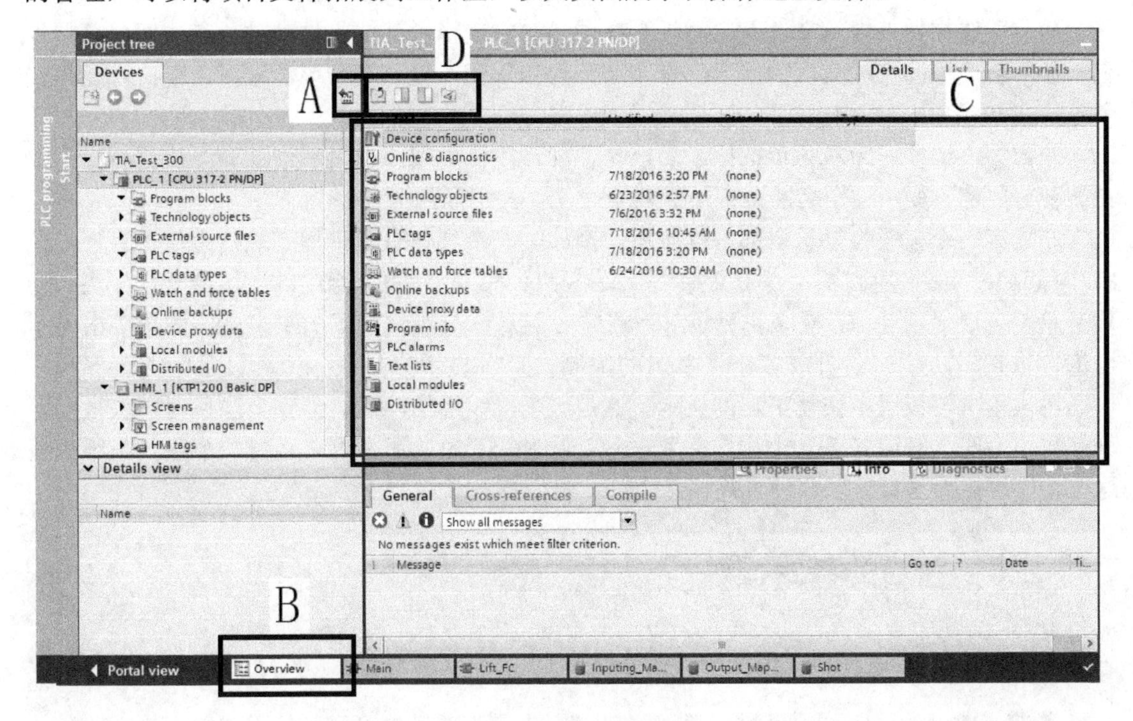

图 5-20　项目树中的操作

如图 5-20 中的框 B，这里有个项目总览（Overview）窗口。单击这个窗口后，软件进入项目总览窗体最大化状态，会在工作区打开项目总览窗口。根据当前在项目树中所选中的文件级别，在这个窗口中展示该级别下的项目文件。比如，在项目树中选中了 PLC 程序块这个文件夹（级别），然后单击项目总览，那么在项目总览窗口中会显示 PLC 程序文件夹下面的文件，即所有的程序块。

当项目总览窗体最大化后，在项目树中只会显示文件夹和子文件夹，子文件夹下的内容则显示在项目总览窗口中。在项目树中选择相应的文件夹，在项目总览窗口中会显示该文件夹下相应的内容。这种操作类似打开了目录树的 Windows 资源管理器。

在总览窗体最大化状态，图 5-20 中框 A 的按钮会发生变化。由图 5-21（a）的图标变为图 5-21（b）的图标。图 5-21（a）的图标为项目总览窗体最大化按钮，单击后直接在工作区打开总览窗口。图 5-21（b）的图标为项目总览窗体最小化按钮。单击后，工作区中的总览窗口不再显示，目录树中显示所有内容。单击任意编辑窗口（比如切换到某个程序块的编辑窗口）将直接退出总览窗体最大化的状态。

图 5-21　项目总览窗体最大化和非最大化时的图标比较

在项目总览窗口上方有四个按钮，如图 5-20 中框 D 所示，它们的功能如下所述。

最左侧的按钮为进入上一级目录。

左数第二个按钮为左同步按钮。单击该按钮后，项目总览窗口被分为两部分，每部分均显示当前所选文件夹内的文件。此时，当在项目树中选择了其他文件夹时，左边部分将同步更新显示新选择的文件夹内的内容。右侧部分内容不变。再次单击该按钮后，窗口恢复为一个整体。

左数第三个按钮为右同步按钮。功能与左同步按钮类似，只是右边部分同步更新显示，左侧部分内容不变，这个功能方便于针对两个文件夹之间的操作。

左数第四个按钮为显示全部内容按钮。例如，一个项目有多个程序块，为便于管理，在 PLC 程序块下面又建立了几个子文件夹（又被称为“组”），每个组中放入了若干程序块。当项目总览窗口显示 PLC 程序块目录时，通常会显示这一级目录下的子目录。如果单击显示全部内容按钮，那么会打破各个子目录的限制，直接显示分布在各个子目录中的全部程序块。再次单击该按钮，恢复正常的显示。这是一个很实用的功能。当一个项目程序块很多，分组也很多时，想要打开一个固定的程序块，比如 FC50，那么没有必要一个组一个组去找这个程序块，而是直接以这种方式显示全部，轻松打开该块。

5.3.3 窗口的基本操作

1. 项目树、巡视窗口、资源卡的窗体操作

在 TIA 博途软件中，项目树、巡视窗口、资源卡、项目总览窗口是无法关闭的。项目总览窗口可以最大化和最小化（上一节已阐述）。对于项目树、巡视窗口和资源卡来说，可以游离、固定、收起和展开。

如图 5-22 中的框 A 所示，该按钮为自动收起按钮。这说明当前窗口（项目树）处在“持续展开”的状态。若按下自动收起按钮，该窗口进入“自动收起”的状态。在该状态下原图 5-22 框 A 的图标将变为图 5-22 框 C 的模样。单击此按钮后，恢复为持续展开状态。当该窗体处在自动收起状态下，鼠标在其他窗口上按动时（说明当前的操作与本窗口无关），本窗口将自动向左侧收起。无论何种状态下，按动图 5-22 中的框 B 按钮，可将这个窗口向左侧收起，收回后在左侧边上按动反方向箭头图标的按钮，可以再展开该窗口。

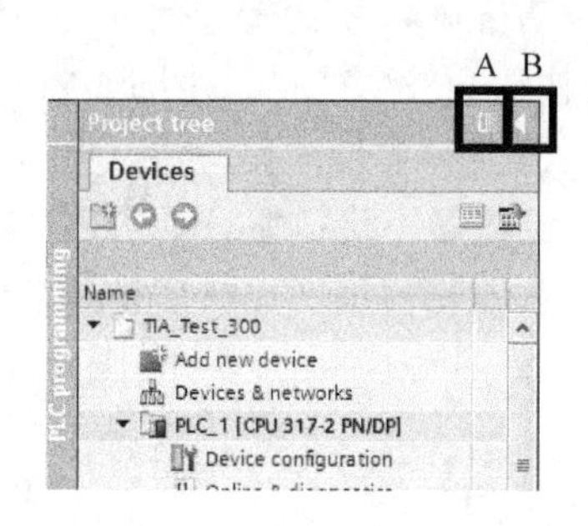

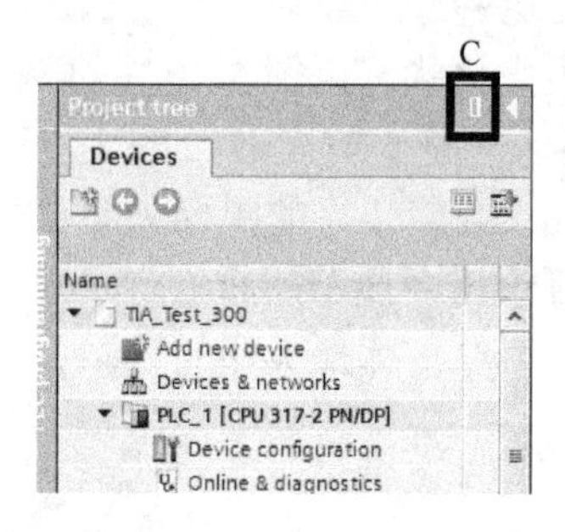

图 5-22　窗口操作按钮

其他窗体的操作和图表与之类似，仅方向不同（包括按钮图标中的箭头方向）。巡视窗口为向下收起，资源卡为向右收起。

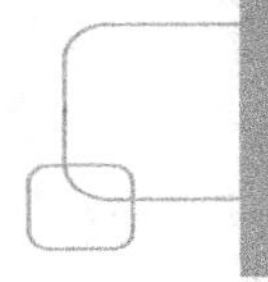

2．工作区的窗体操作

在工作区中可以同时打开若干个编辑窗口，这里的每个窗口都可以选择最小化、最大化、嵌入和游离的状态。

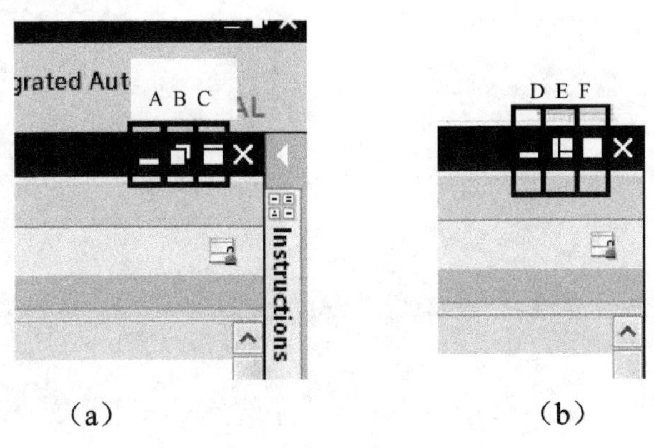

（a）　　　　　　　　　　（b）

图 5-23　工作区的窗口操作按钮

（1）最小化按钮，如图 5-23 中的框 A 和框 D，只要单击该按钮，无论处在游离还是嵌入状态，该窗口都最小化到 TIA 博途软件的最下面一行中。

（2）游离按钮，如图 5-23 中框 B 为游离按钮。该图[图 5-23（a）]中这个窗口处在嵌入状态，只能显示在 TIA 博途软件界面的工作区。当按下这个按钮后，该窗口游离到 TIA 博途软件之外，成为与 TIA 博途软件窗口相对独立的一个窗口，这个窗口如图 5-23（b）所示。鼠标拖曳该窗口的标题栏，可以将该窗口移动到显示器（包括分屏的显示器）的任意位置。这样的功能极大地有益于分屏设计的需要，可以在设计项目的时候将不同的设计窗口分别显示在不同的显示屏上。

（3）嵌入按钮，如图 5-23（b）中的框 E 为嵌入按钮。当窗口处在游离状态时，这里会显示这个按钮。按动后，该窗口回到嵌入状态，即只能显示在 TIA 博途软件界面的工作区。

（4）最大化按钮。如图 5-23（a）的框 C 为最大化按钮。窗口在嵌入状态下，按动后在 TIA 博途软件的工作区内最大化；如图 5-23（b）的框 F 也为最大化按钮。窗口在游离状态下，按动后在整个显示屏上最大化。

3．工作区的内的分屏显示

在软件工具栏上最右侧有两个图标，用于开启分屏显示功能，如图 5-24 黑框所示。在黑框中，左侧的按钮用于开启“工作区横向分屏显示”，再次单击该按钮关闭该功能。同理，如图 5-24 黑框中右侧按钮用于开启“工作区纵向分屏显示”功能，再次单击该按钮关闭该功能。

图 5-24　分屏显示按钮

在开启工作区横向分屏功能后，工作区横向划分为两个区域，可以同时显示两个编辑窗口，如图 5-25 所示。在该图中打开了“Main（主程序，即 OB1）”和“Block_1_DB（一个

DB 块)”两个程序块（如图 5-25 中框 A 所示），在工作区同时显示这两个程序块。这样的打开方式，方便于编程过程中变量到程序的拖曳。

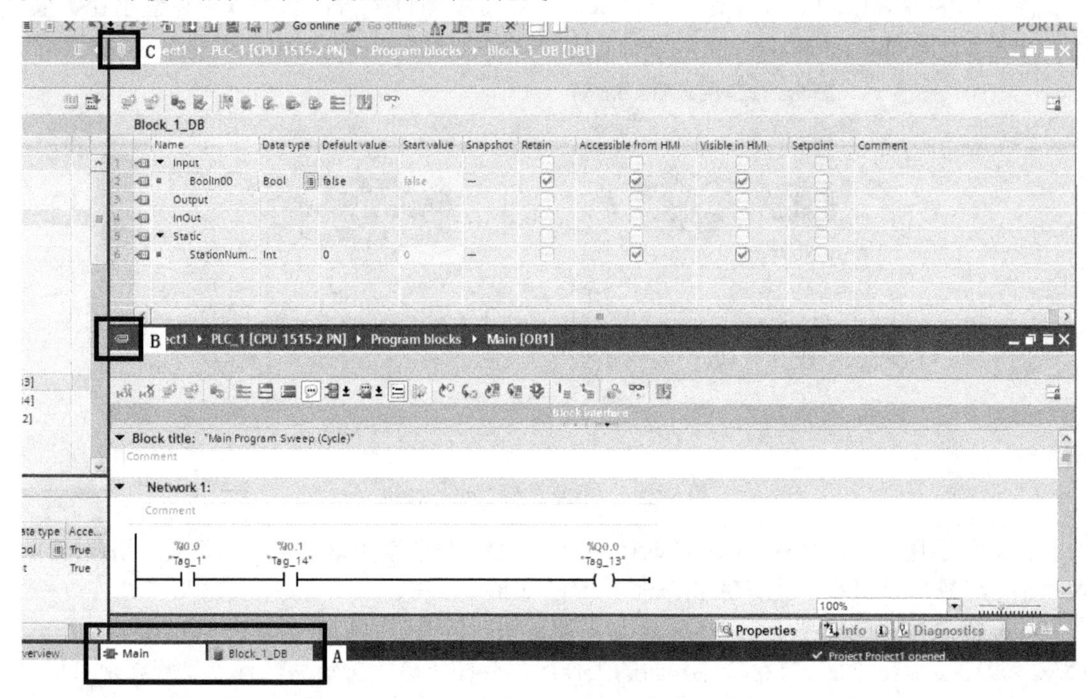

图 5-25　横向分屏后的工作区

在打开了分屏功能的情况下，如果在工作区只打开了一个编辑窗口，那么该窗口会显示在分屏后工作区的某一半中，另一半为空白。此时，再打开一个编辑窗口后，这个编辑窗口占据原来空白的另一半。这时的情景如图 5-25 所示。如果此时再次打开一个编辑窗口，会覆盖一个已经显示的编辑窗口，然后优先显示后者。至于会覆盖哪一个已经显示出来的编辑窗口，取决于当前显示窗口前的“销子”图标，如图 5-25 中框 B 和框 C 所示。框 C 中“销子”形状是从上向下的形状，仿佛销子向下砸入了某个物体，将该物体锁死了似的，这种状态的图标说明该窗口已经锁死。再开新的窗口后（或切换显示新窗口），新窗口都不会覆盖这个窗口。而框 B 中，“销子”形状横放着，好似没有销住任何东西，说明这个窗口未被锁死，随时可以被新窗口覆盖。在分屏后，只会显示一个“竖销子”和一个“横销子”的情况，可以通过鼠标点选该图标进行调整。

工作区纵向分屏显示的功能和操作与之类似，只是分屏的方向不同，这里不再解释。

4．工作区内窗口的保存机制

如前所述，在 TIA 博途软件中，可以自由地打开或关闭各种编辑界面。可以通过相应界面右上角的“X”关闭当前界面，或者通过软件下面的任务栏上相应界面的右键菜单关闭，如图 5-26 所示。

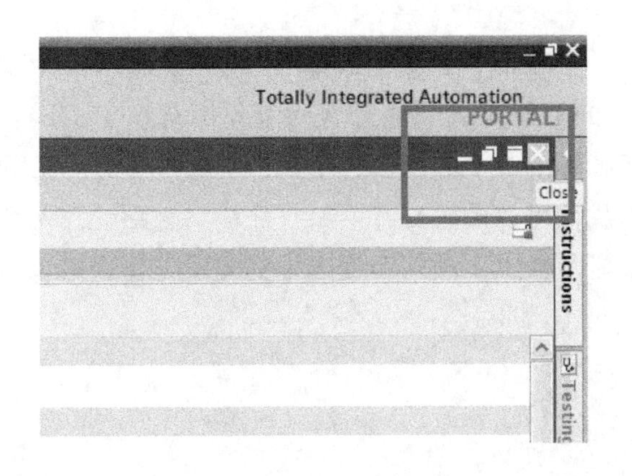

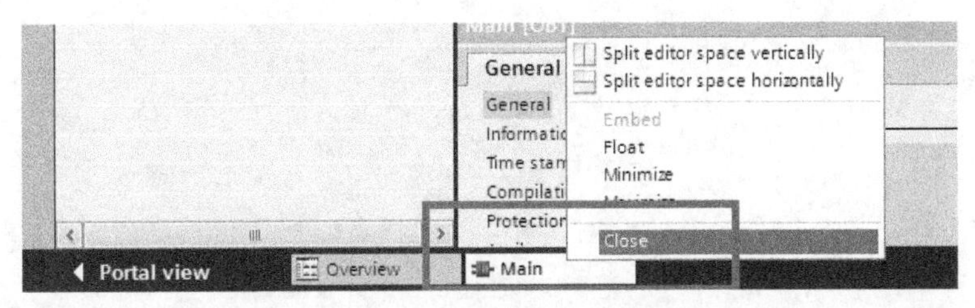

图 5-26　编辑界面的关闭

值得注意的是，当通过这种方式关闭相应界面的时候，该界面并没有被保存！对所有界面做的修改都仅仅储存在计算机的内存中，直到单击工具栏中的保存按钮（如图 5-27 所示），对界面所做的所有修改才被一并保存至硬盘。

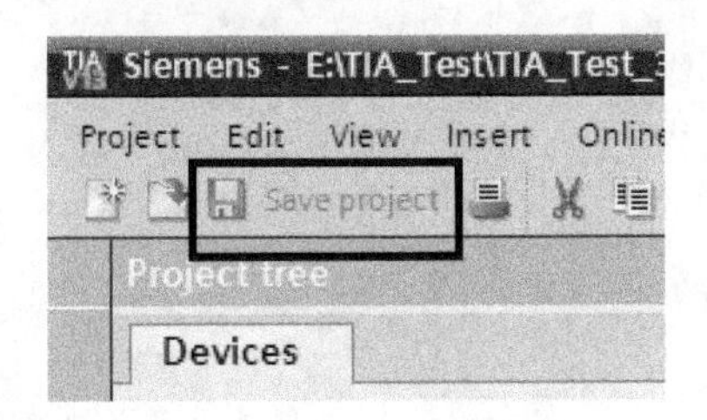

图 5-27　项目的保存按钮

5.3.4　各部分窗口的配合与软件的使用思路

在使用这款软件时，总的思路是这样的：从项目树中建立文件，比如添加程序块、添加 HMI 的画面、添加设备等。需要进行编辑时，也从项目树中查找相应的文件并开启相应的编辑窗口，比如打开硬件组态、打开某个程序块、打开某个 HMI 画面等。编辑窗口会显示在工作区，并在工作区进行编辑。在编辑过程中，当需要查看或更改属性时，在巡视窗口中更改；当需要调用外部资源时，从右侧资源卡里拖曳；当需要项目中的资源时，从项目导航栏里拖曳，然后编译保存便可。

所谓“当需要项目中的资源时，从项目导航栏里拖曳”的功能，现举例说明。如果正在编辑 HMI 中的某个画面，画面中需要显示某个 DB 块中的某个变量，那么可以直接在项目树中单击那个 DB 块（一定是单击，否则工作区域就会从 HMI 的编辑画面跳转到那个 DB 块的编辑界面了），这时候在导航栏下面细节（Detail）中就会显示所有这个 DB 块的变量。找到要使用的变量。直接拖曳到工作区的画面下面就可以了。当然在工作区中的那些窗口之间也可以实现变量资源的自由拖曳。我们可以同时打开两个程序块，然后让这两个窗口处在游离状态，并让它们分屏显示在两个显示器上，这两个程序中的变量、指令可以自由的相互拖曳（相当于复制粘贴）。

第6章 硬件操作

6.1 硬件组态和在线设置概述

硬件操作大体都需要两大部分的设置，一个是硬件组态，一个是在线设置。

硬件组态是在计算机软件中配置整个系统与硬件有关的所有信息，包括各个模块IP地址、设备名、各种参数以及其中各个输入/输出通道的地址等，而这些信息需要编译并下载到CPU模块中。CPU根据这些组态信息识别各个模块，配置各个模块的参数、关联输入/输出映像存储器与各个模块中的输入/输出通道上的数据，以及通过硬件组态，CPU获知总线上的各个设备及它们需要通信的数据格式，并在总线上周期性地访问各个设备，进行数据交互。

在线设置则是连接实际存在的硬件模块，直接设置硬件模块内的参数，每一个设置都直接改变实际硬件中的相应信息，直接配置某个硬件模块的IP地址、设备名等。

比如，根据我们的设计需要，配置好了系统中所有的硬件和相应的参数。我们设置好CPU的IP地址、设备名称、总线下有哪些设备、各个设备上的IP和设备名，这种设置属于硬件组态的范畴。完成硬件组态后，需要将其下载到CPU中。只有CPU模块拥有与硬件组态中相一致的IP，软件才能正常找到设备并下载硬件组态，所以还需要将CPU实际的IP设置成为硬件组态中设置的那个IP地址，这种直接设置CPU模块参数的操作属于在线设置的范畴。易见，只有组态的参数与在线设置的参数相一致，设备才能正常运行。

对于模块而言，也是这样：如果CPU的组态信息已经下载且开始运行，那么，CPU将会在总线上发送包含设备名的报文，查找相应模块，该模块应该响应相应的报文，但是前提是该模块知道自己的设备名就是报文中的那个名字。所以需要通过对这个模块的在线设置，给该模块配置与硬件组态中（配置的）相一致的IP地址和设备名等必要的参数。

TIA博途软件中硬件组态与在线设置的使用总思路和方法（这里以配置完成一套基于PROFInet网络下的分布式IO系统为例如下所述）。

第一步：对整个控制系统的硬件结构进行规划。分别规划出主机架上的各个模块、有多少个分布式IO机架、各个分布式IO机架上的模块、CPU模块（及CP模块）和各个分布式IO模块上的接口参数（如IP地址、子网掩码、设备名称等）。

第二步：根据第一步的规划，将各个模块的接口参数分别通过“在线设置”的方式配置到各个相应模块中。图6-1中的“在线访问（Online access）”就是在线设置，在线设置及其相关操作一并在此进行。

第三步：根据第一步的规划，通过“硬件组态”，配置出整个项目的硬件状况，如图6-1所示。可以看到在项目树中，其中的“设备和网络（Devices & networks）”就是硬件组态。如果项目导航栏中没有这一项，最小化项目总览窗口（单击项目树右上角的

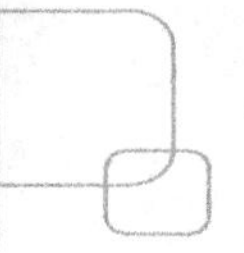

带绿色箭头的小图标）。

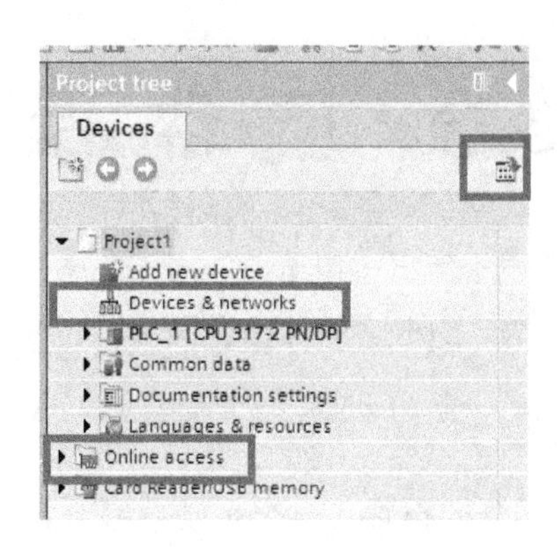

图 6-1　打开一个项目后的项目树

这里我们规划了一个基于 PROFInet 网络的分布式控制系统，作为第一步，然后以此规划为实例阐述在线设置和硬件组态的方法（作为第二步和第三步）。

这个基于 PROFInet 网络的分布式控制系统规划如下：

由一台 S7-1500 PLC 作为控制器。PLC 机架上挂有一个 PM 电源（订货号：6EP1333-4BA00），一个 CPU 模块（订货号：6ES7 515-2AM01-0AB0），一个 DI 模块（订货号：6ES7 521-1BL10-0AA0）和一个 DO 模块（订货号：6ES7 522-1BH00-0AB0）。

CPU 模块通过 PROFInet 网络连接一个 ET200S 分布式 IO，分布式 IO 机架上挂一个 DI 模块和一个 DO 模块。

CPU 模块的 IP 地址分配为 136.129.1.10，子网掩码为 255.255.255.0。

ET200S 分布式 IO 的 IP 地址分配为 136.129.1.15，子网掩码为 255.255.255.0 ，设备名为 ET200S01。

其中 CPU 模块和分布式 IO 设备的 IP 地址必须同网段（子网掩码中为“1”的位对应相同），子网掩码必须相同。

6.2 在线设置

6.2.1 接口（Interface）的设置

在线对某个硬件模块进行设置，首先需要保证计算机可以连通到相应的模块。用户需要让软件扫描相应的通信接口，软件会扫描连接至此接口的所有设备，选择其中的设备进行在线设置，具体方法如下所述。

通常计算机可能有很多通信接口，如串口、USB 口、以太网网口等，需要选择那个连接了设备的接口。

单击项目树中“在线（Online access）”前的三角展开后，有一些接口列在下方，如图 6-2 所示。

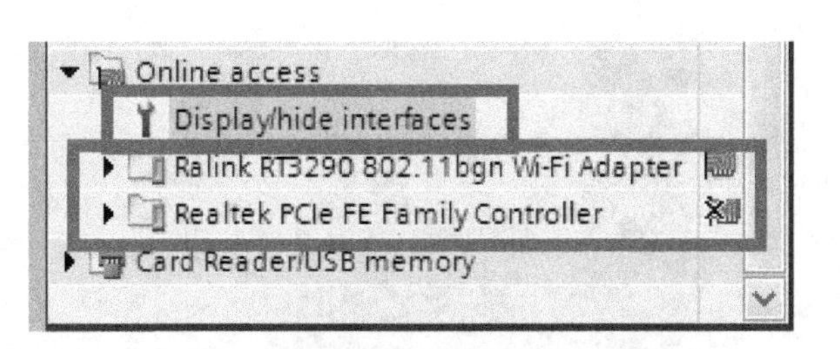

图 6-2　TIA 博途软件下的接口设置

图中列了两个接口，上面一个是无线网卡（即 Ralink RT3290 802.11 bgn Wi-Fi Adapter），下面一个是有线网卡（即 Realtek PCIe FE Family Controller）。而实际上计算可能不止两个接口，这里只显示两个，是因为将一些不常用的接口隐藏了。在接口罗列项上方有一个“显示或隐藏接口（Display/hide interface）”，单击这里，可以配置哪些端口可以隐藏起来。具体操作如图 6-3 所示，在这个对话框中，需要在希望显示的端口后面打钩就可以了。

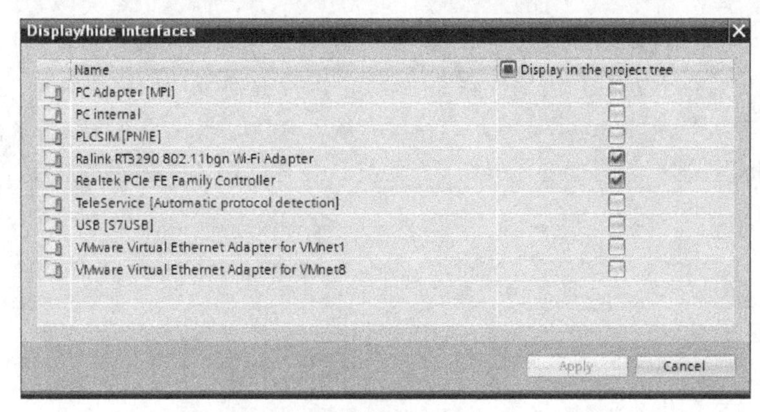

图 6-3　查看接口

6.2.2　对硬件模块的在线设置

1．对 CPU 模块的在线设置

这里，我们结合之前规划的基于 PROFInet 网络的分布式控制系统，讲解 CPU 模块在线设置的操作步骤。对硬件模块设置之前，首先使用 PROFInet 网线连接计算机和相应的 CPU 模块。

在 S7-1500 PLC 中，多数 CPU 模块的 PROFInet 接口如图 6-4 所示，有 X1 和 X2 两套接口，其中 X1 在右边，有两个 RJ45 接口，这两个 RJ45 接口内部由交换机相连，使用一个 IP 地址。左侧的 X2 只有一个 RJ45 接口，拥有独立于 X1 的 IP 地址。通常连接 PROFInet 设备的接口使用 X1，X2 用于连接调试的计算机。这样的设计，使得两个 RJ45 接口用于 PROFInet 控制网络，可使得设备组网更加灵活方便。同时一个 CPU 模块就可以组建环网。

由于 X1 接口将连接 PROFInet 设备，规划的 IP 和设备名需要设置到 X1 接口中，所以，在进行 CPU 在线设置时，需要将网线插入 X1 接口中。

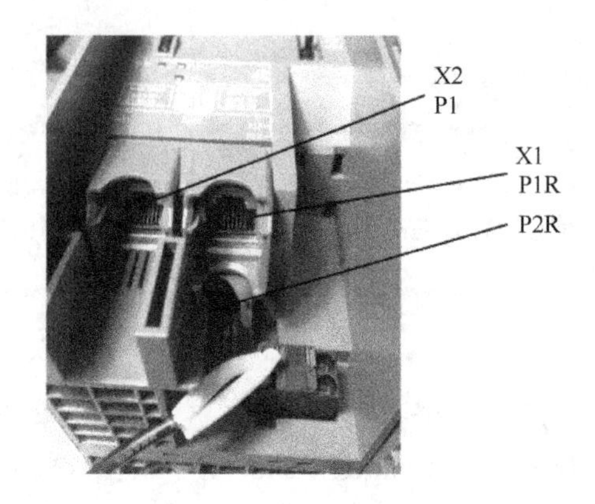

图 6-4　PROFInet 接口图

网线连接之后，找到“在线（Online access）”下面连接 CPU 模块的那个接口。在该接口下双击“刷新连接的设备（Update accessible devices）”，计算机将会搜索该网卡上连接的所有设备。双击后，在图 6-5 中右上角的网卡图标变为带对钩的绿色，说明搜索完成。搜索到的设备将会一并在下方罗列出来。在图 6-5 中，搜索到了一个模块。如果是全新的模块（或完全恢复了出厂设置），这里会显示出该设备的 MAC 地址。如果该设备之前设置过 IP 地址（不是全新的），那么这里会显示它的 IP 地址。显然，图 6-5 所示的是一个全新模块被搜索到的情况。

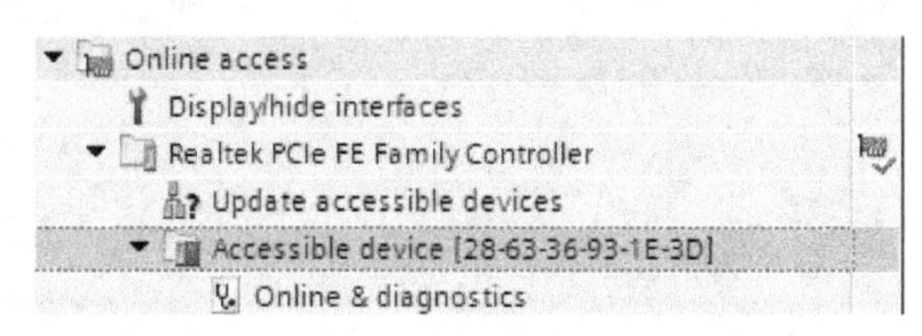

图 6-5　进入设备的在线设置时的选项

在图 6-5 中，我们展开这个设备（单击这台设备前面的箭头图标），下方将会出现有“在线及诊断（Online & diagnostics）”，双击该项，软件工作区将会进入针对该模块的在线设置界面，如图 6-6 所示。

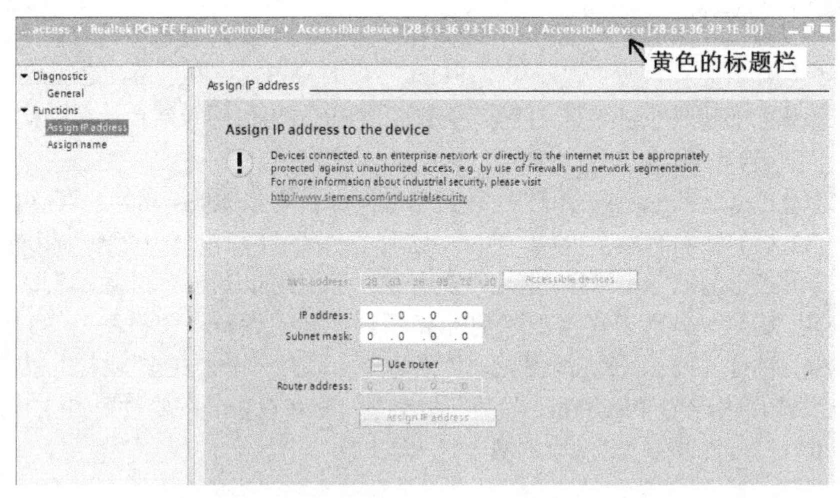

图 6-6　设备的在线设置界面

在这个界面中，左侧会显示一个导航栏，导航栏中分为诊断（Diagnostics）和功能（Functions）选项。在诊断（Diagnostics）选项中，可以直接查看该模块的状态信息。在功能中选项，可以设置模块的一些参数。该窗口的标题栏为黄颜色，这是TIA博途软件“在线”的标志色。

在图6-6中所示的页面下（即左侧导航栏中的“功能（Functions）/分配IP地址（Assign IP address）”位置），可以选择分配IP地址、分配设备名、恢复出厂设置。根据规划，CPU模块的IP地址是136.129.1.10，子网掩码是255.255.255.0，将规划的IP地址和子网掩码输入，然后单击“分配IP地址（Assign IP address）”按钮。如果控制系统中使用了路由器，则在此处开启路由器功能（User router）并写入路由器IP地址。

单击按钮后，需要等待一小段时间，然后软件界面右下角会显示“参数传送成功（The parameters were transferred successfully）”。如果模块原来分配过IP地址，按此方法可以更改一个新的IP地址。在这种情况下，由于设备IP地址变更，可能需要重新连接，再重新扫描接口，然后到扫描出来的相应模块中（会显示新修改的IP），再单击“在线及诊断（Online & diagnostics）”便可。

接下来切换至分配“名称界面（Assign name）”，如图6-7所示。在“PROFINET设备名（PROFINET device name）”中输入“CPU01”（之前规划的），并单击下面的“分配名字（Assign name）”按钮，等待一小会儿时间，软件右下角会显示“The PROFINET device name "CPU01" was successfully assigned to MAC address "28-63-36-93-1E-3D"”（该消息可在巡视窗口“消息（Info）”中查询到），表示设备名分配成功。

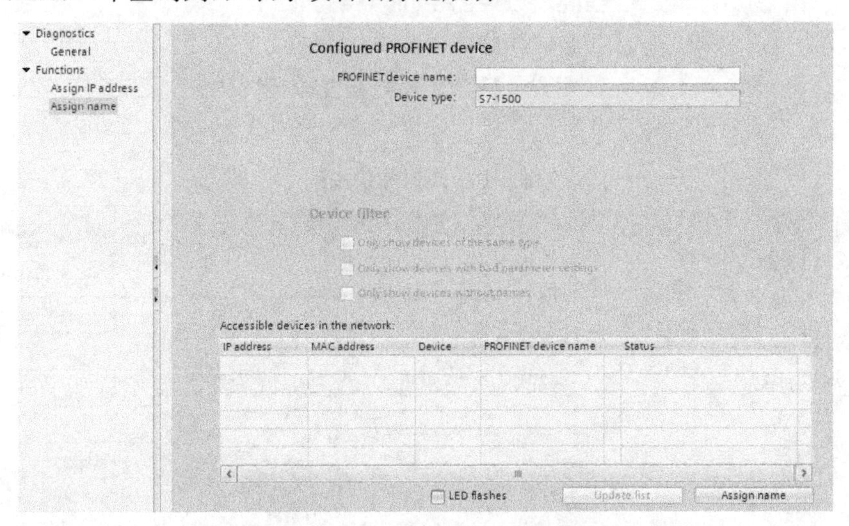

图6-7　分配PROFinet设备名的界面

CPU模块分配完IP地址和设备名之后，在“在线（Online access）”下被搜索出来的情况如图6-8所示，显然与图6-5已经有了很大区别。

分配完成之后，在CPU显示器中显示情况如图6-9所示。在图中可见X1接口已经分配好了IP地址。也可以使用CPU显示器中主目录下的“设置（如图6-9所示的Settings）”进行X1和X2的接口设置。在X2设置好规划的IP和设备名后，CPU模块组建PROFInet控制网络的在线设置就完成了。如果需要设置X1接口的IP（用于调试），方法类似。

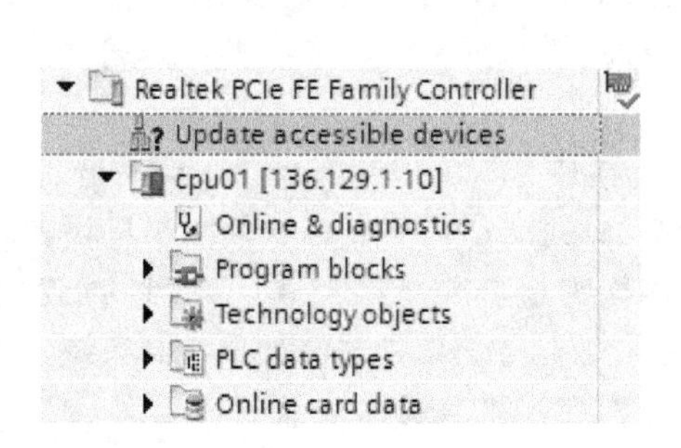

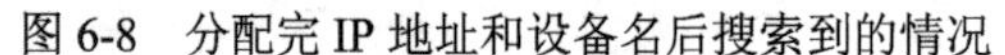

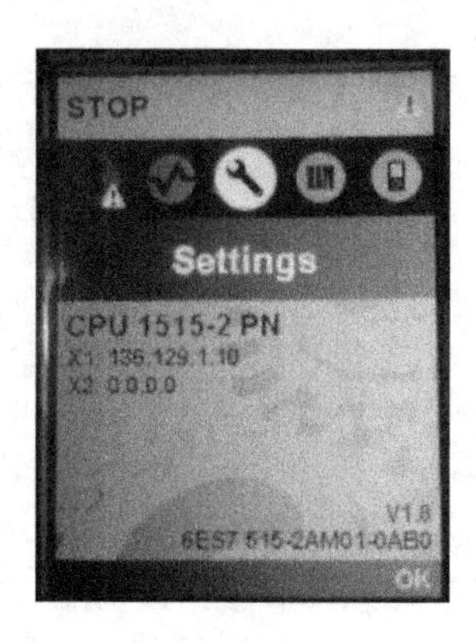

图 6-8 分配完 IP 地址和设备名后搜索到的情况

图 6-9 X1 配置完成后的显示情况

2. 对 CPU 模块的在线设置

无论在线配置的是 CPU 还是分布式设备，都是相同的流程和套路。接下来，需要对规划中 ET200S（分布式 IO 设备）的 IP 地址和设备名进行分配。

首先，将这台 ET200S 设备上电，并将 PROFInet 网线连接设备和计算机。然后在项目树中的在线下找到相应的计算机网卡名称，在该目录下双击“刷新连接的设备”，刷新完成后，如图 6-10 所示。可见，其中搜索到了一个 MAC 地址为[28-63-20-B5-0E]的设备。在这个设备（的文件夹）下，双击“在线及诊断”选项，打开如图 6-11 所示的画面。

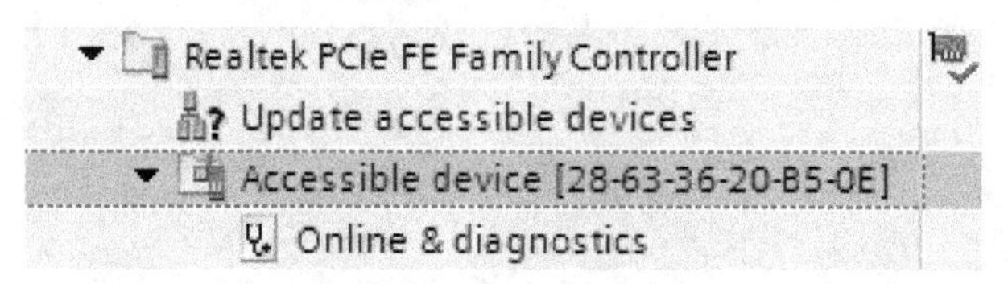

图 6-10 刷新通信接口

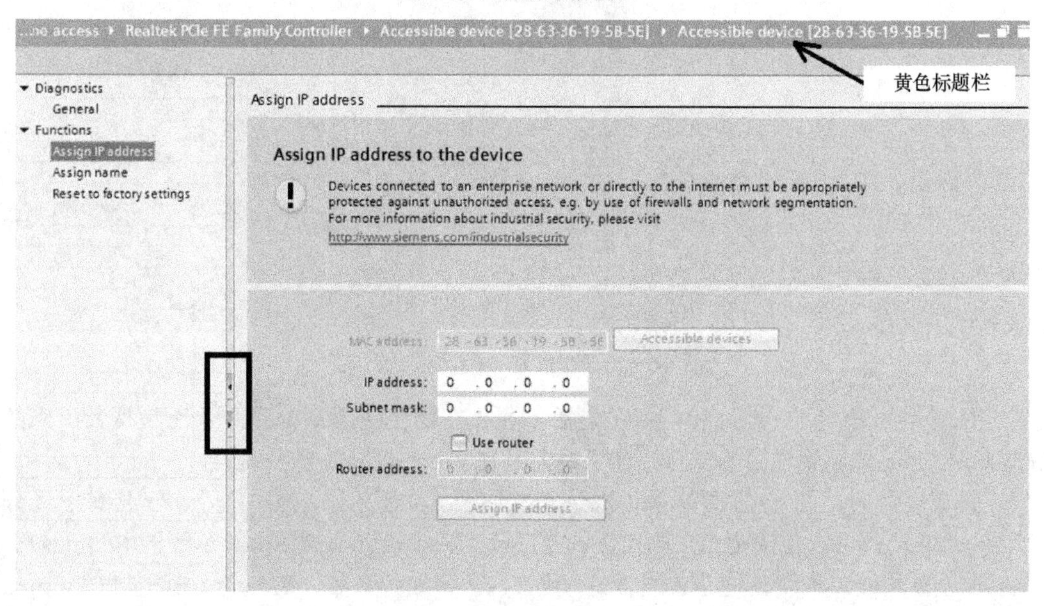

图 6-11 设备在线设置界面

在图 6-11 中，上方的窗口标题栏变为“在线”标志的黄色。选择左侧导航栏中的“功能（Function)”菜单，并在功能下选择分配 IP 地址（Assign IP address)。然后在右侧配置页面中输入规划中的 IP 地址、子网掩码、是否使用路由以及路由地址。设置完成后，单击下面的分配 IP 地址按钮（Assign IP address)，等待几秒钟后，设置完成。说明该模块的 IP 地址已经修改成功。

如果缺失左侧导航栏或右侧的配置页面，单击图 6-11 中黑框内的按钮，或鼠标拖曳该区域以调整左右页面面积。

选择左侧分配名称（Assign name)，如图 6-12 所示。在该配置页面下方有一个“LED 灯闪烁”选择框。当这个框被选中时，该设备的网络连接指示灯会闪烁，如图 6-13 中右下方的两个指示灯。这个功能用于辨别当前配置的模块到底是哪一个模块。尤其在现场模块比较多的时候，这个功能非常实用。在西门子的产品中，对于所有需要在线连网设置的设备，都可见此功能。

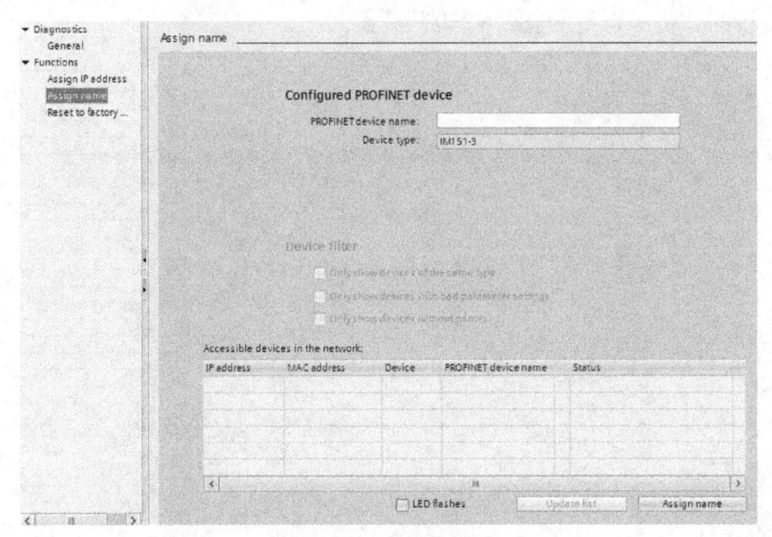

图 6-12　分配设备名界面

图 6-13　闪烁的通信指示灯

选择左侧导航栏中“功能”下的分配设备名（Assign Name）一栏，如图 6-12 所示。在 PROFInet 设备名（PROFINET device name）中写入规划的设备名，然后单击“分配名称（Assign name)”按钮，等待一会儿便可。IP 或者设备名成功写入设备后，在 TIA 博途软件最下面的状态栏右侧会有写入成功的提示。

6.3 硬 件 组 态

6.3.1 创建设备

硬件组态的大体步骤是这样的：首先建立一个 CPU 设备，在新建的 CPU 设备下开启基于该 CPU（主机架）的组态，对其参数和机架上的所有模块进行设置，而后建立各分布式 IO 设备，并在各分布式设备的组态界面下配置它们的参数和模块，最后将各个分布式设备连接到 CPU 上。

分步来看是这样的：首先在项目树中选择添加新设备“Add new device”，在弹出的对话框中选择要添加的设备，如图 6-14 所示，在这里不仅可以添加 CPU，也可以添加 HMI 和 PC 系统。在控制器（Controller）中找到“SIMATIC S7-1500”目录，并在其下选中我们规划的那台 CPU 模块的订货号，并单击“确认”按钮。

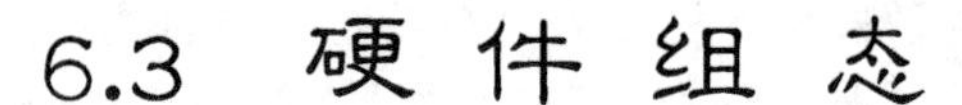

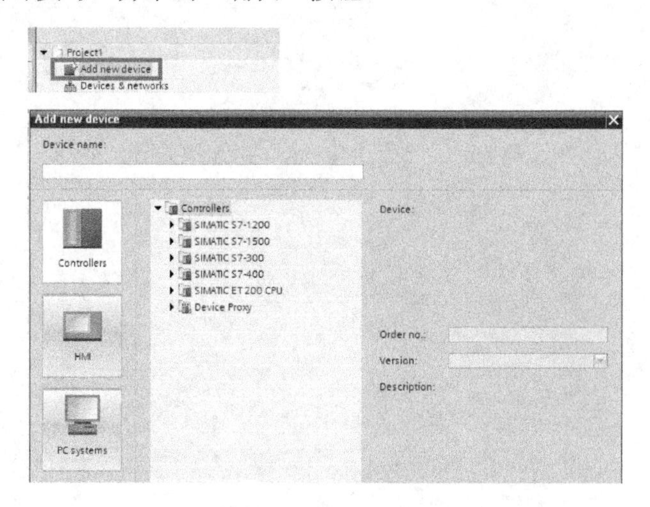

图 6-14　新建设备界面

当 CPU 设备添加完成之后，软件会自动打开该设备的硬件组态界面。同时，在项目树中出现了刚刚添加的设备。如果需要手动打开该设备的硬件组态界面，可在项目树中单击该设备左侧的箭头展开，双击其中的“设备组态（Device configuration）”，之后在工作区将会出现硬件组态的界面，如图 6-15 所示。

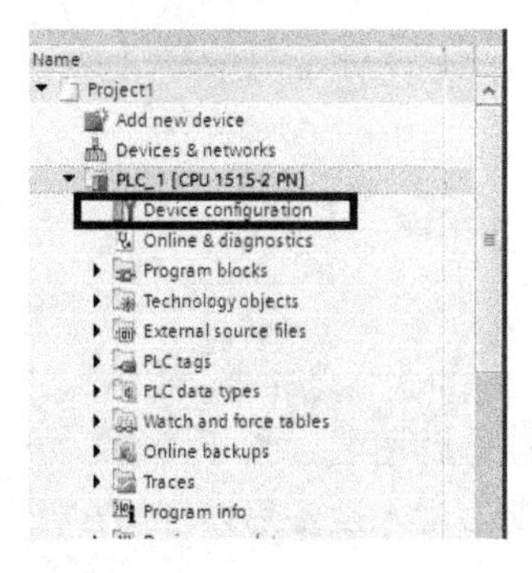

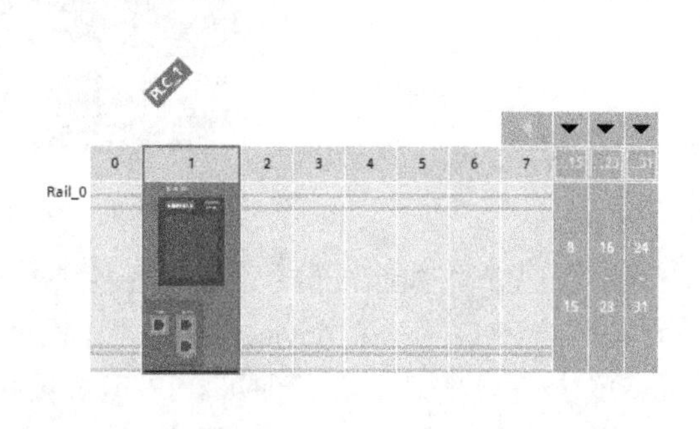

图 6-15　硬件组态界面

在工作区域硬件组态界面下，右上方有三个选项卡：拓扑界面（Topology view）、网络结构界面（Network view）、设备组态界面（Device view）。

在 TIA 博途软件下，需要在设备组态界面（Device view）组态 CPU 及 CPU 本体机架的模块。如果需要添加总线设备，这里无法像经典 Step7 那样拉出一条总线，需要更换到网络结构界面，在这个界面下添加子站，然后再双击添加的这个子站，软件会回到设备组态界面并开启对该子站的组态画面。

也就是说，在 TIA 博途软件下，所有的设备（这里的设备指的是 CPU 本体机架、分布式 IO 机架、HMI 及其他分布式设备）的创建和连接关系的设置，全部都在网络结构界面（Network view）中完成。对于某一个设备（比如某个机架）上的组态（如配置各个模块的组合情况和其中的参数），均在设备组态界面中进行。

拓扑界面（Topology view）用于配置网络的拓扑结构。PROFInet 网络本身是比较灵活的。通常所有分布式设备只需要全部连接在一个网络下便可使用，不必严格限制某个端口必须连接某个特定设备（但在未进行环网设置时，网络不能组成环形拓扑结构）。所以，通常这个界面无须配置。如果使用无介质替换功能，例如，用一个没有进行任何在线设置的分布式 IO 接口模块替换网络中某个同型号模块。可直接替换，不需要存储卡作为介质。系统通过设定好的网络拓扑结构识别新的模块并令其正常运行，此时，需要在这个界面下进行拓扑组态。

6.3.2　组态 CPU 机架

如图 6-16 黑框部分所示，在组态界面（Device view）中，最右侧会自动出现名为硬件目录（Hardware catalog）的资源卡。在该资源卡中，可以在上方的搜索栏输入检索信息（一般会输入预组态模块的订货号），然后单击右侧的“向下检索”或“向上检索”按钮，软件将会在硬件目录内检索相应信息。

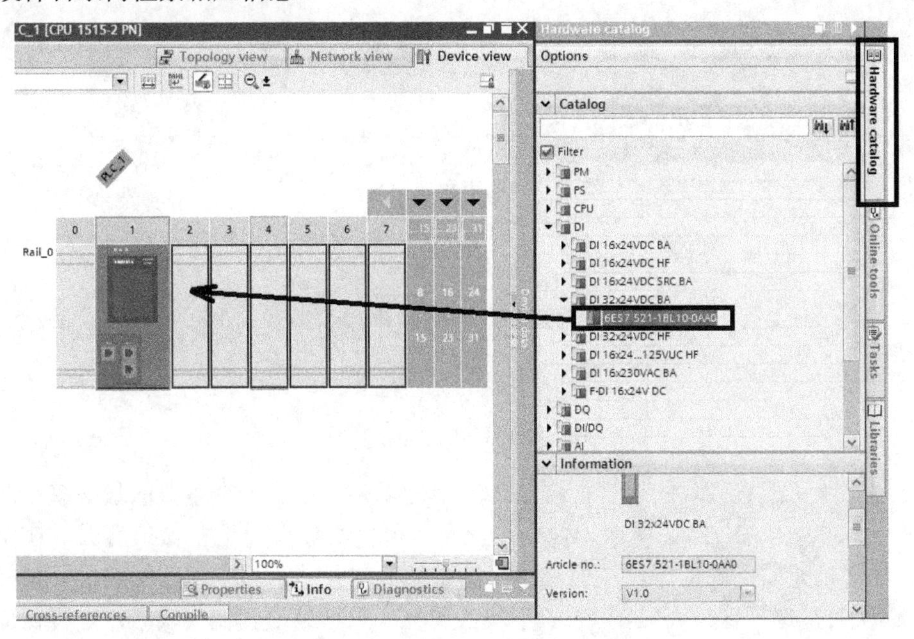

图 6-16　硬件组态界面和硬件资源卡

在硬件目录资源卡搜索栏的下面有一个过滤器选择框（Filter），该过滤器默认为使用状态。使用该过滤器后，资源卡中只会显示所有可能组态到当前工作区该机架上的模块。

在硬件目录资源卡的下方部分为信息（Information）显示区域。如果该区域没有像图 6-16 那样显示出来，单击信息（Information）字样，以展开或缩回该区域。当一个模块在资源卡中被选中之后，这里会显示出该模块的信息。同时，该模块如果有不同的版本，需要在这里进行选择。特别值得注意的是，如果一个模块的版本组态错了，人们往往习惯性地在该模块的属性中试图修正其版本号，而实际上则需要删除错误版本的模块，然后在这里选择正确版本号的模块重新添加到机架上。

当一个模块选择好之后，可以用鼠标在硬件目录资源卡中点中该模块，然后直接拖曳至工作区相应机架的槽上便可。当然，也可以双击硬件目录资源卡中的相应模块，双击后该模块会被直接组态在槽号最小的可组态该模块的空白槽中，最终我们按照规划，组态好了一个 DI 模块和一个 DO 模块。

如图 6-17 中黑框所示，在组态界面中找到有左右箭头按钮的区域，通过单击这两个按钮或鼠标在该区域左右拖曳，显示组态界面下的设备总览部分（Device overview）。在设备总览中罗列出该机架上所有模块的 IO 地址。对于模块 IO 地址的查看和调整都可在这里进行（当然也可在该模块的属性中修改）。需要修改某个模块的 IO 地址时，直接在表格中双击相应位置修改便可。

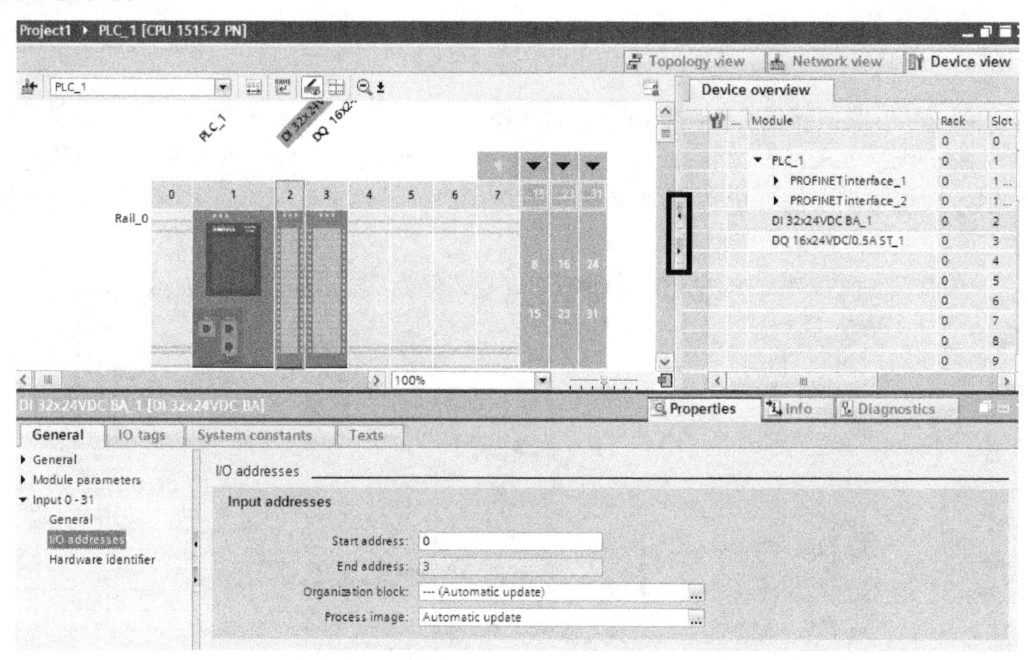

图 6-17　硬件组态界面下的 PLC 机架组态信息总览

硬件组态除了配置模块的组合、调整 IO 地址以外，还有一个重要的任务就是配置各个模块的属性和参数。在 TIA 博途软件中，提及“属性”往往与巡视窗口有关。在组态界面下，鼠标单击机架的不同位置，在巡视窗口的属性卡中会显示相应部分的属性。鼠标单击整个 CPU 模块时，巡视窗口会显示 CPU 模块的属性。鼠标单击其他模块时，巡视窗口会显示该模块的属性。当鼠标单击 CPU 模块中的 PROFInet 口时，巡视窗口会显示 CPU 模块中

PROFInet 的相关属性。当鼠标单击 CPU 模块中的 Profibus 口时（本例中没有），巡视窗口会显示 CPU 模块中 Profibus 的相关属性，这将有效提高总线和网络配置的效率。在图 6-17 中，当 DI 或 DO 模块被选中后，可以在巡视窗口的属性（Properties）中对该模块的属性进行配置。对于 DI 和 DO 模块来说，最重要的是配置各个通道的 IO 地址，可以在左侧导航栏“IO 地址（I/O addresses）”中配置该模块起始地址（Start address）和该 IO 数据写入哪个映像存储器中（Process image）。

另外，在硬件组态时，软件提供了模块暂存功能，这是一个很实用的功能。在配置硬件组态的时候，常常会出现这样的情况：我们精心配置了一个串口模块，将其中的各种参数（波特率、校验位等）都配置完成了，这时发现该模块尚未到货，需要在忽略该模块的情况下先调试其他部件。在调试期间不希望 CPU 带错运行，所以只能将这个串口模块删除。等到模块到货之后再重新组态，此时还需要重新配置一遍各种参数，非常麻烦。或者几个模块之间的位置需要调换，而每个模块内的参数均已经设置好，如果删除再重新组态的话，还要重新设置各个模块的参数。

这时可以使用 TIA 博途软件的模块暂存功能，把已配置好参数但目前用不到的模块放在暂存区，什么时候使用时，再从暂存区取出该模块拖到机架上便可。处在暂存区的模块只是暂存在软件中，编译和下载都会忽略这个模块的存在。也就是说编译和下载的对象永远只是硬件组态界面下显示在机架上的那些模块。该功能具体操作如下所述。

如图 6-18 所示，在硬件组态界面下，单击图中黑框中的“模块暂存区”按钮后，在界面中机架上方部分出现一个模块暂存区，可以将机架上已组态好的模块用鼠标拖到暂存区中。该模块连同其内的参数将一并存于暂存区，再使用该模块时，只需再用鼠标拖到机架相应槽中便可。

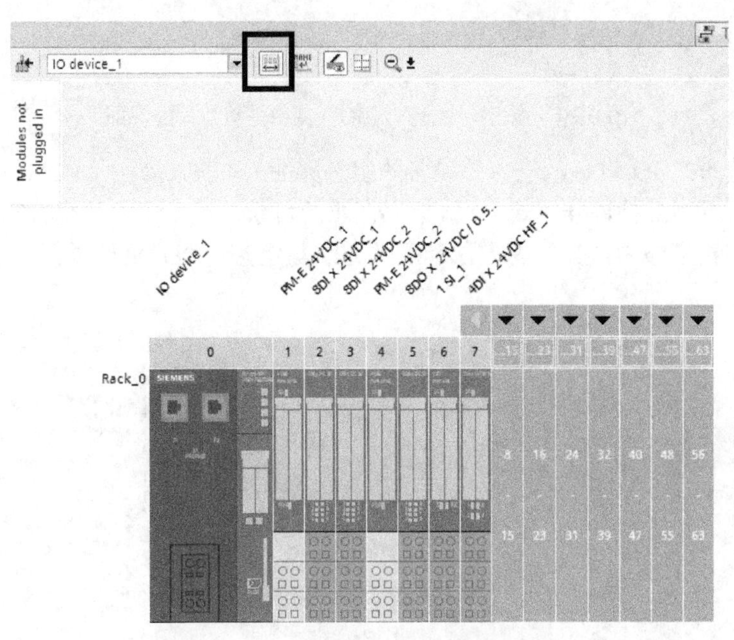

图 6-18　开启模块暂存区的硬件组态界面

6.3.3 组态分布式设备

组态分布式设备需要打开网络结构界面（Network view）。界面打开后，在硬件目录资源卡中（打开过滤器的情况下），可以显示所有可以增添到总线上的设备，如图 6-19 所示。

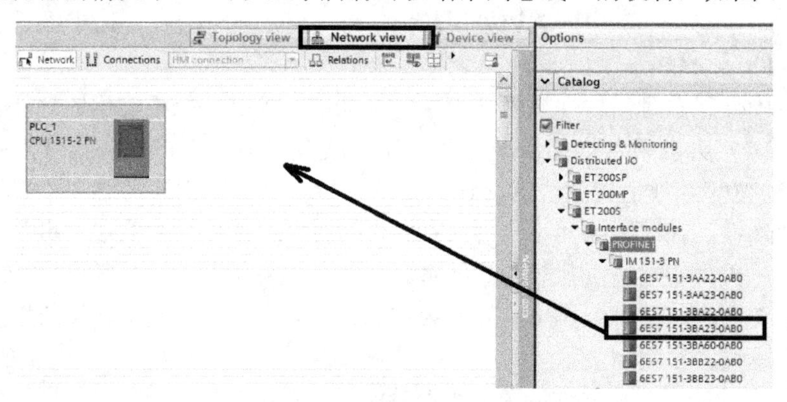

图 6-19　添加分布式 IO 设备

我们选择规划中的 ET200S 接口模块，在硬件目录资源卡中直接双击该设备，其图标将会显示在网络结构界面中。用鼠标点中该设备，然后拖到网络结构界面中也可以，如图 6-20 所示为添加完成后的界面。

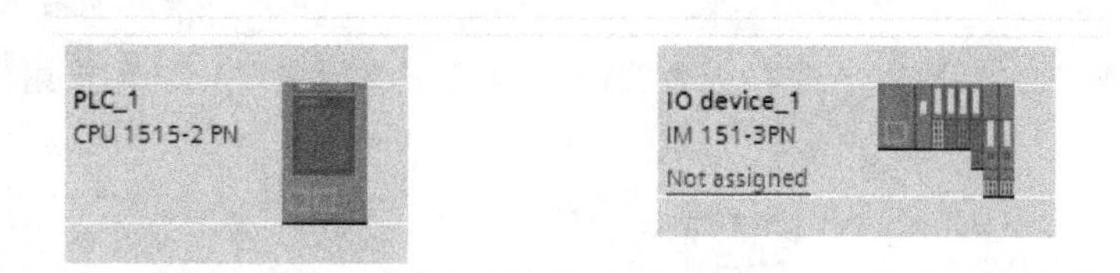

图 6-20　拖出一个分布式 IO（接口模块）后的界面

再双击该分布式 IO 设备，进入该设备的组态界面，如图 6-21 所示。此时，右侧的硬件目录会自动变成罗列支持该分布式 IO 机架上模块的目录。接下来将这个分布式 IO 机架上的各个模块分配到相应槽中，其组态方法和配置方法与组态 CPU 机架类似，这里不再详细阐述了。

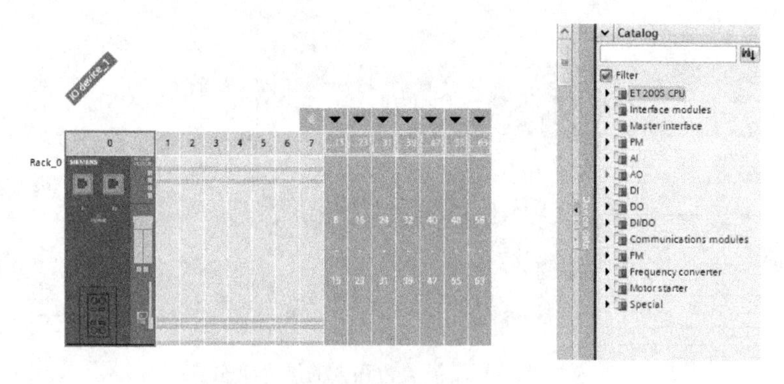

图 6-21　打开分布式 IO 后的组态界面

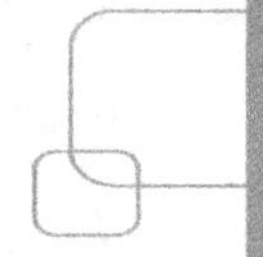

最终，我们依照规划，在接口模块后组态了一个 PM-E 模块（电源模块，为其后面的 IO 点提供电源和基准点位），一个 DI 模块和一个 DO 模块。

6.3.4　配置 PROFInet 参数和建立 PROFInet 连接

组建一个基于 PROFInet 的控制网络需要如下几个步骤。

第一步：对所有与 PROFInet 通信有关的模块进行硬件组态中的参数配置。在硬件组态界面上配置 CPU 和各个接口模块的 IP 地址、子网掩码和设备名。这里设置的 IP 地址、子网掩码和设备名必须与在线配置中的设置完全一致。

第二步：在建立网络结构界面（Network view）中，建立 CPU 与各个分布式设备的连接关系，软件需要通过这个连接关系，自动配置一些网络参数。

第三步：编译下载至 PLC 中。

1．CPU 模块 PROFInet 参数设置

打开 CPU 机架的组态页面，单击 CPU 模块，在巡视窗口的属性卡中配置该模块的属性，如图 6-22 所示。

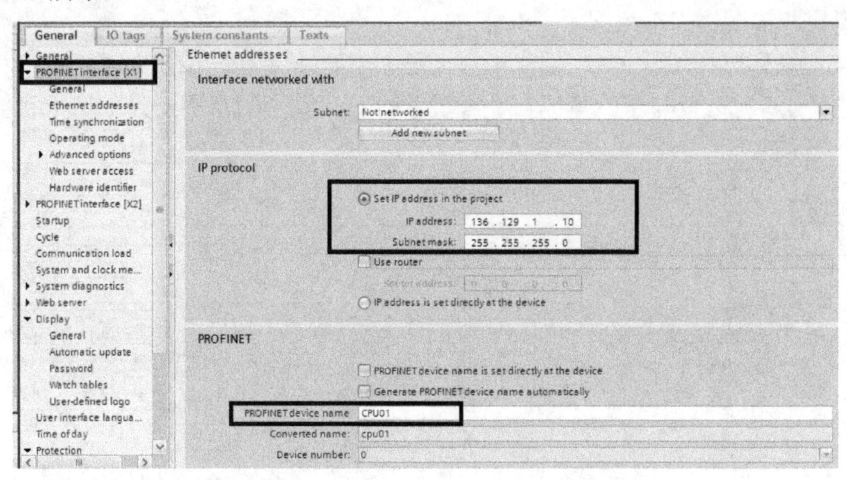

图 6-22　配置 CPU 中的 PROFInet 参数

选中左侧导航栏中的“PROFInet 接口[X1]（PROFInet interface [X1]）”一项（因为需要使用 X1 接口连接 PROFInet 设备，在右侧可以查看和修改所有与 PROFInet 网络有关的属性，需要关注的属性有以下几个。

接口连接到（Interface networked with）：该端口所连接的子网是一套控制网络的名字。在建立连接关系的操作完成后，软件会自动建立子网并设置这个属性。

IP 协议（IP protocol）：选择“在项目中设置 IP（Set IP address in the project）”，然后写入 IP 地址和子网掩码（与在线设置保持一致）。如果启用路由功能（通信双方不在一个网段），可以选使用路由（Use router），然后填写路由器网关 IP 地址。如果选择“IP 地址直接在设备中设置（IP address is set directly at the device）”，则可通过程序中运行“T_CONFIG”指令设置其 IP 地址（仅限 CPU 使用此功能）。这里我们安装本例中的规划，配置了 IP 地址

和子网掩码。

PROFINET：勾选“PROFINET 设备名直接由设备设定（PROFINET device name is directly at the device）”，那么该设备名需要由程序运行“T_CONFIG”指令进行设置。勾选“软件自动生成 PROFINET 设备名（Generate PROFINET device name automatically）”之后，该设备名由软件根据该设备在“通用（General）”属性中的名称生产它的 PROFINET 设备名。如果不选择程序给出设备名或软件自动生成设备名，那么可在下方输入一个设备名。要保证设备名与该设备在“在线设置”时所设定的设备名一致。这里我们依照规划，写入了“CPU01”的设备名。

2. ET200S 模块 PROFInet 参数设置

接下来，再打开一个分布式设备（分布式 IO）的属性以介绍相关设置。这里以一个 ET200SP 的接口模块为例。同样，打开这个分布式 IO 的机架组态界面，单击接口模块，然后查看巡视窗口，如图 6-23 所示。

选中左侧导航栏中的“PROFInet 接口”，在右侧属性页面上，需要关注如下参数。

接口连接到（Interface networked with）：在建立连接关系的操作完成后，软件会自动建立子网并设置这个属性。正常情况下，如果 CPU 和该模块基于 PROFINET 连接在一起的话，CPU 模块与该模块拥有相同的子网。

IP 协议：填写该模块的 IP 地址和子网掩码。需要确保 IP 与 CPU 同网段和相同的子网掩码。同时保证 IP 地址与子网掩码与在线设置时对该设备的设置一致。这里我们写入了本例中规划的 IP 地址和子网掩码，如图 6-23 所示。

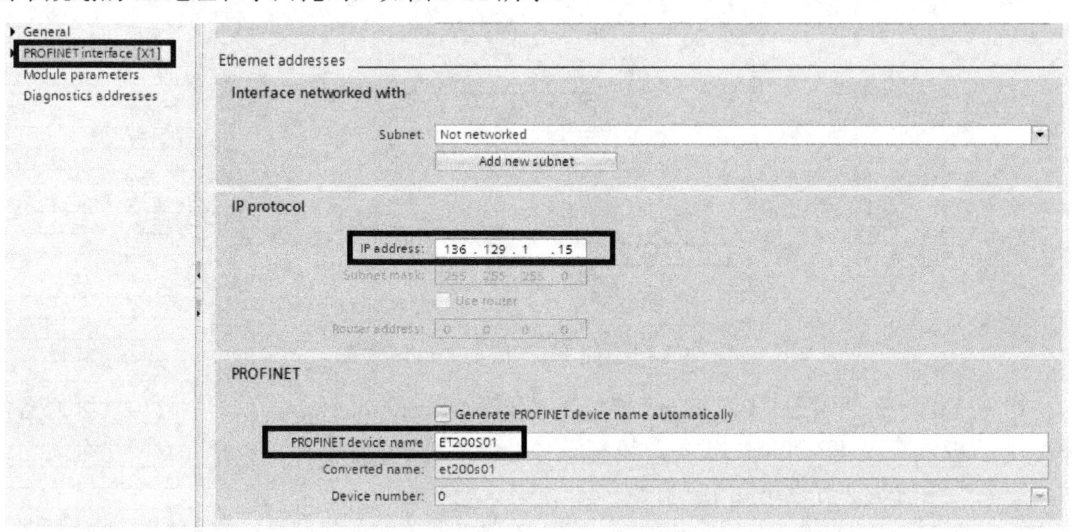

图 6-23　分布式 IO 的 PROFInet 参数配置界面

PROFINET：填写设备名或选择让软件自动生成设备名，需要保证该设备名与在线设置时对该设备的设置一致，这里写入了规划的设备名“ET200S”。

设备号由软件自行编出。一个 CPU 通常在一个子网上连接多个分布式设备，每个分布式设备都有一个独一无二的设备号，该号用于配合某些指令完成一些与分布式设备诊断有关的功能。

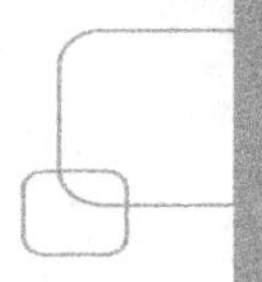

3. 建立连接关系

首先需要再次返回到网络结构界面中，如图 6-24 所示。单击图中黑框所示的网络按钮（Network），进入网络组态的状态。单击关系（Relations）按钮可以退出这种状态。

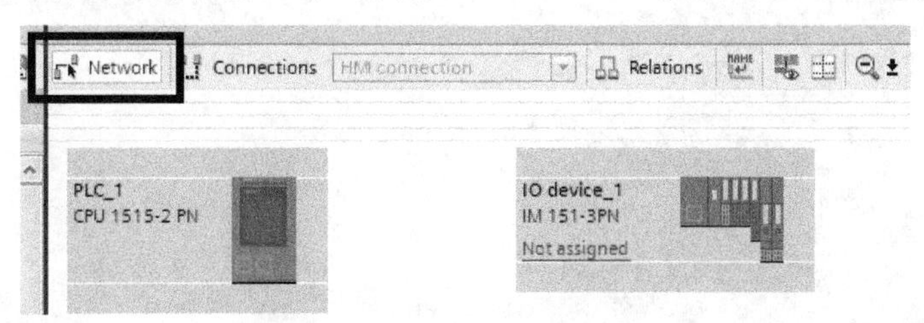

图 6-24　建立网络连接的界面

在网络组态的状态下，用鼠标左键点中 PLC_1 中的 PROFInet[X1]端口，按住鼠标左键不放，拖拉鼠标使得鼠标光标（箭头）脱离 PLC_1 的 PROFInet[X1]端口区域，然后松开鼠标左键。再将鼠标移至 ET200S 分布式设备的 PROFInet 端口处，单击鼠标左键，CPU 模块和 ET200S 分布式 IO 设备的连接配置便完成了。

完成之后如图 6-25 中的图 A 所示。注意：如果操作有误，有可能会出现图 6-25 图 B 的情况。在该图中，分布式 IO 设备的图标左侧下方显示的是“未分配（Not assigned)”，说明软件仅仅标注了上个模块之间有一条物理连接线，但并没有建立网络连接关系。在这种状态下，编译后的硬件组态信息依然认定这个 PLC 和这个分布式 IO 是相互孤立的。只有在图 A 的状态下编译下载硬件组态信息，PLC 才会正确地与相应的分布式 IO 成功通信。

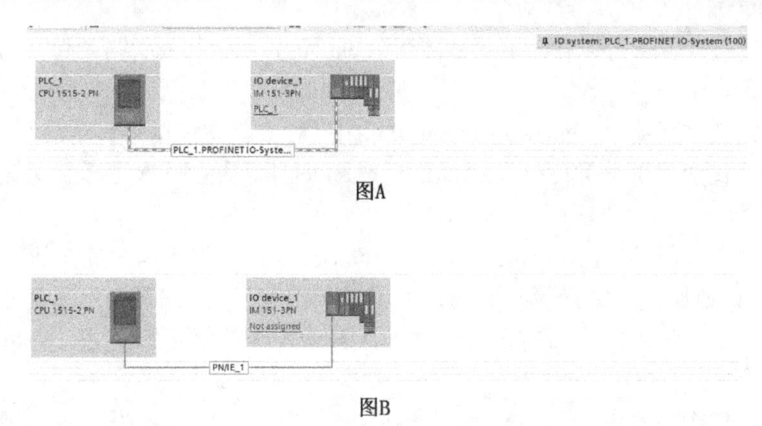

图 6-25　建立完网络（PROFInet）连接之后的界面（成功和失败的比较）

6.4　硬件组态的编译与下载

6.4.1　编译

组态好的系统编译下载进入 PLC，如果此前已做好在线设置的工作，整个系统就可以运

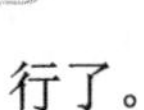

行了。

在项目树中，选中这台 PLC 设备，然后调出右键菜单。在菜单中的编译（Compile）一项下面有 5 个选项，如图 6-26 所示。

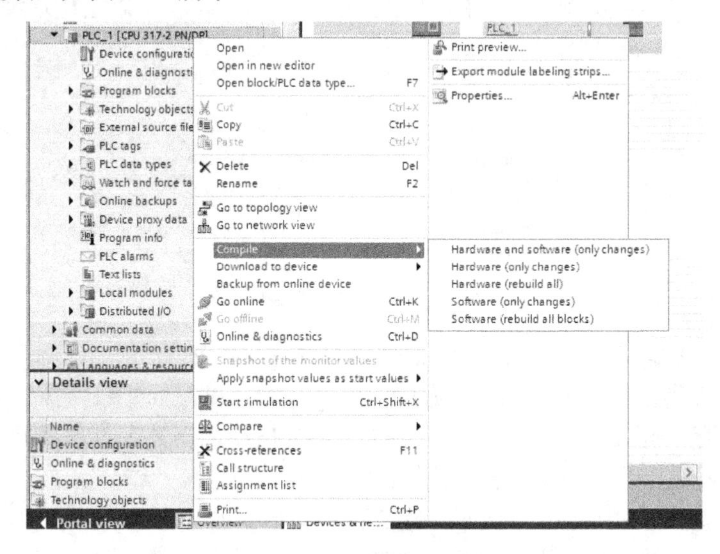

图 6-26　编译选项

（1）硬件和软件（仅变化部分）[Hardware and software (only changes)]：从上一次编译起，对所有硬件组态和程序变化的部分进行编译。这种仅编译变化部分的方式又被称为“Δ 编译”（即 Delta 编译）。

（2）硬件（仅变化部分）[Hardware (only changes)]：从上一次编译起，对硬件组态变化的部分进行编译。

（3）硬件完全重新编译[Hardware (rebuild all)]：对整个硬件组态完全进行一遍编译。

（4）软件（仅变化部分）[Software (only changes)]：从上一次编译起，对程序组态变化的部分进行编译。

（5）软件完全重新编译[Software (rebuild all blocks)]：对整个程序完全进行一遍编译。

通常 Δ 编译要比完全编译更省时间，但是某种情况下 Δ 编译会出现问题，需要进行完全编译。这种情况与程序的编辑有关，将在 7.1.2 节中详细阐述。总之，可以在这里选择适当的方式进行编译。

在软件工具栏中也有编译、下载、上传按钮，如图 6-27 中黑框所示。黑框中左边第一个为编译按钮，中间一个为下载按钮，最右边一个为上传按钮。这里编译按钮的作用是 Δ 编译，其作用与当前工作区所处的编辑窗口有关。当前工作区正在编辑程序或硬件组态时，软件工具栏上的编译按钮下载按钮的操作对象是对程序（软件）和硬件。如果当前工作区正在编辑 HMI 时，软件工具栏上的编译按钮、下载按钮的操作对象则是 HMI。单击编译按钮后，需要等待一小段时间，编译结果将显示在巡视窗口信息卡下的编译卡中，如图 6-28 所示。编译结果分为错误（Error）、警告（Warning）和信息（information）三类。当有错误的时候编译不会完成，需要查看错误的原因。在这个界面下，框 A 处可以选择只显示出某一类的信息。按下红叉子按钮，则显示错误信息，弹起这个按钮，则隐藏错误信息，另两个按钮相同。

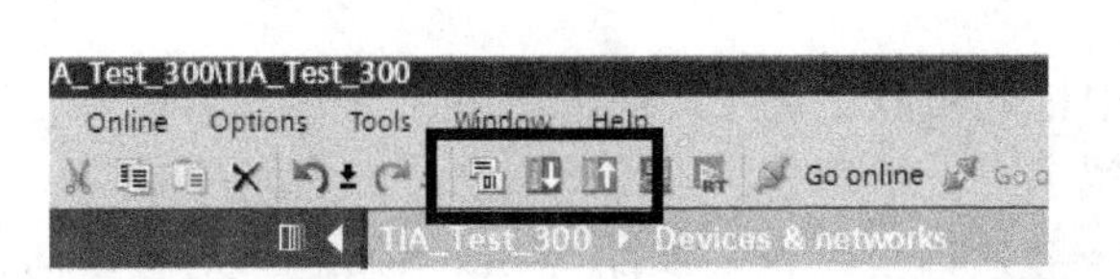

图 6-27　软件工具栏上的编译、下载、上传按钮

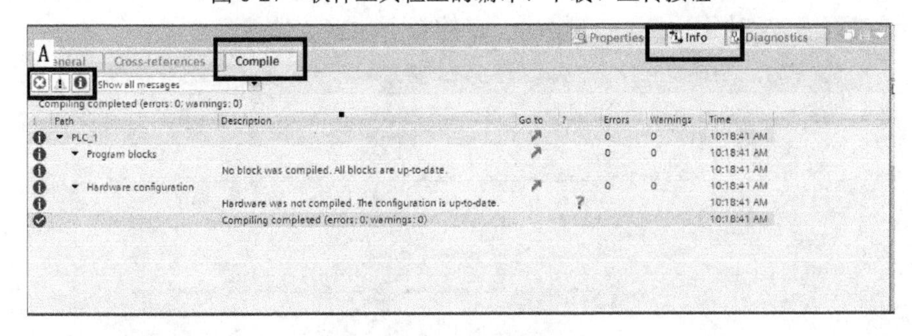

图 6-28　编译信息

6.4.2　下载

同样，选中项目树中的 PLC 设备，调出右键菜单，选择其中的“下载到设备（Download to device）”一项，会出现三种下载选项，如图 6-29 所示。

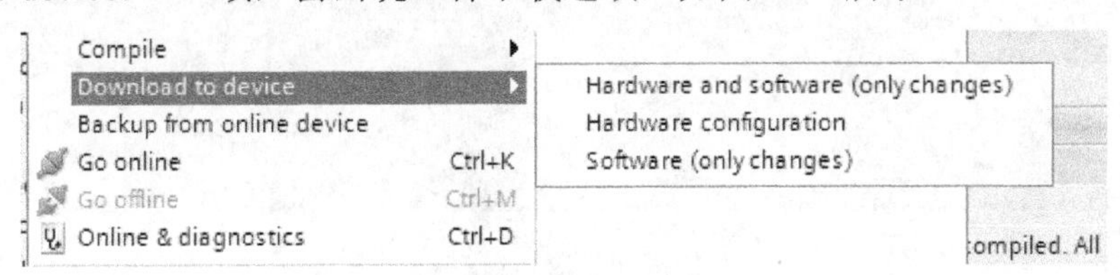

图 6-29　下载选项

（1）硬件和软件（仅变化部分）[Hardware and software (only changes)]：对全部硬件组态和从上一次下载起程序变化的部分进行下载，这种下载方式被称为“Δ 下载”（即 Delta 下载）。

（2）硬件组态（Hardware configuration）：对全部硬件组态进行下载。

（3）软件（仅变化部分）[Software (only changes)]：从上一次下载起，对程序变化的部分进行下载。

软件工具栏中的下载按钮如图 6-27 中黑框所示，为 Δ 下载。

对于下载来说，是将编译之后的结果（无论是硬件组态还是程序）下载到 PLC 中，如果当前的硬件组态或程序已经完成了编译，那么选择下载后，直接执行下载操作；如果当前的硬件组态或程序没进行过编译，那么选择下载后，软件自动先进行编译。若编译成功自动进入下载环节，若编译错误，则取消下载环节，显示编译错误信息。

下载时软件需要连接 PLC，所以在下载前，需要保证 CPU 模块的 IP 地址已经通过“在线设置”配置正确且与硬件组态中的设置一致。这是软件连接 PLC 的必要条件，软件中所有需要“在线”的功能（如程序监控、在线诊断等）都以此为基础。

继续以基于 PROFInet 网络的分布式控制系统为例，当已经在线设置好 CPU 和 ET200S

模块的设备名和 IP 地址，完成了整个系统的硬件组态，已经对硬件组态进行了编译后，就需要单击“下载”按钮了。

下载后，会出现下载接口对话框，如图 6-30 所示。该对话框与在线设置中的接口设置有不同的目的，这里的接口对话框是配置适当的接口，扫描到相应的 CPU 模块，而后下载硬件组态（或程序），对象只是 CPU 模块，目的是下载软硬件信息。

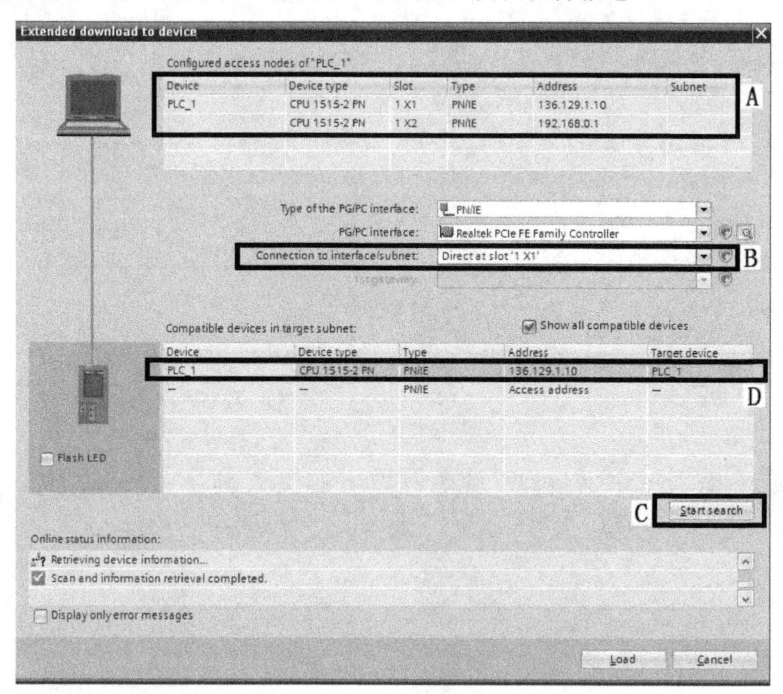

图 6-30　接口对话框

在接口对话框的最上面（图 6-30 的 A 框），显示在硬件组态中 CPU 模块各个通信接口的通信参数，说明软件会按照这个通信参数查找 CPU 模块。

在“编程器接口类型（Type of the PG/PC interface）”中设置计算机连接 CPU 模块所使用的接口，本例使用了 PROFInet（或称以太网）接口，所以选择“PN/IE”。

之后，在“编程器接口（PG/PC interface）”中进一步设置计算机接口，这里需要选择计算机中连接了 CPU 模块的那个网卡（一台计算机中可能包含有线的、无线的等多个网卡）。

在“连接到的接口或子网（Connection to interface/subnet）”中（图 6-30 的框 B），需要设置的是 CPU 模块的接口。本例中 CPU 模块有 X1 和 X2 两套 PROFInet 接口，所以这里需要选择连接计算机的哪根网线插入 CPU 模块中哪个接口（X1 还是 X2）。

如上设置均完成后，单击“开始搜索（Start search）”按钮（图 6-30 的框 C），这时软件根据之前的接口设置信息在网络上搜索相应的 CPU 模块，将搜索到的设备显示在图 6-30 中间的表格中，如图 6-30 所示，已经成功显示了这台 CPU 模块，由于在线设置和硬件组态都是按最先的规划进行的，所以搜索出的模块 IP 地址与组态的 IP 地址也是一致的。这时选中这个设备，单击“下载（Load）”按钮。

接下来，会出现下载提示对话框，如图 6-31 所示。无论是下载硬件组态还是控制程序，软件都会弹出这种选择提示对话框。该对话框提示用户当前的下载操作所存在的潜在风险（比如图 6-31 中提示下载过程中需要停机）。同时，用户也可以通过这个对话框对本次下载进行必要的设置。比如在下载程序块的时候，可以选择一致性下载（下载后项目中的程序块状况和 CPU 模块中的完全一致）还是只下载其中几个程序块。当某些设置不正确时，对话框中的下载按钮是点击无效的。

以图 6-31（a）为例，“下载期间模块停止运行（The modules are stopped for downloading to device.)”一项对应的处理方案为“全部停止（Stop all)”，这说明本次下载存在的停机的风险。在图 6-31（b）中，将此项目的处理方案更改为“不停止（No action)”，结果显示“不停止”处背景变为红色，下方的“下载（Load)”按钮变为了不可按的灰色，说明当前的下载操作必须停机。

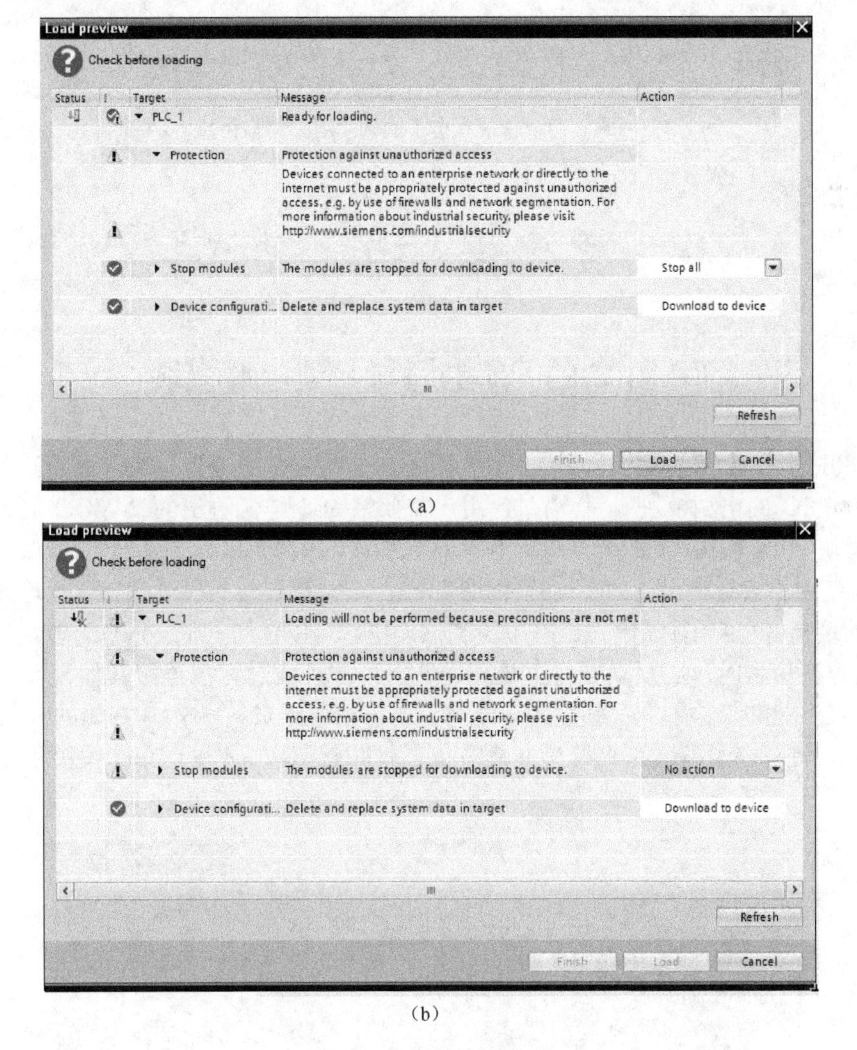

（a）

（b）

图 6-31　下载前的提示

当整个硬件组态下载完成后，基于 PROFInet 网络的分布式控制系统硬件部分就构建完成了。

此时单击 TIA 博途软件工具栏上的“在线（Online)”按钮，可以进入在线状态，单击“离线”按钮则退出在线状态，如图 6-32 所示。在线状态下，软件将会在项目树和硬件组态界面下显示各个模块的当前工作状态。在图 6-32 中，各机架上均显示绿色对勾，表示这两个机架都工作正常。如果有错误或故障的模块（或机架），会显示黄色或红色图标，有关故障处理的内容，请参阅第 10 章。

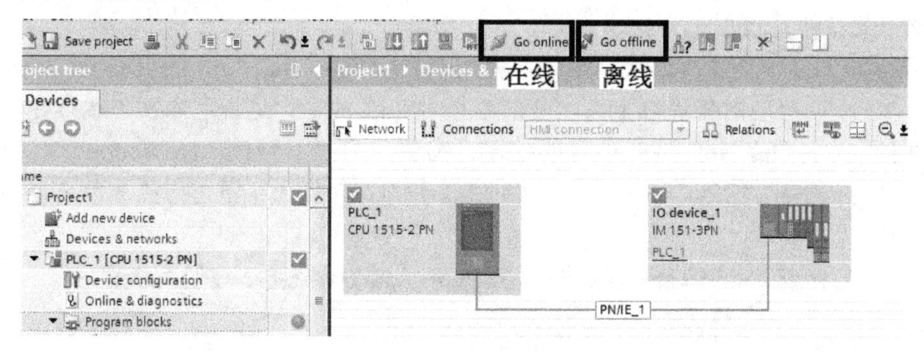

图 6-32　在线状态下的硬件组态窗口

6.5　常用模块的硬件配置

6.5.1　S7-1500 PLC 的 PS 电源与 PM 电源模块

S7-1500PLC 的电源模块分为 PM 和 PS 两种，其中 PM 电源为一块普通的开关电源（相当于 S7-300PLC 的电源模块）。使用时，用户需要将 PM 电源输出的 24VDC 通过导线连接到 CPU 模块、IO 模块、CP 模块等，作为这些模块的供电电源。PM 电源虽然可以安装在 S7-1500 PLC 主机架导轨上（如下简称主机架导轨），但是与其他模块没有背板连接（无须 U 型连接器的连接），也无须在硬件组态中组态该模块，可以使用其他 24VDC 电源替代。

PS 电源在使用时，必须安装在主机架导轨上，并且通过背板连接其他模块。同时，需要在硬件组态中组态该模块。在主机架导轨上，该模块通过背板向其右侧的模块供电，如图 6-33 所示，PS 电源模块在机架第 0 槽中，通过背板给它右侧的 CPU 模块和两个 DI/DO 模块供电。

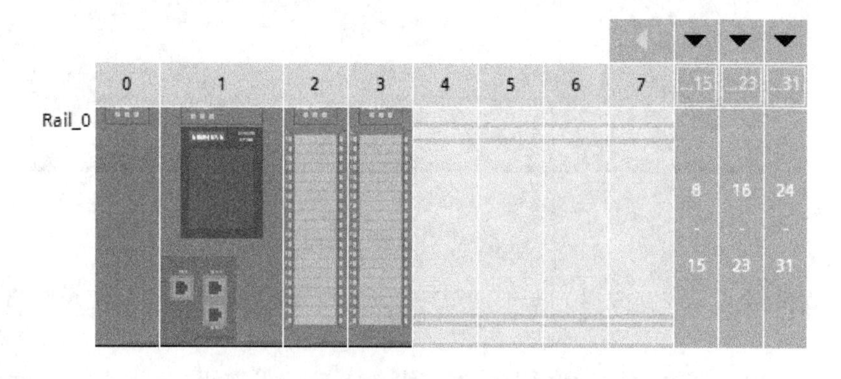

图 6-33　使用 PS 电源的 CPU 本体机架

同时该模块也可以安装在机架中间（其左侧和右侧都连有模块）。这时，该模块不影响整个背板的通信，但供电是隔离的，其左侧背板上的电压不会被传到其右侧的背板（模块）上。PS 模块仅向右侧的背板供电，其左侧模块的供电由上一个（向左方向数）PS 模块供电。通过这种方式可以在一个主机架导轨上划分不同的供电段。一个主机架导轨仅允许组态 32 个模块（第 0～31 号槽），其中只允许划分 3 个供电组。

图 6-34 所示是在一个主机架导轨上通过安放三个 PS 电源划分三个供电段的情况。对于第一个电源段，由于 CPU 在此电源中，需要进行设置，选择 CPU 属性中的“系统供电（System power supply）”，在右侧上部有“连接（外部）电源（Connect to supply voltage L+）”和“不连接（外部）电源（No connect to supply voltage L+）”的选项，如图 6-35 所示。在 S7-1500 PLC 系列中，PS 电源、CPU 模块、CP 模块都可以向背板供电。也就是说如果 CPU 模块选择“连接（外部）电源”，那么连接在 CPU 供电端子上的 24V 电源同时也会通过 CPU 模块本身向背板供电。如果选择“不连接（外部）电源”，CPU 模块则从背板上取电供本模块使用。

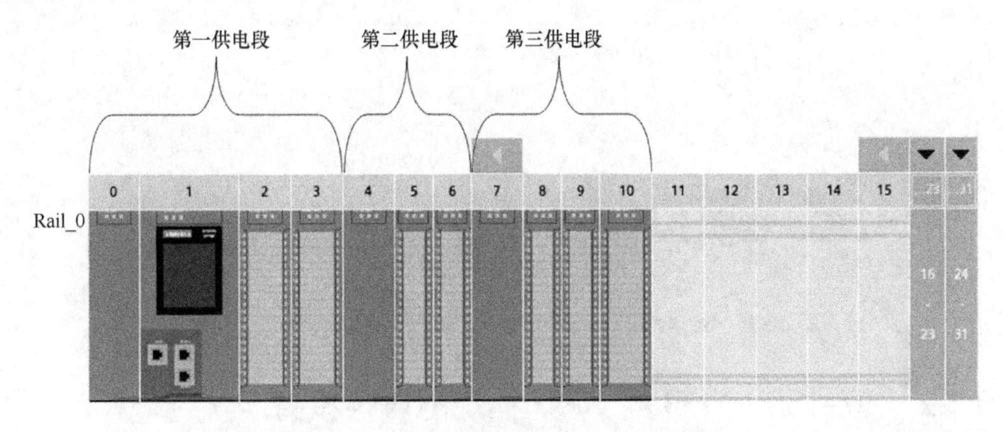

图 6-34　通过 PM 电源划分供电段的情况

在图 6-35 中的右侧下方表格罗列了该供电段的供电分配状况。表格左侧罗列该供电段

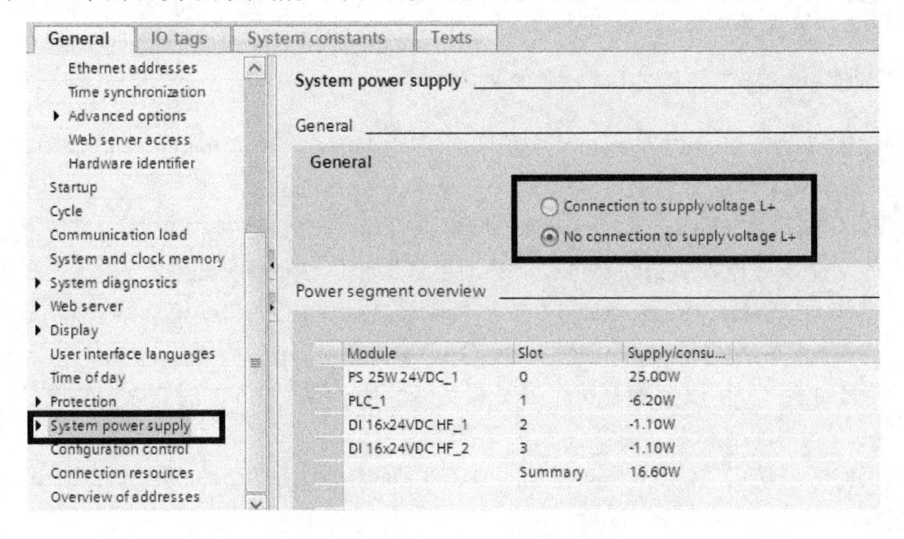

图 6-35　CPU 属性中的系统供电

上的所有模块，右侧表示该模块的供电状况。如果一个模块向背板供电，那么说明其提供了正功率，这里会显示一个正数，数值为向背板所提供的功率；如果一个模块从背板取电，那么说明其对背板来说是负功率，这里会显示一个负数，数值为从背板所消耗的功率。表格最后会显示该供电段的总功率（剩余功率），如果这个总功率是正数，说明该段上的供电还有余量；如果总功率为负数，说明该段供电不足，软件会给出错误提示。

包含 CPU 模块的供电段需要通过 CPU 属性查看供电分配状况，其他的供电段（不包含 CPU 模块）则可以在该段段首的 PS 模块属性下查看供电分配状况，如图 6-36 所示。

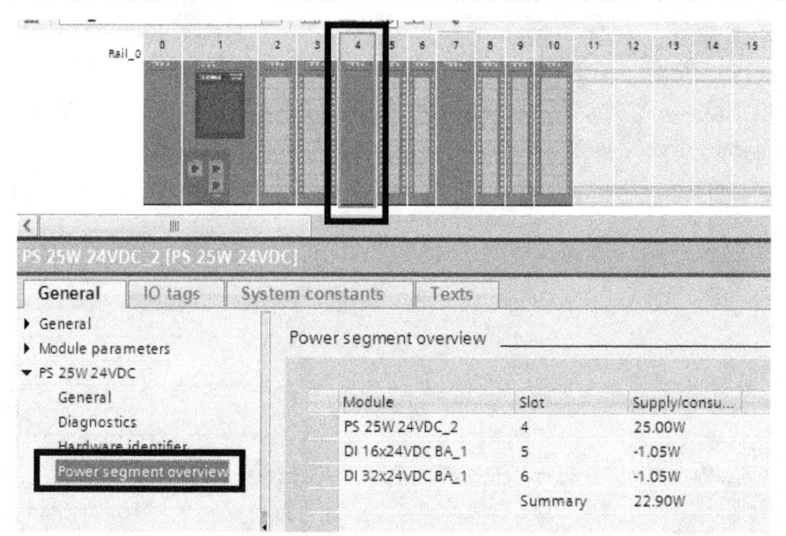

图 6-36　不包含 CPU 的供电段中，PS 模块的供电段总览属性

6.5.2　S7-1500 PLC 的 CPU 模块的属性设置

在 S7-1200/1500 PLC 中功能变得更加实用，其中 S7-1500 PLC 的功能更为全面。这里着重介绍 S7-1500 PLC 中的主要属性。

1. PROFInet 接口的相关属性

相关设置界面如图 6-37 所示，正如介绍硬件组态时对 PROFInet 接口的设置，组建一个 PROFInet 网络，其中 IP 地址、子网掩码和设备名是最基础的属性。

在“时间同步（Time synchronization）”中，可以使能该 CPU 模块通过 NTP 服务器进行时间同步的功能，并设置 NTP 服务器的 IP 地址和同步一次的间隔时间。

在“操作模式（Operation mode）”中，可以设置该模块是“IO 控制器（IO controller）”还是“智能 IO 设备（IO device）”。“智能 IO 设备（IO device）”是指该设备本身作为 IO 控制器（相当于主站），可以控制若干个 IO 设备（相当于从站），同时它本身也作为 IO 设备（从站）被另一个 IO 控制器（它的主站）所控制。

在网页服务器访问“（Web server access）”中可以使能是否准许通过该端口访问 CPU 内的网页服务器。

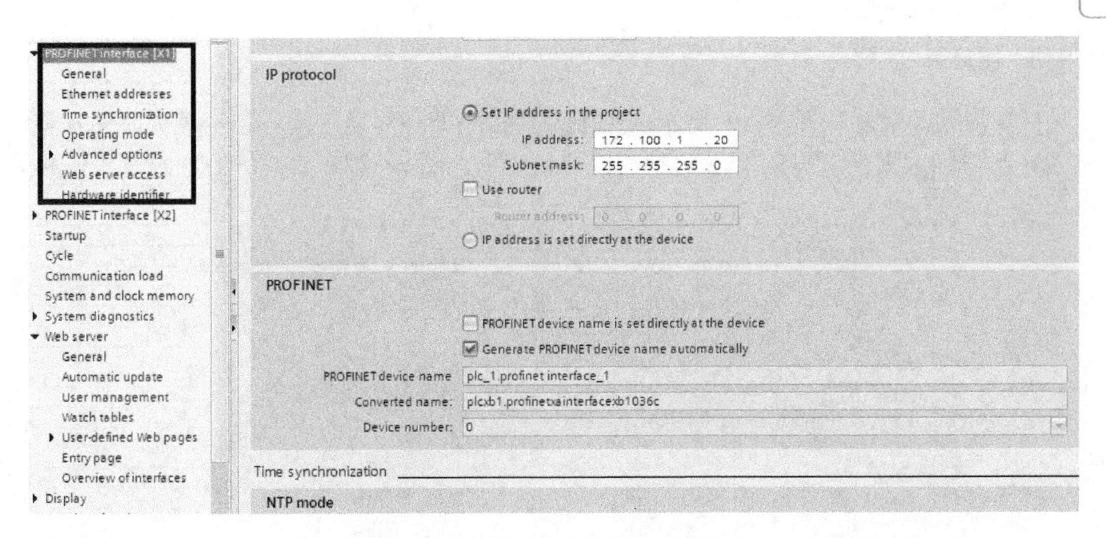

图 6-37　PROFInet 接口属性设置界面

2. 启动属性

启动属性的配置如图 6-38 所示。启动属性用于设置 CPU 模块上电后的工作状态，它与 OB100 的触发有关，可参考 7.6.2 节。

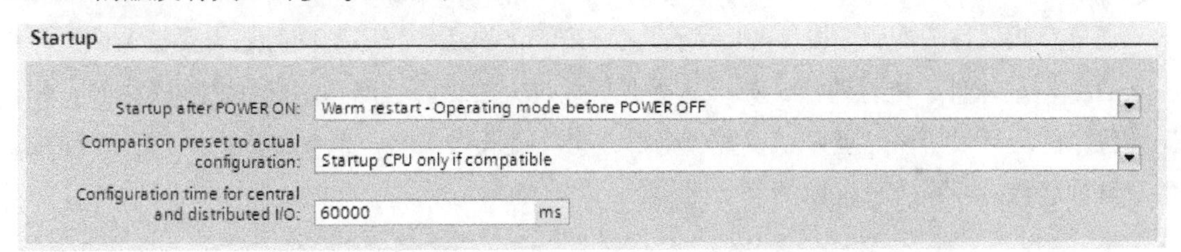

图 6-38　CPU 模块的启动属性配置界面

其中的“硬件组态与实际模块的比较（Comparison preset to actual configuration）”可以选择“只有硬件组态与实际模块匹配时，CPU 才启动（Startup CPU only if compatible）”或者选择“即使硬件组态与实际模块不匹配，CPU 依然启动（Startup CPU even if mismatch）”。

选择“只有硬件组态与实际模块匹配时，CPU 才启动”时，实际模块必须与硬件组态一致或可兼容（比如实际使用的是更高的固件版本），CPU 才能启动。

选择“即使硬件组态与实际模块不匹配，CPU 依然启动（Startup CPU even if mismatch）”，若有不匹配的模块，CPU 会正常启动并运行程序，但对这个不匹配的模块按故障处理（报错）。

在“中心机架和分布式 IO 上的组态时间 Configuration time for central and distributed I/O”处可以设置一定的时间。在 CPU 启动时，将这段时间留给各个模块进行准备。这段时间过后，各个模块应该已经准备就绪，CPU 模块会开始检测各个模块并与硬件组态做比较，以决定是否启动。

3．循环属性

循环属性的配置如图 6-39 所示。用于设置程序循环周期时间，包括最大时间和最小时间，其中最大周期时间由于看门狗的监控，该时间的设置与 OB80 的触发有关，可参考 7.6.3 节。

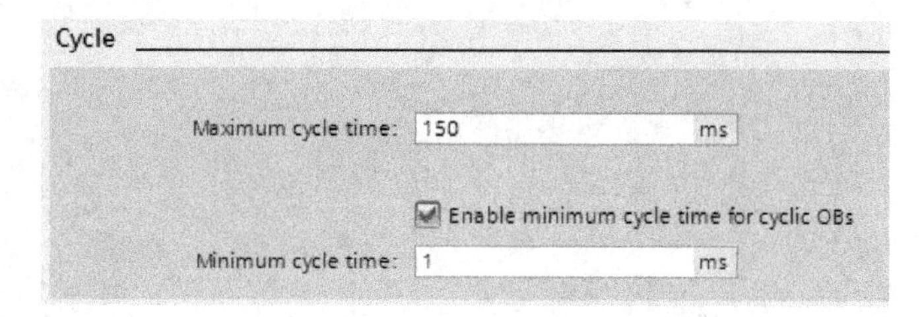

图 6-39　CPU 模块的循环属性配置界面

可以使能最小循环时间功能并设置最小循环周期时间。使能该功能后，如果程序在小于“最小循环周期时间”中就运行完成了，那么 CPU 模块会等待到达最小循环周期时间，再进行下一个周期的程序运行。

4．通信负载

通信负载属性的配置如图 6-40 所示。在 CPU 模块运行程序的同时还需要与调试的计算机（TIA 博途软件）进行通信。如果这类通信量过大的话，会严重消耗 CPU 模块的资源，影响程序的运行，所以这里可以设置一个百分比（最低为 15%，最高为 50%），为 CPU 模块中只准许通信占用系统总资源的百分比。

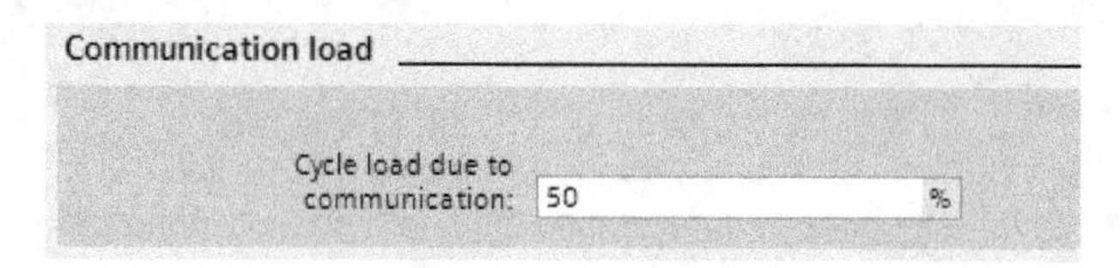

图 6-40　CPU 模块的通信负载属性配置界面

5．系统存储器和时间存储器

系统存储器和时间存储器的设置如图 6-41 所示。在图 6-41 中设置 2 为系统存储器，这样将位存储器中的第 2 字节（从 0 计数）作为系统信息存储区。CPU 模块会将系统中的几个重要数据输出至位存储区的第 2 字节，供程序使用。

如“首次循环”将写入 M2.0（首次循环时为“1”）。

“诊断信息变更”（变更时为“1”）将写入 M2.1。

“恒为‘1’”将写入 M2.2。

“恒为‘0’”将写入 M2.3。

在图 6-41 中设置 0 为时间存储器，这样在位存储区的第 0 字节的各位会生成不同频率的方波脉冲，具体每位的频率，如图 6-41 所示。

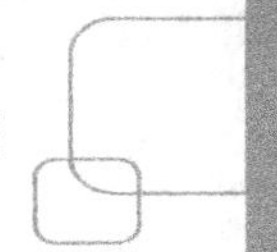

System and clock memory

System memory bits

☑ Enable the use of system memory byte

Address of system memory byte (MBx): 2

First cycle: %M2.0 (FirstScan)

Diagnostic status changed: %M2.1 (DiagStatusUpdate)

Always 1 (high): %M2.2 (AlwaysTRUE)

Always 0 (low): %M2.3 (AlwaysFALSE)

Clock memory bits

☑ Enable the use of clock memory byte

Address of clock memory byte (MBx): 0

10 Hz clock: %M0.0 (Clock_10Hz)

5 Hz clock: %M0.1 (Clock_5Hz)

2.5 Hz clock: %M0.2 (Clock_2.5Hz)

2 Hz clock: %M0.3 (Clock_2Hz)

1.25 Hz clock: %M0.4 (Clock_1.25Hz)

1 Hz clock: %M0.5 (Clock_1Hz)

0.625 Hz clock: %M0.6 (Clock_0.625Hz)

0.5 Hz clock: %M0.7 (Clock_0.5Hz)

图 6-41　系统存储器和时间存储器设置界面

6．系统诊断

系统诊断的设置如图 6-42 所示。可以设置 CPU 模块本身产生哪些报警信息，这些报警信息的等级（“需要确认”级别还是“不需要确认”级别）。这些报警信息可以在 HMI 或网页上（使用 CPU 模块的 Web 服务器）查看。有关 CPU 报警信息的设置与显示请参阅 7.5.3 节。

System diagnostics

General

☑ Activate system diagnostics for this device

Alarm settings

Category	Alarm	Alarm class	Acknowledgement
Fault	☑	No Acknowledgement	☐
Maintenance demanded	☑	No Acknowledgement	☐
Maintenance required	☑	No Acknowledgement	☐
Info	☑	No Acknowledgement	☐

图 6-42　系统诊断的设置界面

7．Web 服务器

用于设置 CPU 模块内的 Web 服务器。Web 服务器启用之后，在浏览器中直接写入“Http://”和 PLC 的 IP 地址，就可以打开该 CPU 模块的网页。

在 Web 服务器属性设置中可以设置若干用户（名）和其使用权限，可以设置自动刷新网页的时间间隔，可以导入变量监控表和变量强制表，这样有相应权限的用户可以在网页中读写相应的变量。这里也支持用户配置一个自定义的网页。

8. CPU 显示器

在 S7-1500 PLC 中，CPU 模块上带有一块显示屏，可以设置与该显示屏有关的内容，如图 6-43 所示。

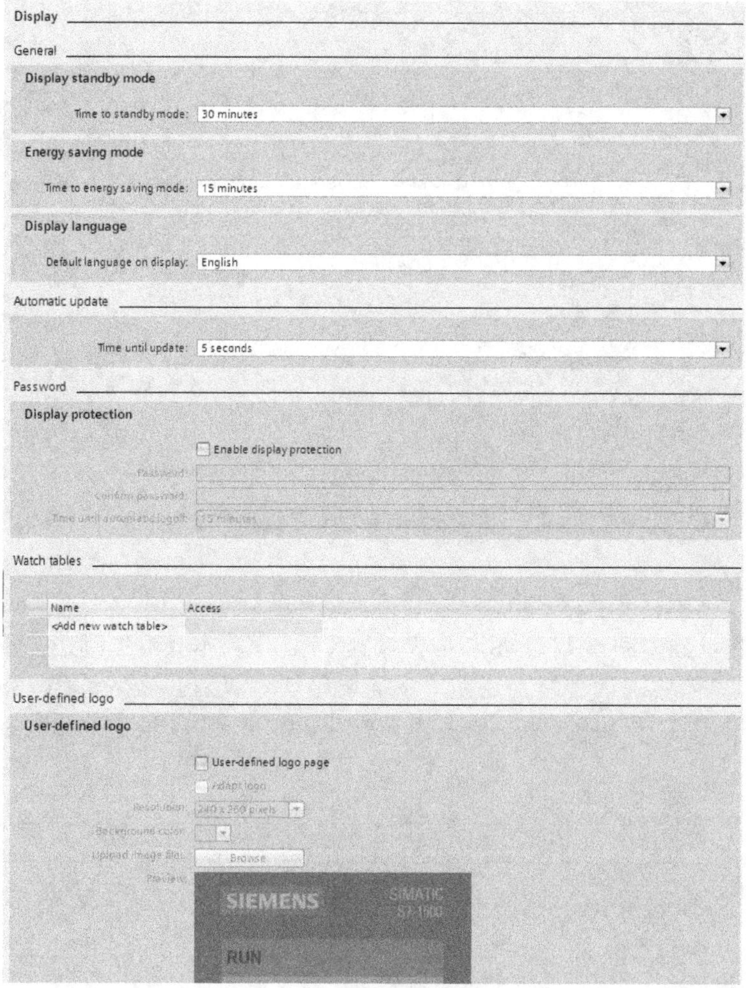

图 6-43 CPU 显示器的设置界面

“待机模式（Display standby mode）”：设置显示屏多长时间进入黑屏的待机模式。

“节能模式（Energy saving mode）”：设置显示屏多长时间后进入降低显示器亮度的节能模式。

“默认的显示语言（Default language on display）”：设置的是显示器菜单中的语言，该语言也可以在显示器上修改。

“自动刷新时间（Time until update）”：设置自动刷新显示信息的时间间隔。

“显示保护（Display Protection）”：可以启用显示保护功能。启用后需要在这里设置一个密码和自动注销时间，只有输入密码后才可以使用 CPU 显示器修改 CPU 信息。在 CPU 显示屏上无任何操作，经过自动注销时间后，本次登录（输入的密码）将自动注销。

“监控表（Watch tables）”：可以配置一个监控表（用户需要监控的变量都可以写在监控

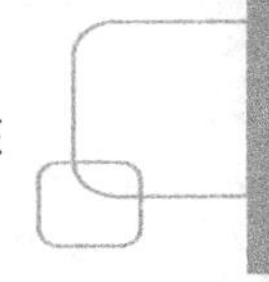

表中，相关内容可参考 9.2.1 节，让用户通过 CPU 显示器监控或修改这些变量的值。该项设置后，用户可以在 CPU 显示器的主菜单“诊断”中打开“监控表”，对其中变量进行读写。

“用户自定义 Logo（User-defined logo）”：可以设置图片，作为该 CPU 显示器的背景图像。

9．保护

在保护（Protection）属性中，分为四个访问等级：完全可访问（无保护）（Full access(no protection)）、读可访问（Read access）、HMI 可访问（HMI access）、不可访问（完全保护）（Complete protection），如图 6-44 所示。

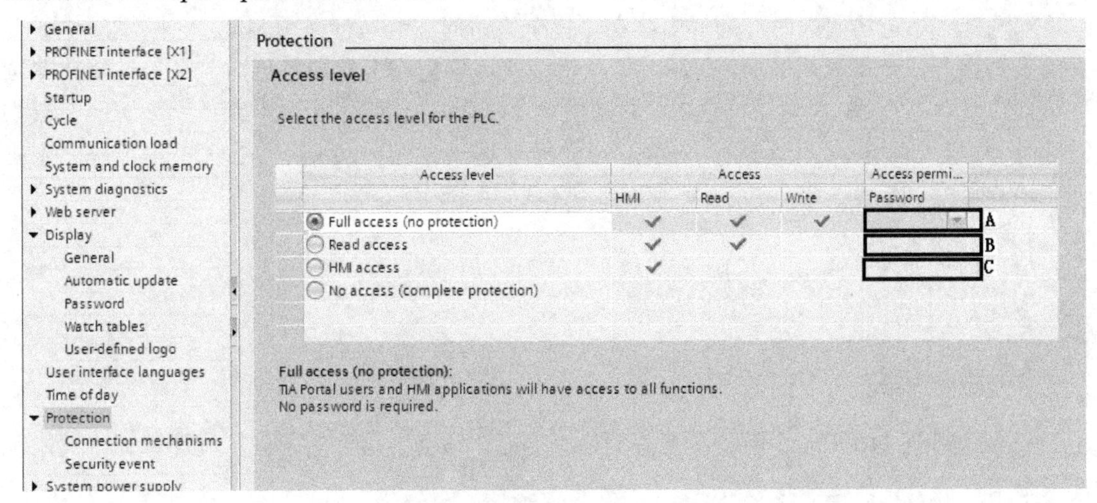

图 6-44　保护属性的设置界面

完全可访问（无保护）：无须使用任何密码，TIA 博途软件和 HMI 设备就可以对 CPU 中的变量进行读写操作。

读可访问：HMI 设备可以对 CPU 中的变量进行读写操作。在 TIA 博途软件中可以读取该 CPU 模块中的变量值，但只有输入密码才可以进行“写操作”。

HMI 可访问：HMI 设备可以对 CPU 进行读写操作，在 TIA 博途软件中只有输入密码才能进行读写操作。

不可访问：在 TIA 博途软件中需要输入密码才能进行读写操作。同时，在设计 HMI 时也需要配置正确的密码，该 HMI 设备才能正常访问 CPU 模块。

当保护级别设置为 HMI 需要密码才可以访问 CPU 后，在组态 HMI 时需要将密码组态在该 HMI 的连接中。在 HMI 设备下的“连接（Connections）”中，需要在 HMI 所连接的那台 PLC 下输入相应的密码，如图 6-45 所示。

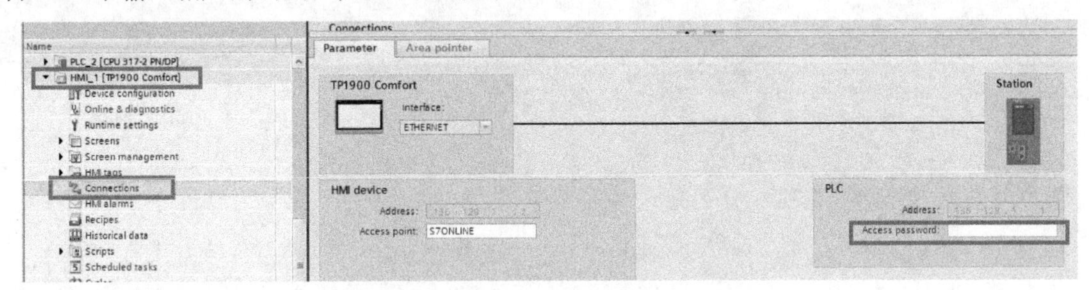

图 6-45 设置 HMI 连接时需要填写密码

关于其中密码的配置如下所述。

当选择“完全可访问”时：无须配置密码。

当选择“读可访问”时：需要在“完全可访问”这一行（图 6-44 的框 A）中设置密码，该密码用于开启“完全可访问”权限。

当选择“HMI 可访问”时：也需要在“完全可访问”这一行（图 6-44 的框 A）中设置密码，该密码用于开启“完全可访问”权限（直接开启全部权限）。同时，可以选择在“读可访问”这一行（图 6-44 的框 B）中设置一个密码，该密码用于开启“读可访问”权限（开启部分权限）。

当选择“不可访问”时：同样需要在“完全可访问”这一行（图 6-44 的框 A）中设置密码（直接开启全部权限），该密码用于开启“完全可访问”权限。同时，可以选择在“读可访问”这一行（图 6-44 的框 B）中设置一个密码，该密码用于开启“读可访问”权限（开启部分权限）。也可以选择在“HMI 可访问”这一行（图 6-44 的框 C）中设置一个密码，该密码用于开启“HMI 可访问”权限（开启更少部分权限）。

10. 系统供电

参见 6.5.1 节。

11. 组态控制

组态控制是 PROFInet 中较新支持的一个功能。该功能准许用户使用程序选择不同的硬件组态（本节不涉及这部分内容）。

12. 连接源

CPU 模块本身具有一定量的连接资源，不同的 CPU 模块所具有的连接资源并不一样，连接 HMI、编程设备、进行 S7 通信等都需要耗费 CPU 的连接资源。如果 PLC 中 CPU 模块的连接资源不足，可以添加 CP 模块（通信模块）来补充连接资源（不过，总的连接资源也有限制，根据不同的 CPU 而不同）。“连接源”属性可以显示组态在主机机架上所有具有连接资源的模块（CPU 和 CP 模块），它们的连接资源和使用状况如图 6-46 所示。

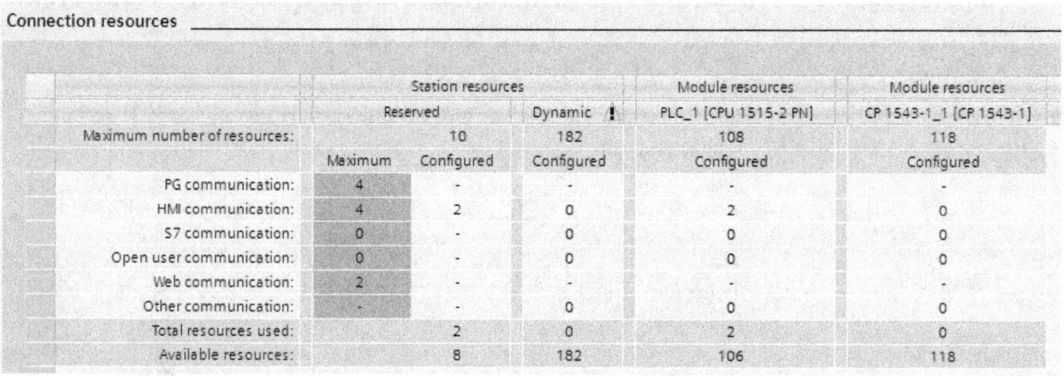

Connection resources

	Station resources			Module resources	Module resources
	Reserved		Dynamic	PLC_1 [CPU 1515-2 PN]	CP 1543-1_1 [CP 1543-1]
Maximum number of resources:		10	182	108	118
	Maximum	Configured	Configured	Configured	Configured
PG communication:	4	-	-	-	-
HMI communication:	4	2	0	2	0
S7 communication:	0	-	0	0	0
Open user communication:	0	-	0	0	0
Web communication:	2	-	-	-	-
Other communication:	-	-	0	0	0
Total resources used:		2	0	2	0
Available resources:		8	182	106	118

图 6-46　连接资源总览

13. 地址总览

地址总览用于可显示整个控制系统（包括本体机架和分布式 IO）上所有的 IO 点，包括它们的地址、模块名、写入哪个映像区，槽号，机架号等，如图 6-47 所示。

Overview of addresses

Overview of addresses

Filter: ☑ Inputs ☑ Outputs ☐ Address gaps ☑ Slot

Type	Addr. from	Addr. to	Module	PIP	OB	DP	PN	Rack	Slot
I	0	7	AI 4xU/I/RTD/TC ST_1	Automatic update	-	-	-	0	2
I	8.0	8.1	2DI x 24VDC ST_1	Automatic update	-	-	100(1)	0	2
I	9.0	9.1	2DI x 24VDC ST_2	Automatic update	-	-	100(1)	0	3
O	0	3	AQ 2xU/I ST_1	Automatic update	-	-	-	0	3
O	4.0	4.1	2DO x 24VDC / 0.5A ST_1	Automatic update	-	-	100(1)	0	4
O	5.0	5.1	2DO x 24VDC / 0.5A ST_2	Automatic update	-	-	100(1)	0	5

图 6-47 地址总览界面

6.5.3 EP200SP 的组态和使用

ET200SP 是全新一代分布式 IO 产品，其组态的方法与 ET200S 基本相同，但也有几点区别。

（1）首先 ET200SP 在电源模块上有所改进。ET200S 产品需要在放 IO 模块的机架上（接口模块后）先要放电源模块 PM-E，该模块用于向其后面（向右方向）的 IO 模块提供电源和信号的基准电位。如果插入的 IO 模块较多，每隔几个模块插入一个 PM-E 电源模块，形成若干个供电段。ET200SP 系列产品不再需要电源模块，而是由不同的背板模块取代。即在需要添加电源的地方使用“电源背板”，而在不打算添加电源的地方使用普通背板，如图 6-48 所示，其中白色的背板为电源背板，而灰色的背板为普通背板。白色背板最下面的两个端子需要接 24VDC 电源（左侧接正极，右侧接负极），用于给其本身（该背板上的模块就是 IO 模块，也需要供电和基准电位）和右侧模块供电并提供信号的基准电位。

图 6-48 ET200SP 分布式 IO 的电源背板和普通背板

硬件连接完成后，软件上需要进行相应设置，如图 6-49 所示，在硬件组态界面中，选择一个槽，并选择该槽的“供电段（Potential group）”属性。如果该槽为“电源背板”，那么选择“使能一个新的供电段(浅(白)色单元)（Enable new potential group(light baseUnit)）”，如果该槽为普通背板则选择“使用同其左边模块一样的供电段（深（灰）色单元）（Use potential group of the left module(dark baseUnit)）”。选择后，在硬件组态界面下，相应槽（电源背板）的颜色会变为白色。在组态 ET200SP 机架时，紧挨着接口模块的槽，软件就默认为“电源背板”（显然这个槽必须是电源背板）。

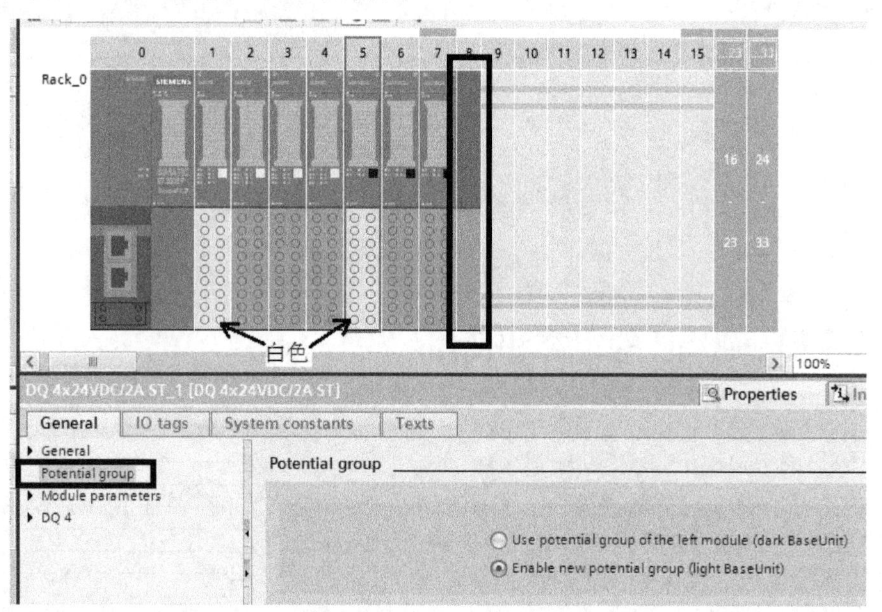

图 6-49　ET200SP 供电组的设置界面和编译后的终端电阻标志

（2）另一个区别：当 ET200SP 某块组态完成并编译后，软件（在硬件组态界面下）会自动为该机架末尾添加终端电阻，如图 6-49 中 8 号槽所示。这样的设计显得更加真实。同时也提示用户，没有终端电阻的分布式 IO 机架无法使用（不仅是 ET200SP，所有系列的分布式 IO 均如此），而终端电阻本身小巧易丢，要妥善保管。

6.5.4　模拟量输入与输出模块的配置和使用

1．模拟量输入模块的分辨率

模拟量输入模块可以将传感器（变送器）传送的过程量（压力、流量、温度等）转换为一个固定位数的二进制数值，并传送到 PLC 变量中供程序使用。模拟量模块在进行模数转换过程中，不同的模块测量模拟量值的精度不同，也就是其分辨率不同。

对于所有的模拟量输入模块，无论其分辨率的大小，最终每一个模拟量通道上的值都会被转换为一个十六位二进制的数值（从第 0～15 位）。这个值会存储在一个输入变量中（依照硬件组态中 IO 地址分配确定），该值简称为 AD 值。AD 值中第 15 位为符号位，其余的 15 位（从第 0～14 位）为数据。转换关系如表 6-1 所示。表中第一行表示 16 位二进制数的每一位，从第 0～15 位。第二行中，第 15 位对应的是 Sign，表示这一位为符号位。

表 6-1　不同分辨率的模拟量输入模块与 AD 值对应关系表

	15	14	13	12	11	10	9	8	7	6	5	4	3	2	1	0
	Sign															
8	*	*	*	*	*	*	*	*	*	0	0	0	0	0	0	0
9	*	*	*	*	*	*	*	*	*	*	0	0	0	0	0	0
10	*	*	*	*	*	*	*	*	*	*	*	0	0	0	0	0
11	*	*	*	*	*	*	*	*	*	*	*	*	0	0	0	0
12	*	*	*	*	*	*	*	*	*	*	*	*	*	0	0	0
13	*	*	*	*	*	*	*	*	*	*	*	*	*	*	0	0
14	*	*	*	*	*	*	*	*	*	*	*	*	*	*	*	0
15	*	*	*	*	*	*	*	*	*	*	*	*	*	*	*	*

表中第一列表示不同分辨率的模拟量输入模块的转换位数。从表中最后一行可见，当某个模拟量输入模块的可以转换 15 位时，其转换后的这 15 位完全就是 AD 值中的 15 位数据。转换后，AD 值的最大值为 32 767。

从表中倒数第二行可见，当某个模拟量输入模块只能转换 14 位的精度时，其转换后的数值占用 AD 值中的 15 位后，还多出一位。将转换后的 14 位右侧（低位方向）补 0，这样凑成 15 位的数据。最后，AD 值的理论最大值为 32 766。

依此类推至第一行，当某个模拟量输入模块只能转换 8 位的精度时，将转换后的值低位方向补 7 个零，然后凑够 15 位。最后，AD 值的理论最大值为 32 640。

对于单极性的模拟量输入（单极性指转换后只使用正数的 AD 值，像 4～20mA，0～20mA，0～10V 等，绝大多数标准模拟量信号均为单极性信号），在整个模拟量转换过程中，均定义最小值为 0，最大值为 27 648。小于 0 的值，或大于 27 648 值均表示模拟信号出现了下溢或上溢的情况。上溢和下溢均属于超出了正常的范围，具体对应关系见图 6-50。

	电压		电流		电阻		温度（PT100）	
	测量量范围: ：±10V	AD值	测量量范围: 4~20mA	AD值	测量量范围: 0~300 Ohm	AD值	测量量范围: -200~850°C	AD值
上溢出	≥11.759	32767	≥22.815	32767	≥352.778	32767	≥1000.1	32 767
高于正常	11.7589 . . 10.0004	32511 . . 27649	22.810 . . 20.0005	32511 . . 27649	352.767 . . 300.011	32511 . . 27649	1000.0 . . 850.1	32511 . . 27649
正常范围	10.00 7.50 . . –7.5 –10.00	27648 20736 . . –20736 –27648	20.000 16.000 . . 4.000	27648 20736 . . . 0	300.000 225.000 . . . 0.000	27648 20736 . . . 0	850.0 . . . . –200.0	27648 20736 . . . 0
低于正常	–10.0004 . . –11.759	–27649 . . –32512	3.9995 . . 1.1852	–1 . . –4864	电阻值不可能为负数		–200.1 . . –243.0	–1 . . –4864
下溢出	≤-11.76	-32768	≤1.1845	-32768			≤–243.1	-32768

图 6-50　AD 值与不同测量值的对应关系

也就是说，对于不同分辨率的输入模块，在低位方向补零凑 15 位数据的方法保证了所有模块的测量范围都足以覆盖 0～27648 的范围，保证了拥有相同的模拟值和 AD 值之间的对应关系。这种对应关系就是线性关系，具体请详见图 6-50。在 TIA 博途软件下，可以使用 SCALE_X 和 NORM_X 两个指令（对于 S7-300/400PLC 可以使用 SCALE 和 UNSCALE 两个指令）直接进行线性转化运算。

对于 S7-1500 下所有模拟量输入模块均为 15 位的分辨率（加上符号位 AD 值共 16 位），达到双向 32 767 的范围（即[-32 767，32 767]）。

2．模拟量输入模块的设置

在模拟量输入模块中，每个通道对应有如图 6-51 所示那样一套设置参数，其中诊断（Diagnostics）中可以选择一些错误。当这些错误备选中后，如果模块出现相应的错误，会调用诊断错误中断 OB82。这些错误有：

（1）模块没有供电（No supply voltage L+）。

（2）上溢（Overflow），测量值向上超出标准信号范围，可参见图 6-50。

（3）下溢（Underflow），测量值向下超出标准信号范围，可参见图 6-50。

（4）一般的模块错误（Common mode error）。

“测量（Measure）”用于设置该通道与测量有关的参数。“测量类型（Measurement type）”用于选择测量类型（电压、电流、电阻、两线制仪表、四线制仪表等）。“测量范围

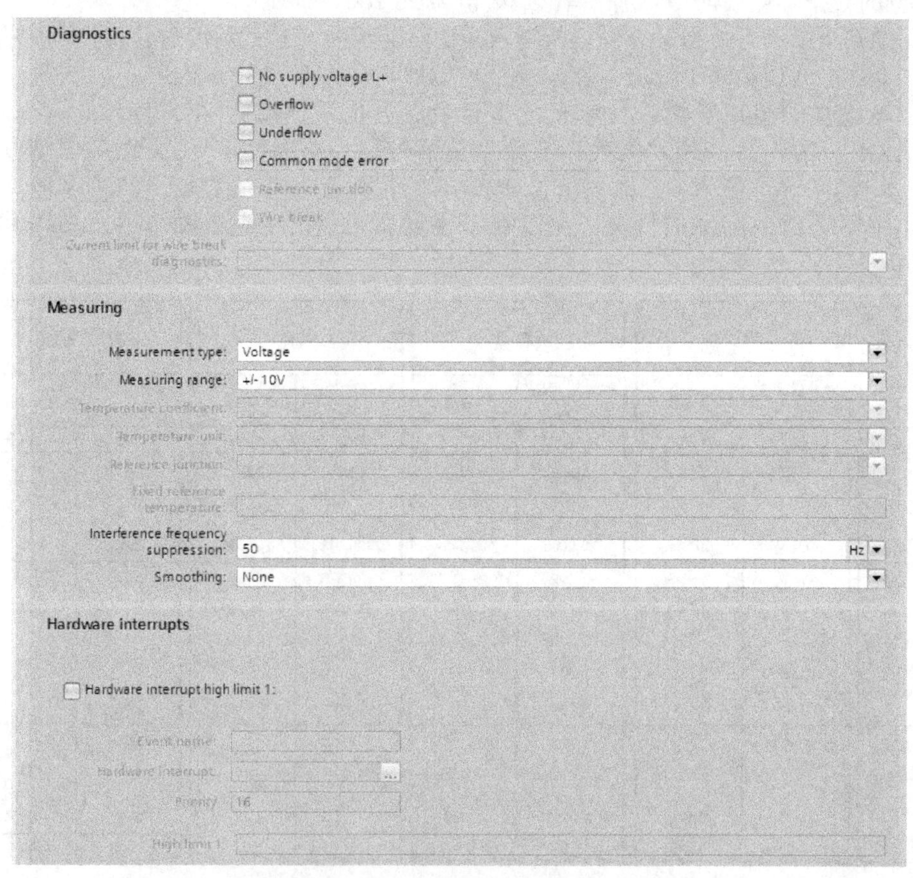

图 6-51　模拟量输入模块中每个通道对应的设置界面

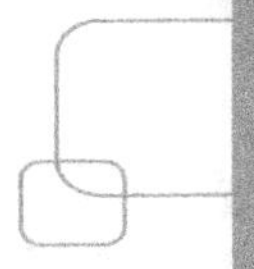

(Measure range)”用于选择测量的范围。例如，若测量类型为电流，这里需要选择 0～20mA 还是 4～20mA。“干扰抑制频率（Interference frequency suppression)”用来选择干扰频率，通常会选择工频 50Hz。模块会通过积分逼近算法进行模数转换和数据处理，根据干扰频率和转换的分辨率，自行调整算法中的积分时间，得到最准确的 AD 数据。“平滑处理（Smooth)”则用来选择是否进行滤波。

“硬件中断（Hardware interrupts)”可以设置当该通道的值超过某个限制值后调用硬件中断 OB40。具体有关“硬件中断的内容”，请参见 7.6.4 节的内容。

3．模拟量输出模块的设置

输出模块与输入模块类似，如图 6-52 所示。“诊断（Diagnostics)”用于选择该通道上什么错误发生会调用 OB82。“输出类型（Output type)”用于选择是输出的电压模拟信号还是电流模拟信号。“输出范围（Output range)”用于设置模拟信号的范围。“CPU 变为 STOP 状态时的反应（Reaction to CPU STOP)”则可以选择在 CPU 为停机状态下该通道上是“停止输出（Shutdown)”还是“保持上一次的值（Keep last value)”（即保持停机前输出的值）或“输出指定的值（Output substitute value)”。如果选择输出指定的值，那么可以在下面的“Substitute value”中设置一个指定的值。

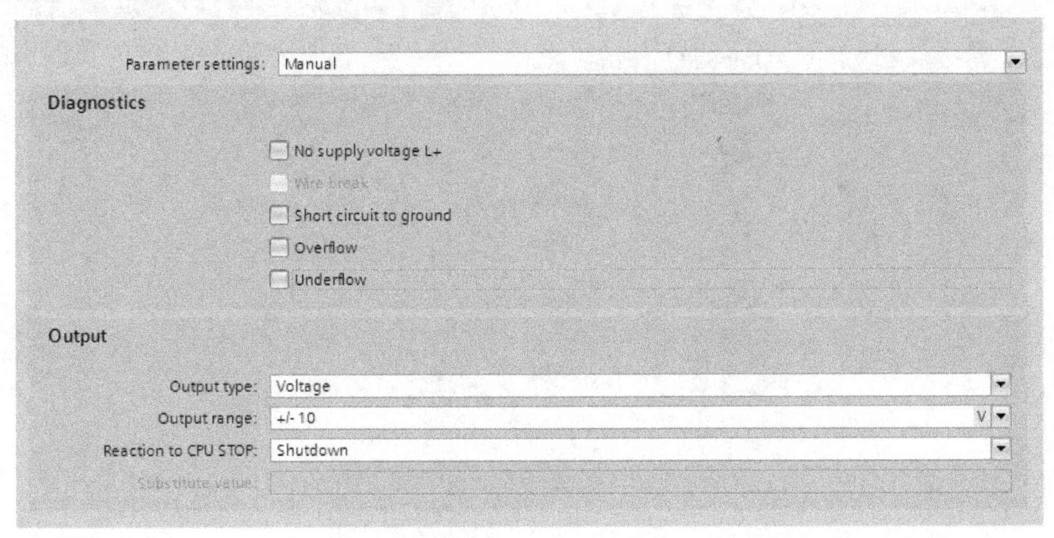

图 6-52　模拟量输出模块中对应的配置界面

6.6　与硬件配置有关的其他操作

6.6.1　硬件组态和程序的上传

硬件组态和程序的上传是指将上一次下载到 CPU 中的硬件组态和程序再反向传给计算机，具体操作如下。

在软件工具栏中打开“在线（Online）”菜单。在菜单中选择“上传硬件组态和程序并作为一个新设备放在项目中（Upload device as new station(hardware and software)）”一项，如图 6-53 所示。

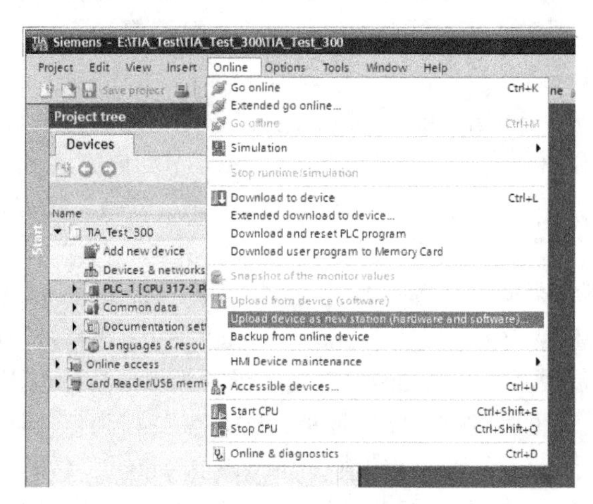

图 6-53　上传选项

单击完之后，出现图 6-54 所示的界面。在该界面下配置好网卡接口，搜索并选择相应设备，然后单击“上传（Upload）”按钮便可。

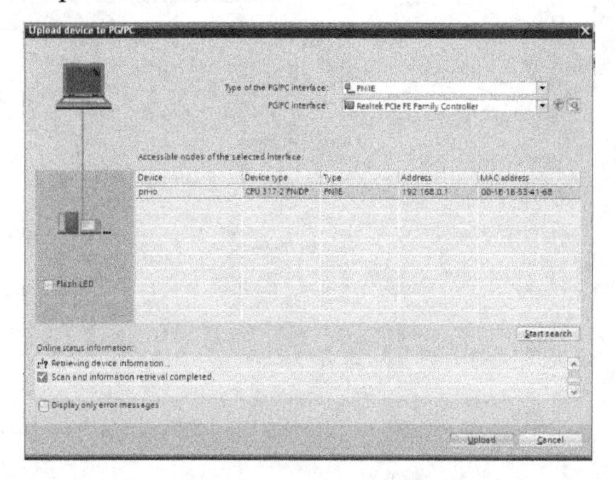

图 6-54　上传时的连接界面

建议在进行上传操作时，建立一个新的项目，项目内仅组态一个同型号的 PLC。如果在旧项目中上传，较容易出现重名的错误。

6.6.2　CPU 机架的探测功能

对于 S7-1200/1500 PLC，可以对其 CPU 机架上的模块组态状况进行探测，这种探测与上传并不一样。上传是将储存在 CPU 内部的上一次下载进去的硬件组态信息上传到软件中，如果上一次下载的信息与当前 CPU 机架上实际组态状况不一致，那么上传得到的硬件组态与实际组态也是不一致的。而探测功能是 CPU 本身探测当前本体机架上各模块的组态

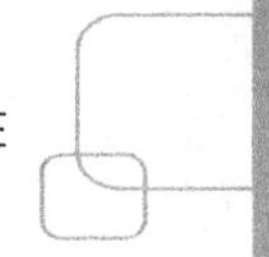

状况，并将结果回传至软件，其结果与当前的实际组态是一致的，具体操作如下：

首先保证软件可成功连接到 PLC（网线已连接，且软件中端口设置正确），然后，按照一般新添加硬件的步骤，在项目树中选择新增添设备，如图 6-55 所示。

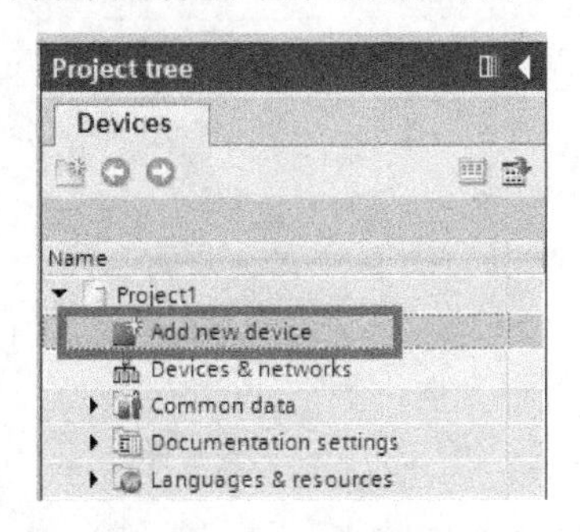

图 6-55 添加设备

在选择新添加设备型号的界面下，选择需要探测的 PLC 的系列（S7-1200 还是 S7-1500）。将该系列的文件夹打开，选择并打开其中有“未指定（Unspecified）”字样的子文件夹，选择其下的设备，如图 6-56 所示。选择“SIMATIC S7-1500” CPU 的“Unspecified CPU 1500”下的“6ES7 5XX-XXXXX-XXXX”。本例中要探测 S7-1500 的 PLC。

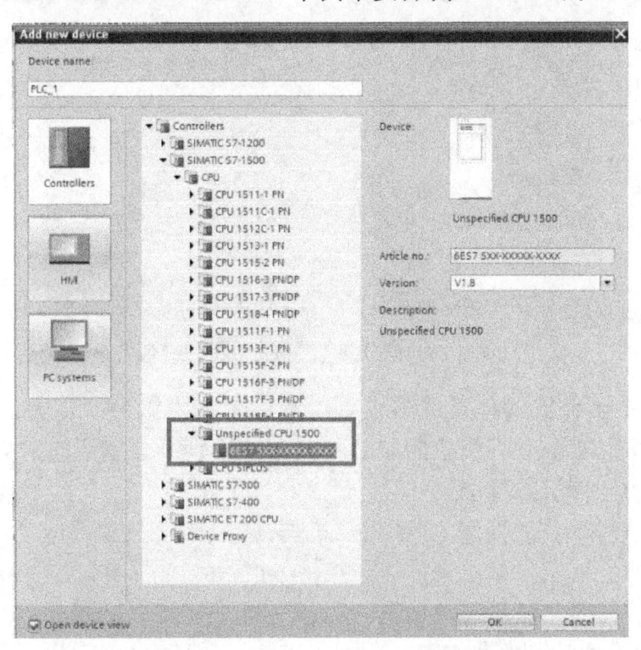

图 6-56 选择添加一个未指定设备

当 CPU 型号选择完成后，软件自动打开该设备的硬件组态界面。在这个界面，未指定的 CPU 以白色轮廓示意。在白色轮廓右下方会出现一个对话选择框。内容是这样的：“该设备型号未指定，使用硬件型号目录指定这台 CPU，或者对已连接的这台设备进行硬件组态探测，这里需要选择后者，所以在第二语句中，找到并单击“探测”一词（这个词在本句子中为“超链接”，以蓝色显示），如图 6-57 所示。

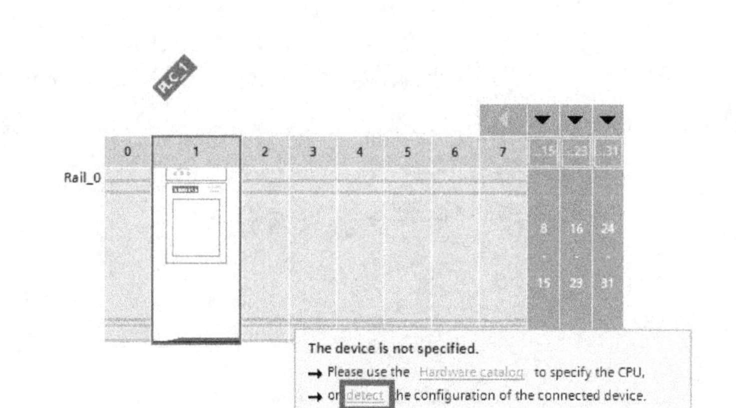

图 6-57　选择探测选项

单击探测按钮后，TIA 博途软件会开始在网络上查找所有连接的设备，并将符合之前选择的探测型号的 CPU 显示出来，如图 6-58 所示。本例中选择的是探测 S7-1500 系列 PLC，软件查找到 1512SP 型的 PLC，就在列表中显示了出来，如图 6-58 所示。

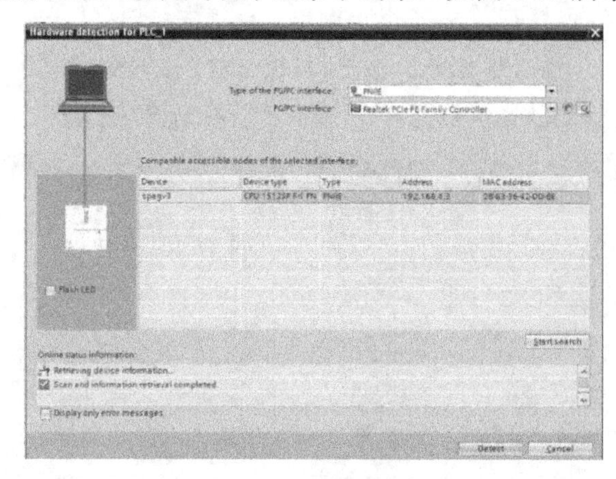

图 6-58　连接搜索出来的 PLC 设备

选中需要探测并已经被软件发现的设备，然后单击“探测（Detect）”按钮，一段时间后。这台 PLC 本体机架上所有模块的安装状况都被识别并自动组态。完成这些操作后，软件自动显示该设备的硬件组态界面。

这样的探测功能目前只能探测 CPU 本体机架，对于总线上的站点、分布式 IO 机架不能探测。

6.6.3　GSD 文件的加载

对于总线的调试而言，不可避免需要加载 GSD 文件。

因为 Profibus 和 PROFInet 是标准的总线协议，任何非 Siemens 的设备都可以基于此标准装备相应的总线接口挂在该总线上与 PLC 通信。就像把分布式 IO 从硬件目录资源卡拉到网络结构界面一样，任何第三方设备也应该可以通过这种方式组态到系统中，但是 TIA 博途软件的硬件目录资源卡中不可能包含所有设备商的产品，所以，对于每一个支持总线的设备

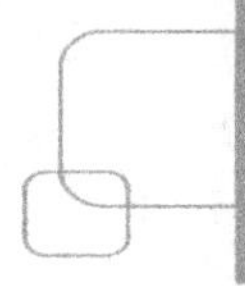

而言，必然有一个与它配套的 GSD 文件。GSD 文件中包含该设备的制造商和设备名称、软硬件版号、可能的监控时间间隔、I/O 通道的数据类型、诊断测试的规格、I/O 数据一致性、等信息。TIA 博途软件需要安装相应设备的 GSD 文件，获知与该设备相关的通信信息，该设备才可以出现在硬件目录资源卡中，供组态和使用。

应当指出，TIA 博途软件相比经典 Step7 而言对 GSD 文件更为苛刻，一些不太标准的 GSD 文件不一定可以被成功加载到 TIA 博途中，但是对于标准的 GSD 文件而言，TIA 博途软件是可以成功加载的。

具体加载 GSD 文件的方法如下：首先选择菜单栏中“选择（Option）”下的“安装通用站描述文件（GSD）[Install general station description file(GSD)]”，如图 6-59 所示。

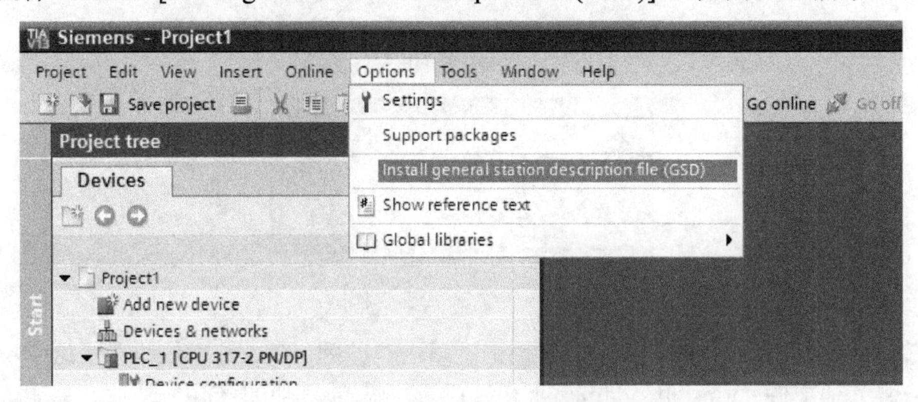

图 6-59　安装 GSD 文件界面

弹出的对话框如图 6-60 所示，首先单击地址栏右侧的带三个点的按钮，在弹出的文件浏览框中选择欲添加 GSD 文件所在的目录，然后单击“确定”按钮。

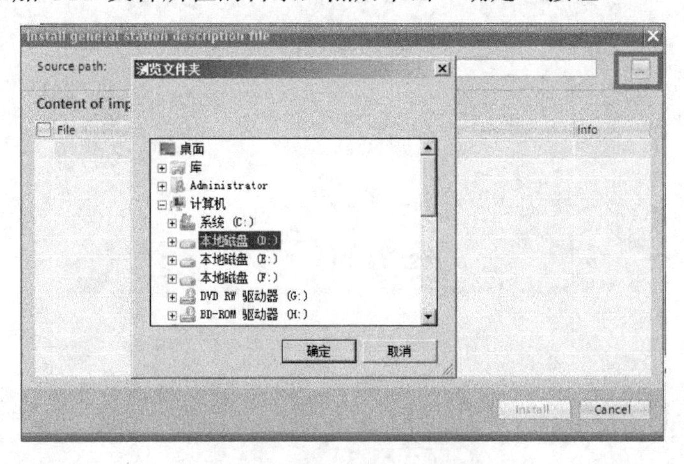

图 6-60　选择 GSD 文件的位置

这时候，该目录下所有 GSD 文件的基本信息会显示在安装 GSD 文件的对话框中，如图 6-61 所示（图中所示为安装艾默生 CT 变频器 Profibus-DP 板卡的实例）。

选中要安装的 GSD 文件（在该文件前面打钩便可），然后单击“安装（Install）”按钮便可。单击后，会出现如图 6-62 所示的对话框。说明安装 GSD 文件的过程是不可逆的，也就是说一旦安装便不可撤销。单击 OK 按钮，说明已经知悉这一警告并决定继续安装。

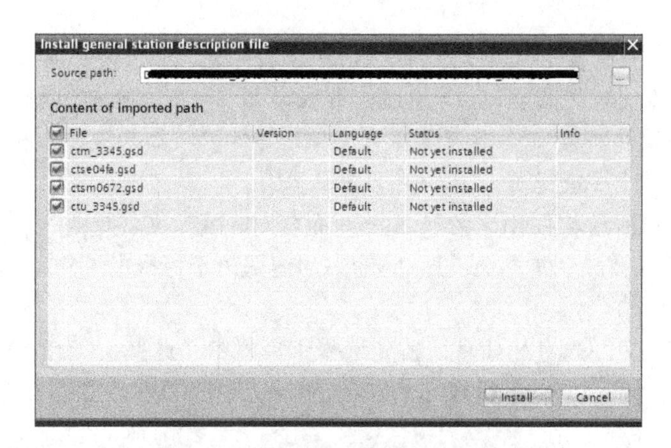

图 6-61　安装所选的 GSD 文件

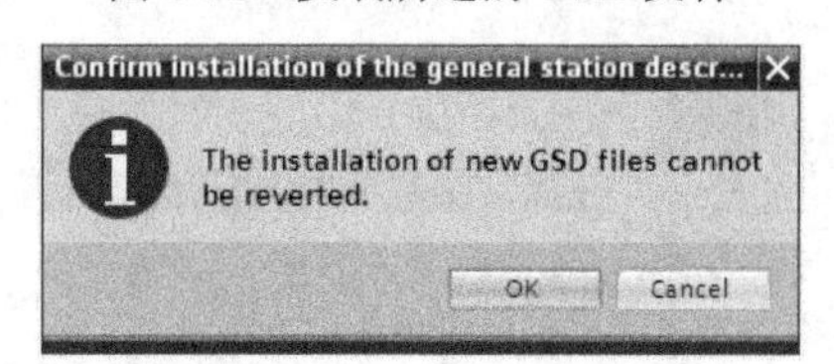

图 6-62　提示安装过程不可逆

安装完成后，出现图 6-63 所示的对话框。单击“关闭（Close）”按钮关闭这个窗口，或者单击安装其他文件“(Install additional files)”继续安装其他的 GSD 文件。关闭该对话框时，软件会更新硬件目录。

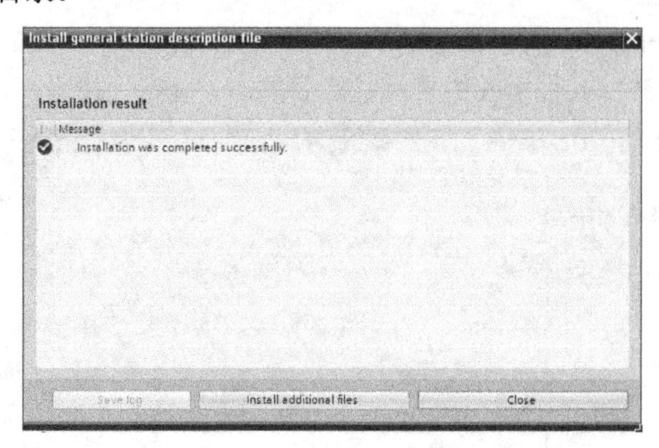

图 6-63　GSD 文件安装完成

等到软件更新完毕后，可以在硬件目录下找到刚安装完的相关设备，如图 6-64 所示。

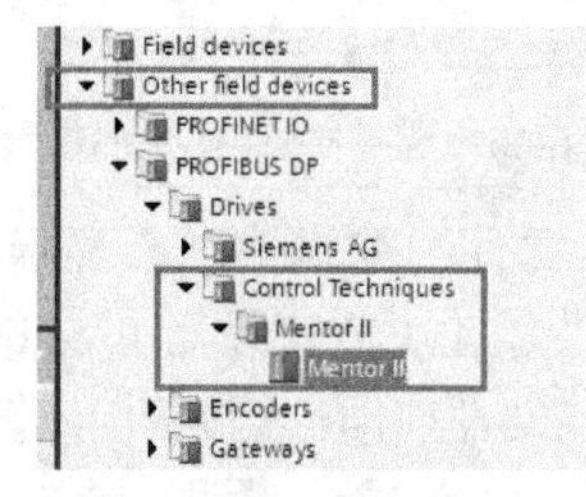

图 6-64　新设备出现在硬件目录下

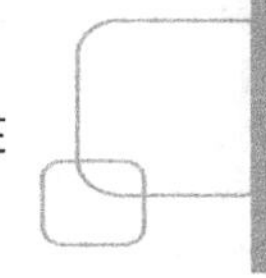

6.6.4　硬件库的更新

西门子的产品在不断更新，不断推出新的产品，软件也需要不断升级以支持这些新硬件。当需要组态的模块（或其相应的版本号）无法在产品列表中找到时，通常说明软件的硬件库需要更新了。

需要说明一点，有些硬件或硬件版本是与软件版本有关系的。比如，有些硬件只能应用在 TIA 博途软件中 Step7 部分为 V13 SP1 Update7 及其以上的版本。那么未满足这个条件是无法成功更新该硬件的。因此，当无法成功更新某个硬件时，需留意该硬件支持的应用平台，以便考虑是否需要软件的升级。

在 TIA 博途下更新硬件库的方法如下：首先选择菜单栏中“选择（Option）”下的“支持包（Support packages）”一项，如图 6-65 左侧所示（支持包意思为支持某个硬件模块的安装包，如下统称为支持包）。打开明细信息管理窗口，如图 6-65 右侧所示。

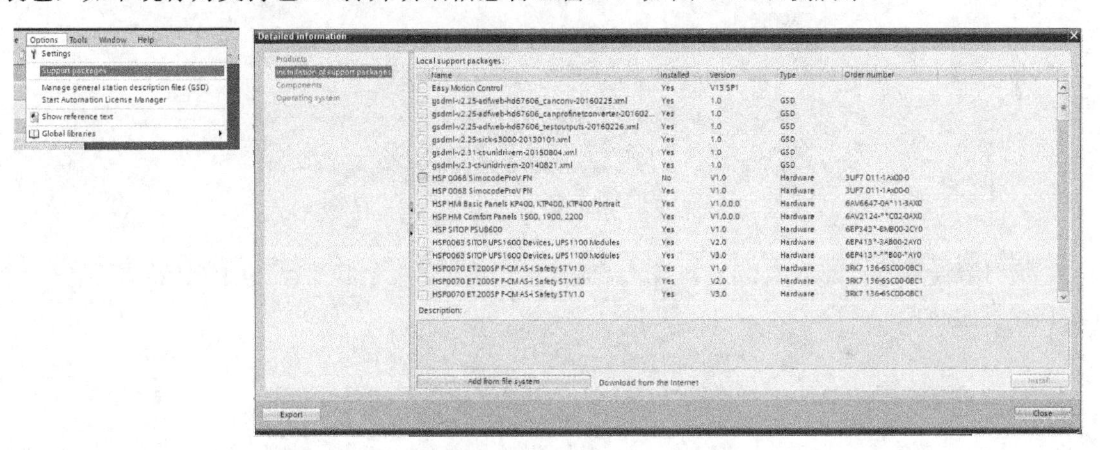

图 6-65　更新硬件库的界面

在该窗口中，左侧导航栏中的“支持包安装情况（Installation of support packages）”用于显示和管理支持包的情况。单击“添加文件（Add from file system）”按钮，在弹出的对话框中选择本地已下载的硬件支持包（文件），单击“从互联网上下载（Download from the Internet）”可以打开下载支持包的网页。

在这个界面下，会同时显示已安装的支持包（Installed 一列显示为 Yes）和未安装的支持包，选中未安装的支持包，然后单击“安装（Install）”按钮，可安装此支持包。

6.6.5　自动附加 IP 功能的说明

当需要连接 PLC 时（如在线、下载等操作），软件会基于该项目中对 PLC 设置的 IP 地址（硬件组态时）与该 PLC 建立通信。在建立通信时，需要计算机和 PLC 处在同一个网段，也就是子网掩码需要相同，子网掩码中为“1”的位所对应的 IP 地址相同。如果计算机中 IP 设置与 PLC 处在不同的网段，TIA 博途软件会在计算机中新添加一个与 PLC 同网段的附加 IP，以建立通信。

当计算机 IP 地址与目标设备不在同一个网段且进行在线操作时，软件会打出如图 6-66 的提示。说明“PG/PC 需要新添加一个与 PLC 同网段的 IP 地址”。此时单击“确认”按钮。会出现如图 6-67 所示的提示，这说明 TIA 博途软件为计算机又添加了一个附加 IP，本例中其地址名为 136.129.1.241。

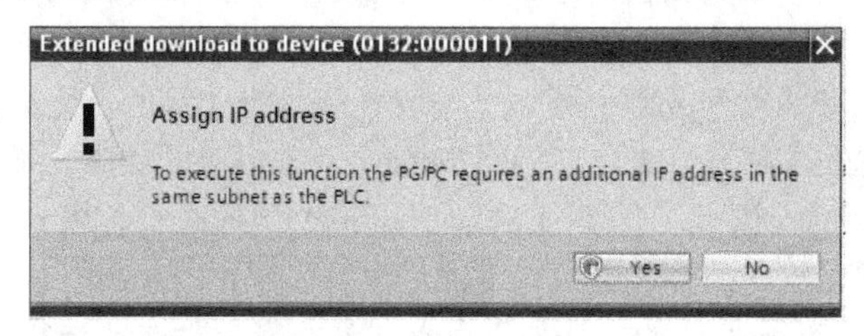

图 6-66　将会给计算机添加一个附加 IP 的提示

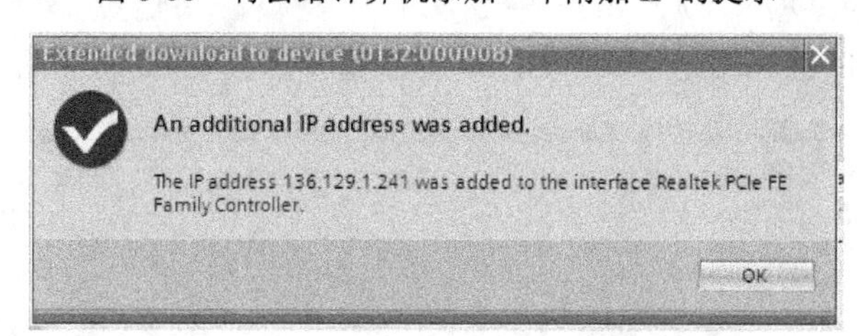

图 6-67　附加 IP 添加完毕的提示

这时查看计算机的 IP 地址，如图 6-68 所示，可见有两个 IP 地址和子网掩码，其中一个是软件附加的。

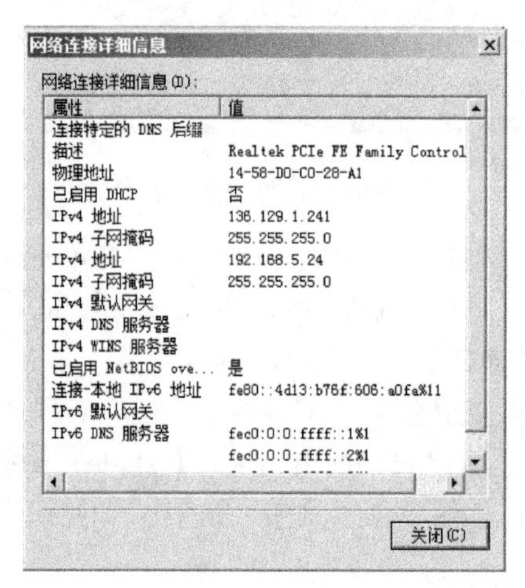

图 6-68　从 Windows 系统中查看的附加 IP

第7章 程序操作

7.1 程序编辑的基本方法

编辑并完成一套完整的控制程序分为两大部分：变量部分和逻辑部分。在一套程序中，通过变量（tags）、DB 块建立变量，通过 OB 块、FC 块、FB 块编辑控制逻辑，两部分相互配合，共同组成控制程序。TIA 博途软件中虽然对其中某些环节进行了很好的改进和优化，但程序的组织结构并没有改变。

本章首先介绍程序块的建立和基于程序块的一些基本操作、编辑和调试方法，然后再分别介绍各类别的程序块。这样的顺序安排便于读者在学习程序块时，可以实际应用程序块的一些基本操作和调试技巧，提高学习效率。另外，TIA 博途软件中程序块在“在线”、“比较”、“下载”的操作上相比经典 Step 7 有很大改变，放在本章开始介绍，便于广大读者的关注。

7.1.1 程序块的创建

当一个项目已经建立并且完成了硬件组态后，它的项目树中会出现那台 PLC 设备，展开该 PLC，会在其下面出现“程序块（Program block）”的文件夹，如图 7-1 所示。再展开“程序块”，所有的程序都会显示在这里，在图 7-1 中，这个项目目前只有一个 OB 块，即 OB1，双击其中的“添加新程序块（Add new block）”，弹出新建程序块的窗口，如图 7-2 所示。

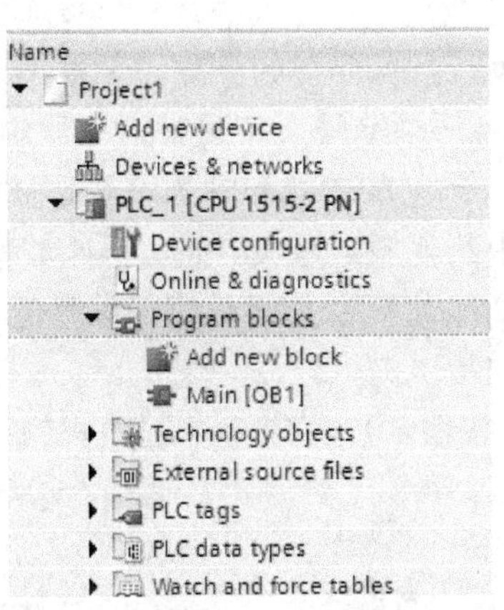

图 7-1 项目树中的程序块

在图 7-2 的 A 框部分，需要给这个程序块起一个名字。在 TIA 博途软件中，每个程序都必须有一个名字，图中所显示的名字是系统默认的名称。

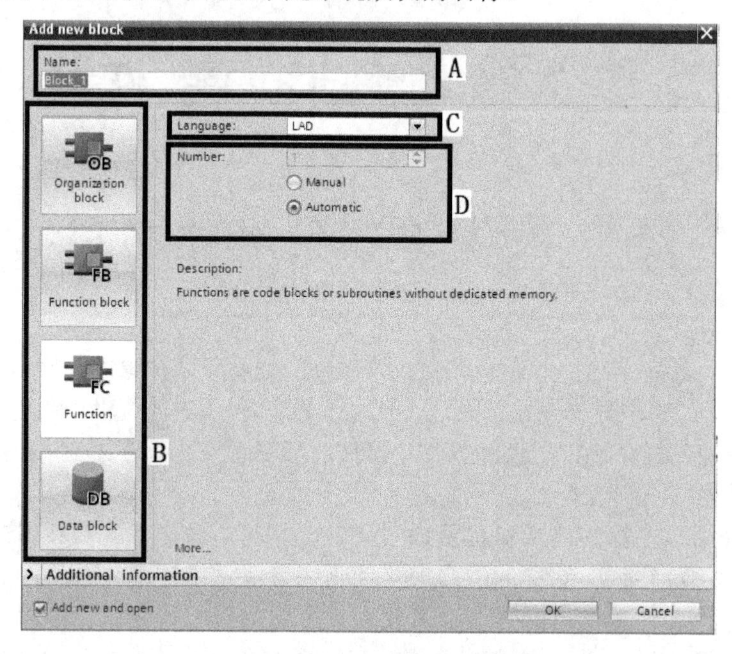

图 7-2　新建程序块对话框

在 B 框部分，需要选择新建程序块的类型，是 OB 块、FB 块、FC 块还是 DB 块。选择后，在框 C 和框 D 部分会出现相应的选项（不同的程序块选项并不相同）。

在 C 框部分选择编程语言。根据程序块的不同，C 框中只会列出当前所选程序块支持的语言，比如 Graph 语言只支持在 FB 块下使用，那么当选择 FC 块时，编程语言中是不会出现 Graph 备选项的。

框 D 部分为给程序框分配的编号。沿用经典 Step 7 的传统，每个程序块都需要有一个编号，同一类程序块中编号不能相同，比如可以出现一个 FC1 和一个 DB1 两个程序块，但不能出现两个 DB1。在新平台下，程序的编号被逐渐淡化，系统可以对新建的程序块自动分配编号。在默认情况下（如框 D 所示），可以选择 "自动（Automatic)"。此时，框 D 上方的"编号（Number)"无法修改，由软件自动分配。如果下方选择为"手动（Manual)"，则可以在上方"编号"处自行填写一个编号。不过，对于 OB 块来说，手动编号会有一定限制。对于一些特定功能的 OB 块，它的功能和它的编号是规定好的，无法修改或者只能在一定范围内修改。比如时间错误中断就规定是 OB80，再比如程序循环 OB 的编号范围仅在 1 或大于等于 123 小于等于 32 767 之间，如果填写的编号超出规定范围或与已存在的程序块编号重复，软件都会给出明确的错误提示。

配置完成后，单击"OK"按钮，便完成一个程序块的创建。创建好的程序块会显示在项目树的程序块目录中。

7.1.2　程序块的在线、编译、下载、上传、比较

程序块在建立并编辑完成之后，需要编译并下载进入 PLC 中。如果该项目按照第 6 章

的方法进行了正确的硬件配置，计算机就可以正常连接 PLC。在保证连接正常的情况下，就可以进行程序的下载。程序编译和下载与硬件编译和下载在相同的目录下，也共用相同的工作栏按钮，相关的操作已经在 6.4 节阐述，这里不再重复。

需要解释一下的是，对于 Δ 编译和完全编译来说，通常 Δ 编译速度更快，但有一种情况必须使用完全编译——FB 块嵌套调用的时候。当一个 FB 块调用了另一个 FB 块后，进行了一次编译时，如果对第二个 FB 块（被嵌套的）进行修改（涉及背景数据块的修改），然后再进行 Δ 编译，那么编译器只会编译第二个 FB 块。但是由于该 FB 块的修改导致调用它的第一个 FB 块背景数据块中的数据结构实际上也做了修改，这样单独编译一个 FB 块便会导致编译出错。此时必须使用完全编译。

单击软件工具栏上的“在线（Go online）”，软件将会连接 PLC 并进入在线状态，在该状态下项目树的情况如图 7-3 所示。

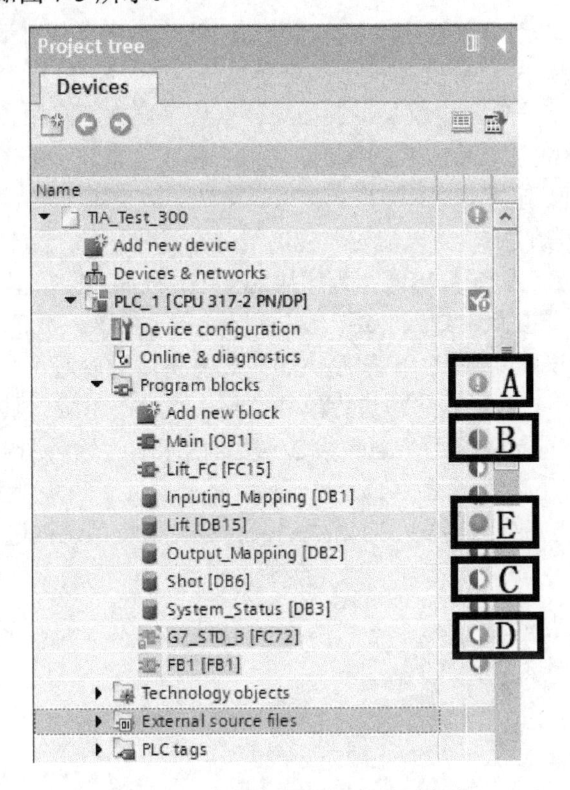

图 7-3　在线后项目树中的程序块

在线之后图 7-3 中项目树的标题栏变为黄色（如果当前该窗口没有被选中，比如鼠标单击了工作区的窗口，该窗口依然会显示一小条黄色）表示“在线”的状态。在其中的程序块展示部分中，每个程序块后方都会出现一个比较图标，它们的含义如下所述。

图 7-3 中框 A 图标：该图标为橙色实心整圆，圆内为一个白色叹号，表示该目录下存在本地文件（当前计算机中储存的文件）与在线文件（当前 PLC 中储存的文件）不一致的项（程序块）。

图 7-3 中框 B 图标：左侧为蓝色实心半圆，右侧为橙色实心半圆。蓝色部分表示本地程序，橙色部分表示在线程序。实心表示存在，空心表示不存在。所以这个图标的意思是本地

程序存在，在线程序也存在，但二者不一致。即 PLC 中已下载了这个编号的程序块，当前编辑的这个项目里也已经建立（并编辑）了这个程序块，但是当前项目中的程序块与当前 PLC 中的程序块不一致。

图 7-3 中框 C 图标：左侧为蓝色实心半圆，右侧为橙色空心半圆。意思是对于该程序块，本地存在，PLC 中不存在。

图 7-3 中框 D 图标：左侧为蓝色空心半圆，右侧为橙色实心半圆。意思是对于该程序块，本地不存在，PLC 中存在。

图 7-3 中框 E 图标：绿色实心整圆。意思是对于该程序块，本地与 PLC 中都存在且完全一致。

还有一种图标（图中没有展示）：该图标为橙色实心整圆，圆内为一个白色问号。意思是比较结果未知。

在单击“Δ 下载”或者“全部下载”按钮之后，如果不在下载对话框中做出设置，则默认为一致性下载，本地和 PLC 中全部程序都会变为一致的。即 PLC 程序发生改变以保证与当前项目中的程序块保持一致。也就是说，如果一个程序块在项目中被删除了，这时候进行“Δ 下载”或者“全部下载”，那么 PLC 中相应的那个程序块也将被删除，以保持一致。这一点与经典 Step 7 有很大区别。

可见，在 TIA 博途软件中，可以随时监视离线与在线程序的一致性。在程序调试和查错过程中，可以方便查看到 PLC 内部遗存程序块的影响，提高工作效率。对于程序块内的离线/在线比较功能，将在第 9 章中细致介绍。

为了避免在下载时误删除 PLC 中程序块的情况发生，可以对不一致的程序块进行单独的上传和下载操作，将不一致的程序块进行单独调整后再统一下载。具体的操作方法如下：

保持在线状态，首先选中需要单独上传或下载的程序块，然后调出右键菜单，如图 7-4 所示。在菜单中选择“下载到设备（Download to device）”下的“程序 Δ 下载[Software（only changes）]”，弹出下载对话框，对话框中只有这一个程序块被选中，如图 7-5 所示，单击下载按钮便可。

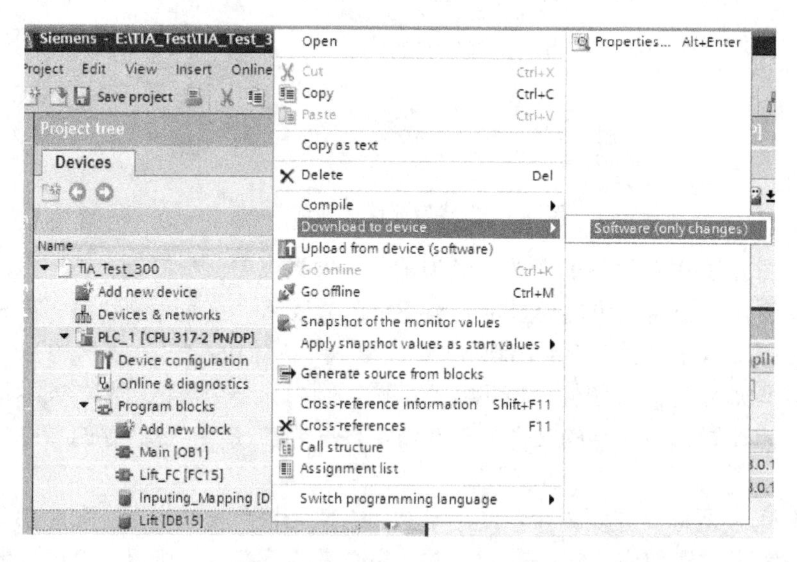

图 7-4　单独下载某个程序块

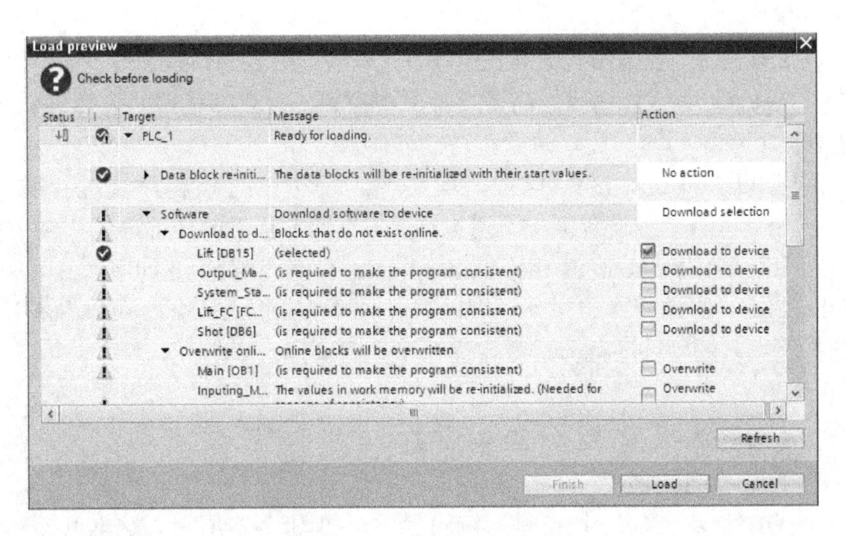

图 7-5　非一致性下载对话框

在同样的右键菜单中，单击“从设备上传[Upload from device（software）]”，经过一小段时间的等待后，该程序块会完成上传，即从 PLC 中将该程序块上传到项目中。

7.1.3　程序块的加密与保护

S7-1200/1500 PLC 程序块的加密和保护有了卓越的提升，不仅可以有 Know-how 加密，同时该程序块可以与 CPU 序列号或存储卡序列号绑定，令该程序只能在该 CPU 或该存储卡内运行。使用 Know-how 加密，整个程序块在未知密码的情况下无法查看程序源码，但是整个程序可以被整体复制到其他项目中并被使用。使用绑定 CPU 序列号或存储卡序列号的功能，可以有效防止这种情况的发生，该程序块不仅无法显示源码且只能在本机上运行，有效保护了开发者的利益。

查看某个程序块的属性。选中该程序块（在项目树中），然后在巡视窗口查看该程序块的属性，或选中该程序块（在项目树中），在右键菜单中打开属性窗口，找到“保护（Protection）”一栏，如图 7-6 所示。

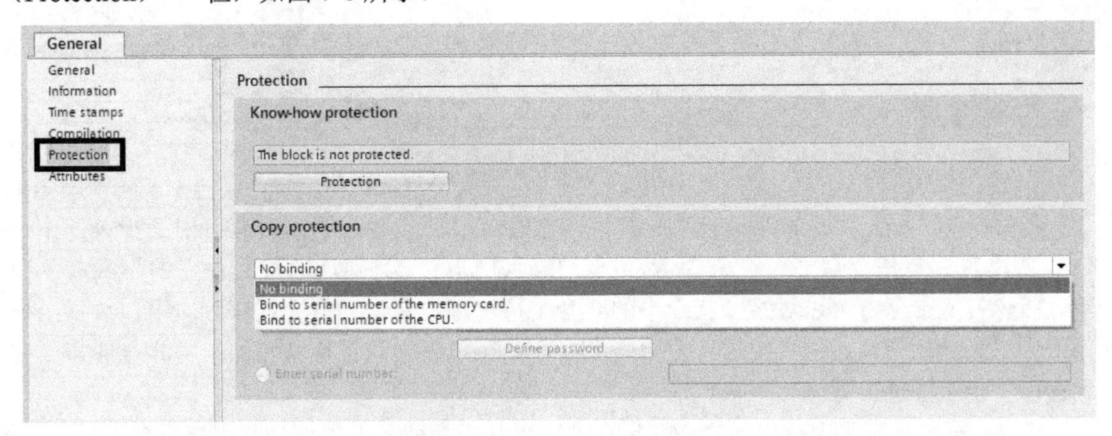

图 7-6　程序块的属性设置界面

在 Know-how 区域（图 7-6 右侧靠上位置），可以开启 Know-how 保护。单击 Know-how 下的“保护（Protection）”按钮后，需要设置一个密码。一旦该程序块开启 Know-how 保护后，在未能输入正确密码时，无法查看程序的源码。

对于已经开启了 Know-how 保护的程序块，还可以对该程序块进行防复制（Copy protection）设置。在防复制设置区域下可以选择 “不绑定（No binding）” 或 “绑定存储卡序列号（Bind to serial number of the memory card）” 或 “绑定 CPU 序列号（Bind to serial number of the CPU）”。选择绑定序列号后，需要选择手工输入一个序列号还是下载时的硬件序列号。选择下载时的硬件序列号需要定义一个变更密码。

7.1.4 程序编辑界面的基本操作

打开一个 OB 块或 FC/B 块，进入编辑界面，如图 7-7 所示。这里以梯形图的编辑为例，其他语言的编辑与之类似，其中各部分功能和名称如下所述。

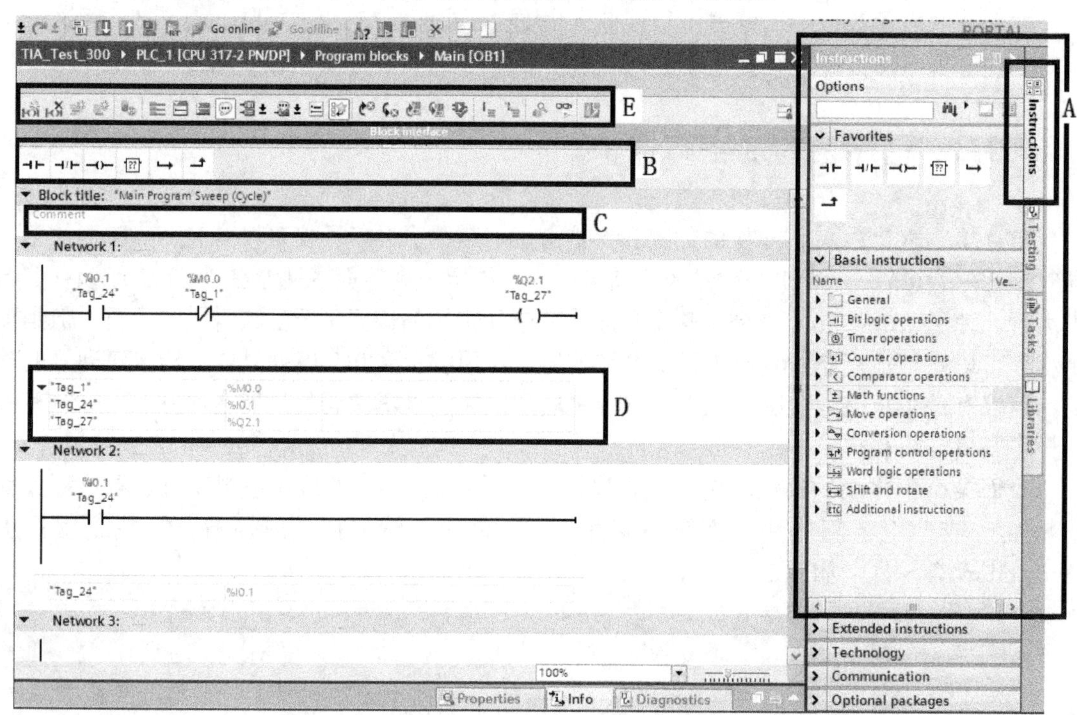

图 7-7 程序编辑界面

图 7-7 框 A：为指令资源卡。在编辑程序的时候，这里会罗列所有可用的指令。由于 TIA 博途软件下指令众多，在资源卡中已经按功能分好了类别，并按文件夹的形式展示出来。指令资源卡上方可以对某个指令中的几个字母进行检索。当打开程序编辑窗口后，该资源卡会默认自动打开。程序中需要使用什么指令，可以直接用鼠标从资源卡中将相应指令拖到程序中相应位置即可。

图 7-7 框 B：为常用指令条。任何指令都可以从指令资源卡中拖到常用指令条中。

图 7-7 框 C：为块注释，可以在这里添加对整个程序块的描述。

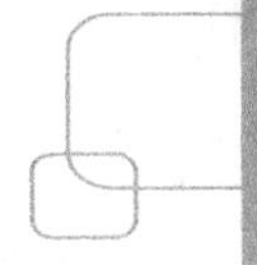

图 7-7 框 D：为 Network 变量表。每个 Network 都有这样一个表，这里会罗列出该 Network 中所使用的所有变量（也包括常量），包括它们的符号地址、绝对地址和注释。

图 7-7 框 E：程序编辑窗口的工具栏。

在编辑窗口的工具栏上（图 7-7 框 E），有一些按钮，它们的位置和对应的功能如图 7-8 所示。这里对图 7-8 再做一下说明。

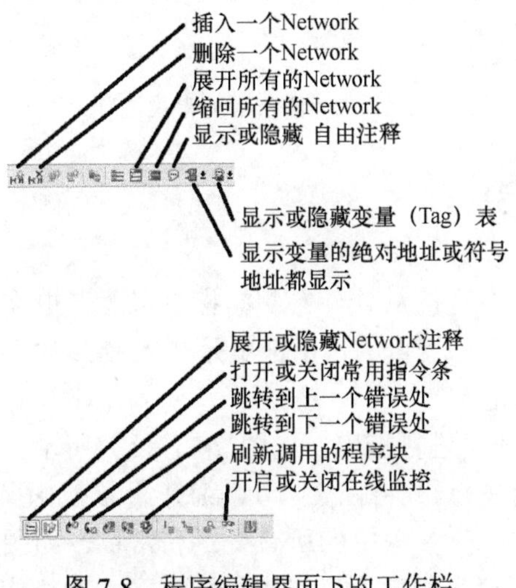

图 7-8　程序编辑界面下的工作栏

（1）“显示隐藏变量（Tag）表”：是指隐藏图 7-7 中的框 D。

（2）“打开或关闭常用指令条”：是指是否显示图 7-7 中的框 B。

（3）“刷新调用的程序块”：该功能用于某个程序块调用了一个 FC 块或 FB 块后，该 FC 块或 FB 块又进行了改动（涉及接口参数的修改），这时候需要在该程序块中对调用的 FC 或 FB 块进行刷新。此时可以通过该按钮将程序中的这个 FC 块或 FB 块刷新。

（4）“开启或关闭在线监控”：是指对当前程序块进行在线监控，这是最常用的调试方法。

（5）“显示或隐藏 自由注释”：所谓“自由注释”就是给某指令写一条注释，该注释就像 Word 文档中的文本框一样，可以拖拉停放在程序中的任意位置。当然并不是所有指令都可以添加自由注释，一般只能对“框型”和“线圈”这类指令可添加。这里列举添加自由注释的过程。

首先，按下“显示或隐藏 自由注释”按钮，这样注释可以显示出来，然后选择一个可添加这种注释的指令，比如某一个线圈。在该线圈上调出右键菜单，选择“插入注释（Insert comment）”，如图 7-9 所示。

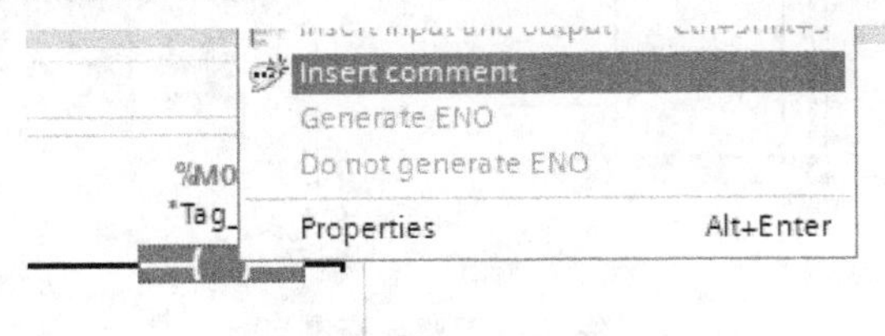

图 7-9 插入自由注释

这时出现一个注释框和一个从注释框指向该指令的箭头。用户可以在注释框中编辑注释，拖曳注释的位置，调整注释的大小等操作，如图 7-10 所示。

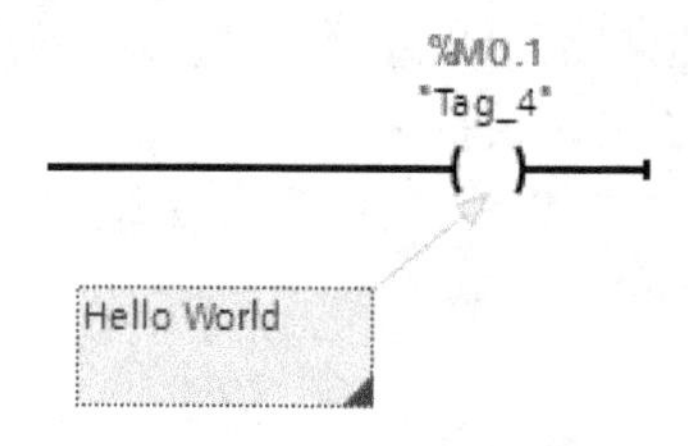

图 7-10 添加后的自由注释

7.1.5 变量的拖曳

在程序编辑过程中，指令直接从软件右侧的指令资源卡中拖曳，而程序中的变量不仅可以输入进去，也可以直接拖曳。变量的自由拖曳是 TIA 博途软件的一大特色。这里大体分为几种拖曳方式，下面进行阐述。

（1）由变量（tags）向程序进行拖曳，如图 7-11（a）所示。单击项目树“变量（Tag）”中的某个变量表（有关变量（Tag）将在 7.4 节详细介绍），如图 7-11（a）中框 A。在项目树下方的细节展示中会显示这个变量表中的所有变量和常量，如图 7-11（a）中框 B。直接用鼠标从项目树细节展示窗中拖曳相应变量或常量到程序中的相应位置（如图 7-11（a）中框 C）便可。

（2）由 DB 块向程序进行拖曳，如图 7-11（b）所示。当在项目树中选中一个 DB 块时，项目树细节展示窗中会显示该 DB 块内所有变量，直接向程序中拖曳便可。

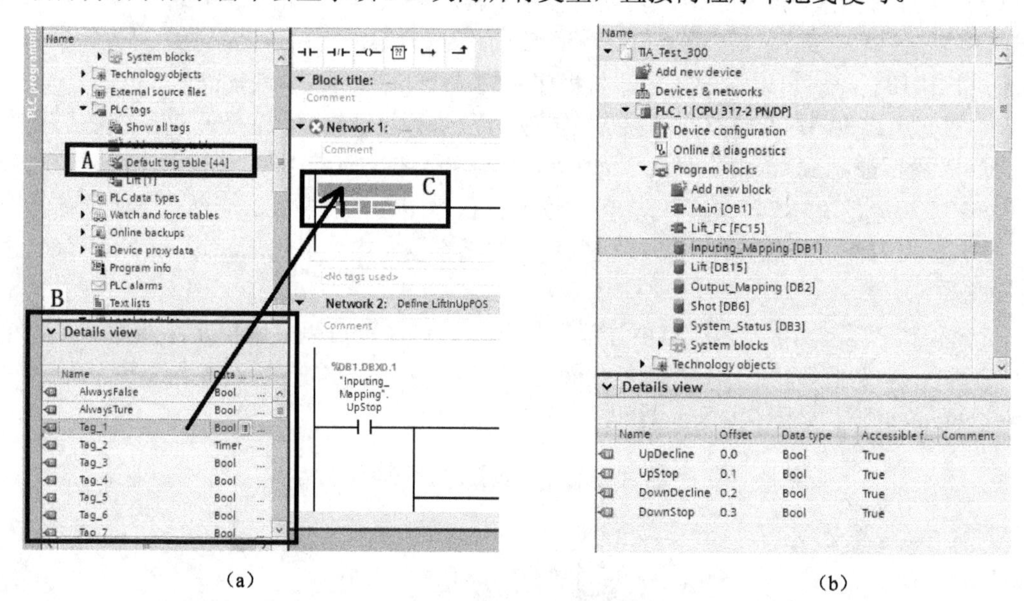

（a）　　　　　　　　　　　　（b）

图 7-11 变量拖曳

（3）PLC 硬件机架上的 IO 点向程序进行拖曳，如图 7-12 所示。当在项目树中选中 CPU 本体机架的某个 IO 模块后（具体位置见图），项目树细节窗中会显示该模块有关的所有 IO

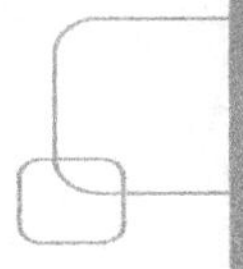

变量，直接向程序中拖曳便可。

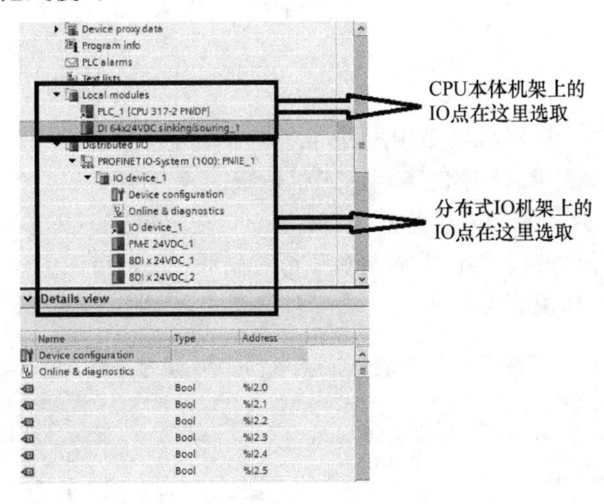

图 7-12 IO 点的拖曳

同理，当在项目树中选中分布式 IO 机架的某个 IO 模块后（具体位置见图），项目树细节窗中会显示该模块有关的所有 IO 变量，直接向程序中拖曳便可。

（4）程序块之间的拖曳。如果同时开启了多个程序块，那么程序块之间也可以自由拖曳变量。通常在编程的时候，可以同时打开几个 DB 块和变量表，并将它们分屏显示在第二个显示器上。主显示器上编辑程序，需要的变量随时从旁边的显示器上拖曳，效率很高。

（5）由硬件组态界面向程序的拖曳。同时在工作区打开硬件组态和程序编辑的界面，将硬件组态界面放大显示至可以显示出变量地址，然后直接从硬件组态界面下将该变量向程序中拖曳，如图 7-13 所示。

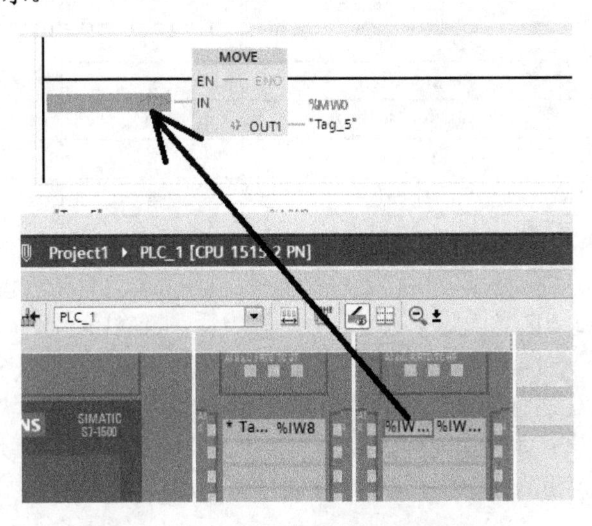

图 7-13 硬件组态界面下的变量拖曳

（6）其他的可相互拖曳行为。像 HMI 编辑界面中的变量、强制表中的变量、监视表中的变量等，之间都可以相互拖曳。

7.2 OB 块

如 3.3.6 节所阐述，用户程序是由启动程序、主程序、各种中断相应程序等不同的程序模块构成的。这些模块在 PLC 中的实现形式就是组织块（OB 块），它是操作系统与用户程序的接口。S7-1500 支持比 S7-1200 更多的 OB 块。这里以 S7-1500 为基础，总结了各 OB 块的名称、优先级和编号，如表 7-1 所示。本节将对循环 OB、错误中断 OB 类和常用的时间中断、启动中断进行具体说明。

表 7-1　OB 块的名称、优先级和编号范围

中文名称	英文名称	优先级（默认）	OB 编号
程序循环	Program cycle	1	1，其他
启动	Startup	1	100，其他
延时中断	Time delay interrupt	3	20～23，其他
循环中断	Cyclic interrupt	8~17	30～38，其他
硬件中断	Hardware interrupt	18	40～47，其他
时间错误中断	Time error interrupt	2	80
诊断中断	Diagnostic interrupt	5	82
模块插入或拔出中断	Pull or plug of modules	6	83
机架错误中断	Rack or station failure	6	86
程序错误	Programming error	7	12
IO 访问错误	IO access error	7	122
时间中断	Time of day	2	10～17，其他
MC 插补器中断	MC-interpolator	24	92
MC 伺服中断	MC-Servo	25	91
同步中断	Synchronous Cycle	21	61～64，其他
状态	Status	4	55
更新中断	Update	4	56
配置文件中断	Profile	4	57

S7-1500 PLC 支持的优先级为 1～26 级，1 级最低，26 级最高。高优先级的 OB 块可以中断低优先级的 OB 块。即若在运行某个低优先级的 OB 块时，某个高优先级的 OB 块被触发（需要运行），那么先运行高优先级的 OB 块，待高优先级的 OB 块运行完毕后，再接着运行低优先级的 OB 块。如果相同优先级的 OB 块同时被触发（需要运行），那么先运行先出现的 OB 块，后出现的所有同优先级的 OB 块依照出现的时间顺序在 CPU 的特定缓冲区内排队，等待依次运行。

有些 OB 块的优先级在一定范围限制下可以进行修改，修改的方法是选中该 OB 块（在项目树中），然后在巡视窗口查看该 OB 块的属性，如图 7-14 所示。也可以在项目树中选中该 OB 块后调出右键菜单，选择属性以调出属性窗口。在 OB 块属性导航栏中选择“属性（Attributes）”,然后在“优先级（Priority）”一栏中修改。

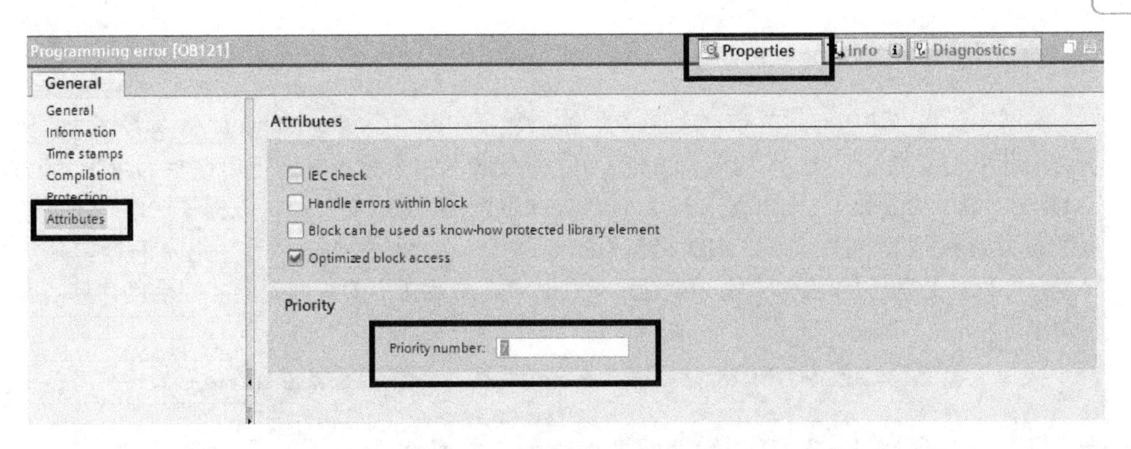

图 7-14　OB 块的属性设置界面

7.2.1　程序循环、错误中断、时间中断的触发条件

1）程序循环

程序循环是一般来说的“主程序”。在 S7-300/400 PLC 中就是 OB1。在 S7-1200/1500 中，沿用了之前 OB1 为“主程序”的同时，允许建立多个程序循环 OB 块。当建立了多个程序循环 OB 块后（比如有 OB1，OB123，OB124），PLC 会按照编号从小到大的顺序依次运行（如先运行 OB1，再运行 OB123，再运行 OB124，而后进入新的循环）。除了 OB1 以外，建立新的程序循环，其编号必须大于等于 123。

2）错误中断 OB 块的调用机制

在这些中断中，有一大类是错误中断（如表 7-1 所示）。在 S7-300/400 PLC 中，如果一个错误发生，但是程序中并没有建立（或没有下载）相对应的 OB 块，那么 PLC 会进入停机状态。S7-1500 PLC 对错误的反应与 S7-300/400 PLC 不一样。在 S7-1500 PLC 中，只有超时错误（对应 OB80）和程序错误（OB121）发生会造成停机。其他错误的发生，即使没有下载相应的 OB 块也不会停机。对于程序错误，只要下载了 OB121 就可以避免停机。对于超时错误造成停机的条件比较复杂，将在 7.6.3 中详述，而在 S7-1200 中，只有超时错误会造成停机。

在这些 OB 块中，程序循环 OB 块的优先级最低。说明任何错误发生后，PLC 都会优先处理错误中断 OB 块。对于这些错误 OB 块，将会在其对应的错误发生时中断主循环程序，然后运行一遍该 OB 块的程序，再继续运行主循环。此时，错误可能会继续存在，PLC 则不会再次运行该错误对应的 OB 块。直到该错误消失的时候，PLC 会再次运行该 OB 块。主程序循环再次被中断，然后运行一遍该 OB 块的程序，再继续运行主循环。也就是说，错误中断 OB 块只在该错误发生和消失的时候各运行一次。

在错误中断 OB 块运行时，PLC 会把相应错误当前的状况信息写入该 OB 块的“接口参数”中（储存在该 OB 块对应的 L 堆栈中），便于程序的诊断使用。通过这种机制，可以编辑出诊断程序。关于 OB 块的接口参数详见 7.2.6 节。

3）时间中断 OB 块的触发条件

在添加新程序块的对话框中，选择 OB 块、循环中断（Cyclic interrupt），如图 7-15 所示。在其中的“循环时间（Cyclic time(μs)）”中，输入一个相对时间，以微秒为单位（S7-1200 则以毫米为单位），比如图中的 100000μs（也就是 100ms）。那么该程序块建立之后，将每隔 100ms 运行一次。一般 PID 调节程序会写入一个循环中断中运行。因为 PID 算法中的差分方程式是基于稳定的时间间隔定义下列出的。需要稳定的时间间隔才能准确计算，有效输出。

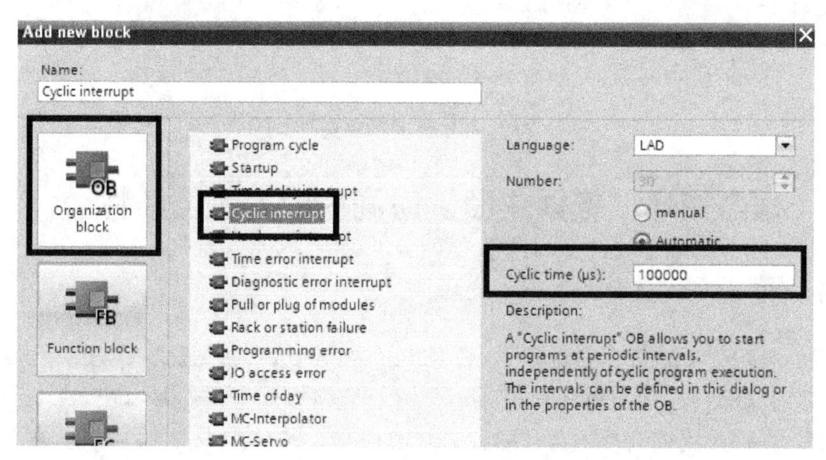

图 7-15　添加时间中断界面

这种时间中断 OB 块可以建立多个。例如，建立一个 10ms 的 OB 块（OB30），同时建立一个 100ms 的 OB 块（OB31）。在运行时，首先假想这样的情况：计时器开始计时，第一个 10ms 到达时，运行 OB30 一次。在第二个 10ms（计时到 20ms 时），运行 OB30 一次。依此类推，在计时到 100ms 时，需要 OB30 运行，同时也需要 OB31 运行。这一时两个 OB 块产生了“冲突”。TIA 博途软件可以对每个循环中断 OB 块设置一个“相角偏置（Phase offset）”。当一个 OB 块与另一个同等优先级的 OB 块发生冲突时，该 OB 块向后延迟一个“相角偏置（Phase offset）”的时间再运行。这样，待下次运行该 OB 块时，便不会再产生“冲突”。因为 OB30 的计时基准和 OB100 的计时基准之间相差了一个“相角偏置（Phase offset）”。

打开一个循环中断的属性界面，在其中的“循环中断”一栏可以修改该块的循环时间，也可以设置该块的相角偏置（Phase offset），如图 7-16 所示。

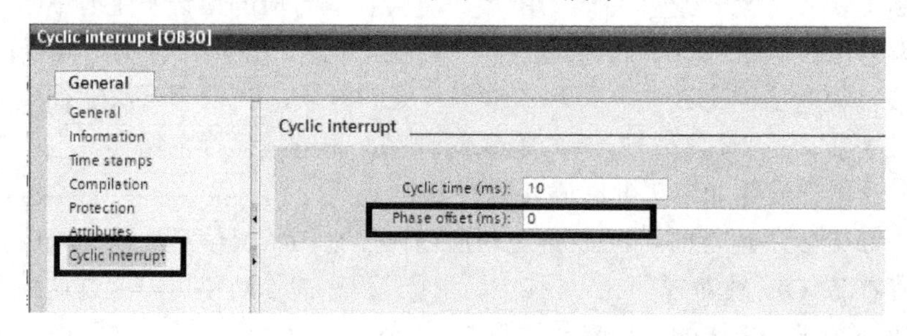

图 7-16　相角偏置设置界面

7.2.2　OB100 的调用条件和 S7-1200/1500 的启动

PLC 在启动的时候会调用 OB100，由于 S7-1200/1500 PLC 的启动方式与 S7-300/400 PLC 略有区别，所以详述一下。

S7-1500 只支持暖启动，暖启动的所有流程如图 7-17 所示。通常 PLC 上电后，是启动还是停机取决于 PLC 上的模式开关。但是，对于 S7-1200/1500 PLC 来说，当 PLC 上电后，即便模式开关在“RUN”的状态，也有可能停机，这取决于 CPU 模块的一个属性设置。

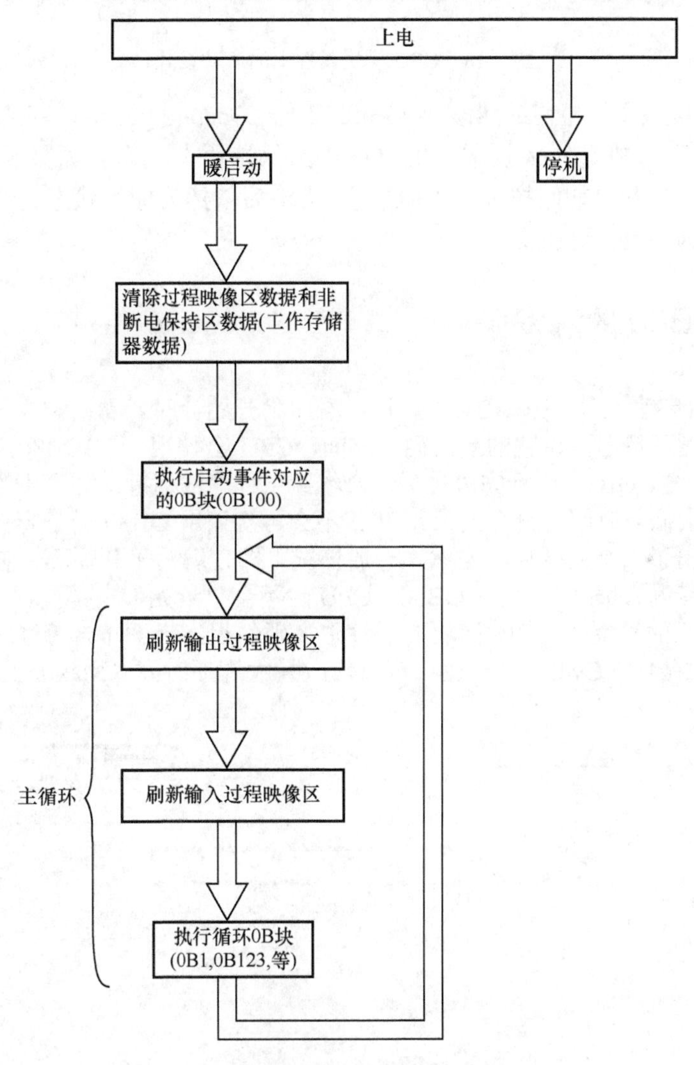

图 7-17　PLC 的启动过程

打开硬件组态界面，并开启 CPU 模块的属性，找到“启动（Startup）”一栏，其中有“上电后的启动状态（Startup after POWER ON:）”一项，如图 7-18 所示。

（1）不启动（No restart）：选择该选项后，无论模式开关在什么状态，上电后 PLC 进入停机状态，需要将模式开关重新拉回“STOP”位再推到“RUN”位才能启动。

（2）暖启动（Warm restart – RUN）：选择该选项后，若模式开关在“RUN”位，上电后 PLC 便进行暖启动。

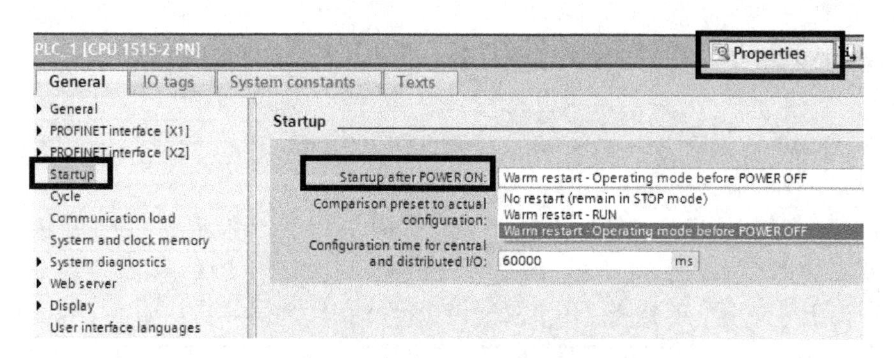

图 7-18　CPU 模块属性中的启动设置

（3）暖启动-取决于下电前的状态（Warm restart – Operating mode before POWER OFF）：选择该选项后，下电前是什么状态，上电后依然保持原有状态。如果上电前模式开关在“STOP”位置，即使断电期间拨成了“RUN”，上电后依然为停机状态。这个选项是现在的默认选项，显然这种设计更加安全。

7.2.3　OB80 的触发条件

当 PLC 开始启动，运行完 OB100 以后，看门狗开始计时。看门狗会记录每次主循环的用时。当某一次循环超出了设置的最大循环时间，CPU 会调用一次 OB80。如果 OB80 没有下载将直接停机。当 OB80 运行完成之后，会继续主程序的运行。如果本次主程序的运行再次超过设置的最大循环时间还没有结束，CPU 不会再次调用 OB80 而是直接停机。这种机制使得如果程序编出了一个死循环（当然，一般情况下即使编写了死循环，在编译时软件都可以智能查出相应错误），即使下载了 OB80，CPU 也不会“卡死”在某段程序上。

最大循环时间的设置在 CPU 模块的属性中（硬件组态界面下选择 CPU 模块，查看巡视窗口），找到“循环（Cycle）”一栏，可以修改最大周期时间（Maximum cycle time），如图 7-19 所示。

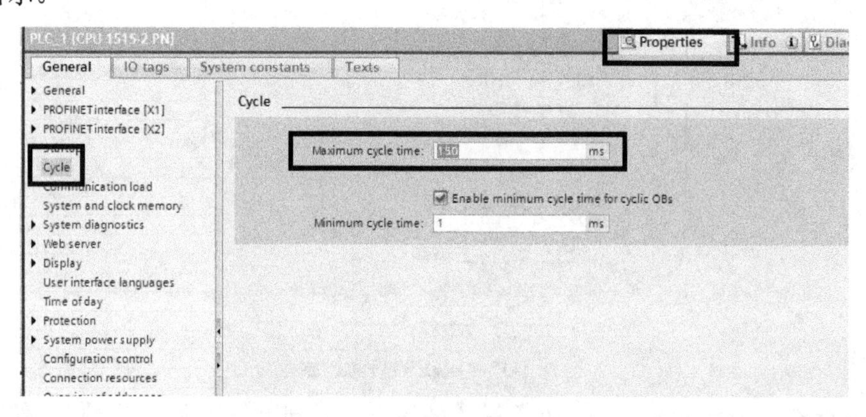

图 7-19　CPU 模块属性中的循环设置

7.2.4　硬件中断的触发条件

硬件中断是指当某个硬件模块中出现某个事件时调用的 OB 块。比如某模拟量输入模块的某通道输入的是一个压力容器的压力值，当这个压力值超高时，PLC 必须做出相应的反应以确保安全。这时可以启用硬件中断机制处理这段程序。当这个模拟量超过某了设定值后，PLC 直接调用某个 OB 块。这样反应速度非常快。硬件中断的优先级为 18，相当于该事件发生后，PLC 可以忽略一些其他问题，处理该事件。

具体设置方法如图 7-20 所示。首先建立相应的硬件中断 OB 块（如框 A），可以建立多个。

在硬件组态中找到相应的模块（以一个模拟量输入模块为例），在巡视窗口查看它的属性。找到相应的输入通道的属性（如框 B），找到其中的硬件“中断部分（Hardware interrupts）”。

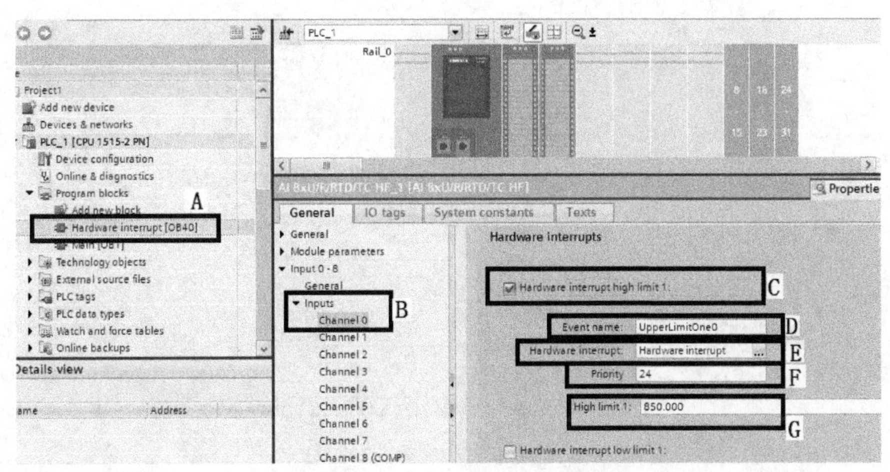

图 7-20　模拟量模块中的设置

选择相应的中断事件，如框 C 所示，这里点选了“上限位值超过后触发事件（Hardware interrupt high limit 1）”（可通过点选，建立多个中断事件）。

为该事件起一个名字写，在框 D 处。因为有可能多个事件调用同一个 OB 块，为便于管理，每个事件需要起一个名字。

在框 E 处单击“...”按钮，选择该事件调用的 OB 块。在框 F 处设置该事件的优先级（当有多个中断事件都调用该 OB 块时，PLC 将根据每个事件的优先级大小选择优先处理哪个事件）。框 G 处设置上限阀值，超过该值后，事件触发。

在例子中，OB40 的属性中可以查看一个触发列表，罗列出所有可以触发该 OB 块的事件，如图 7-21 所示。

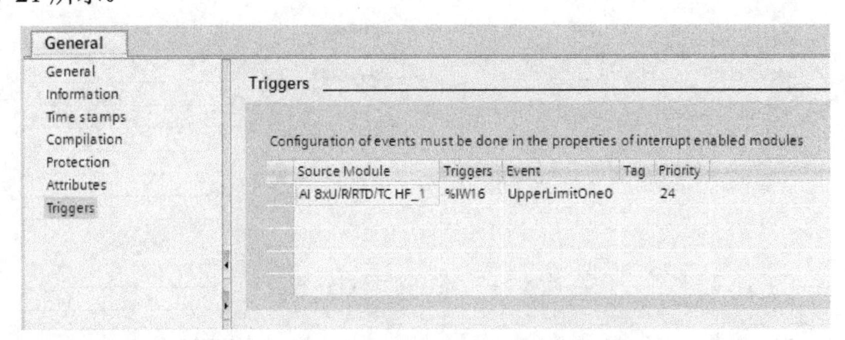

图 7-21　OB40 属性界面下查看的触发列表

7.2.5 诊断中断的触发条件

诊断中断（OB82）的使用依然与某些硬件模块有关。以模拟量输入模块为例，如图 7-22 所示，在模拟量模块属性中，选择某一个通道的属性，在其诊断一栏中有一些诊断项。如果点选了这些诊断项，当这个通道中相应诊断事件发生时，PLC 会调用 OB82。

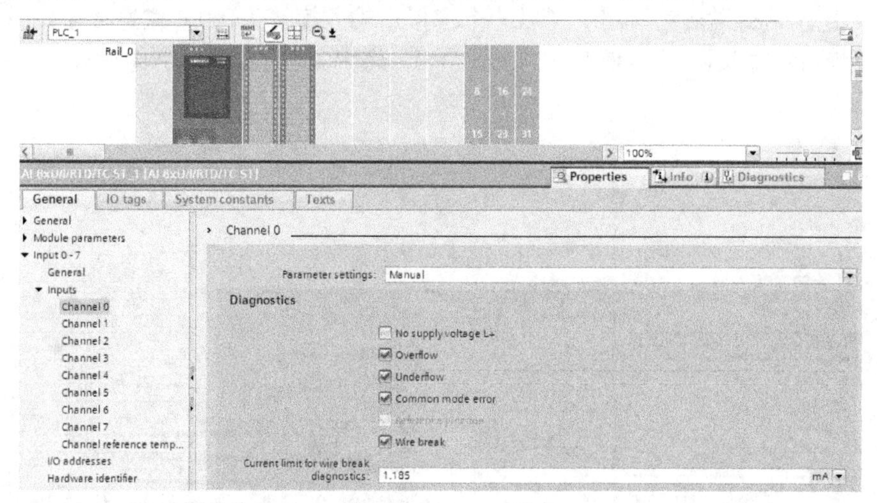

图 7-22 模拟量模块的诊断项设置界面

7.2.6 优化的 OB 块

对于 S7-1500 PLC 可以选择使用优化的 OB 块。对于 S7-1200 只能使用优化的 OB 块。

对于每个 OB 块都会在其对应的 L 堆栈中定义一些变量用于存储一些信息，这些信息与该 OB 块所对应的调用事件有关，以方便用户在该 OB 块中编辑应对相应事件的程序。

打开一个 OB 块，在编辑界面下，找到图 7-23 中黑框所示的位置。通过在该区域拖拉或单击这两个箭头，调整出 OB 块上方的接口参数区域，该 OB 块内可使用的信息就是这些。

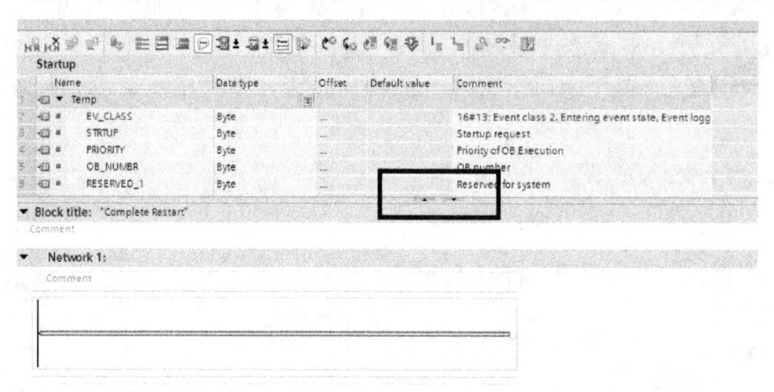

图 7-23 OB 块的接口参数

在打开 OB 块的属性窗口，在其中的“属性（Attribute）”中有“优化块访问（Optimized block access）”一项，选中后，则该块则为优化的 OB 块，如图 7-24 所示。

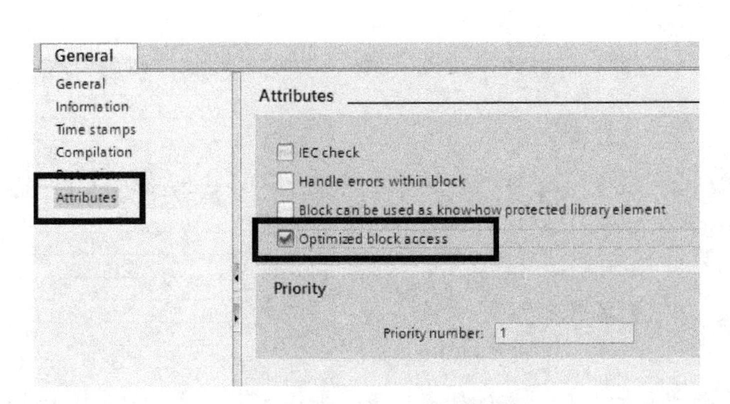

图 7-24　OB 块属性中的优化选项

优化的 OB 块与未优化的 OB 块之间的区别在于：优化的 OB 块对于其接口参数进行了整理，以 OB100 为例，图 7-25 是优化后的 OB100 接口参数，图 7-26 是优化前的。

Startup

	Name	Data type	Default value	Comment
1	▼ Input			
2	LostRetentive	Bool		True if retentive data are lost
3	LostRTC	Bool		True if date and time are lost
4	▼ Temp			
5	<Add new>			
6	▼ Constant			
7	<Add new>			

图 7-25　优化后的 OB100

Startup

	Name	Data type	Offset	Default value	Comment
1	▼ Temp				
2	EV_CLASS	Byte	...		16#13: Event class 2, Entering event state, Event logg
3	STRTUP	Byte	...		Startup request
4	PRIORITY	Byte	...		Priority of OB Execution
5	OB_NUMBR	Byte	...		OB number
6	RESERVED_1	Byte	...		Reserved for system
7	RESERVED_2	Byte	...		Reserved for system
8	STOP	Word	...		Event that caused CPU to stop (16#4xxx)
9	STRT_INFO	DWord	...		Information on how system started
10	DATE_TIME	Date_And_Time	...		Date and time OB started
11	▼ Constant				
12	<Add new>				

图 7-26　未优化的 OB100

可见优化后的 OB 块信息清晰明了。只有两个布尔量表示启动过程中数据的丢失状况和时间的丢失状况，而这两个变量正是用户最有可能用到的。优化的 OB 块将其整理并统一放置于接口参数“Input”中。这里的“Input”与 FC 或 FB 块的入口参数并不是一个概念，这里的“Input”可以理解为提供给程序使用（输入程序中的）信息。

而非优化的 OB 块有 20 字节的信息，其中 4 字节与 OB 块基本信息有关、8 字节为附加信息和错误代码、最后 8 字节是启动时间戳，其中大部分信息都用处不大。在优化的 OB 块下，如果需要这部分信息，可以通过指令“RD_SINFO”获得（仅限 S7-1500 PLC）。

7.3 S7-1200/1500 下的数据类型

7.3.1 基础数据类型

以 S7-1500 PLC 为例，其可支持的数据类型如表 7-2 所示。在 S7-1200/1500 PLC 中，支持了大量的 IEC 标准指令，所以增添了一些配合 IEC 标准指令所使用的数据类型。

表 7-2 S7-1500 PLC 支持的变量类型

数据类型	长度	取值范围
布尔量（BOOL）	1 位	True 或 False
字节（BYTE）	8 位	B#16#0~B#16#FF
字（Word）	16 位	B#16#0~B#16#FFFF
双字（DWord）	32 位	B#16#0~B#16#FFFF_FFFF
长字（LWord）	64 位	B#16#0~B#16#FFFF_FFFF_FFFF_FFFF
短整型（SINT）	8 位	-128～127
整数（INT）	16 位	-32 768～32 767
双整数（DINT）	32 位	-2 147 483 648～2 147 483 647
无符号短整数（USINT）	8 位	0～255
无符号整型 UINT	16 位	0～655 35
无符号长整型 UDINT	32 位	0～429 496 729 5
LINT	64 位	-922 337 203 685 477 580 8～922 337 203 685 477 580 7
ULINT	64 位	0～18 446 744 073 709 551 615
REAL	32 位	-3.402 823E+38～-1.175 495E 0 +1.175 495E-38～+3.402 823E+38
LREAL	64 位	-1.797 693 134 862 315 8E+308～-2.225 073 858 507 201 4E-308 0 +2.225 073 858 507 201 4E-308～+1.797 693 134 862 315 8E+308
S5Time	16 位	0H_0M_0S_10MS～2H_46M_30S_0MS
TIME(IEC)	32 位	-24D_20H_31M_23S_648MS～24D_20H_31M_23S_648MS
LTIME	64 位	-106 751d23h47m16s854ms775us808ns ～ 106 751d23h47m16s854ms775us808ns
DATE(IEC)	16 位	199 0-1-1～216 8-12-31
Time_OF_DAY(TOD)	32 位	0:0:0.0～23:59:59.999
DT(DATE_AND_TIME)	64 位	199 0-01-01-00:00:00.000～208 9-12-31-23:59:59.999
LTOD(LTIME OF DAY)	64 位	00:00:00.000 000 000～23:59:59.999 999 999

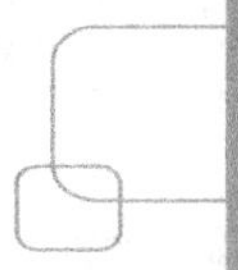

（续表）

数据类型	长度	取值范围
LDT	64 位	197 0-01-01-0:0:0.000 000 000~226 3-04-11-23:47:15.854 775 808
CHAR	8 位	ASCII 码字符
WCHAR	8 位	UNcode 字符

同时处理整型、实型的指令更加灵活，很多指令本身拥有了智能识别转化数据类型的功能。即使变量类型繁多，在使用这些指令进行运算时，也无须考虑添加烦琐的转换指令，就可以不出错误地完成程序。有关这些新指令的使用将在第 8 章中介绍。

7.3.2　PLC 数据类型（UDT）

在 TIA 博途软件中，依然可以建立用户自定义数据类型（User-Defined Data Types，UDT），在新软件下称之为 PLC 数据类型（PLC data type），但目前行业中仍称之为 UDT（本书如下均称为 UDT）。

正如第 3 章中对 UDT 的介绍，用户可以将一些基础数据类型进行组合，称为一个 UDT 数据类型。沿用第 3 章中 UDT 的例子，我们建立一个名为 MOTOR 的 UDT，用于描述一个电动机的属性（运行状态）。

首先，在项目树中的 PLC 设备下，打开“PLC 数据类型（PLC data types）”文件夹，如图 7-27 所示，然后双击“增添新的数据类型（Add new data type）”，打开配置 UDT 的配置界面，如图 7-28 所示。

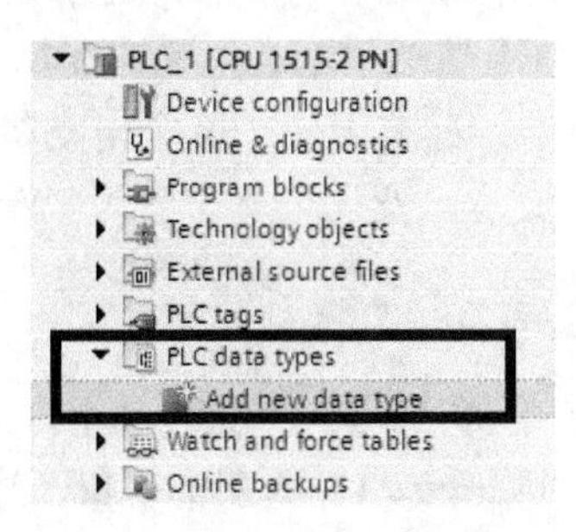

图 7-27　项目树下的 PLC 数据类型

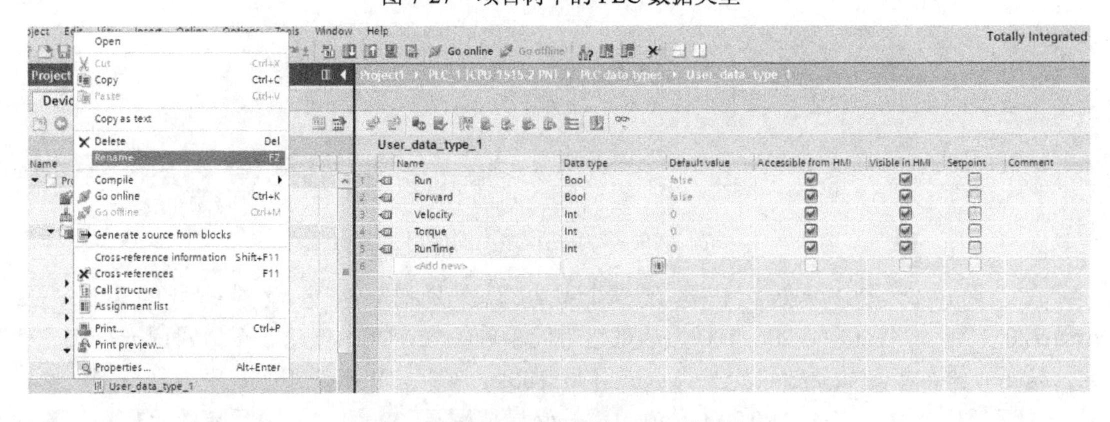

图 7-28　配置 UDT 界面和 UDT 的重命名

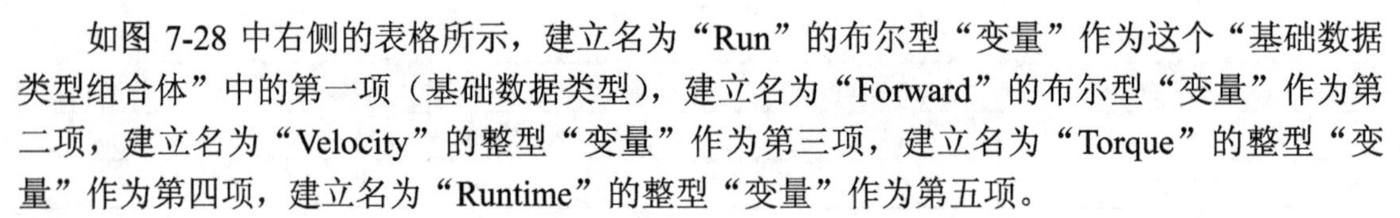

如图 7-28 中右侧的表格所示，建立名为“Run”的布尔型“变量”作为这个“基础数据类型组合体”中的第一项（基础数据类型），建立名为“Forward”的布尔型“变量”作为第二项，建立名为“Velocity”的整型“变量”作为第三项，建立名为“Torque”的整型“变量”作为第四项，建立名为“Runtime”的整型“变量”作为第五项。

然后，在项目树中的 PLC 数据类型下，找到这个新建的 UDT，并通过右键菜单中的“重命名（Rename）”选项，给其更名为“Motor”。

在数据块中建立变量的时候，可以直接使用“Motor”这个数据类型。如果程序中有 100 台电动机，可以建立 100 个数据类型为“Motor”的变量，那么每个电动机都对应有一套包含“Run（运行）”、“Forward（正转）”、“Velocity（速度）”“Torque（扭矩）”“Runtime（运行时间）”的变量了。

有关如何在 DB 块中建立变量的方法，可参考 7.5 节内容。有关 UDT 配置中的“Accessible from HMI”、“Visible in HMI”、“Default value”（如图 7-28 所示）的含义将在 7.4 和 7.5 节中解释。

7.3.3 数组（Array）

数组（Array）用来表示一个由固定数目和固定编号的同一种数据类型元素组成的数据结构。例如数组“Array[20..100] of Real”，说明 20～100（包括 20 和 100）中每个数（编号）对应一个实型（Real）变量，共计 81 个变量，所以“Array[20..100] of Real”表示这 81 个实型变量组成的数据结构体，其中每一个变量称为这个数组的元素。数组本身是一个数据类型，其中元素的数据类型可以使用基础数据类型和 UDT。

承接前面（UDT 一节）的例子，建立表示 100 个电动机属性的变量。可以在某个 DB 块中建立一个名为“MotorData”的变量，变量类型命名为“Array[1..100] of "Motor"”。这样实际的数据块中建立了 100 个（编号 1～100）变量类型为“Motor”（UDT）的变量。每个变量还都包括名为“Motor”的 UDT 中的那一套变量。

如图 7-29 所示是在程序中使用这个数组的情况。程序中 MotorData[13] 表示“MotorData”变量（数组类型）中编号为 13 的那个变量，这样，“MotorData[13]”表示的是一个 UDT 类型的变量，“.Run”表示这个 UDT 类型变量下的那个 UDT 项（变量）。

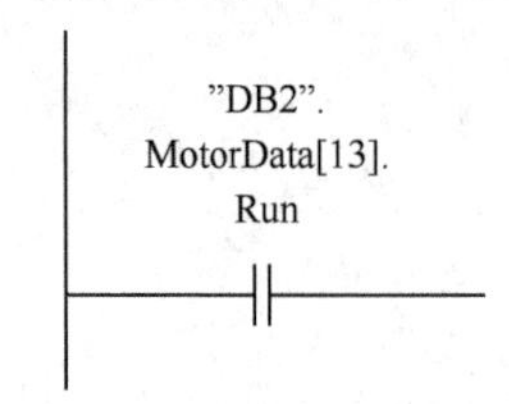

图 7-29　数组在程序中的使用

在上面的例子中可见，在建立一个数组型变量时，需要设置编号的范围，如 Array[20..100] of Real 中，20～100 为该数组中元素的编号，其中任意一个数对应一个实型变量，这是一维数组。如果数组定义为 Array[20..100, 1..30] of Real，那么其中编号范围，由逗号分为两部分。逗号前的“20..100”说明第一坐标范围是 20～100；逗号后的“1..30”说明

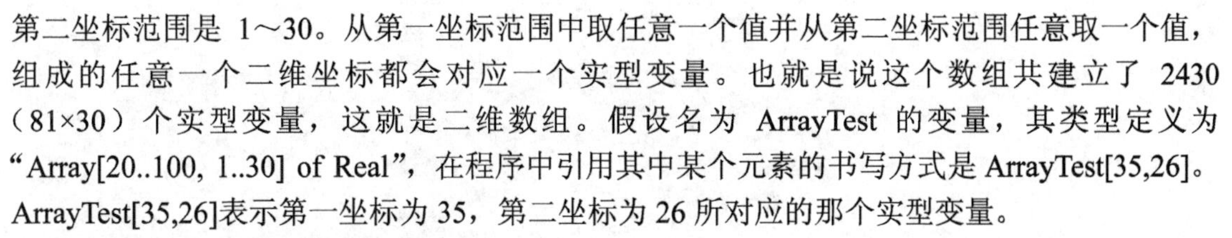

第二坐标范围是 1～30。从第一坐标范围中取任意一个值并从第二坐标范围任意取一个值，组成的任意一个二维坐标都会对应一个实型变量。也就是说这个数组共建立了 2430（81×30）个实型变量，这就是二维数组。假设名为 ArrayTest 的变量，其类型定义为“Array[20..100, 1..30] of Real”，在程序中引用其中某个元素的书写方式是 ArrayTest[35,26]。ArrayTest[35,26]表示第一坐标为 35，第二坐标为 26 所对应的那个实型变量。

类似还可以建立三维数组。

7.3.4 结构体（Struct）

在 DB 块中建立变量时，可以建立结构体类型的变量。一个结构体类型的变量建立后，可以在这个结构体中建立若干变量，最终组成一个整体结构。结构体中变量的定义可以是基础类型、UDT 和数组，也可以在一个结构体中再定义一个结构体，形成结构体的嵌套。

在程序使用变量时，可以单独使用结构体中的某个变量，而某些程序块或指令可以对整个结构体进行操作，相当于直接进行复杂多变量的处理。

7.4 变量（tags）

在经典 Step7 中，所有的变量都有它的绝对地址，比如 M52.0、DB5.DBD54 等。为了方便编程，可以给每个变量取一个符号名以方便记忆，这个符号名通常称为该变量的符号地址。对于 DB 中的变量，符号名就是在建立 DB 块中各个变量时所起的名字。而对于非 DB 中的变量，指位存储区中的变量、输入映像区（I 区）中的变量、输出映像区中的变量（Q 区）、定时器（T 区）和计数器（C 区），它们的符号地址均储存在符号表（SYMBOL）中。

相比较经典 Step7，在 TIA 博途软件中可以将“项目树中 PLC 设备下的那个名为‘变量（tags）’的文件夹”看作经典 Step7 中的符号表（SYMBOL），文件夹如图 7-30 所示。该“变量（tags）”文件夹用于让用户定义那些非 DB 变量的绝对地址和符号地址之间的对应关系。

TIA 博途软件要求每个变量都有一个符号名，所以程序中使用的任何一个非 DB 变量都必须在“变量（tags）”中对应一个符号地址。当然这个规定并不影响程序直接使用绝对地址。如果程序中直接使用了某个变量的绝对地址（比如 M56.6），而这个变量在“变量（tags）”中没有对应的符号地址，软件会自动给这个变量起个名字作为其符号地址（比如叫 Tag_12），并自动写入“变量（tags）”中（在“变量（tags）”中写入 Tag_12 对应 M56.6）。

确切地说，TIA 博途软件的变量（tags）包含经典 Step7 下 SYMBOL 的功能，但是又比 SYMBOL 更为强大。这个变量（tags）中不仅可以定义变量也可以定义常量。TIA 博途中文版把“tags”翻译为变量，可能翻译为标签更恰当。为了与其统一，本书中一概使用“变量（tags）”表示这个标签文件夹，在“变量”后面加入“（tags）”表示这里面还有标签的意思，即也包含常量。

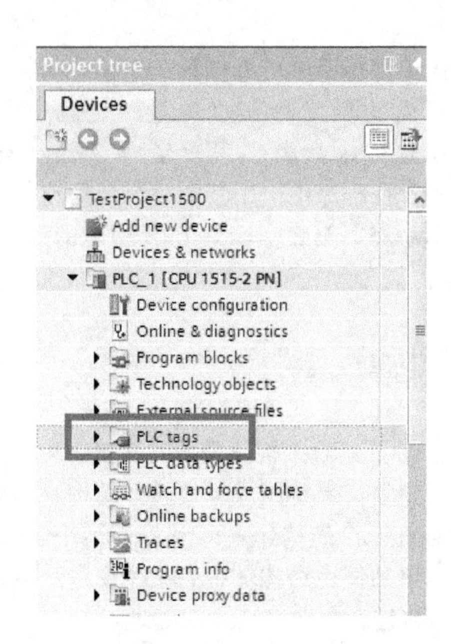

图 7-30　项目树下的“变量（tags)”文件夹

7.4.1　变量（tags）的管理

由于所有的非 DB 变量都需要建立相应的符号，那么需要在变量（tags）中显示或定义的变量或常量数目可能很多。为了便于管理，TIA 博途软件可以建立多个变量表（Tag table)，并将这些变量或常量划分在不同的变量表（Tag table）中，各个变量表（Tag table）的名字可由编程者自定义。

在项目树中打开这个变量（tags）的目录，其中有一项显示所有标签（Show all tags)，单击这一项，在工作区域会显示当前项目中已定义的所有非 DB 变量或常量，无论这个变量或常量在哪一个变量表（Tag table）中，都会显示出来，如图 7-31 所示。这里显示的变量或常量，有变量表（Tag table）一列，以表示该变量或常量实际处在哪个变量表（Tag table）中。

PLC tags

	Name	Tag table	Data type
45	Local_I(29)	Default tag table	Bool
46	Local_I(30)	Default tag table	Bool
47	Local_I(31)	Default tag table	Bool
48	Tag_13	Default tag table	Int
49	Tag_14	Default tag table	Bool
50	Tag_15	Default tag table	Bool
51	Tag_16	Default tag table	Bool
52	test	Tag table_1	LWord
53	date	Tag table_1	Date

图 7-31　显示所有变量（tags）后的界面

默认变量表（Default tag table）是软件自动建立的一个变量（tags)，如果在程序中直接

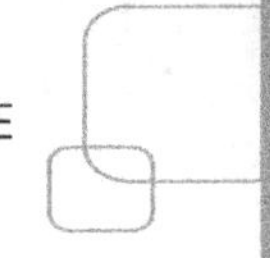

写入了一个绝对地址，且这个变量还从未定义符号，那么软件会在默认变量表中建立该变量的符号地址。同时系统产生的一些硬件常量也会在这个变量（tags）中。有关常量的话题，可参考 7.4.8 节。

另外一项是添加新的标签组（Add new tag table）。可以依据当前项目对变量和常量管理的需要建立相应的变量表（Tag table），如图 7-32 所示，这些名为“Tag table_1、Tag table_2、Tag table_3”等的变量表（Tag table）就是新建变量（tags）默认的名字。鼠标选中该变量（tags），调出右键菜单，便可重命名该组。每个标签组后面括号内的数字表示当前这个标签组内所含有的变量和常量的数目。

图 7-32　建立用户自定义变量表（Tag table）

7.4.2　在变量（tags）中新建变量

当需要在某个变量表（Tag table）中新建变量的时候，鼠标双击该变量表（Tag table）。这样在工作区会显示该变量表（Tag table）的内容。在这个变量表（Tag table）中，各列分别是“符号名（Name）、类型（Data type）、绝对地址（Address）”等这些都是变量的属性。每个属性都可以选择显示在这个表中，或者隐藏起来。如果这个表格中缺失显示某个属性，这个属性可能被隐藏了，我们可以更改设置，将其显示出来。具体操作是：鼠标移动到显示变量属性的那一行，单击右键调出菜单，如图 7-33 所示。在“显示或隐藏（Show/Hide）”中选择哪些属性需要显示或隐藏，或者选择“显示所有属性（Show all columns）”。

图 7-33　显示和隐藏变量的某些属性（列）

调整好属性的显示，就可以开始建立变量了，如图 7-34 所示，在变量（tags）的工具栏中有两个按钮——“插入一个变量”和“新添加一个变量”，单击“插入一个变量”按钮将会在当前光标所在变量的上方插入一行以便输入新的变量。单击“新添加一个变量”按钮将会在当前光标所在变量的下方插入一行以便输入新的变量。一旦新的一行已经插入，可以单击该行中的“符号名（Name）、类型（Data type）、绝对地址（Address）”分别填写相应的内容。

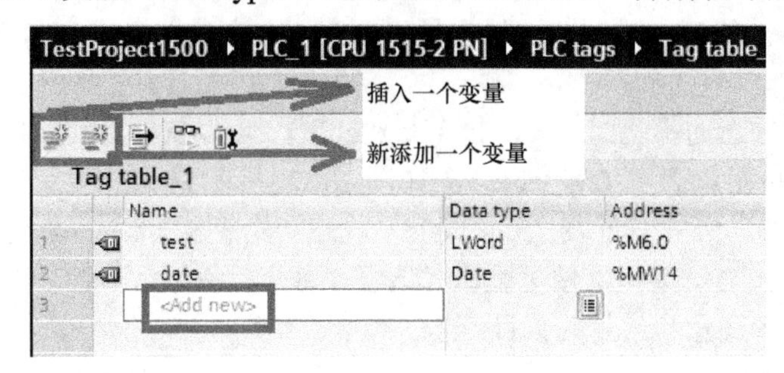

图 7-34　插入变量的按钮

TIA 博途软件中所有的表格都支持像 Excel 一样的单元格拖曳功能，而且可以与 Excel 表格直接复制粘贴。当然，这些技巧在变量表（Tag table）中也是可以使用的。

7.4.3　变量表中的几种特殊情况和提示

（1）不同的符号名对应相同的绝对地址的情况。在这种情况下，程序中无论使用这个绝对地址对应的哪一个符号名，实际上使用的都是一个变量，都是这个绝对地址对应的变量。正因为这个问题不会对程序的运行造成影响，可以编译下载运行。不过软件会给予提示，如图 7-35 所示。

Tag table_1

	Name	Data type	Address	Retain	Visibl...	Acces...	Co
1	Test10	Bool	%M6.0	☐	☑	☑	
2	Test11	Bool	%M6.0	☐	☑	☑	
3	Test12	Bool	! This address is already used by another tag.				
4	Test13	Bool					

图 7-35　不同的符号名对应相同绝对地址的情况

不同符号名相同绝对地址的两个变量，其显示地址的单元格背景会变为黄色，如果鼠标单击这个黄色背景的单元格，会弹出相应的提示，告知编程者，该地址已经被其他符号名使用过了。

在程序中如果直接编入 M6.0 的话，软件会提示选择一个符号名，如图 7-36 所示。

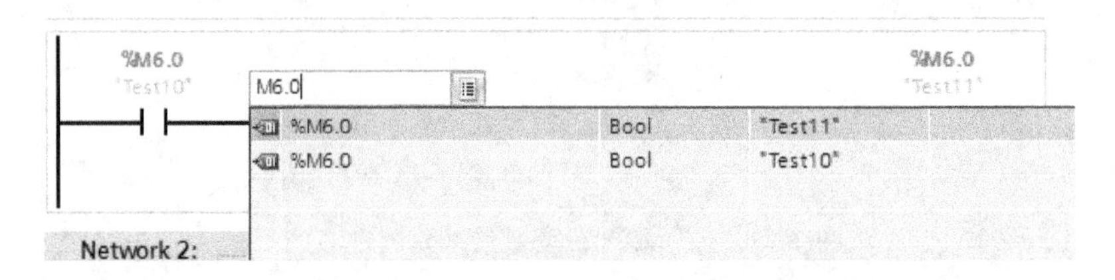

图 7-36　重复符号名的变量在引用时的符合名选择界面

（2）不同的绝对地址对应相同符号名的情况是不可能出现的。因为如果程序中读到一个符号名，该符号名对应内存中两个区域，那么程序显然无法判断到底应该读写哪个存储器区

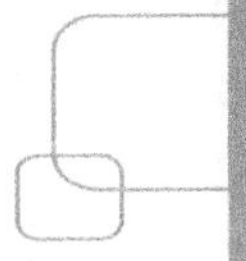

域的值。一旦键入了相同的符号名，TIA 博途软件会自动更改一个不相同的名字（自动添加后缀）。

7.4.4 变量断电保持属性的设置

在变量表中每个变量除了有其对应的类型和绝对地址，还有一个属性为是否断电保持（Retain），如图 7-37 所示。

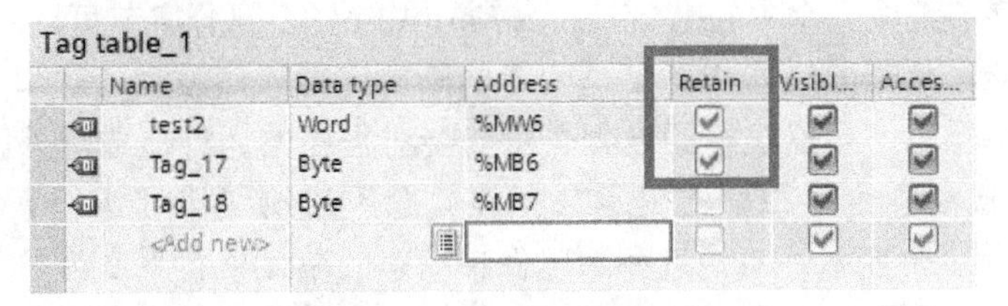

图 7-37 变量的断电保持属性

如果变量在断电保持列中画了钩，那么当 CPU 断电时，PLC 会在特定存储区记录该变量的值，并在 CPU 再次上电后恢复这个变量的值。否则 PLC 再次上电后，该变量的值将被清零。这个钩是软件自动打上去的。与这个打钩有关的设置，是如图 7-38 所示的断电保持设置按钮。

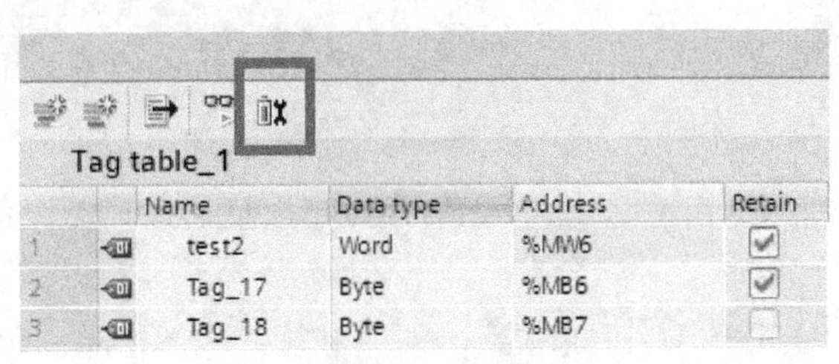

图 7-38 断电保持设置按钮

单击这个按钮将出现断电保持设置对话框，如图 7-39 所示。

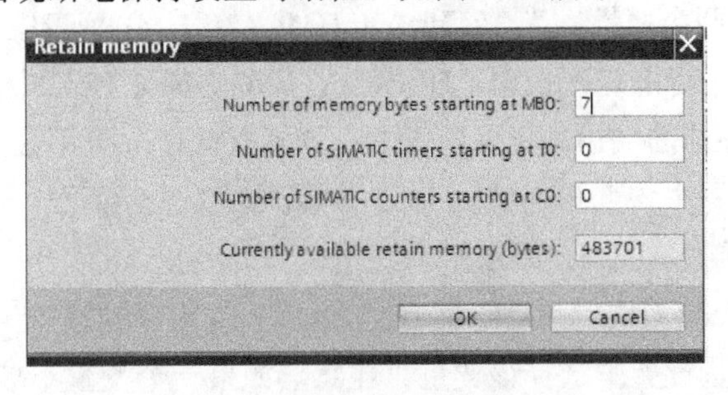

图 7-39 断电保持设置对话框

在对话框中，第一行的内容是：“M 区起始字节为 MB0：（Number of memory bytes starting at MB0:）”后面需要填写一个数字。它的意思是：M 存储区中从第 0 字节（MB0）开始向后推到第 *N*-1 字节，这些字节（总共 *N* 字节）为断电保持的。这里面的 *N* 就是后面设置的那个数。同样的逻辑，第二行是定时器，第三行是计数器，这里就不再重复解释了。

最后一行显示的是当前断电保持数据存储区内可用的字节数，它的大小与 CPU 型号有关。

当设置完成并单击 OK 按钮后，凡是在所设置的断电保持范围内的变量就会在它的断电保持列中自动画上对钩。

但需要注意的是，不要某个变量跨越位存储区的断电保持区与非断电保持区的交界，如图 7-40 所示，把“M 区起始字节为 MB0：”之后的数值设置为 7。那么，MB0、MB1、MB2、MB3、MB4、MB5、MB6 这 7 字节的数据会断电保持。在变量表中我们建立了一个符号名为“test2”的 Word 型变量，其对应的绝对地址是 MW6。也就是说这个变量占用 MB6 和 MB7 两字节组成一个 Word。在这个 Word 中 MB6 部分字节可以断电保持，而 MB7 部分无法断电保持。此时虽然该 Word 型变量的断电保持依然被画了对钩，但实际上该变量内只能部分位断电保持。显然这样的设置有可能会对程序的运行造成意外的状况。在这种情况下，TIA 博途软件会给出相应的提示（但该问题不影响编译和运行）。软件会将变量表（Tag table）中显示这个变量绝对地址和断电保持状态的单元格背景变为黄色。当鼠标单击该变量绝对地址时，软件会给出相应的提示，如图 7-40 所示。提示编程者该变量所占用的位存储区跨越了断电保持区域和非断电保持区域。

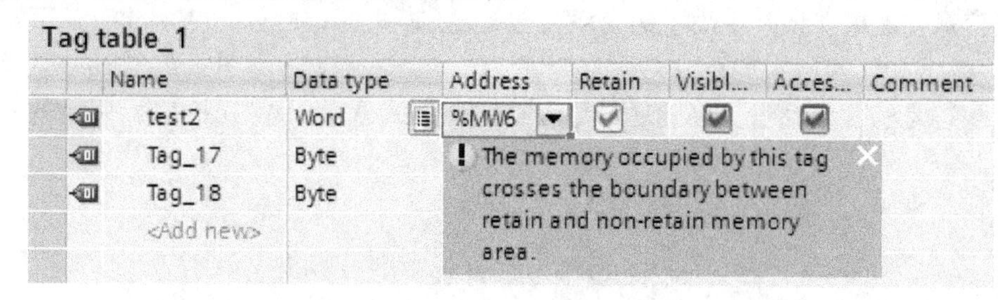

图 7-40　变量所占用的位存储区跨越了断电保持区和非断电保持区

7.4.5　变量的 HMI 访问属性

对于每一个变量，都有“Visible in HMI（在 HMI 列表中可见）”和“Accessible from HMI（HMI 可访问）”两个属性。当 Visible in HMI（在 HMI 列表中可见）被选中之后，在设置 HMI 变量的时候，特别是在设置“HMI 中的某个变量与 PLC 中的某个变量关联”的时候，该变量会出现在备选的 PLC 变量列表中，否则默认情况下不会显示出来。这个属性只是影响的 HMI 变量设置中该变量在默认 PLC 变量列表的显示而已，不影响该变量被配置进 HMI 中，自然也不影响其在 HMI 中的读写。

对于 Accessible from HMI（HMI 可访问）属性，如果未被选中的话，将无法被 HMI 读写，也无法在 HMI 变量设置中选择该变量。显然，如果一个变量不准许在 HMI 中组态，那么就没必要考虑这个变量是否在默认 HMI 变量配置表中显示的问题了。所以，对于任一个变量，只有选中了 Accessible from HMI（HMI 可访问）属性才考虑是否选中 Visible in HMI（在 HMI 列表中可见）。

举例说明下，如图 7-41 所示，我们建立了三个测试用的布尔型变量。TestBool_VA 是选中了 Accessible from HMI（HMI 可访问）和 Visible in HMI（在 HMI 列表中可见）的变量。

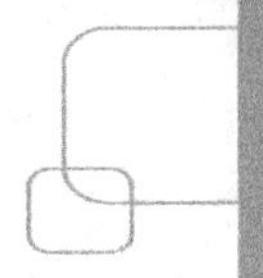

TestBool_-A 是只选中了 Accessible from HMI（HMI 可访问）的变量。TestBool_-_-是没有选中 Accessible from HMI（HMI 可访问）的变量。

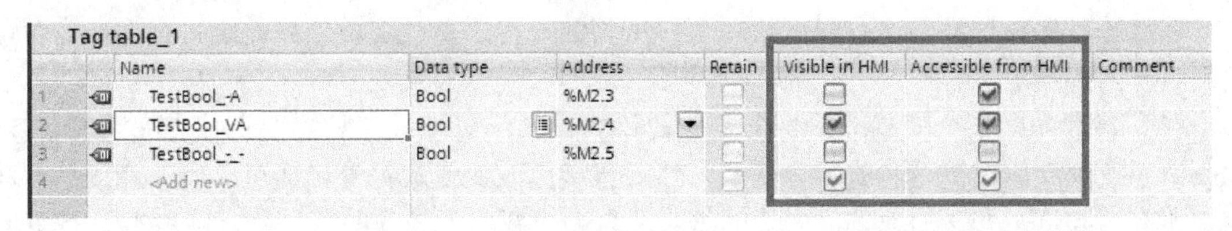

图 7-41　三个测试变量 HMI 相关属性的选中情况

在该项目下 HMI 设备的变量表中（有关 HMI 设备的变量表可以参考第 11 章内容），新建几个变量，在该变量（HMI 设备下的变量）对应 PLC 变量一栏中（PLC tag 一栏），单击带三个点的按钮（如图 7-42 所示），打开了“备选的 PLC 变量列表”。在这个表中，默认情况下左下角的“show all（全部显示）”是未被选中的，表中只能显示出选中了 Accessible from HMI（HMI 可访问）的变量，如图 7-42 所示。

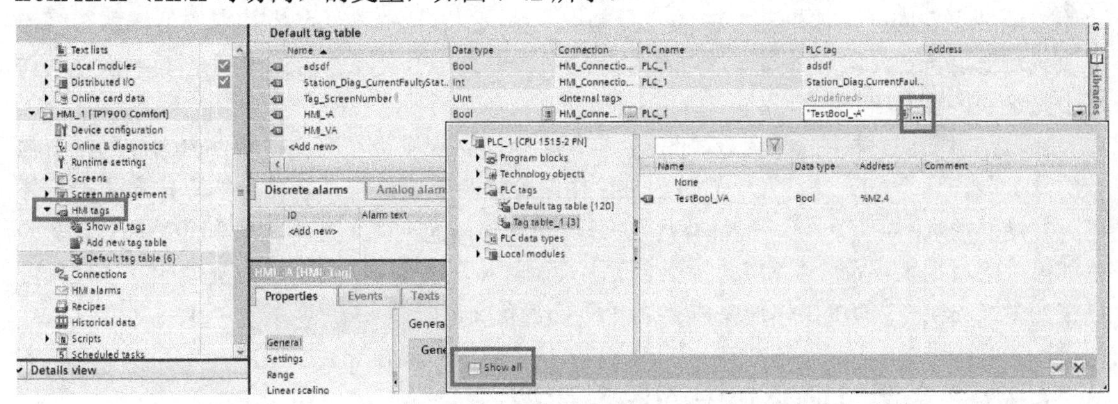

图 7-42　HMI 设备变量设置界面中的“备选的 PLC 变量列表”

当然，如果“show all（全部显示）”是被选中的，那么所有变量都会显示出来。在显示出所有变量后，我们分别选中了这三个变量，如图 7-43 所示。

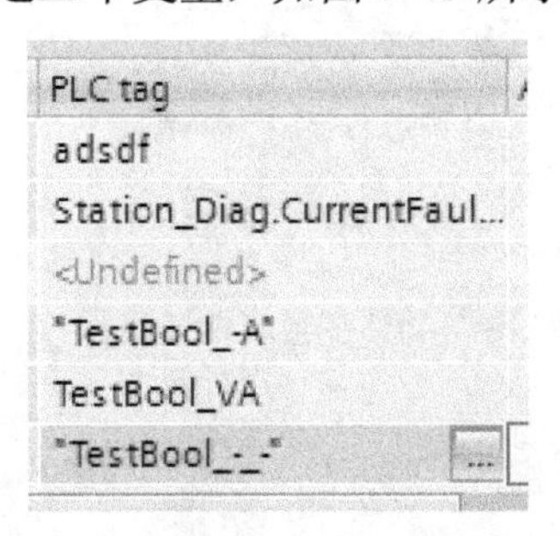

图 7-43　在 HMI 设备变量设置界面中选中 PLC 中的测试变量后

可见，TestBool_VA 变量正常显示在这里。TestBool_-A 被加上引号后显示在这里。这两个变量都可以正常被 HMI 读写。TestBool_-_-以红色背景外加引号的形式显示出来，说明这是个错误，该变量无法组态在 HMI 设备中，无法被 HMI 设备访问。

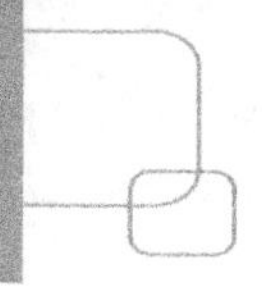

7.4.6 变量（tags）的更名与内置 ID 机制

在编写程序的过程中，有可能会在程序编写的过程中更改变量名或地址，那么就有可能出现这样两种需求：

（1）将程序中某个变量的符号名更改而不更改其绝对地址。只需要直接在变量表（Tag table）中找到欲修改符号名的那个变量，然后直接更改变量的符号名便可。修改完成后，程序中所有用到这个变量的地方，变量的符号名自动更新为新修改的符号名，绝对地址不变。

（2）将程序中某个变量的绝对地址更改而不更改其符号名。只需要直接在变量表（Tag table）中找到欲修改绝对地址的那个变量，然后直接更改变量的绝对地址便可。修改完成后，程序中所有用到这个变量的地方，变量的符号名不会变化，但实际对应的绝对地址已经自动更新为新修改的绝对地址了。

如此轻松简单地完成如上所述的需求，我们可能会疑惑：如果程序中的变量是以变量（tags）中绝对地址为基准的话，那么轻松更改符号名肯定没问题，为什么可以如此轻松地更改绝对地址呢？同样，如果程序中的变量是以变量（tags）中符号名为基准的话，那么轻松更改绝对地址肯定没问题，为什么可以如此轻松地更改符号名呢？这原因就是 TIA 博途软件对于变量的内置 ID 机制。

在 TIA 博途软件中，在变量（tags）中每一个建立的变量，都会在软件内部分配一个唯一的 ID 号。这个 ID 号存在于软件内部，用户无法查看。这样，软件中实际建立了“符号名——绝对地址——ID 号”三者的对应关系。单独修改符号名，绝对地址和 ID 号不会变；单独修改绝对地址，符号名和 ID 号不会变。而程序中的变量是以 ID 号为基准的，这样就可以在变量（tags）中简单操作便完成上述两种更名需求了。

7.4.7 变量（tags）中的监控功能

在变量表（Tag table）的工具栏中，可以单击“黑框眼镜和绿色向右箭头”图标，开启该图标后，可以监控整个变量表中所有变量的当前值，该按钮如图 7-44 所示。

图 7-44 变量表的监控按钮

7.4.8 常量和新建常量

TIA 博途软件，引入了常量的定义和使用的功能。在打开建立的变量表（Tag table）中，右上方有两个选择卡，其中一个是变量标签，另一个是用户常量，如图 7-45 所示。

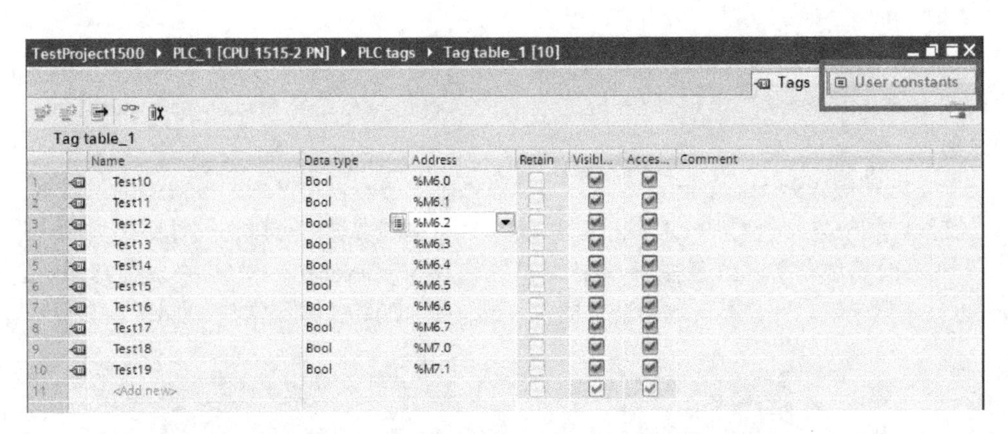

图 7-45　自定义变量表（Tag table）的右上方选择卡

如果打开的是默认变量表（Default tag table），那么右上角有三个标签，如图 7-46 所示。一个是变量标签（Tags），一个是用户常量（User constants），另一个是系统常量（System constants）。

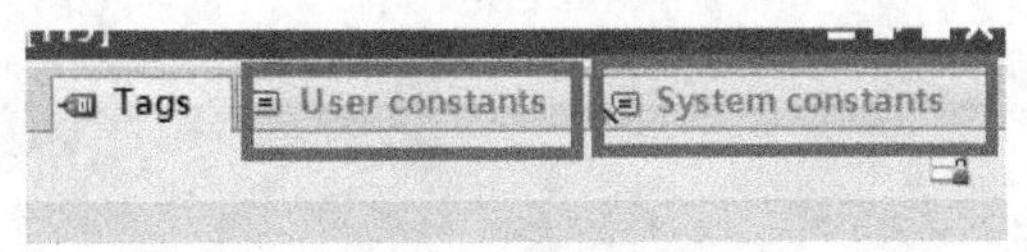

图 7-46　默认变量表的右上方选择卡

根据项目本身对常量管理的需求，可以选择任何一个变量表（Tag table）并在其中的用户常量中添加常量。如可以在默认变量表（Tag table）中建立了一个值为 3.14 的实型常量，名字叫“PI”，如图 7-47 所示。

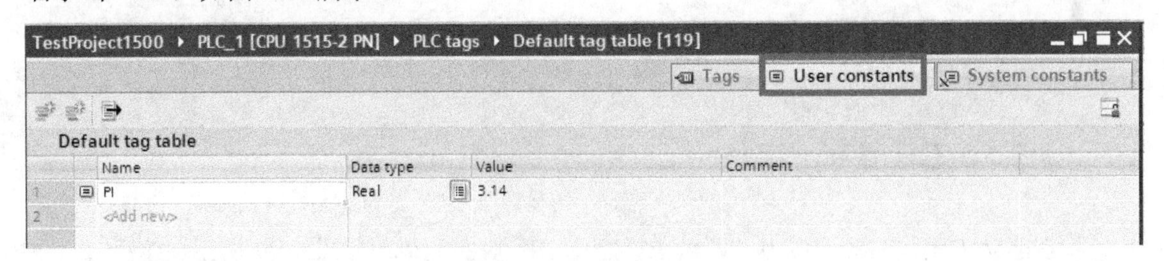

图 7-47　建立常量

这个常量可以在程序中使用，使用时“PI”这个名字就相当于一个“3.14”的实型立即数。

7.4.9　系统常量

关于默认变量表（Tag table）中的系统常量（System constants），当进行硬件组态的时候，添加的硬件模块、总线等都会产生对应的一些系统常量，这些系统常量一般用于诊断程序。简单举例是这样的：诊断程序如果检测出某个硬件发生了故障，会反馈这个模块对应的一个数值，每个模块都有它唯一对应的数值，因此可以通过程序中反馈的这个数值直接查出哪个模块发生了故障。或者执行硬件检测指令，将某个硬件模块对应的数值写入这个指令中，该指令执行时，将对其唯一对应的那个模块进行诊断。这个硬件模块（或总线等）所对应的数值是在组态该模块（或总线）软件自动确定的，一旦确定不可更改，所以属于常量。这个硬件模块（或总线等）与它所对应的数值关系就是该系统常量（System constants）所表示出来的。

这个系统常量（System constants）会将当前系统中所有模块（或总线等）的系统常量一并显示在这里。如果只想查看某个模块（或总线）上的系统常量，可以在硬件组态界面中选中相应的模块（或总线等），在巡视窗口中的属性选项卡（Properties）下的系统常量（System constants）选项卡下，便会显示这个选中模块（或总线）的相关系统常量，如图 7-48 所示。

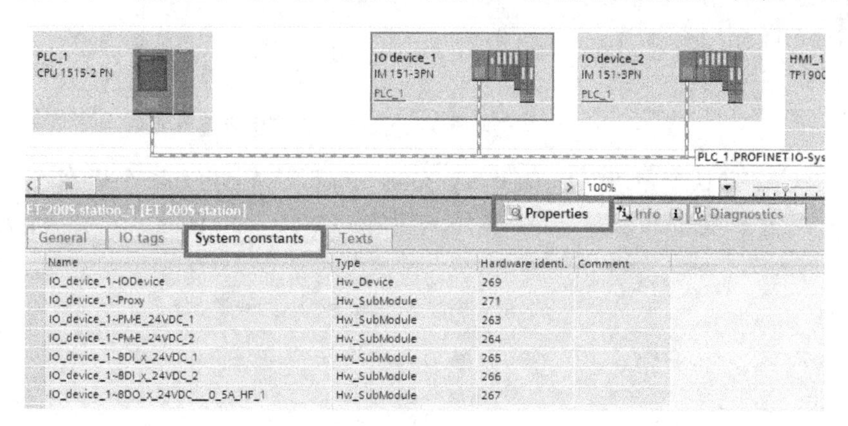

图 7-48　硬件组态中查看的系统常量

有关与上述的硬件诊断程序的使用方法，在第 10 章中的诊断程序中有详细介绍。

7.5　DB　块

7.5.1　DB 块的类型

在建立 DB 块的对话框中，可以选择建立 DB 块的类型，如图 7-49 所示，这里有 4 种选择。

（1）全局 DB 块，如图 7-49 框 A 所示。建立全局 DB 块，可以任意在该 DB 块中添加变量，供所有程序使用。

（2）某个 FB 块的背景数据块，如图 7-49 框 C 所示。该 DB 块根据 FB 块内的变量设置而生成，无法再向其中添加或修改变量。在调用该 FB 块时，可以选择用这个 DB 块作为该次调用的背景数据块。TIA 博途软件也支持直接调用 FB 块，自动生成背景数据块，然后提示用户进行确认，即可以但没有必要在此处建立某个 FB 块对应的背景数据块。

（3）固定数据模板的 DB 块，如图 7-49 框 D 所示。用户已经建立的 UDT 会出现在这里，作为项目中固有的数据模板。这里还有一些是系统数据模板。在 S7-1200/1500 下有些复杂的指令需要有背景数据块的支持，这些指令的背景数据块均在这里以系统数据模板形式出现。TIA 博途软件也支持直接使用某个需要背景数据块的指令，软件自动生成其背景数据块，然后提示用户进行确认，即可以但没有必要在此处建立某个指令对应的背景数据块。

（4）数组型 DB 块，这种 DB 块在建立之时，需要设定数组中元素的类型和该数组的元素数目上限。建立之后，这个 DB 块内只有一个数组。该数组中的类型无法修改，编号必须从 0 开始，上限数目可以在该 DB 块属性中修改。建立数组型 DB 块和普通 DB 块内建立数组的区别是：数组型 DB 建立后本身暂不占用存储器空间。在程序中使用专属指令进行读写，程序中实际使用了多少元素，在存储器中占用多少空间，实现依程序的运行情况而不断变化长度的功能。

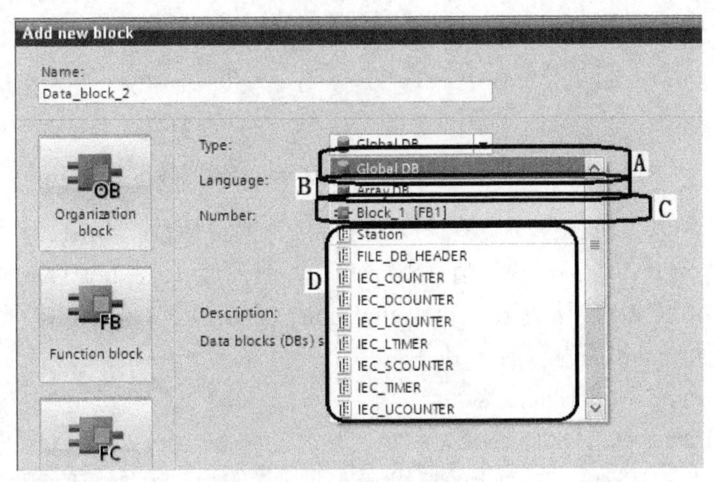

图 7-49　新建 DB 块对话框

7.5.2　在 DB 块中建立变量

在共享 DB 块中，需要建立一些变量以便在程序中使用。建立变量的过程与 7.4 节中建立变量的方法类似，所以，这里就简单介绍了。首先在项目树中双击需要建立变量的数据块后，该数据块将会在工作区打开。打开后 DB 块工作栏中有“插入一个变量”和“新添加一个变量”两个按钮，可用来添加变量。它的使用方法与变量（tags）中的作用是一样的，如图 7-50 所示。

图 7-50　DB 块内新建变量的按钮

在单击完添加变量按钮后，可以直接在新出现空白行的地方直接输入新添加变量的变量名（Name）并选择好这个变量的类型（Data type），就添加完成了。

7.5.3　DB 块中数据的属性

在 DB 块中每个变量和它的各种属性会以表格的形式呈现出来，这些属性除了名称（Name）和类型（Data type）以外，都可以选择显示和隐藏它们，其方法与变量（tags）的

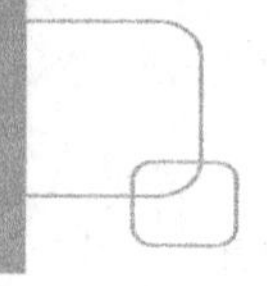

相关操作类似。这里就不详细描述了，只是截图来提示相关操作，如图 7-51 所示。为了方便编辑和讲述这些属性的功能，显示了所有的属性。

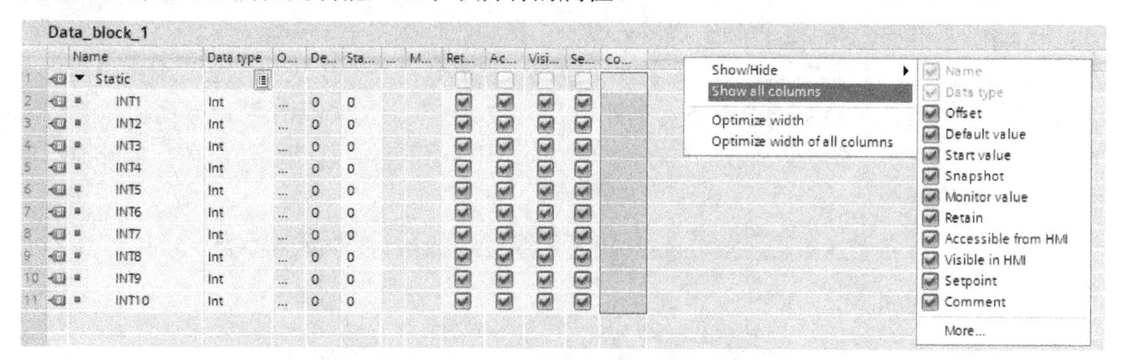

图 7-51　对变量属性的显示和隐藏操作

这些属性有名称（Name）、类型（Data type）、偏移地址（Offset）、默认值（Default value）、开始值（Start Value）、快闪值（Snapshot）、监视值（Monitor value）、是否断电保持（Retain）、是否在 HMI 默认列表中可见（Visible in HMI）、是否选定（Setpoint）、描述（Comment）。下面给出相关内容的导引。

（1）名称（Name）：变量的名称。

（2）类型（Data type）：变量的类型。

（3）偏移地址（Offset）：相当于经典 Step7 下变量的绝对地址。在 TIA 博途软件的 DB 块中，变量的绝对地址被称之为“偏移地址”。

特别需要说明的是：在 S7-1200/1500 PLC 中，有可能建立的 DB 块中根本就没有“偏移地址”这个属性。具体的原因详见 7.5.5 节的内容。优化的 DB 块没有偏移如果一个非优化的 DB 块没有显示偏移地址，进行编译便可。

（4）默认值（Default value）：在最开始建立 DB 块中变量的时候，这个变量的开始值（Start Value）就是这个变量的默认值（Default value）。也就是说，如果在建立这个变量后从未修改它的开始值（Start Value），该值将始终为变量的默认值（Default value）。如果该 DB 块是背景数据块，那么这个值在相应的 FB 块中进行设置。如果该 DB 块是共享 DB 块，该值不可设置，PLC 会根据该变量的数据类型按照软件内的固定规则设置这个值。一般除了日期时间这类变量，默认值都是零。

（5）开始值（Start Value）：如果这个变量是“断电不保持的”（断电保持 Retain 一栏没打钩），那么每次 CPU 启动，该变量都会恢复为这个开始值（Start Value）。如果变量是断电保持的，那么只有 CPU 在冷启动之后，该变量才会恢复到这个开始值（Start Value）。除此之外，任何形式的启动，CPU 都只会将该变量恢复为上一次停止或断电时刻该变量的值。另外，如果该 DB 块被初始化后，DB 块中所有变量都将恢复为它的开始值（Start Value）。初始化 DB 块会在该 DB 块下载时进行，但是优化的 DB 块有可能可以仅下载 DB 块而不初始化。具体情况说明请参见 7.5.5 节。

（6）快闪值（Snapshot）：参见 7.5.4 节。

（7）监视值（Monitor value）：在单击 DB 块窗口中工具栏的监控按钮（一个“黑框眼镜和绿色向右箭头”图标的按钮）后，这里显示该变量在线监控的值。

（8）是否断电保持（Retain）：画钩之后，该变量具有断电保持功能（断电后再上电，变量保持断电前的数值），否则断电再上电后，该变量变为它的开始值。

（9）是否在 HMI 默认列表中可见（Visible in HMI）：与变量（tags）中的“是否在 HMI 默认列表中可见（Visible in HMI）”这个属性的功能是一样的，参见 7.4 节中的介绍。

（10）是否选定（Setpoint）：参见 7.5.4 节。

（11）描述（Comment）：可以在这里给该变量写一小段描述它作用的文字，然后这段文字将会在程序中使用该变量的地方显示出来，以方便编程。

7.5.4　DB 块调试功能之快闪（Snapshot）系列功能

在编辑和调试程序的时候，常常会希望有这样的功能：开始调试一段程序，需要改变一些 DB 块内变量的值，当调试结束后，DB 块中某些变量的值可能已经被调试乱了，希望可以恢复 DB 块内的变量为调试之前的值。这样既可以“为所欲为”的调试，调试完成后又可以快速让设备恢复之前的状态。

TIA 博途软件就提供了这样的功能，它执行的大体步骤如下：在需要记录当前某些变量的值时（比如说开始调试之前），选出一些（或全部）要记录的变量，然后单击快闪记录，这时候所选择的那些变量当前的值就被记录下来，这时刻的值就是该变量的快闪值（Snapshot）（显示在快闪值那一列中）。在需要将变量恢复为原来快闪值的时候（比如调试结束了），可以选择一些（或全部）欲恢复的变量，将快闪值恢复为它们当前的值或恢复为它们的开始值（Start Value）。

具体的操作是这样的：首先单击“在线（Go online）”按钮，使这个 DB 块在线。为了便于观察整个操作过程中变量值的变化，打开监控功能，如图 7-52 所示。

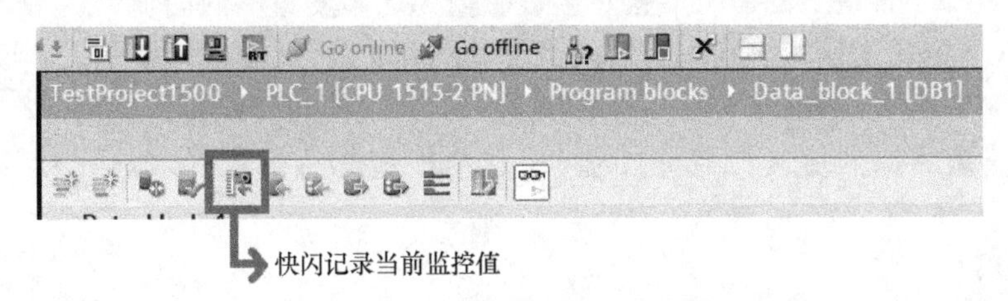

图 7-52　DB 块的监控功能

在图 7-52 中，可见有一个包含照相机的按钮——“快闪记录当前监控值”。在未按动这个按钮之前，所有变量的快闪值（Snapshot）中显示的是“---”，即无值的状态。

当单击“快闪记录当前监控值”按钮后，如图 7-53 所示。DB 块内所有变量的快闪值（Snapshot）变为单击“快闪记录当前监控值”按钮时这些变量的监控值。同时在数据块名称后面显示，“当前这次快闪记录创建的时间”。这个时间是以正在使用 TIA 博途软件的计算机上的时间为基准的。

在线状态下，可以随时按动“快闪记录当前监控值”按钮，以记录当前的变量值。每次按动这个按钮，新的记录（即新的快闪值）都将会覆盖上一次的记录（即上一次快闪值），所以变量的快闪值（Snapshot）永远记录的是最后一次按动“快闪记录当前监控值”按钮时的变量监控值。这些记录值将会随着项目保存在项目文件中。一旦快闪记录了相应的数值，即使不在线，或者重新打开了保存过的项目，这些数值依然可以被查看。

Data_block_1 (snapshot created: 2/29/2016 4:40:57 AM)

	Name	Data type	Offset	Default value	Start value	Snapshot	Monitor value
1	▼ Static						
2	INT1	Int	0.0	0	10	10	10
3	INT2	Int	2.0	0	9	9	9
4	INT3	Int	4.0	0	8	8	8
5	INT4	Int	6.0	0	7	7	7
6	INT5	Int	8.0	0	6	6	6
7	INT6	Int	10.0	0	5	5	5
8	INT7	Int	12.0	0	4	4	4
9	INT8	Int	14.0	0	3	3	3
10	INT9	Int	16.0	0	2	2	2
11	INT10	Int	18.0	0	1	1	1

图 7-53　DB 块完成快闪之后

在按动“快闪记录当前监控值”按钮后，工具栏上的几个包含圆柱体形状的按钮就激活了，它的截图和功能说明如图 7-54 所示。

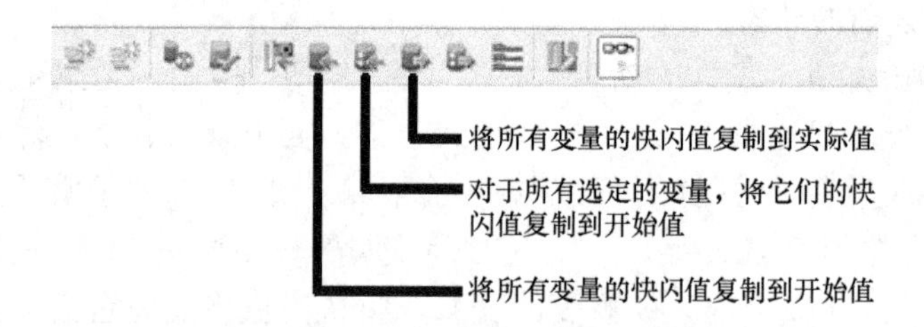

图 7-54　与处理快闪值有关的按钮

“将所有变量的快闪值复制到变量的实际值”：该按钮只有在线时可以按动，一旦按动该按钮，CPU 中这个 DB 块下的所有变量将会被赋值为这个变量的快闪值。

“对于所有选定的变量，将它们的快闪值复制到开始值”：按动该按钮后，该 DB 块中所有选定的变量（即在 setpoint 一列画对钩的变量）的快闪值将复制到开始值。

“将所有变量的快闪值复制到开始值”：这个按钮的意思已经表达比较清楚了，就不再解释。

7.5.5　优化 DB 块之存储方式改变

针对于 S7-1200 和 S7-1500 的 PLC，可以使用优化的 DB 块。优化的方式是：打开该 DB 块的属性设置窗口，在属性对话框中选择“属性（Attributes）”分类，而后在“优化块的访问”一栏上选择是否优化 DB 块。

对于优化的 DB 块，这种优化主要有两方面的改变。一方面，储存数据的方式发生了改变。另一方面，下载 DB 块时，初始化的问题得到了改进。本节将只阐述第一方面的改变。

为了可以简单明了地说明这种改变，在经典 Step7 下建立了一个 DB 块来做比较。在这个 DB 块中，依次建立两个布尔量、一个整形量、两个布尔量，如图 7-55 所示，这个 DB 块占用了第 0～5 字节。

Address	Name	Type	Initial
0.0		STRUCT	
+0.0	TestBOOL_1	BOOL	FALSE
+0.1	TestBOOL_2	BOOL	FALSE
+2.0	TestINT_1	INT	0
+4.0	TestBOOL_3	BOOL	FALSE
+4.1	TestBOOL_4	BOOL	FALSE
=6.0		END_STRUC	

图 7-55　经典 Step7 下建立的一个 DB 块

对于 S7-1200 PLC 而言，它会基于减少使用空间的目的进行优化。

在图所示的 DB 块中，最先两个布尔量占用了第 0 字节的两位，而后跟一个整形量，所以只能向下找到一个整偶数字节存放。这个整形量就存放在第 2 个和第 3 字节，接下来再建立的布尔量只能向下找到第 4 字节开始存放。这样 DBX0.2 到 DBX1.9 这部分存储空间就被浪费了。如果上述的这个变量顺序可以打乱，让整形量之后建立的布尔量可以“插入”整形量之前的闲置空间中，那么就会减少储存器空间的使用量。

S7-1200PLC 对于 DB 块的优化就是在软件内部“打乱”编程者输入的变量顺序，达到最小化储存器空间的，它优化之后如图 7-56 所示。

Address	Name	Type	Initial
0.0		STRUCT	
+0.0	TestBOOL_1	BOOL	FALSE
+0.1	TestBOOL_2	BOOL	FALSE
+0.2	TestBOOL_3	BOOL	FALSE
+0.3	TestBOOL_4	BOOL	FALSE
+2.0	TestINT_1	INT	0
=4.0		END_STRUC	

图 7-56　DB 块优化后的示意图

注意，优化的 DB 块变量在存储器内部是“打乱”顺序的。由于 DB 块内变量的绝对地址（TIA 博途中的“偏移地址”）在优化后也是“打乱”的，所以优化的 DB 块变量根本没有偏移地址（Offset）属性，显示它的偏移地址没有意义。在程序中只能使用变量名来读写这个变量。

对于 S7-1500PLC 而言，它会基于可快速访问的目的进行优化。在 S7-1500PLC 中，DB 块被优化后，每个布尔量都将占用一字节的空间。优化后的情况类似图 7-57（该图为 PS 拼接，仅为展示优化效果）。

	Address	Name	Type	Initial
	0.0		STRUCT	
占1个字节	+0.0	TestBOOL_1	BOOL	FALSE
占1个字节	+1.0	TestBOOL_2	BOOL	FALSE
占1个字节	+2.0	TestINT_1	INT	0
占1个字节	+4.0	TestBOOL_3	BOOL	FALSE
占1个字节	+5.0	TestBOOL_4	BOOL	FALSE
	=6.0		END_STRUC	

图 7-57　模拟基于快速访问目的的 DB 块优化后的示意图

优化后，CPU 读取任何一个变量的数据都以一个整字节为单位，可以提高 CPU 读取变量的速度，从而提高整个程序的运行速度。当然，这样的优化，变量的绝对地址（偏移地址 Offset）依然被“打乱”，所以优化的 DB 块变量不存在偏移地址（Offset）属性。在程序中也只能使用变量名来读写这个变量。

当 DB 块中的变量失去绝对地址（偏移地址）后，会使得原有在绝对地址下的某些数据书写方式不再适用（比如需要访问一个整型量中的第 3 位）。因此，TIA 博途软件下又出现了一种新的访问方式——Slice Access。具体方法参见 7.5.6 节。

7.5.6 优化 DB 块之下载而不初始化功能

1. 下载而不初始化功能的条件和原理

在经典 Step7 时代，只要下载 DB 块，块内所有变量的值都被覆盖。这种“覆盖”的情况称之为初始化。对于 S7-1200 和 S7-1500 PLC 来说，初始化后，所有变量都将被其对应的开始值覆盖。显然，这种初始化有时候并不利于调试。

在 S7-1200 和 S7-1500 PLC 中，当下载优化的 DB 块时，有可能只将其中的一些改动下载进 PLC 而并不初始化，也就是说原有变量的值不会被“覆盖”。但是并不是什么样的修改都能实现这种功能。要实现“DB 块下载而不初始化的功能”，需要满足如下条件：

（1）优化 DB 块，DB 块内对已有变量（已经下载的）只能做如下操作。

更改变量的“开始值（Start value）”属性。

更改变量的“是否允许 HMI 访问（Accessible from HMI）”属性。

更改变量的“是否在 HMI 列表中可见（Visible in HMI）”属性。

更改变量的“选定（setpoint）”属性。

也就是说，不能更改原有变量（已经下载的）的顺序，不能改变原有变量的位置。

（2）对于添加新变量的操作，有如下限定：

新变量必须添加在 DB 块的尾部，不影响原有变量的结构。

DB 块实现下载不初始化的原理是这样的：如图 7-58 所示，当一个 DB 块被下载后，在其存储器中，除了为已建立的那些变量（变量 1，变量 2，变量 3，……，变量 N）依次分配了存储空间，还在分配完这些变量的存储空间末尾预留了一段存储空间。同时在断电保持存储区也预留出一段空间，如图 7-57 所示。

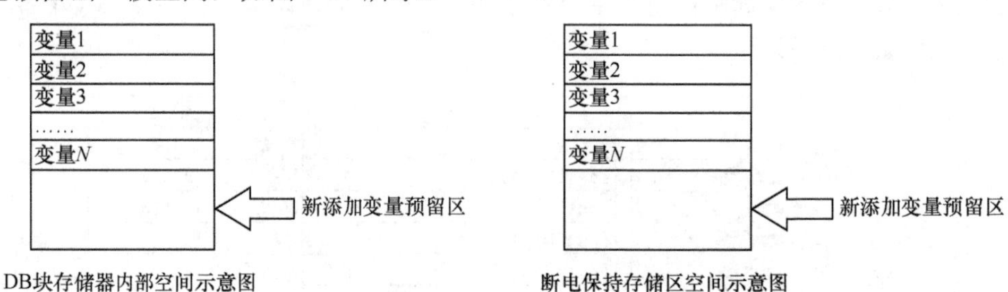

图 7-58　DB 块下载而不初始化的原理

当向这个 DB 块末尾添加新的变量并下载后，这个变量将会使用这个 DB 块上次下载后

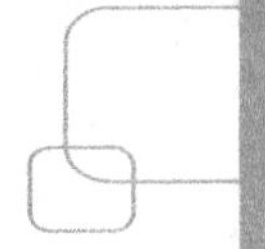

预留区内的空间，同时使用该 DB 块在断电保持存储区的空间完成这个变量的断电保持功能，而原有变量在此下载过程中不受任何影响。

2．下载而不初始化的具体操作

首先建立相应的 DB 块，并设置为优化的 DB 块。DB 块被设置为优化后，在 DB 属性中的"下载并不初始化（Download without reinitialization）"选项卡就可以设置了。这里需要设置这个 DB 块为新添加变量而在"DB 块存储区"和"断电保持存储区"所预留的空间大小，如图 7-59 所示。设置完成后，将这个 DB 下载进 PLC。

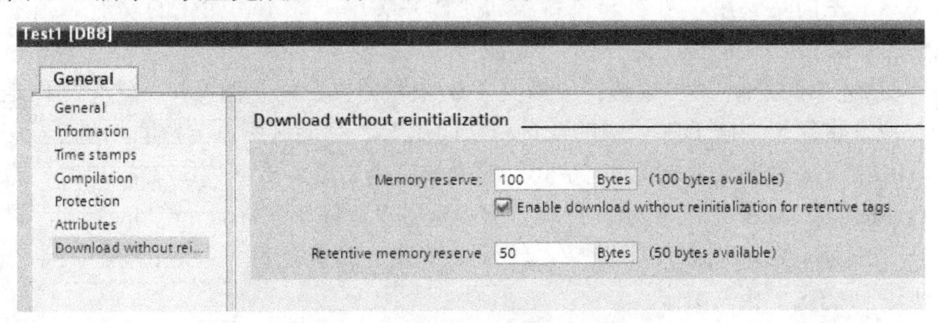

图 7-59　下载而不初始化设置界面

打开这个 DB 块，在 DB 块的编辑栏中有一个名为"下载而不初始化（Download without reinitialization）"按钮就可以按动了，如图 7-60 所示。当这个按钮被按下后，DB 块只能进行满足下载并不初始化条件的操作。

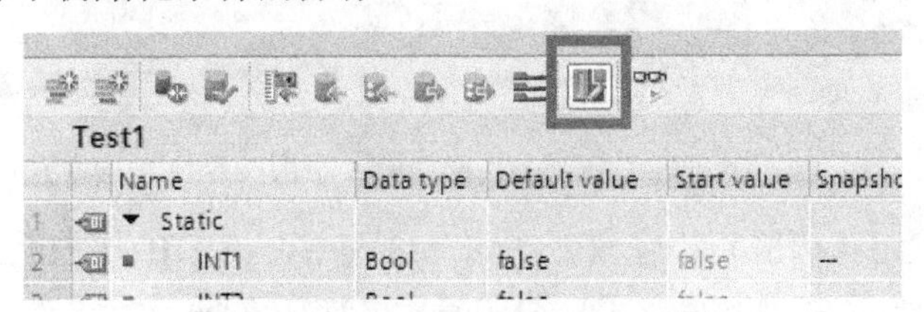

图 7-60　下载而不初始化操作按钮

接下来，修改几个变量的开始值并添加几个变量，而后下载，软件依然会出现覆盖提示，如图 7-61 所示。虽然有这个覆盖提示，但不必担心，DB 块内原有变量的值并不会受到任何影响，这样的操作就实现了"下载并不初始化"的功能。

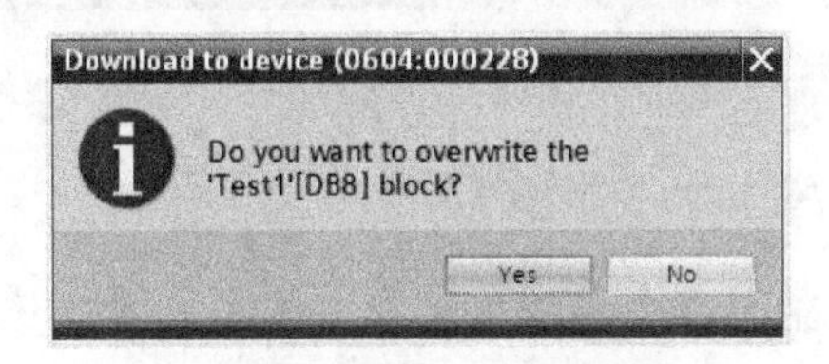

图 7-61　下载时的覆盖提示

当下载完成后，重新打开 DB 块的属性，如图 7-62 所示。可见这个 DB 块的"DB 块存储区"和"断电保持存储区"的预留空间可使用的空间变小了。

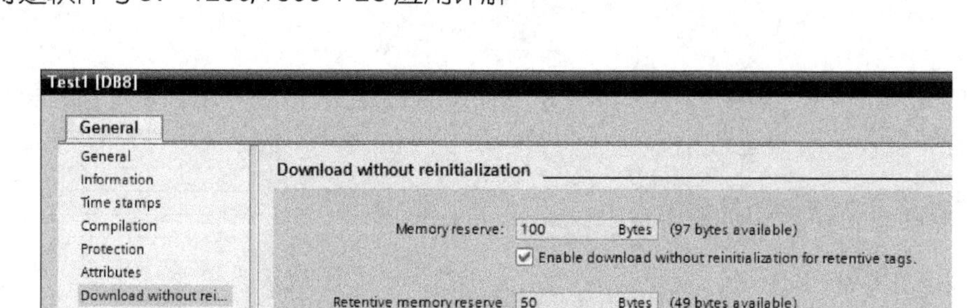

图 7-62 下载而不初始化完成后的属性界面

只要这些空间足够用，可以一直新添加变量并实现下载不初始化的功能。当空间不足时，软件会给出相应的提示。

这一功能使用之后，就可以选择“恢复 DB 块预留区空间”的操作。这个操作是重新编译该 DB 块，重新规划该 DB 块中的变量和它们在 DB 存储区所占的空间，重新规划该 DB 块的预留区域。“恢复 DB 块预留区空间”的操作完成之后，再下载该 DB 块时，将需要初始化。具体的操作如图 7-63 所示。在项目树中选中“程序块（Program blocks）”，调出右键菜单，在“编译（Compile）”中选择“软件（重置预留存储区）（Software (reset memory reserve))”，便完成了相关操作。

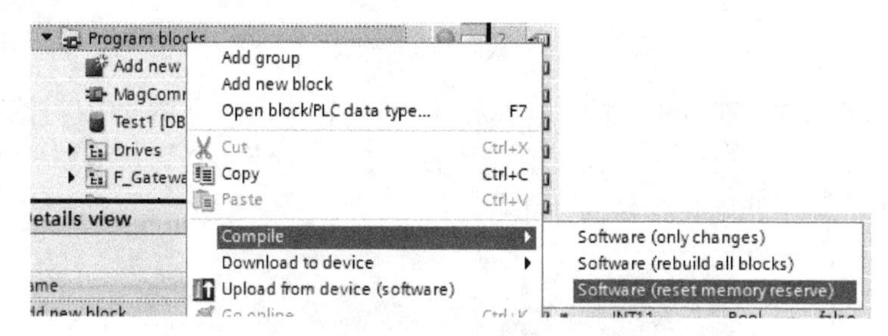

图 7-63 恢复 DB 块预留区空间的操作

完成之后它的预留存储区将被恢复。在这一过程中，该 DB 块被重新规划，所以再次下载这个 DB 块时，会出现需要初始化 DB 块的提示，如图 7-64 所示。

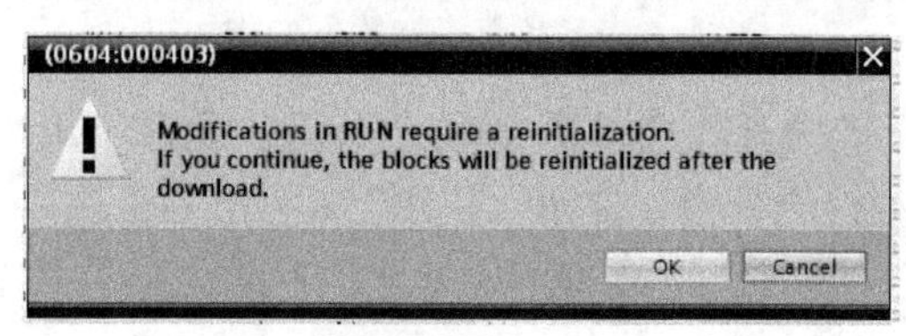

图 7-64 需要初始化 DB 块的提示

3. 优化 DB 块的 Slice Access 访问方式

首先我们阐述一下数据在内存中的两种储存方式——大端模式和小端模式。大端模式指的是：当内存中存储一个大于一个字节的数据时（即存储一个字、双字、整型、长整型、实型等变量时），将高字节存放于低地址区，而将低字节存放于高地址区。比如存放一个整型变量，变量值为 19065。对应二进制为“01001010,01111001”，假设该数值存放于存储器第 Y 字节和第 Y+1 字节中。如果按照大端模式储存，那么“01001010”（高字节）将存放到第 Y 字节中，“01111001”将存放于第 Y+1 字节中。通常（除了优化的 DB 块）西门子的 PLC 都

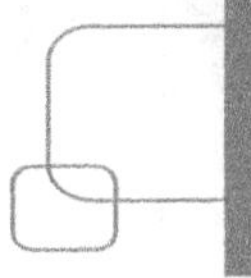

是按照大端模式储存数据的。

而小端模式与大端模式正好相反，它是将高字节存放于高地址区，低字节存放于低地址区。对于上述的例子如果按照小端模式存储，那么“01001010”（高字节）存放于第 *Y*+1 字节中，“01111001”存放于第 *Y* 字节中。

然后，我们再次回到经典 STEP7 的时代，看一下如下的这种访问应用情况。

我们假设在某 DB 块下建立了一个长整型变量（DINT 类型的变量），假设它的绝对地址是 DB*x*.DBD*y*（*x* 和 *y* 为两个具体的数字，*x* 表示 DB 块的编号，*y* 表示这个 DB 块内从第几个字节开始（均为从零开始计数），那么在该 DB 块内的第 *y* 字节、第 *y*+1 字节、第 *y*+2 字节、第 *y*+3 字节，这 4 个字节组成一个长整型变量，按照大端模式存储，如图 7-65 所示。

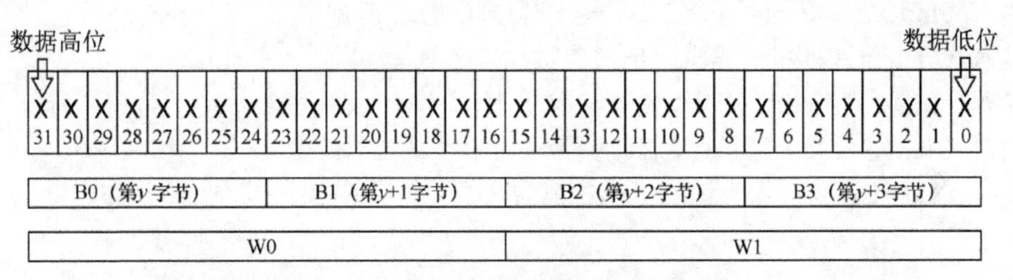

图 7-65 一个 DINT 变量细化到位的情况

如果想访问这个变量最高的一个字节，可以直接书写这样的地址“DB*x*. DBB*y*”。同理，如果想访问这个变量的低字，可以直接书写地址“DB*x*. DBW(*y*+2)”（图中所示的 W1）；如果想访问这个变量最低一位，可以直接书写地址“DB*x*. DB*x*(*y*+3).0”。

这样问题就出现了，如果这个变量建立在优化的 DB 块中，则没有这个变量的绝对地址。这样，如果想要寻址这个变量内的“字”“字节”“位”等，又如何书写呢？为了解决这个问题，TIA 博途软件中出现了一种新的寻址方式——Slice Access 寻址方式。

假设建立了一个 64 位的 LWORD 型变量，并假设它的名字为“VariName”。如图 7-66 所示。注意，由于在优化的 DB 块中，数据按照小端模式储存，所以在图 7-66 中下方的字节序号、字序号、双字序号顺序为从右至左递增，与图 7-65 相反。

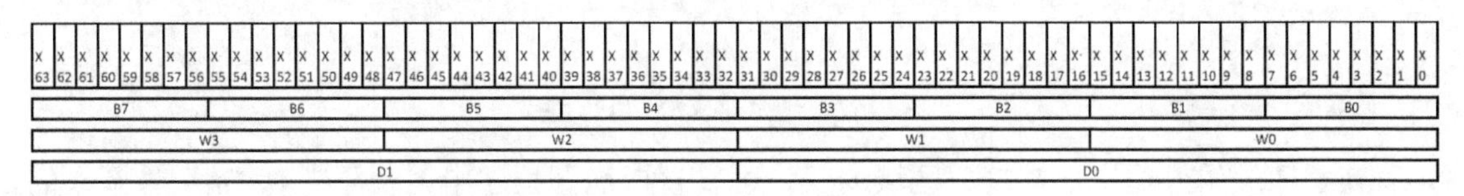

图 7-66 64 位变量细化到位的情况

当需要对其中的双字进行寻址时，书写的方式是“VariName.D*x*”，其中 *x* 表示第几个双字（从 0 计数，具体内存位置参见图 7-66），例如“VariName.D0”。

当需要对其中的字进行寻址时，书写的方式是“VariName.W*x*”，其中 *x* 表示第几个字（从 0 计数，具体内存位置参见图 7-66），例如“VariName.W2”。

当需要对其中的字节进行寻址时，书写的方式是“VariName.B*x*”，其中 *x* 表示第几字节（从 0 计数，具体内存位置参见图 7-66），例如“VariName.B7”。

当需要对其中的位进行寻址时：书写的方式是“VariName.X*x*”，其中 *x* 表示第几位（从 0 计数，具体内存位置参见图 7-66），例如“VariName.X58”。

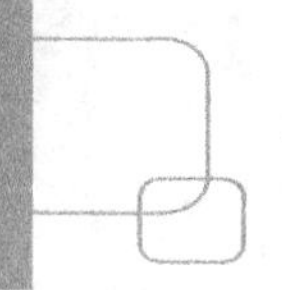

7.6　FC 块与 FB 块

7.6.1　FC 块

当建立好 FC 块后就可以对其进行程序的编辑了。首先打开该 FC 块，如图 7-67 所示，单击图中黑框部分的上下箭头按钮或拖拉这一区域，可以在窗口上方向下拉出“接口参数编辑区”，在编辑区内有如下参数。

“输入（Input）”：用于编辑“入口参数”。

“输入（Output）”：用于编辑“出口参数”。

“输入（InOut）”：用于编辑“出入口参数”。

“输入（Temp）”：用于编辑“临时变量”

“输入（Constant）”：用于编辑“局部常量”。

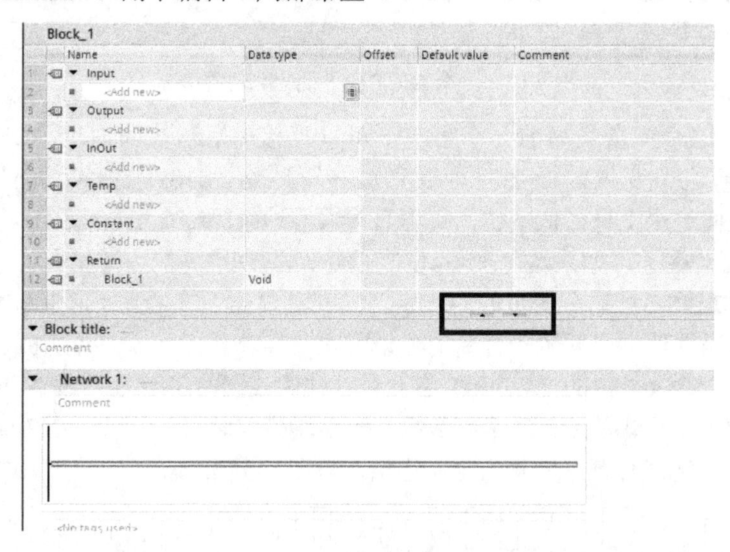

图 7-67　一个建立好的 FC 块

在程序编辑过程中，在接口区域的变量可以直接拖到程序中。程序中以“#”号开头的变量为接口区定义的变量，以引号括起的变量为全局变量。如果编辑无参数 FC 块，则无须定义任何接口变量，直接编辑程序便可。

对于 S7-1200/1500 PLC，FC 块也可以选择是否优化。如果是优化的 FC 块，在 CPU 下运行该 FC 块时，会首先将块中的“临时变量（局部变量）”清零。

在 OB 块中调用 FC 块时，或 FC 块内嵌套调用另外的 FC 块时，直接从项目树中向程序中拖曳相应的程序块便可

7.6.2　FB 块

FB 块的编辑的方法与 FC 块大体一样，本节仅着重介绍其区别。

在接口参数中，“静态变量（Static）”用于创建静态变量。由于“入口参数”、“出口参数”和“静态变量”将会写入背景数据块中，这里画出了接口区中的各个设置项与背景数据块中变量属性的对应关系，如图 7-68 所示。

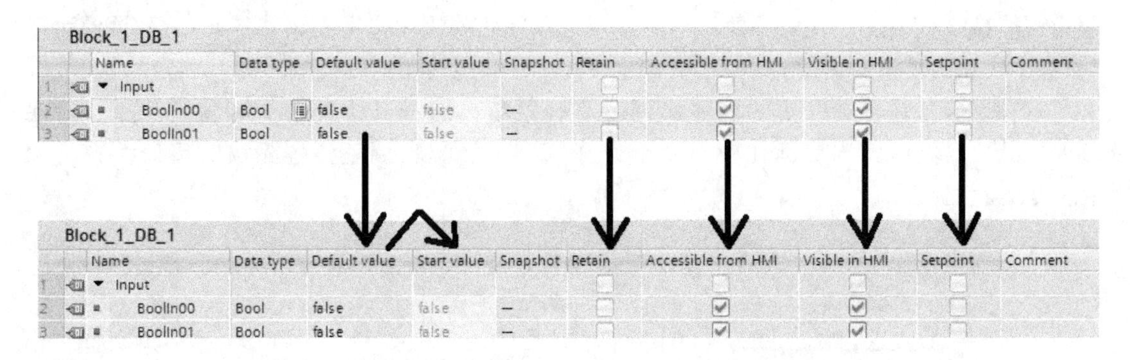

Block_1_DB_1

	Name	Data type	Default value	Start value	Snapshot	Retain	Accessible from HMI	Visible in HMI	Setpoint	Comment
1	▼ Input					☐	☐	☐	☐	
2	▪ BoolIn00	Bool	false	false	—	☐	☑	☑	☐	
3	▪ BoolIn01	Bool	false	false	—	☐	☑	☑	☐	

Block_1_DB_1

	Name	Data type	Default value	Start value	Snapshot	Retain	Accessible from HMI	Visible in HMI	Setpoint	Comment
1	▼ Input					☐	☐	☐	☐	
2	▪ BoolIn00	Bool	false	false	—	☐	☑	☑	☐	
3	▪ BoolIn01	Bool	false	false	—	☐	☑	☑	☐	

图 7-68　静态变量与背景数据块之间的属性对应关系

设置断电保持时，可以选择“断电不保持（Non-retain）”、“断电保持（Retain）”和“在背景数据块中进行设置（Set in IDB）”，其中各个变量在数据块中的含义与共享 DB 块中是相同的。

对于 S7-1200/1500 PLC，FB 块可以选择是否优化。如果是优化的 FB 块，其生成的背景数据块拥有优化 DB 块的功能。没有了偏移地址，同时也可以下载背景数据块而不初始化，其条件和方法与优化的 DB 块类似。

FB 块在调用的时候，可以直接从项目树拖到程序中，之后，软件会弹出对话框，如图 7-69（a）所示。在该对话框中可以手动分配一个背景数据块，也可以选择让系统自动建立一个背景数据块。

如果在一个 FB 块内调用另一个 FB 块，称之为 FB 块的嵌套。在 FB 块嵌套时，弹出分配背景数据块的对话框如图 7-69（b）所示。其中，可以选择“独立背景数据块”或者“多重背景数据块”。选择“独立背景数据块”后，依然是在整个项目程序文件夹中建立一个 DB 块作为本次调用的背景数据块。如果选择“多重背景数据块”，则会将本次调用所需的数据（块）编排进入当前正在编辑 FB 块的背景数据块中。

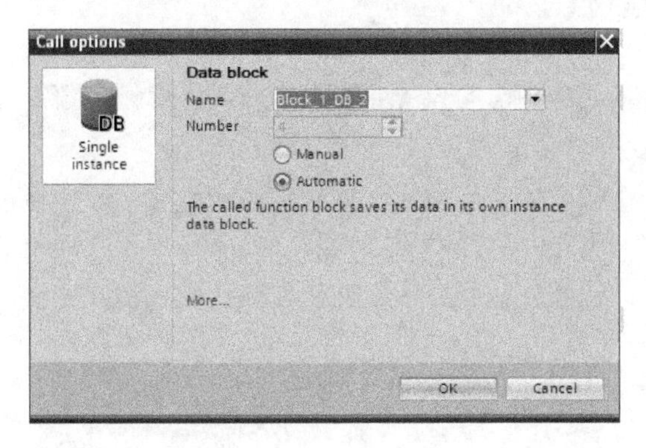

（a）

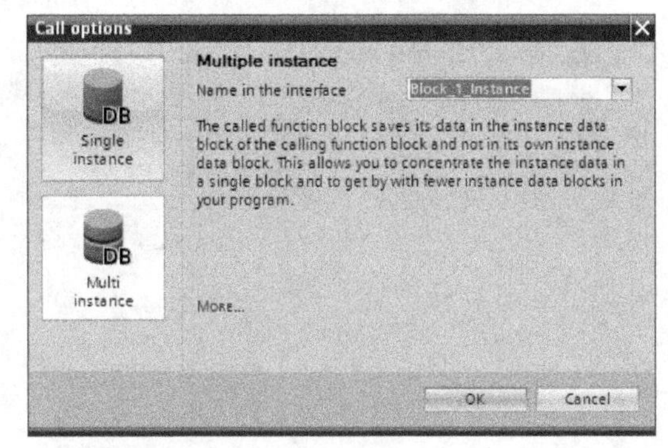

（b）

图 7-69　软件自动产生背景数据块的提示

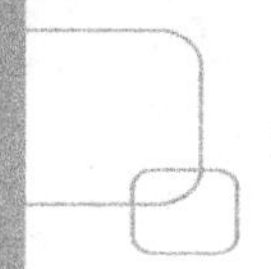

7.6.3 FC 块和 FB 块的更新

当某个 FC 块或 FB 块的接口参数发生修改后，调用这些 FC 或 FB 块的程序需要更新（因为可能减少或增加了入口参数，当然调用该程序块的程序也需要调整了），这种调整可以将原程序块删除再重新调用，TIA 博途软件提供了两种便捷的更新方式。

（1）鼠标选中需要更新的程序块调出右键菜单，选择其中的“更新块调用（Update block call）”，然后弹出更新比较对话框，在其中可以编辑调整该程序块的接口参数，如图 7-70 所示。

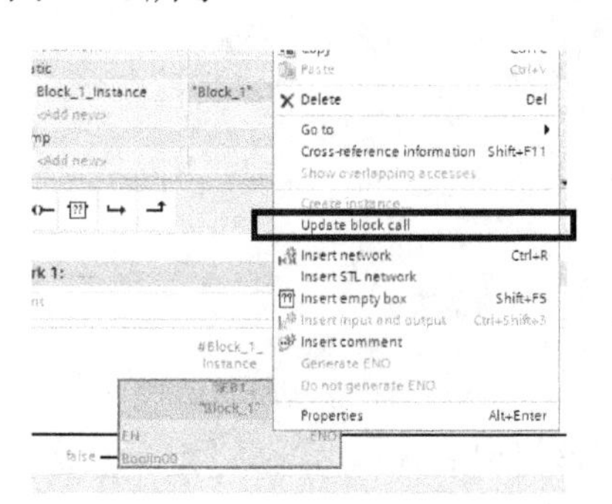

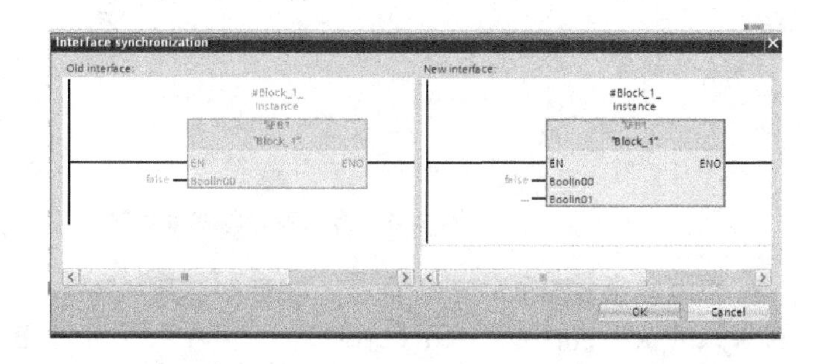

图 7-70　FC 块和 FB 块的更新

（2）单击程序编辑窗口工具栏内的“更新块”按钮，如图 7-71 所示，块将自动更新。但是这种完全的自动更新会有一个问题。当更新后的块接口参数减少时，软件必须删除一些原来连接在该程序块上的变量。软件默认不自动删除多余的变量，这会导致无法快捷自动更新。如果允许软件在更新块的过程中自动删除多余变量，可以如下设置：在软件菜单栏中打开“选择（Option）”下的“设置（Settings）”，在“PLC 程序（PLC program）”中勾选“在更新程序块时删除接口参数上的实参 Delete actual parameters on interface update”一项便可，如图 7-72 所示。

图 7-71　“更新块”按钮

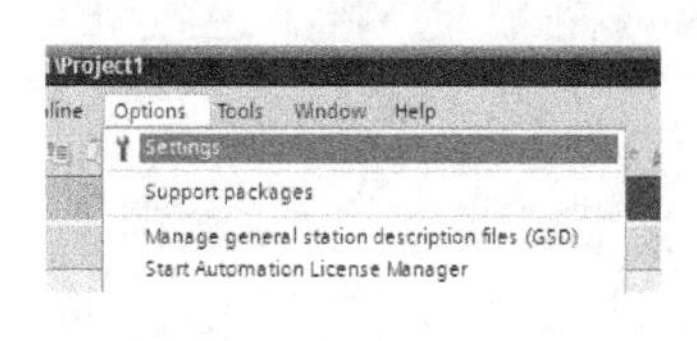

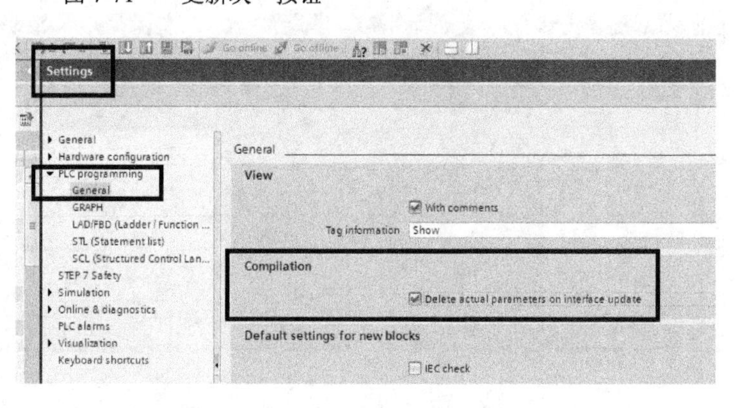

图 7-72　“在更新程序块时删除接口参数上的实参”设置界面

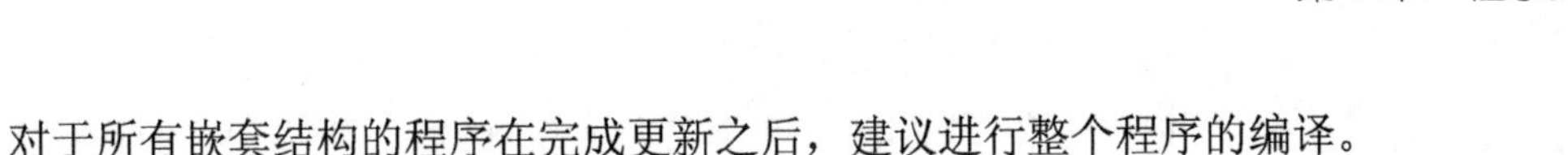

对于所有嵌套结构的程序在完成更新之后，建议进行整个程序的编译。

7.7 工艺指令

工艺指令是TIA博途软件下出现的一类全新的指令概念。一般对于某个常用而又复杂的工艺控制过程，设计为一个单独的指令，这类指令为工艺指令。用一个指令就完成某个复杂的工艺控制，使得程序结构相对简化。但是要用一条指令完成一个复杂的控制，指令本身的配置和调试相对就会复杂。为了解决这个问题，这类指令中，有些指令本身就带有专属的配置和调试界面。

以PID控制指令为例，如图7-73所示。在指令资源卡中的“工艺指令（Technology）”中，均为工艺指令。可以将其中的PID控制指令拖到程序中，并依照提示添加背景数据块（如图中的DB6）。工艺指令的背景数据块会存放在项目树的“工艺对象（Technology Objects）”文件夹下。同时，打开这个文件夹下的背景数据块，可见在其中有该指令（针对本次调用）的专属组态界面（Configuration）和专属调试界面（Commissioning），单击组态（Configuration）或调试（Commissioning），可打开相应的界面。

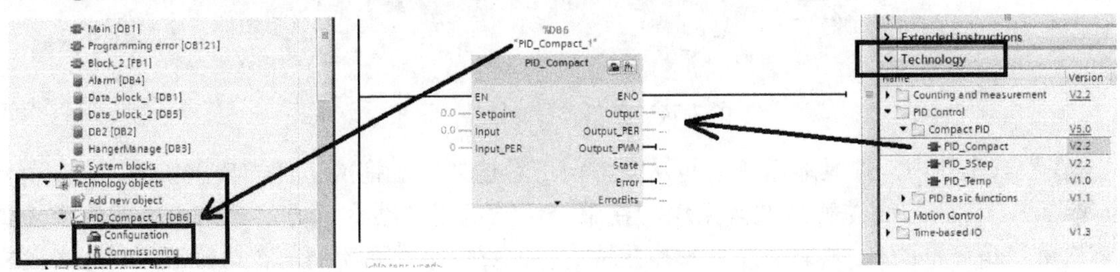

图7-73 PID控制指令

7.8 数组的使用和FC/FB块中Variant类型接口参数的讨论和实例

间接寻址是指CPU需要访问的变量地址并未直接给出，而是存在另一个变量中，CPU需要根据一个变量中的数据作为地址访问真正的变量。例如，地址“M15.6”以数据的形式（按某种格式，也就是指针格式）存放在MW20中，CPU需要读取MW20中的数据，并通过指针格式解码获知“M15.6”这个地址，再读取M15.6的值。这个过程就是间接寻址，用于存放地址的变量内的（表示地址）数据称之为指针。

对于传统的STL语言（语句表）下的一些指针操作，在S7-1500 PLC下有一定的改变，而S7-1200并不支持STL语言。如果希望在S7-1500下使用类似传统方式的间接寻址，感兴趣的读者可以研究“PEEK”和“POKE”两个指令（在 STL 编辑界面下的指令资源卡中可检索到）。

这种语句表的间接寻址在 S7-1200/1500 下已经显得“过时”了，因为使用起来并不方便，每寻址一个变量都需要计算相应的偏移地址。一旦计算错误，软件无法自动查错（完全是用户对内存数据读写的底层操作）。另外，随着优化 DB 块的不断使用，对于基于内存绝对地址的寻址失去了意义。

如果需要使用“类似间接寻址”的功能在 S7-1200/1500 中，提供了更加方便、实用、便捷的解决方案——数组的灵活使用。

为了更好地解释这种改进的优势，这里举出一个 EMS 控制系统的实例。

EMS 系统是目前正在汽车生产线上日渐普及的一套流水线系统。通常被翻译为“智能挂具”系统，该系统如图 7-74 所示。

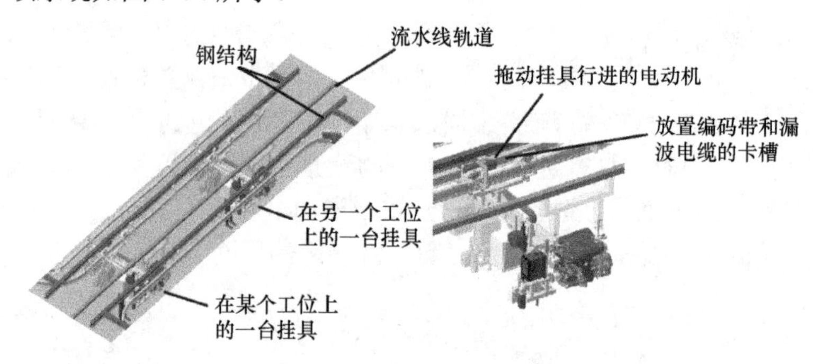

图 7-74　EMS（智能挂具）系统

在生产企业中，挂具通常指的是从上方向下悬挂的用于拖放工件的架子。图 7-73 所示为一条发动机组装线的智能挂具系统，在整个发动机组装线的上方，沿着生产线设有轨道（轨道最终是环形的），若干个挂具安装在轨道上，每一个挂具都有一个电动机，可以单独在轨道上行走。当生产线运行起来后，每个挂具拖着一个发动机在轨道上一个挨着一个转动。每个挂具都可以通过读码器读取其当前在流水线上的位置，然后通过漏波电缆（一种无线 PROFInet 解决方案）将其位置值传给主控 PLC。主控 PLC 可通过给智能挂具下达运行指令，让它们在某个站（工位）停车或调整它们的运行速度和之间的间距。

在主控 PLC 中，针对各站的挂具控制程序结构如图 7-75 所示。

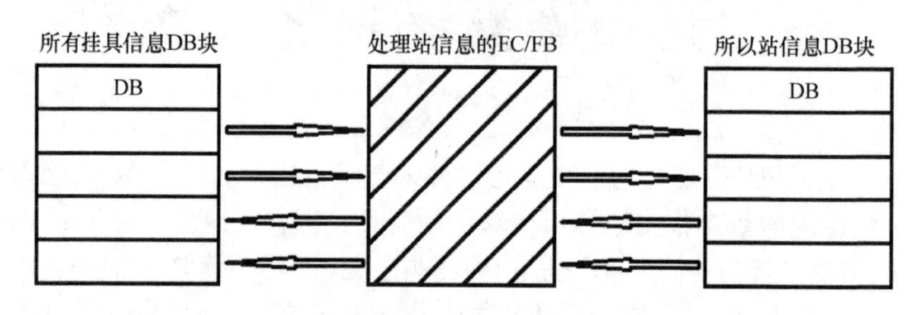

图 7-75　主控 PLC 中针对各站的挂具控制程序结构

图中，每一个挂具都有自己的一套数据（属性），所有挂具的数据都存放在一个 DB 块中。每个挂具在 DB 块中对应一个 UDT 变量。挂具根据其 UDT 中控制启停的变量进行运行

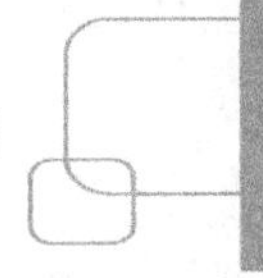

和停车。主控PLC中还有一个处理站信息的FC块（或FB块），该块从收集站信息的DB块中获取站信息，然后从各个挂具的DB块中获得各个挂具的状态，并将这些信息进行处理，最终将处理结果用来刷新两个DB块中的数据，其中也包括控制各个挂具启停的信息。

以某一个站的控制为例，当*M*号挂具处在该站时，负责该站控制逻辑的FC块需要获得*M*号挂具的数据，再结合本站状态进行运算和处理，最后将结果输出给*M*号挂具所在UDT中的相应变量。也就是说，该区域当前是几号挂具，该FC块就要读写那个挂具所对应的UDT变量。该区域FC块读取的挂具信息不是固定一个变量，而是不断变化，这就需要使用间接寻址进行处理。

为了举例的方便，这里简化了UDT中变量的结构，简化了区域控制的逻辑，以便突出间接寻址和指针使用的功能，假设的控制逻辑如下所述。

挂具UDT中有一个INT型的变量和一个布尔量，INT型的变量用于表示挂具所挂工件的类型。布尔量表示挂具是否高速运行，当其为“1”时，挂具高速运行；当其为“0”时，挂具慢速运行。某站的控制逻辑是这样的，系统告知控制该站的FC块，该站当前挂具的编号。该FC块，查询该站挂具所挂工件的类型，然后有如下控制逻辑：当在该区域的挂具所挂工件类型为1时，高速放行（模拟该工位不对这个类型的工件做出任何操作）。当挂具所挂工件为“2”时，令其慢速运行（模拟在该站对工件的装配操作）。

如果使用传统间接寻址的方法，其控制程序，如图7-76所示。

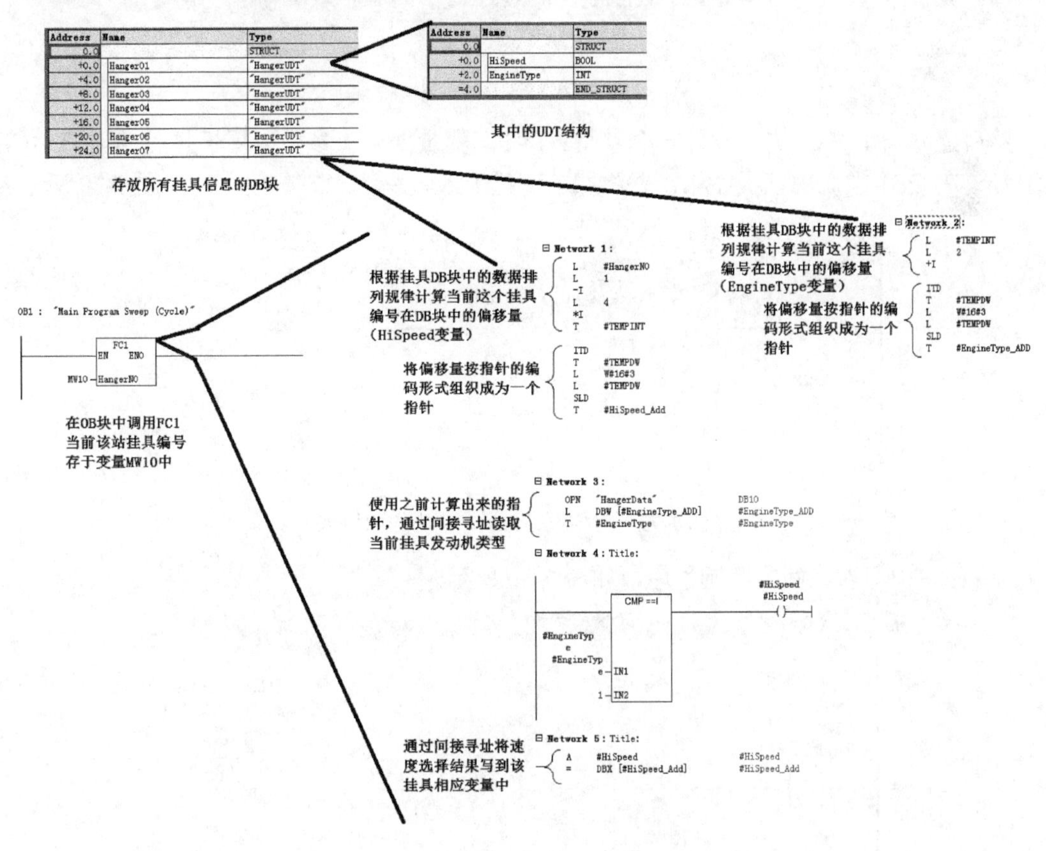

图7-76　使用间接寻址方法完成简单EMS控制的程序

从图中可以看出，对于每一个需要间接寻址的变量，都需要计算偏移地址，转换指针格式，再进行间接寻址。如果挂具属性比较多的话，这样的程序并不方便，并且间接寻址只能在语句表中进行，对于间接寻址读写的变量无法在交叉索引时体现出读写关系，这一切都不便于编辑和调试。

在 S7-1200/1500PLC 下，使用 TIA 博途软件完成这个控制过程就简单多了，只需要一个 NetWork，一个梯形图就能搞定。

首先，建立也是建立一个 UDT，名称为“HangerUDT”，如图 7-77 所示。

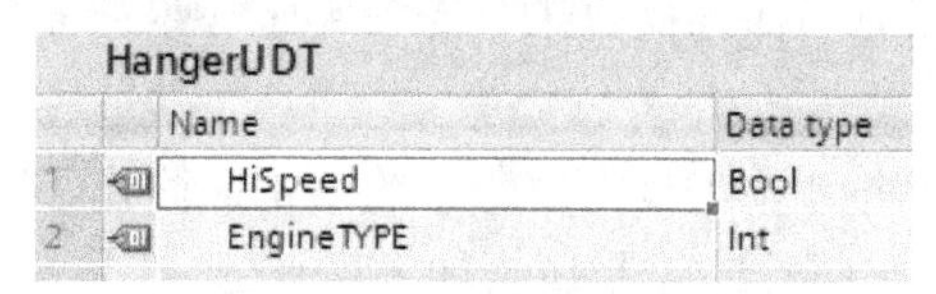

图 7-77 建立的 UDT

建立一个 DB 块，用于存放所有的挂具信息。在 DB 块中建立一个以“HangerUDT”为变量类型的数组（假设 50 个挂具，数组为 1～50），如图 7-78 所示。

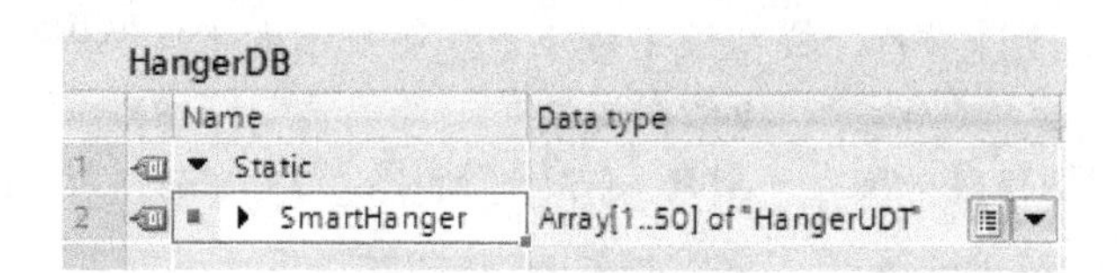

图 7-78 建立的数组

然后建立一个 FC 块，设计一个整型（INT）变量做入口参数，用于接收当前该站的挂具编号。在 OB1 中调用该程序块，并将相关变量连入该块的入口参数中，如图 7-79 所示。

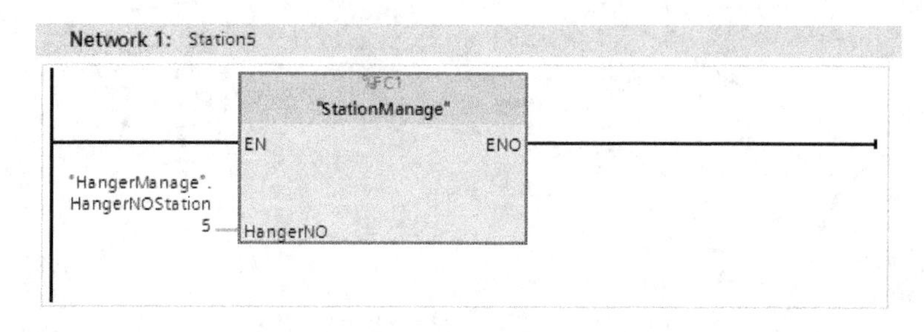

图 7-79 对控制该站的 FC 块的调用

在 FC 块中写入该站的控制程序，如图 7-80 所示。

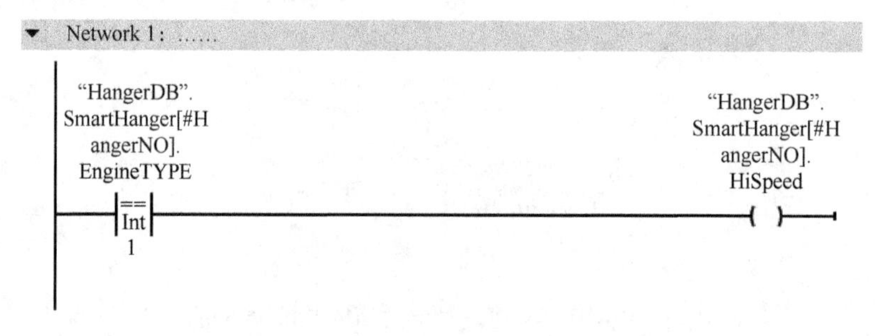

图 7-80 控制程序

整个程序完毕。该程序实现了传统间接寻址的功能，非常方便简捷，核心在于数组在梯形图中的灵活运用，其用法如图 7-81 所示。

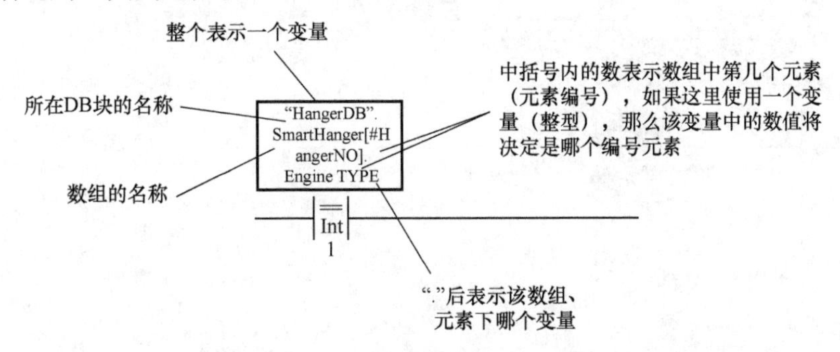

图 7-81　梯形图中数组的使用格式

在 FC 和 FB 块的接口参数中，可以设置指针类型的接口。这样可以在 FC/FB 块外进行地址计算，然后将指针传入 FC 块/FB 块内，在程序块内进行间接寻址（即将外部程序选择数据的地址导入 FC/FB 块中）。可以在设置接口参数时设置成为"ANY"或"POINTER"型接口变量，就是指针类型了。S7-1200/1500 下对于这种方案也有很大的改善，新增了"Variant"型接口变量，可以实现与传递指针类似却更强大和方便的功能。

在调用一个带 Variant 接口的 FC 块时，可以在该接口处连接一个（外部程序选择好的）变量。这个变量可以是一个数组、一个数组中的元素、一个结构体或一个基本类型的变量。总之可连接的对象非常灵活，可以实现外部程序将选择好的一个很灵活的数据体导入 FC/FB 块中。Variant 接口只是起到导入外部数据的作用，其接口参数变量不会占用背景数据块中的空间（如果是 FB 块），即不会出现在背景数据块中。在 FC/FB 块中可以使用一系列与 Variant 有关的指令，对 Variant 所连接的数据进行读写操作。

如果将上面 EMS 控制实例改为使用 Variant 的形式，是这样的：

首先建立一个控制某站的 FC 块，块中建立一个"InOut"型接口参数（对数据体一部分要读，一部分要写），参数类型为 Variant，然后在 FC 外选择好哪个挂具的信息需导入（连接到）FC 块中，将相应挂具信息连入 FC 的接口中。再在 FC 内部编辑程序，读取连接的挂具数据，进行逻辑运算，将结果写入（连接的）挂具数据中，如图 7-82 所示为调用 FC 块的情况，如图 7-83 所示为该 FC 块内部的情况。

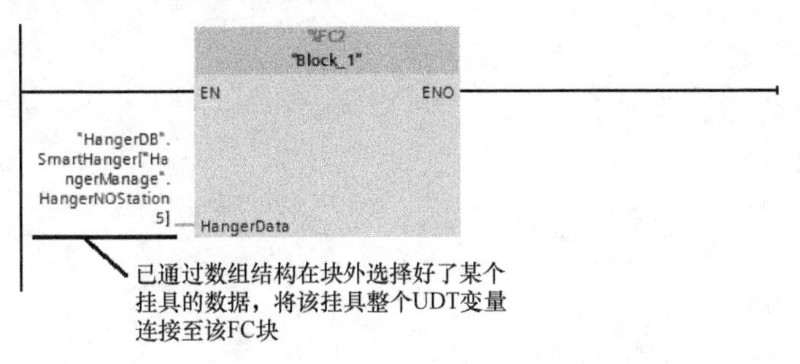

图 7-82　调用 FC 块的情况

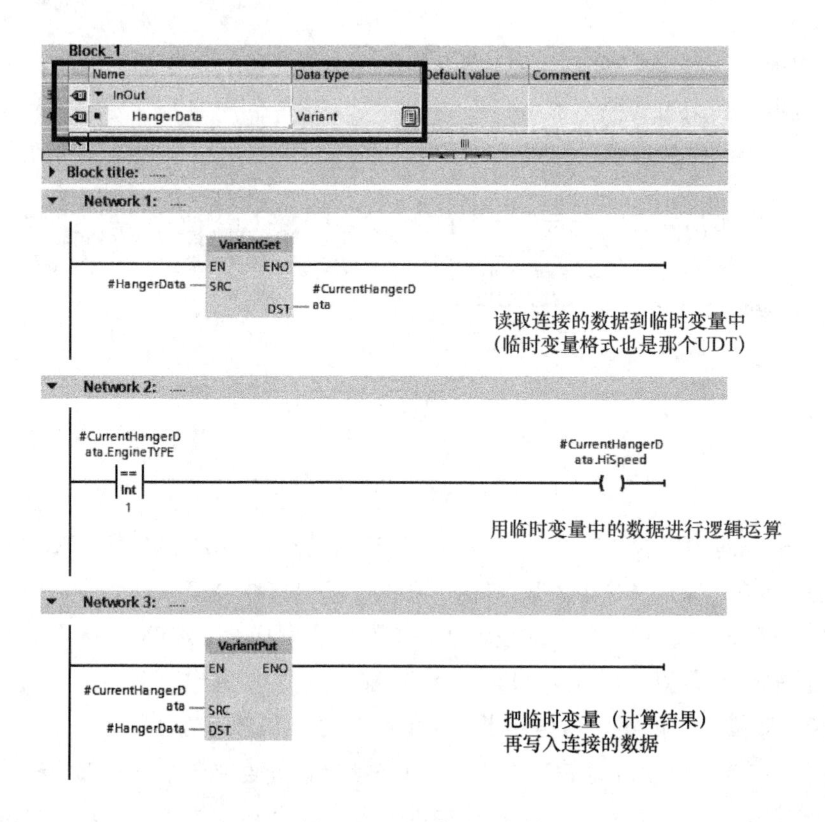

图 7-83　FC 块内部的情况

第 8 章　TIA 博途软件指令

8.1　TIA 博途软件指令的新特征

8.1.1　更加灵活的梯形图画法

在 TIA 博途软件中，梯形图的画法更加灵活。程序的编辑更加方便高效，主要体现在如下几个方面。

（1）一个 Network 下多个独立分支结构的支持。现在，在梯形图中可以在一个 Network 下分别画多个独立分支，如图 8-1 所示。这种结构的支持，可使得程序更加紧凑。

图 8-1　一个 Network 下多个独立分支结构

（2）输出类指令后方可以继续编辑。在 TIA 博途软件中，输出类指令出现后，不再是一条信号分支结束的标志，可以继续向后方传递。这样该点的信号可以继续在同一条通路上使用，如图 8-2 所示。图中，M10.1 的值为 M10.0 的值；M10.3 的值是 M10.0 和 M10.2 相“与”的值；M10.5 的值是 M10.0、M10.2、M10.4 相“与”的值。

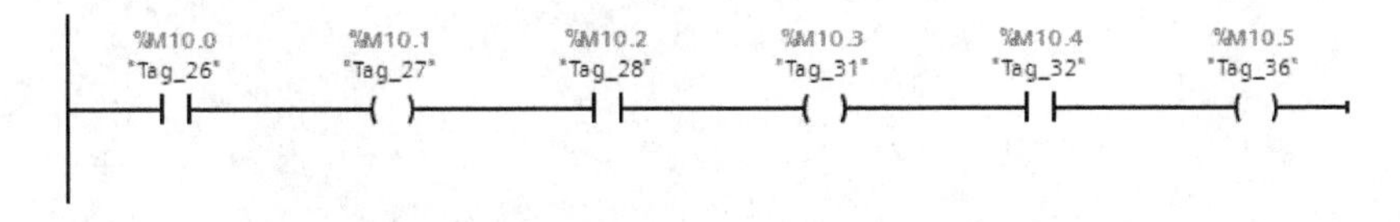

图 8-2　输出类指令后方继续编辑的结构

这种结构的出现，说明梯形图这种编程语言来源于电路触点逻辑，又超越了电路逻辑。

8.1.2　更加灵活的指令选择和参数配置

在 TIA 博途软件中，所有指令都可以在该指令显示的地方就地选择其他类似的指令。在图 8-3 中，选中一个需要更改（指令）的指令，然后在这个指令的右上角会出现一个橙色三角块，用鼠标单击这个小块，可以出现一个选择列表，如图 8-4 所示。

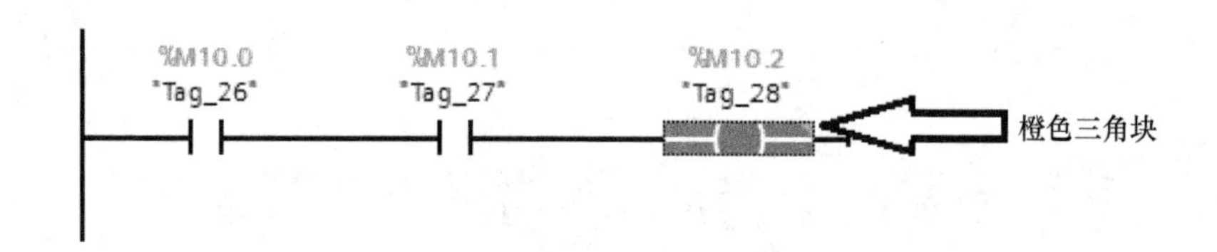

图 8-3　指令的就地选择

在图 8-4 中可见一些类似的指令，供用户就地替换。在这里，选择替换的原指令是位指令类别中的线圈，所以软件将与其类似的基于“位”的输出类指令均罗列在此，其中包括输出类位指令和基于“位”形式的定时器、计数器指令。

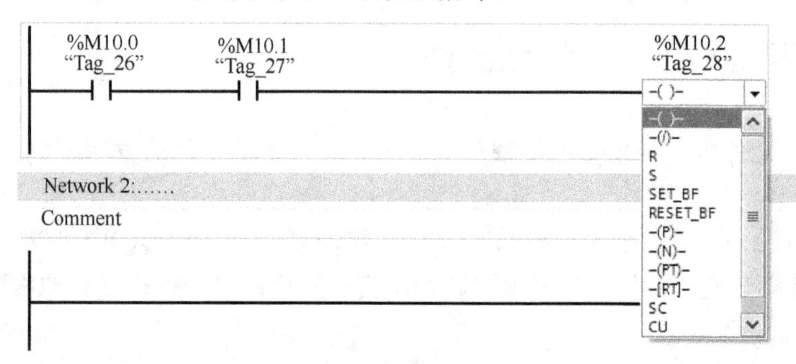

图 8-4　指令就地选择时出现的选择列表

不仅指令本身可以就地选择和替换，指令内的参数也可以选择和替换。

如图 8-5 所示为转换指令，用于不同数据类型间的转换。刚引入该指令后如图 8-5（a）所示，在指令上有两个橙色三角块。只要是橙色三角块都是供用户单击选择的标志。可以单击左侧的三角块选择原变量的类型。单击右侧三角块选择目的（转换后）变量的类型。选择的实际操作情况如 8-5（b）所示。

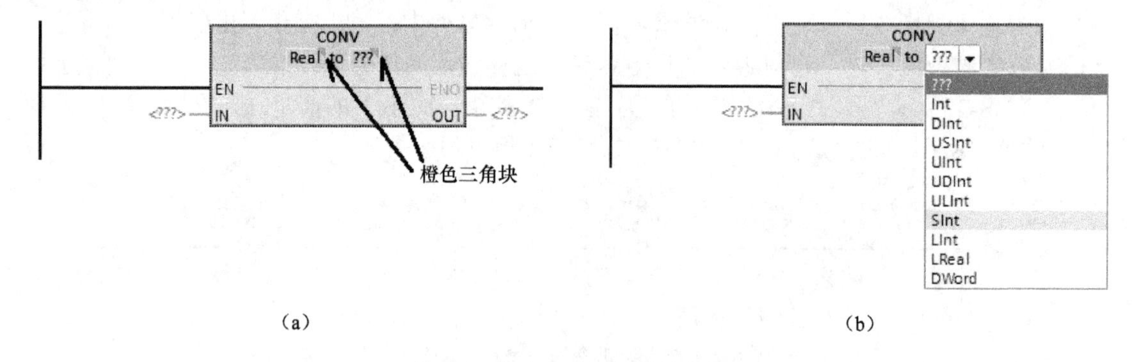

图 8-5　指令内进行参数的选择

还有一些指令通过其本身参数的选择完成指令的转换。例如，计算类指令，可以选择“加”、“减”、“乘”、“除”等运算，然后指令会变为相应的运算指令。

8.1.3　“使能输出端”的可选择性

通常在一个指令（或 FC/FB 块）上，有“使能输入端（EN）”和“使能输出端（ENO）”。对于指令来说只要“使能输入端”有信号，指令才会运行。对于“使能输出端”，是便于在一个指令后方添加另外的指令。在一般情况下，如果指令运行过程无错误，则“使能输出端”就有信号输出。例如，在进行数值运算的程序中，可能会链接一连串的运算指令。倘若在某个除法指令中出现 0 做分母的情况，那么该指令的“使能输出端”将没有信号输出，其后方链接的指令将不会运行。

在 TIA 博途软件中，部分指令（主要是计算类指令）是否带有“使能输出端”可以被用户选择，如图 8-6 所示，选中某个指令，然后调出右键菜单，在菜单中选择“不生成使能输出端（Do not generate ENO）”，则该指令的“使能输出端”将永远有信号输出。如果选择“生成使能输出端（Generate ENO）”则该指令还带有原“使能输出端”的功能（即运行无错误则在“使能输出端”上输出信号）。

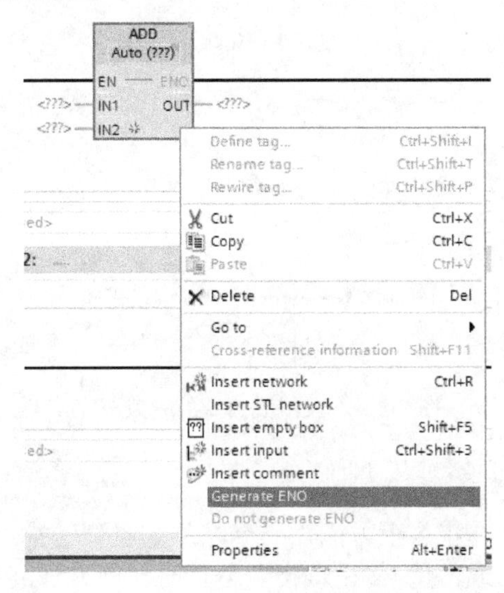

图 8-6　指令是否带有“使能输出端”的选择

使能输出端的选择不仅限于部分指令，对于用户自行编写的 SCL 语言程序块也可以进行使能输出端的选择。

8.1.4　隐形转换和指令接口参数的添加

隐形转换是指，在数值计算或比较中使用不同数据类型的变量，软件可以自定转换为同样的数据类型然后再进行计算或比较。具体有关隐形转换的内容，请参见比较指令部分的叙述。

指令接口参数的添加是指，有些计算指令可以自由添加指令入口参数的数目，同一条指令可以添加多个操作数。比如加法指令，可以添加多个操作数，一条指令便达到将所有操作数相加的计算。具体这部分的内容，请参见计算指令部分的叙述。

8.2　位逻辑指令

除了在第 4 章（基础指令）中介绍的常开、常闭、复位、置位、取反、上升沿检测、下降沿检测等传统指令外。TIA 博途软件中还有一些更加丰富的指令和更加方便的用法。这里仅对这些新指令进行介绍，其他传统指令请参见第 4 章内容。

1）取反线圈

如图 8-7 所示，使用时需要在该指令上方加一个布尔型变量作为操作数，如果该指令前方通路上无信号时，给该操作数赋值“1”。如果该指令前方通路上有信号时，给该操作数赋值“0”。这个指令相当于先给 RLO 取反，然后再进行赋值，等效于一个取反和一个线圈指令，如图 8-8 所示。

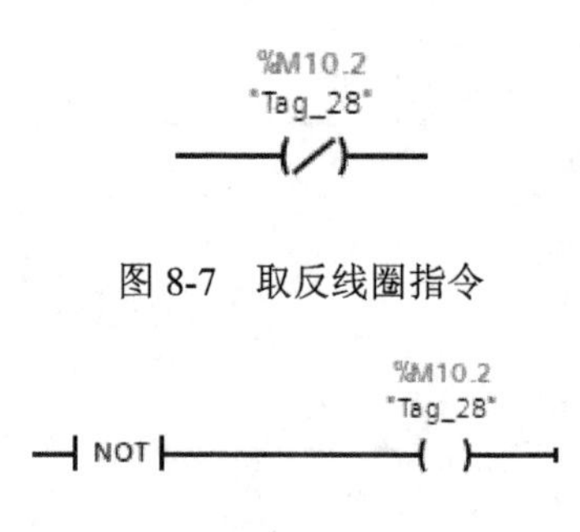

图 8-7　取反线圈指令

图 8-8　取反线圈指令的等效程序

2）区域置位（复位）指令

在使用该指令时，需要在指令上方添加一个布尔量类型的数组并指定其中一个位，在该指令下方填写一个立即数（或常量）。在该指令运行时（前方通路有信号时），从该指令上方指定的数组中的指定位开始一直数 N 个布尔量，并将这 N 个布尔量全部置位，这个 N 就是该指令下方立即数的数值，如图 8-9 所示，指定了在名为“Data_block_1”的数据块下一个名为“Myarray”的布尔型数组，并指定了其中第 2 个布尔量。指令运行后，该数组中第 2～6 个布尔量（共计 5 个布尔量）将全部被置位，因为该指令下方是操作数“5”。

"Data_block_
1".Myarray[2]
SET_BF
5

图 8-9　区域置位指令

类似的还有区域复位指令，如图 8-10 所示。

"Data_block_
1".Myarray[2]
RESET_BF
5

图 8-10　区域复位指令

3）上升沿（下降沿）检测的便捷指令

该指令如图 8-11 所示，使用时需要在该指令上方和下方各填写一个操作数，下方的操

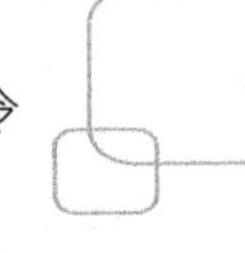

作数为沿检测位。当指令前方通路上有信号的情况下（该指令运行的前提下），其上方的操作数出现上升沿时，该指令后方通路导通信号，持续一个程序周期。有关沿检测位的概念请参见第 4 章内容。

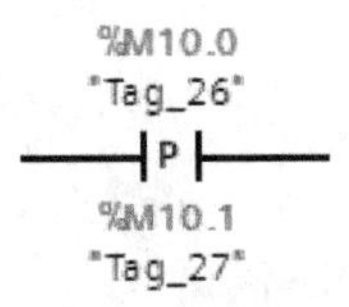

图 8-11　上升沿检测的便捷指令

类似的指令还有“下降沿检测便捷指令”，如图 8-12 所示。

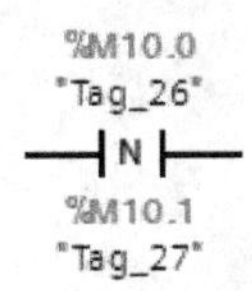

图 8-12　下降沿检测的便捷指令

4）上升沿（下降沿）线圈指令

如图 8-13 所示，该指令相当于把上升沿检测与线圈指令集合在了一起。使用时需要在该指令上方和下方各填写一个操作数，下方的操作数为沿检测位。当前方通路上出现上升沿时，该指令给其上方的操作数赋值“1”；在没有检测到上升沿时，该指令给其上方的操作数赋值“0”。也就是说，在该指令前方通路上出现上升沿时，给其上方操作数赋值“1”，持续一个程序周期，然后再恢复为“0”。

%M10.0
"Tag_26"
(P)
%M10.1
"Tag_27"

图 8-13　上升沿线圈指令

类似的还有下降沿线圈指令，如图 8-14 所示。

%M10.0
"Tag_26"
(N)
%M10.1
"Tag_27"

图 8-14　下降沿线圈指令

5）带背景数据块的上升沿（下降沿）检测指令

在使用上升沿检测和下降沿检测指令时，需要为每一次检测分配一个布尔量作为沿检测位。为了避免该变量被重复使用造成错误，往往每次都需要检索整个位存储区使用情况，费时费力。TIA 博途软件拥有智能的建立和分配背景数据块的能力。背景数据块适用于存放某个对象的状态数据，而沿检测位所存储的信息可以看作某个信号的一个状态——上次循环时的状态，所以完成上升沿（下降沿）检测的功能可以借助 TIA 博途软件智能建立和分配背景数据块的能力，实现更高效的编程。不必编写相应功能的 FB 块，TIA 博途软件提供了相应指令。

该指令在引入梯形图时，系统会提示建立一个背景数据块（与引入一个 FB 块类似）。该指令需要在其入口参数“CLK”端输入一个操作数，在其出口参数“Q”端输入一个操作数。当“CLK”端的变量出现上升沿的时候，“Q”端所连接的变量被赋值为“1”，并仅持续一个周期，如图 8-15 所示。类似的还有带背景数据块的下降沿检测指令，如图 8-16 所示。

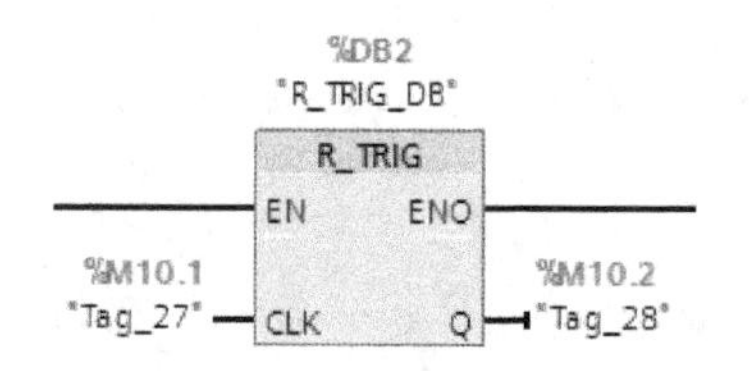

图 8-15　带背景数据块的上升沿检测指令

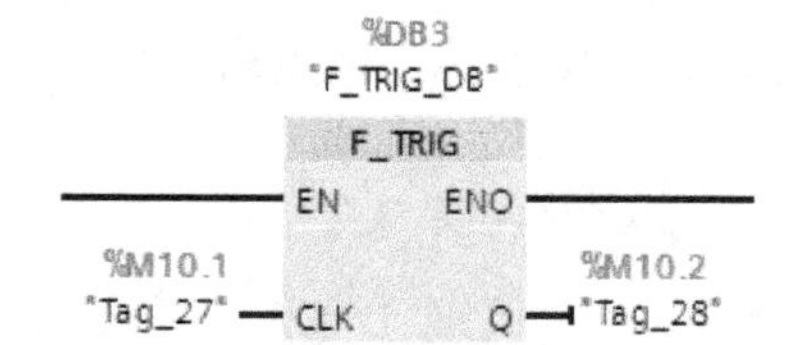

图 8-16　带背景数据块的下降沿检测指令

8.3　定时器指令

S7-1200/1500 PLC 不仅可以支持传统的 S5 系列定时器，而且还可以支持 IEC 标准定时器。与 S5 定时器相比，IEC 标准定时器具有如下几个主要特点：

（1）使用 IEC 时间类型的变量。相比较 S5 时间类型，可以表示更长和更精准的时间。

（2）每次使用 IEC 定时器，系统自行分配背景数据块，用户不必考虑系统定时器资源分配的问题。

（3）IEC 定时器采用正向计时的方式，而 S5 定时器则采用倒计时的方式。

有关 S5 定时器的用法请参见第 4 章内容，本章将主要介绍 IEC 定时器的使用。

1）脉冲发生定时器指令（TP：Generate pulse）

脉冲发生定时器指令如图 8-17 所示，该指令最上方有“TP”两个字，表示脉冲发生定时器。在“TP”下方有“Time”字样。对于 S7-1200 PLC，这里只能是“Time”。对于 S7-1500 PLC，这里可以选择是“Time”还是“LTime”。如果是“Time”，则该指令使用 Time 型的时间变量进行计时；如果是“LTime”，则该指令使用 LTime 型的时间变量进行计时。

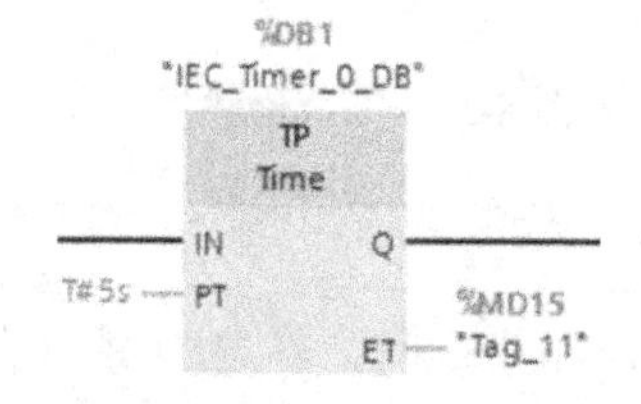

图 8-17　脉冲发生定时器指令

在该指令的“PT”端需要连接一个时间型变量或输入一个时间立即数作为预设时间。如果定时器选择以“Time”型计时，该处所填写的变量也必须是 Time 型。如果定时器选择以“LTime”型计时，该处所填写的变量则必须是 LTime 型。如果是填写立即数，用户可以直接填写时间，如填写“5s”。软件会自动变换为“Time”或“LTime”型立即数的书写方式。

在该指令的“ET”端也需要连接一个时间型变量，用于存放当前时间，变量类型（“Time”还是“LTime”）与该定时器指令上的选择一致。

该定时器的时序逻辑图如图 8-18 所示。

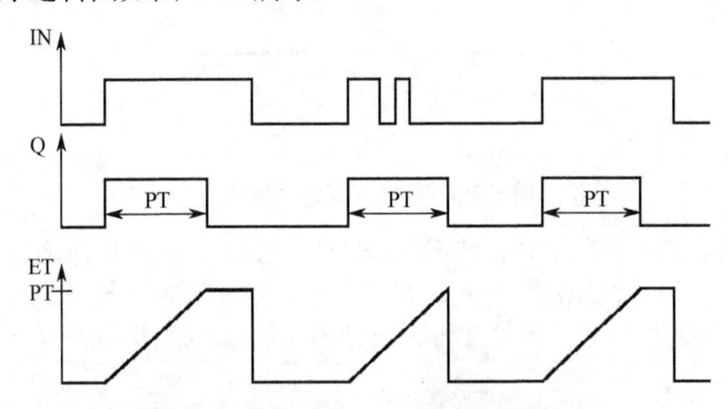

图 8-18　脉冲发生定时器的时序逻辑图

当指令“IN”端有信号时，定时器运行，定时器开始从 0 往上计时。同时，定时器输出端“Q”开始输出。当计时的时间到达到预设值（“PT”端输入的值）之后，输出端“Q”停止输出。这样以“IN”端上升沿时刻为起点，在“Q”端产生一个以预设时间为脉宽的脉冲。在计时完成后（即脉冲完全产生后），“IN”端变为无信号的时刻，定时器计时值恢复为0。在定时过程中，“IN”端信号的振荡不影响定时器“Q”端的脉冲输出，但如果“IN”端在脉冲输出过程中提前变为无信号状态，定时器在脉冲输出后立刻将计时值恢复为 0。总之，若当前定时器没有运行，那么只要“IN”端有上升沿，“Q”端就会出现一个以预设时间为脉宽的脉冲。

在该指令的背景数据块中，有一个“Q”变量。该变量的值就是这个指令输出端“Q”的状态。所以定时器输出的状态可以通过调用其背景数据块中的“Q”变量应用于梯形图的其他地方，如图 8-19 所示。当 M10.0 出现上升沿时，M10.1 就会出现一个 5s 脉宽的脉冲。

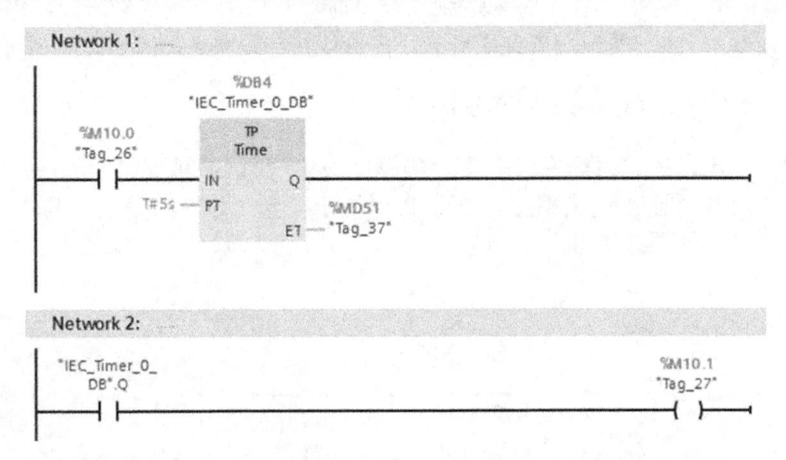

图 8-19　定时器结果信号放置梯形图其他处的例子

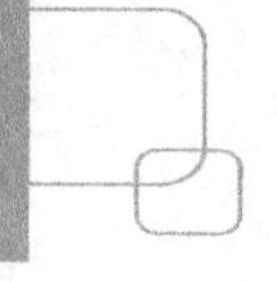

2）延时打开定时器（Generate on-delay）

如图 8-20 所示，该定时器在时间变量类型的设定（Time 或是 LTime）上，“PT”端和“ET”端的意义和其所连变量类型上，背景数据块中变量“Q”的使用上与“脉冲发生定时器指令”一样，这里不再重复说明。

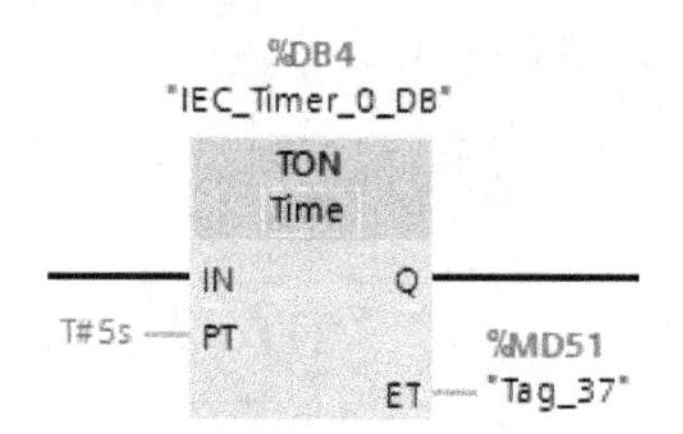

图 8-20　延时打开定时器指令

图 8-21 为该指令的时序图，当“IN”端出现信号后，定时器开始从 0 向上计时。当计时值达到预设值后，“Q”开始信号输出，在此之后，“IN”端信号消失时，“Q”随之停止输出，定时器计时值恢复为 0。这样“Q”端开启信号比“IN”端延迟了一段预设时间，故称为延时打开定时器。

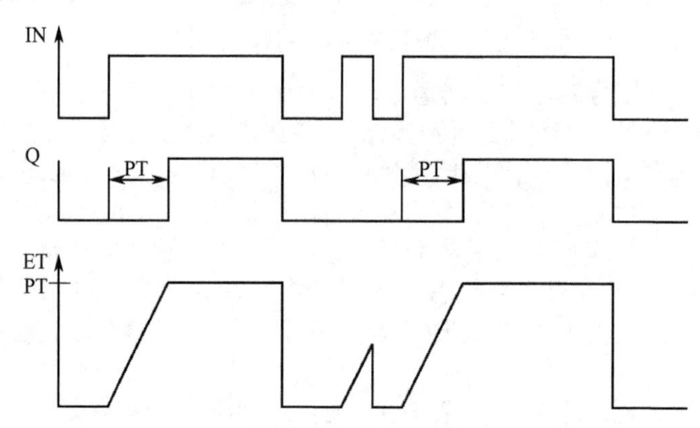

图 8-21　延时打开定时器的指令时序图

当“IN”端出现信号后，在定时未达到预设值前，若“IN”端信号消失，那么消失时刻定时值也立即恢复为 0（即“IN”端再来信号后，依然从 0 开始向上计时）“Q”端始终无输出。

3）延时关断定时器（Generate off-delay）

如图 8-22 所示，该定时器在时间变量类型的设定（Time 或是 LTime）上，“PT”端和“ET”端的意义及其所连变量类型上，背景数据块中变量“Q”的使用上与“脉冲发生定时器指令”一样，这里不再重复说明。

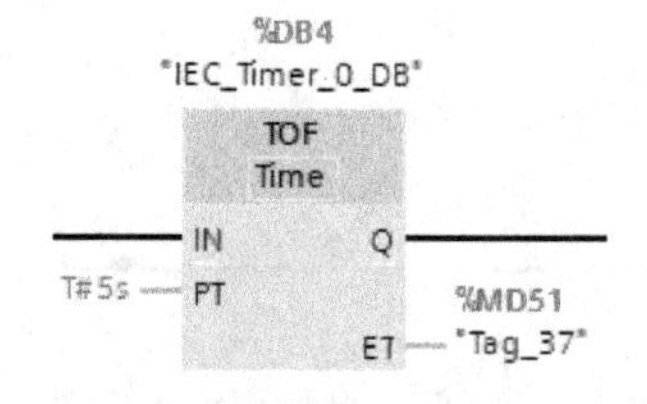

图 8-22　延时关断定时器指令

图 8-23 为该指令的时序图，当“IN”端出现信号后，“Q”端立即跟随输出信号，而定时器并不运行。当“IN”端信号消失后，“Q”端继续输出信号，但定时器开始从 0 向上计时。当计时值达到预设值后，“Q”关断信号的输出。这样“Q”端关断信号比“IN”端延迟了一段预设时间，故称为延时关断定时器。

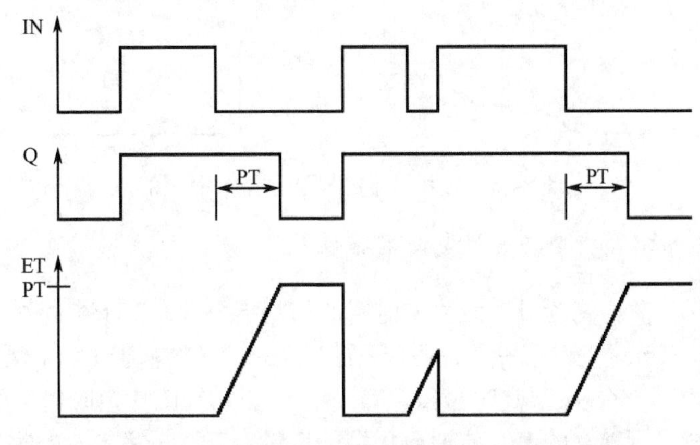

8-23　延迟关断定时器的逻辑时序图

在“IN”端出现信号的时刻，定时值变为 0，然后只等“IN”端信号消失时开始向上计时。如果“IN”端信号消失，定时器开始计时。在计时未达到预设值之前，“IN”端信号恢复，那么，定时值依然会在“IN”端出现信号的时刻变为 0（即下次“IN”端信号消失时，重新从 0 开始向上计时），而“Q”端始终有信号输出。

4）时间累加定时器（Time accumulator）

如图 8-24 所示，该定时器在时间变量类型的设定（Time 或是 LTime）上，“PT”端和“ET”端的意义及其所连变量类型上，背景数据块中变量“Q”的使用上与“脉冲发生定时器指令”一样，这里不再重复说明。

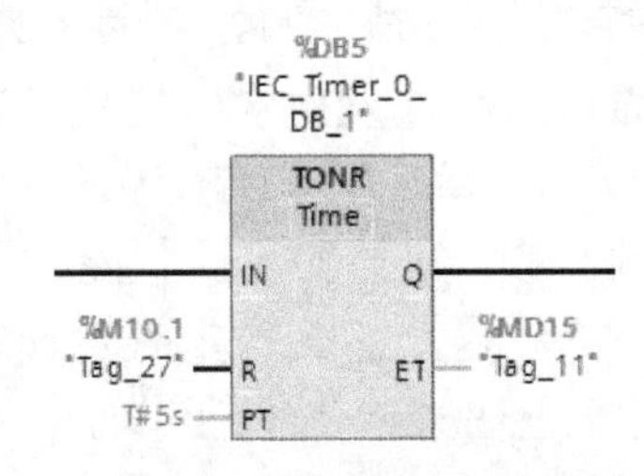

图 8-24　时间累加定时器指令

图 8-25 为该指令的时序图，在 R 端无信号的情况下，当“IN”端出现信号后，定时器开始计时，当“IN”端信号消失后，定时器停止计时，但定时值并不清零。待到下次“IN”端再有信号时，定时器接着上次的定时值继续向上计时。就这样直到定时值累加到预设值时，定时器在“Q”端输出信号。

当 R 端有信号时，定时值恢复为 0，定时器始终处在复位状态，不会运行。

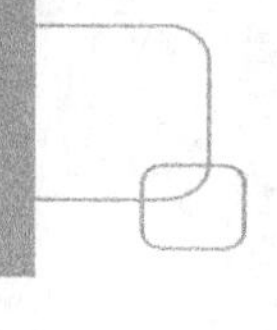

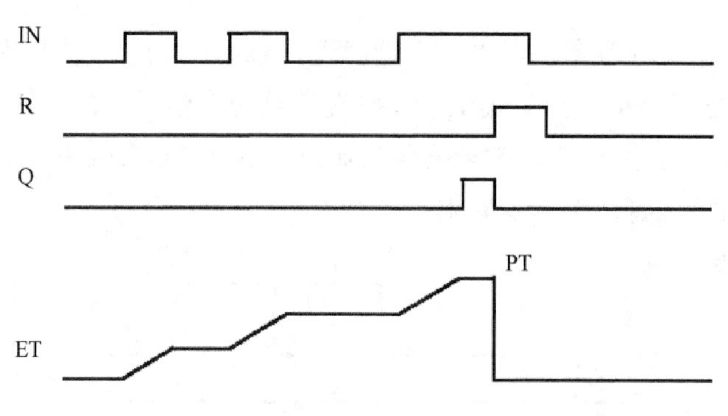

图 8-25　时间累加定时器的指令时序图

5）几种定时器的缩写指令与重置定时器指令

如图 8-26 所示，其中ⓐ为脉冲发生定时器的缩写指令。在该指令的“Time”位置可以选择是“Time”（基于 Time 型变量进行计时）还是“LTime”（基于 LTime 型变量进行计时）。在指令的上方需要填写一个 IEC 定时器类型的变量。可以是 IEC 定时器类型的 DB 块，也可以是在 DB 块内用户自行建立的 IEC 定时器类型的变量。下端填写定时的时间或链接一个时间类型的变量。该指令前端通路上信号的输入相当于“脉冲发生定时器指令”的“IN”端。该缩写指令的后方通路信号输出相当于“脉冲发生定时器指令”的“Q”端的输出。

图中ⓑ为延时打开定时器缩写指令。该缩写指令的时间类型的选择，IEC 定时器类型变量的添加、预设时间的填写均与“脉冲发生定时器的缩写指令”相同。该指令前端通路上信号的输入相当于“延时打开定时器指令”的“IN”端。该缩写指令的后方通路信号输出相当于“延时打开定时器指令”的“Q”端的输出。

图中ⓒ为延时关断定时器缩写指令。该缩写指令的时间类型的选择，IEC 定时器类型变量的添加、预设时间的填写均与“脉冲发生定时器的缩写指令”相同。该指令前端通路上信号的输入相当于“延时关断定时器指令”的“IN”端。该缩写指令的后方通路信号输出相当于“延时关断定时器指令”的“Q”端的输出。

图中ⓓ为时间累加定时器缩写指令。该缩写指令的时间类型的选择，IEC 定时器类型变量的添加、预设时间的填写均与“脉冲发生定时器的缩写指令”相同。该指令前端通路上信号的输入相当于“累加定时器指令”的“IN”端。该缩写指令的后方通路信号输出相当于“累加定时器指令”的“Q”端的输出。但是这个缩写形式没有累加定时器的“R”端。如果累加定时器没有“R”端，那么当定时器计时时间累加至预设值后，便一直处在输出状态了。这样累加定时器只能一次性工作了。为了给缩写指令的累加定时器复位，软件中还有一个定时器重置指令，如图中ⓔ所示。当定时器重置指令执行时，其上方的 IEC 定时器将被重置。

6）载入预设值指令

如图 8-27 所示，Network2 后方的“（PT）”指令为载入预设值指令。该指令上方需要填写一个 IEC 定时器类型的变量。在指令的下方填写一个时间立即数或一个时间型变量作为预设时间操作数。当该指令执行时，这个 IEC 定时器类型变量中的预设值将会改为预设时间操作数。使用这个 IEC 定时器类型变量的定时器，其预设时间将会变更为“载入预设值”指令

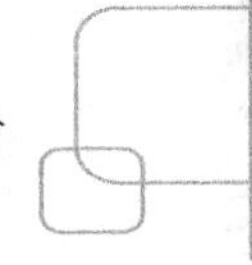

中的预设时间操作数。

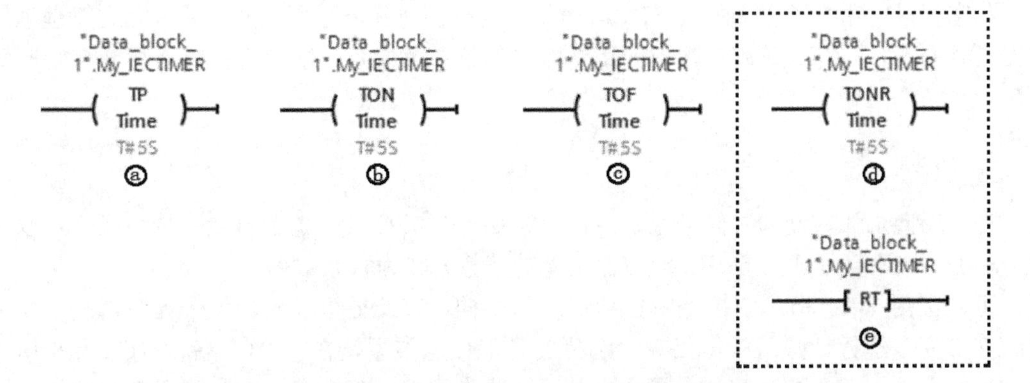

图 8-26　几种定时器的缩写指令与重置定时器指令

图 8-27　载入预设值指令应用实例

图中 Network1 使用了延时打开定时器，并在该指令中设置预设时间为 15s。同样的 IEC 定时器类型变量，在 Network2 中使用载入预设值指令重新载入了 5s 的预设时间。这二者之间的使用关系如下所述。

M10.0 变量变为“1”时，定时器会在其变为“1”的上升沿将 15s 的预设时间写入 "Data_block_1".My_IECTIMER（IEC 定时器类型变量），仅上升沿时写一次。此时如果变量 M10.1 始终为“0”，即载入预设值指令始终不运行，那么 15s 这个值始终不会被改写，所以最终该定时器按 15s 的预设时间运行。如果在 15s 被写入"Data_block_1".My_IECTIMER 后，载入预设值指令运行，那么 15s 的值将会被改写为 5s（即使之后预设值指令没有运行，5s 的值也不会被改写），所以最终该定时器按 5s 的预设时间运行。

8.4　计数器指令

对于 S7-1200/1500 PLC 不仅可以支持传统计数器，而且还可以支持 IEC 标准计数器。

IEC 计数器最大可支持 64 位无符号整数 ULINT 型变量作为计数值。同时其使用背景数据块进行状态记录，用户可以选择让 TIA 博途软件自行创建和分配背景数据块，免去管理系统计数器资源的工作。有关传统计数器的用法请参见第 4 章内容，本章将主要介绍 IEC 定时器的使用。

1）向上计数器

在调用向上计数器的时候，系统会提示添加一个 IEC 计数器的背景数据块（也可以使用用户在 DB 块中自行建立的 IEC 计数器类型的变量）作为背景数据。

可以在图 8-28 所示的指令中找到“Int”字样，在此处可以选择这个计数器基于何种类型的整形变量进行计数。根据指令所选择的整形变量类型，在“PV”端和“CV”端填写相应类型的变量。需要注意的是，指令中基于不同类型的整形变量，对应背景数据中的数据类型也不同（TIA 博途软件中有多种 IEC 计数器类型）。如果使用的是背景数据块，当指令中类型转变后，软件可以自动更改背景数据块。如果该指令的背景数据是用户自行创建的，需要用户自行调整，令背景数据中的 IEC 计数器类型与指令中选的指令类型相匹配。

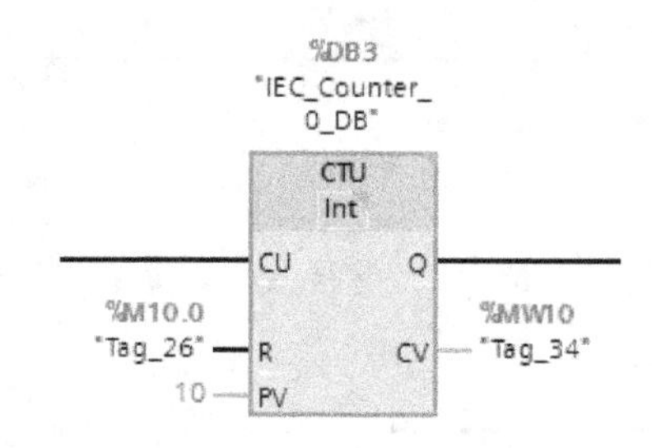

图 8-28　向上计数器

在调用该指令时，在“PV”端需要填写的变量用于该计数器的预设值。在“CV”端需要填写的变量用于显示当前的计数值。“R”端（表示复位，Reset）需要填写一个布尔量，用于复位计数器。

在程序运行且该指令输入端“R”的变量为 0 时，每当指令“CU”端出现一次上升沿时，该指令就将其计数值加 1（计数初始值为 0）。当计数值大于等于预设值时，指令“Q”端开始输出信号。

当该指令输入端“R”的变量为 1 时，计数器停止计数工作，计数值恢复为 0。

在 IEC 计数器变量内部（或背景数据块内），有两个值得关注的变量。一个是名为“QU”的布尔量，一个是名为“QD”的布尔量。

（1）"IEC_Counter_0_DB".QU（以图 8-28 中的背景数据块为例）：当该计数器的计数值大于等于预设值时，为 1，否则为 0。

（2）"IEC_Counter_0_DB".QD（以图 8-28 中的背景数据块为例）：当计数器的计数值小于等于 0 时为 1，否则为 0。

可见，变量"IEC_Counter_0_DB".QU 的输出逻辑与该计数器“Q”端的输出逻辑是一样的。在程序任意地方引用变量"IEC_Counter_0_DB".QU，就可以将该计数器的“Q”端输出信号引到任意地方。

2）向下计数器

向下计数器如图8-29所示。

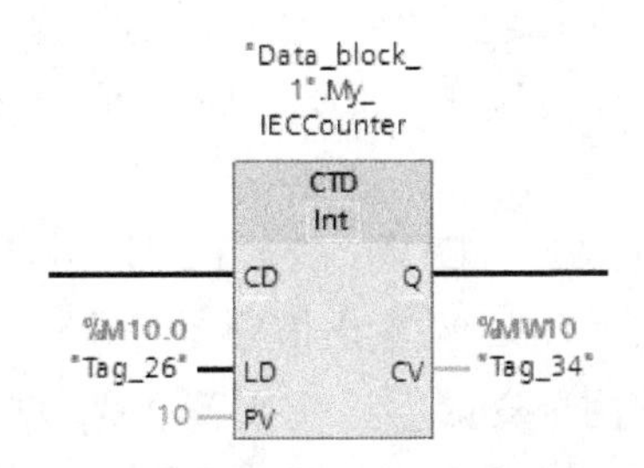

图8-29 向下计数器

该指令在使用背景数据块（或用户自建变量）上、指令内变量类型选择上、“PV端”和“CV”端所连变量类型上、“PV端”和“CV”端的含意上均与向上计数器相同，这里不再重复说明。

当“LD”端无信号时，若CD端出现上升沿，则计数值减一（初始值为0，它取决于背景数据块中的相关变量值）。如果计数值小于等于0，则在该指令“Q”输出信号。

当“LD”端有信号时，将预设值（“PV”端）载入计数器作为当前计数值。

在IEC计数器变量内部的两个变量——“QU”和“QD”，其输出的逻辑（参见向上计数器的介绍）不变。显然“QD”的输出逻辑与向下计数器的“Q”端逻辑一致。在程序任意地方引用变量"IEC_Counter_0_DB".QD，就可以将该计数器的“Q”端输出信号引到任意地方。

3）上下计数器

上下计数器如图8-30所示。

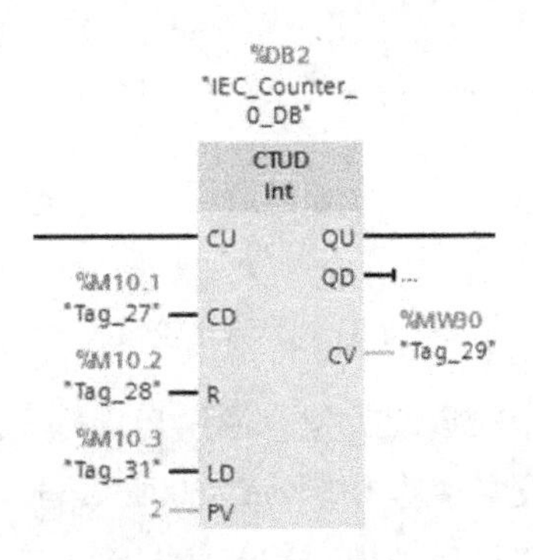

图8-30 上下计数器

该指令在使用背景数据块（或用户自建变量）上、指令内变量类型选择上、“PV端”和“CV”端所连变量类型上、“PV端”和“CV”端的含意上均与向上计数器相同，这里不再重复说明。

当“LD”端 和“R”端都没有信号的情况下：若“CU”端出现上升沿，该指令就将其计数值加 1（计数初始值为 0）。若“CD”端出现上升沿，则计数值减一（初始值为 0，它取决于背景数据块中的相关变量值）。

当“LD”端有信号时，将预设值（“PV”端）载入计数器作为当前计数值。当“R”端有信号时，重置计数器，计数值清零。当“LD”端和“R”端都有信号时，按重置计数器进行操作。

如果计数值大于等于预设值，则“QU”端输出信号（信号）。

如果计数值小于等于 0，则“QD”端输出信号（信号）。

在 IEC 计数器变量内部的两个变量——“QU”和“QD”，其输出的逻辑（参见向上计数器的介绍）不变。变量“QD”等同于“QD”端的输出，变量“QU”等同于“QU”端的输出。

8.5 比较指令

1）普通比较指令

用户可以从指令资源卡中的“Comparator operations”目录下拖曳“CMP”字母开头的指令到梯形图中，如图 8-31 所示。在比较指令上方需要填写一个操作数（如图中“A”所示）。在比较指令下方也需要填写一个操作数（如图中“D”所示）。在图 8-31 中“B”处选择一种比较类型（等于“==”、不等于“<>”、大于等于“>=”、小于等于“<=”、大于“>”或小于“<”）。

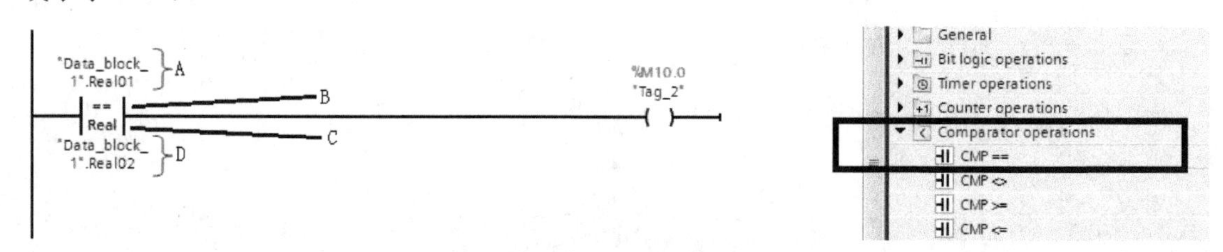

图 8-31　普通比较指令

“C”处选择参与比较的两个变量的类型。当用户连接完两个操作数后软件会自动填写这个类型。如果参与比较的两个变量类型相同，C 处应填写（该变量的类型）。如果两个变量类型不同，那么此处填写（或软件自动填写的）较复杂一方的类型，如图 8-32 所示，上方操作数为实型变量，下方操作数为整型变量，在下方操作数上出现一个小方块，小方块按对角线分两个不同颜色的区域。说明在执行该指令时，该变量将被（自动）转换类型。最终执行该指令的时候，下方操作数将被先转换为实型，再与上方操作数按两个实型变量进行比较。这种变量类型转换的方式称为隐形转换。其中的小方块就是指示用户哪个变量将会在该指令运行时出现隐形转换。隐形转换是 TIA 博途软件中的一大特点，在其他比较指令和数学运算指令中，也都支持隐形转换，这种方式极大地方便了程序的编辑。

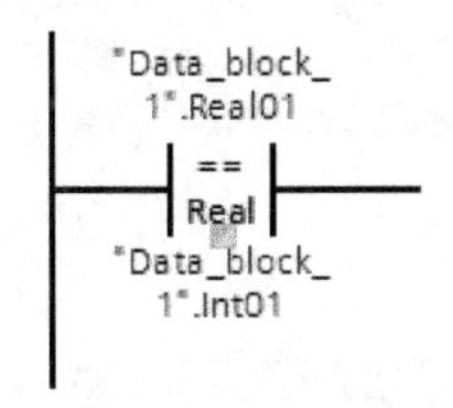

图 8-32 比较指令中的隐形转换

在该类指令运行时，永远是上方操作数比较下方操作数（比较上方操作数是否大于下方操作数，或比较上方操作数是否小于等于下方操作数），若比较结果成立，则指令后方有信号输出，否则没有。

2）范围比较

“IN-Range”是比较某一个变量的值是否在某一范围内的指令，如图 8-33（a）所示。当VAL（指连接在指令 VAL 端的变量）小于等于 MAX（指连接在指令 MAX 端的变量），且大于等于 MIN（指连接在指令 MIN 端的变量）时，指令后方有信号输出。

“OUT_Range”是比较某一个变量的值是否在某一范围之外的指令，如图 8-33（b）所示。当 VAL（指连接在指令 VAL 端的变量）大于 MAX（指连接在指令 MAX 端的变量），或者小于等于 MIN（指连接在指令 MIN 端的变量）时，指令后方有信号输出。

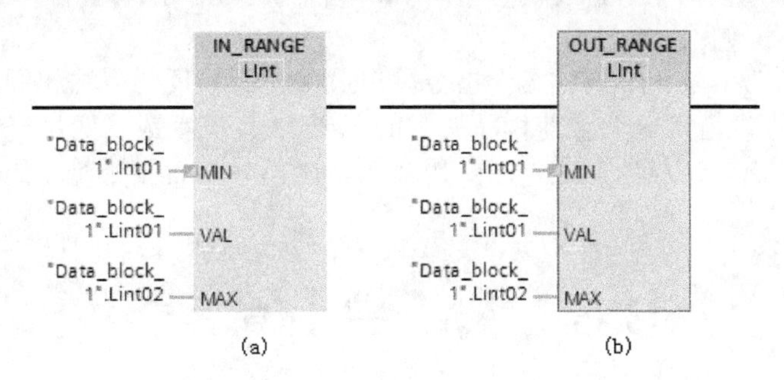

图 8-33 范围比较指令

3）实型（浮点数）规范判断

PLC 中的实型变量（浮点数）使用 IEC754 标准的编码结构。在这种编码结构中，并不是所有的 32 位二进制数据都能对应一个实数。实型（浮点数）规范判断指令用于判断一个实型变量（浮点数）是否有效（可以解码出一个实数）。

如图 8-34（a）所示为实型变量有效判断指令，该指令上方需要填写一个实型变量作为操作数，若该变量为有效，则指令后方输出信号。

如图 8-34（b）所示为实型变量无效判断指令，该指令上方需要填写一个实型变量作为操作数，若该变量为无效，则指令后方输出信号。

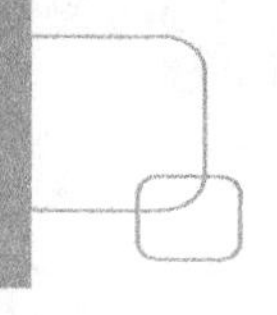

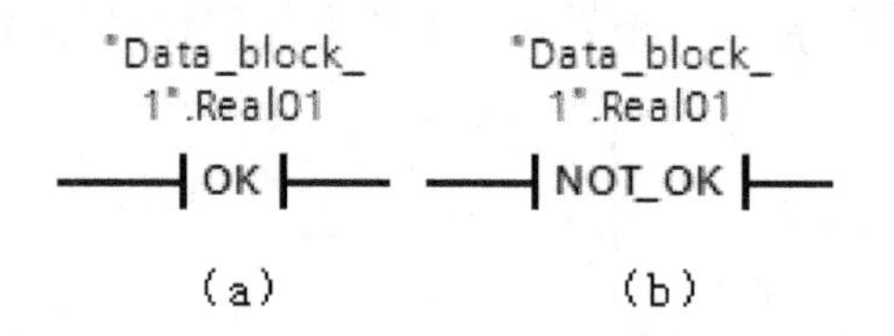

图 8-34　实型（浮点数）规范判断指令

4）针对 Variant 对象的比较指令

当 FC/FB 块引入了 Variant 对象后，可以在该程序块内添加一类判断指令，用于判断当前连接的这个 Variant 对象是否满足一定的条件，这类指令如下所述。

（1）EQ_Type：输入一个当前程序块中的 Variant 接口参数（变量）作为操作数 1（指令上方），再输入一个变量作为操作数 2（指令下方）。若操作数 1（对应连接的 Variant 对象）与操作数 2 的变量类型相同，则输出信号，否则不输出。

（2）NE_Type：与“EQ_Type”指令输出逻辑正好相反，用法相同。

（3）EQ_ElemType：输入一个当前程序块中的 Variant 接口参数（变量）作为操作数 1（指令上方），再输入一个变量作为操作数 2（指令下方）。操作数 1 对应连接的 Variant 对象需要是一个数组，若该数组中元素的变量类型与操作数 2 的变量类型相同，则输出信号，否则不输出。

（4）NE_ElemType：与“EQ_ElemType”指令输出逻辑正好相反，用法相同。

（5）IS_NULL：判断 Variant 所连接的对象是否为 Null 指针（空指针、空对象），若是则输出信号，否则不输出。

（6）NOT_NULL：与“IS_NULL”指令输出逻辑正好相反，用法相同。

（7）IS_ARRAY：输入一个当前程序块中的 Variant 接口参数（变量）作为操作数，若操作数（对应连接的 Variant 对象）是一个数组，则输出信号，否则不输出。

8.6　数 学 指 令

1）CALCULATE（计算指令）

用户可以在 CALCULATE 指令中直接输入一个运算公式，在公式中用户不必考虑变量类型是否统一，PLC 执行该指令时可以进行隐形转换，该指令如图 8-35 所示。

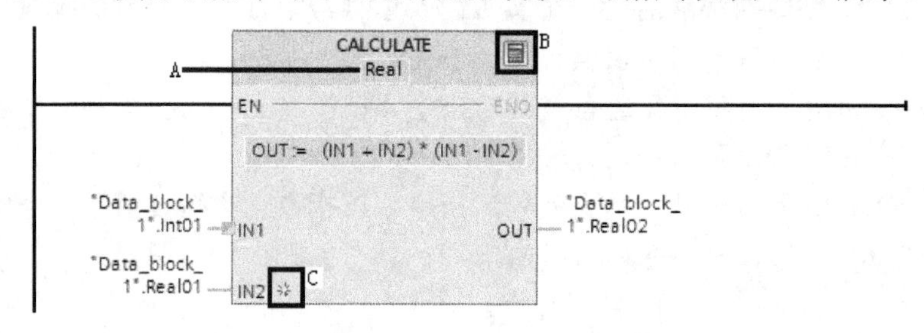

图 8-35　CALCULATE 指令

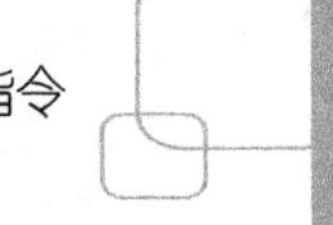

在使用该指令的时候，首先在图的 A 处选择该指令在运算时所使用的数据类型，然后单击指令右上角的计算器图标（如图中的 B 框），会弹出输入公式的对话框，该对话框如图 8-36 所示。

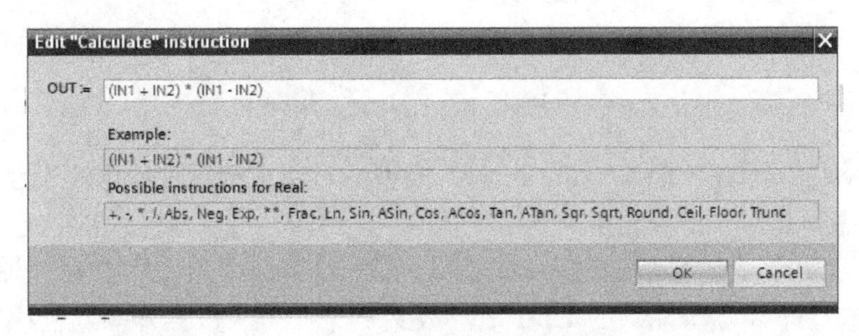

图 8-36　CALCULATE 指令的公式对话框

在公式对话框中直接输入公式便可。其中“IN1”表示入口参数“IN1”所连接的变量，依次类推。指令最初只有两个入口参数。可以单击指令入口参数部位的黄色星状标志，如图 8-35 中 C 框所示。单击该标志后，可以再添加一个接口参数。之后指令还会有个标志，再次单击，再次添加一个接口参数，依次类推。在 TIA 博途软件中，很多指令都可以使用这种方式添加接口参数，其中的黄色星状标志就是可再添加接口参数的标志。

2）取值和限值指令

（1）取最小值指令 MIN：该指令允许添加多个输入参数并连接多个变量，但只有一个输出（即一个出口参数）。指令运行后输出所有输入量中的最小值。

（2）取最大值指令 MAX：该指令允许添加多个输入参数并连接多个变量，但只有一个输出（即一个出口参数）。指令运行后输出所有输入量中的最大值。

（3）限值指令 LIMIT：该指令用于将某一个值的变化限定在某一个范围内。在入口参数“MN”处输入一个下限值，入口参数“MX”处输入一个上限值。入口参数“IN”处引入一个（整型或实型）信号。当信号大于 MX 的值后，该指令输出上限值。当信号小于 MN 的值后，该指令输出下限值。当信号在 MX 和 MN 之间时，该指令正常输出该信号。

3）其他计算指令

其他计算指令还有：ADD（加法）、SUB（减法）、MUL（乘法）、DIV（除法）、MOD（除法取余数）、NEG（取反，正数变为负数；负数变为正数）、INC（递增）、DEC（递减）、ABS（绝对值）、SQR（平方）、SQRT（平方根）、LN（自然对数）、EXP（指数）、SIN（正弦）、COS（余弦）、TAN（正切）、ASIN（反正弦）、ACOS（反余弦）、ATAN（反正切）、FRAC（取小数）和 EXPT（求幂）。

8.7　移动指令

1）移动值（MOVE）指令

移动值指令用于给变量赋值。该指令运行时，将入口参数“IN”中输入的值赋值给其出口参数“OUT”处的变量。

使用该指令，可以将常量赋值给变量，也可以将一个变量的值赋值给另一个变量。该指令不仅支持基础数据类型的变量，也支持 PLC 数据类型（UDT）、字符串、IEC 数据块、数组、日期时间、结构体等。

2）反序列化（Deserialize）和序列化（Serialize）指令

序列化指令的作用是：取一个“Variant”类型的对象，将该对象化解成若干个 BYTE 类型的数值。反序列化指令正好相反，是将一串 BYTE 型的变量（就是 BYTE 型的数组）合成为一个整体（对象）。有时需要通过串口传输一个复杂的 UDT 变量时，可以使用这套指令。先使用序列化指令，将这个复杂的 UDT 变量变为若干字节（数据）。然后按字节进行串口传输。收到数据的一方再使用反序列化指令，将若干字节数据合成为一个复杂的 UDT 变量（数据）。

3）MOVE_BLK、UMOVE_BLK 和 MOVE_BLK_VARIANT（块移动）指令

MOVE_BLK（块移动）可以将存储器的某个区域（源区域）内的数据复制到另外的区域（目的区域）中。比如通过该指令可以将某个数组中的全体（或部分）变量值复制到另外的数组中。

如图 8-37 所示，在“IN”处输入源数组中的某个元素，表示从该元素开始向目的数组复制数据。在“COUNT”中输入一个数值，表示复制多少个元素的数据。在“OUT”处输入目标数组中的某个元素，表示从该元素开始被赋值。这样，图 8-37 所示的程序运行之后的效果是：将"TEST".INT_ArrayA[3]、"TEST".INT_ArrayA[4]、"TEST".INT_ArrayA[5]、"TEST".INT_ArrayA[6]四个变量分别赋值给"TEST".INT_ArrayB[5]、"TEST".INT_ArrayB[6]、"TEST".INT_ArrayB[7]、"TEST".INT_ArrayB[8]四个变量。

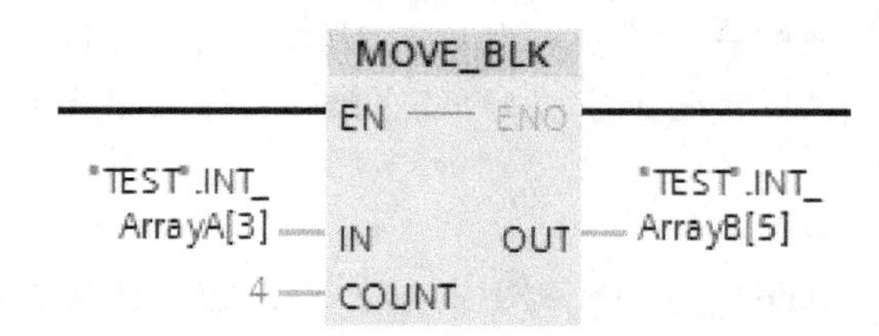

图 8-37　MOVE_BLK 指令的应用例子

UMOVE_BLK（不可中断的块移动）指令功能与 MOVE_BLK 指令相同，只是该指令运行过程中不会被其他中断程序打断。

指令 MOVE_BLK_VARIANT 的作用与 MOVE_BLK 类似，它支持通过 Variant 对象方式连接源数组和目的数组。

如图 8-38 所示，程序块 FC1 中建立了两个 Variant 对象，在调用 FC1 时，给这两个 Variant 对象分别连接了源数组（"Data_block1".MyArry）和目的数组（"Data_block2".MyArry）。在 FC1 内部，使用了 MOVE_BLK_VARIANT 指令。指令中“SRC”输入了连接源数组的 Variant 接口变量（Src_Variant）。指令的“DEST”中输入了连接目的数组的 Variant 接口变量（Dest_Variant）。指令中的“COUNT”输入 3，表示共复制 3

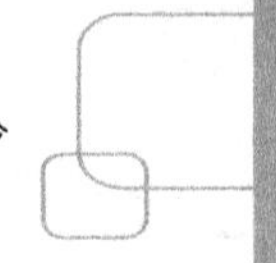

个变量。指令中“SRC_INDEX”输入了 6，表示从源数组中的第 6 个（从 0 开始计数）元素开始复制。指令中“DEST_INDEX”输入了 0，表示从目的数组的第 0 个元素开始赋值。

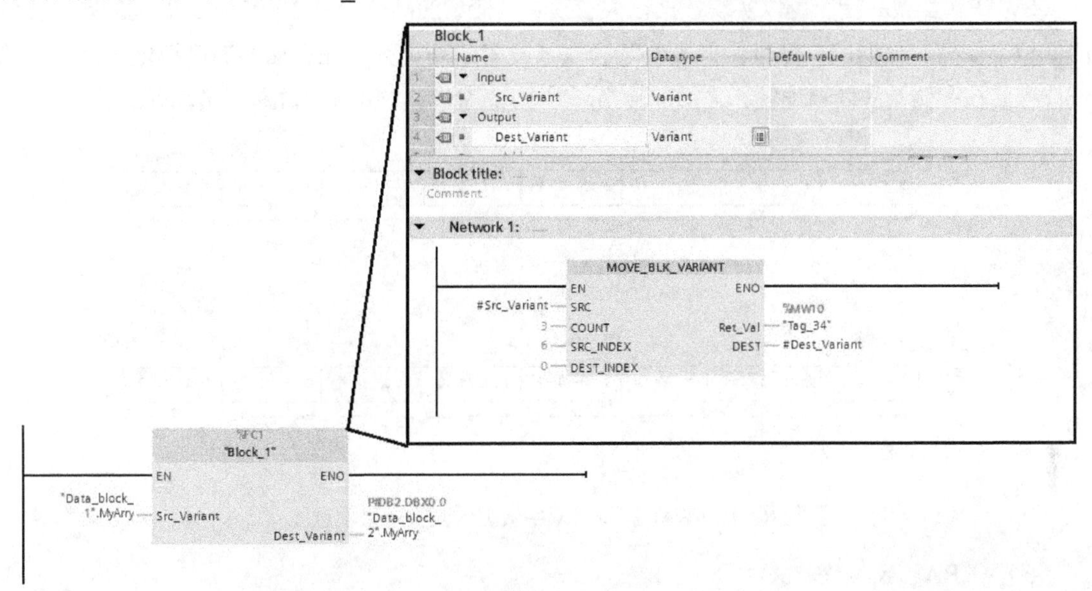

图 8-38　MOVE_BLK_VARIANT 指令的应用实例

假设源数组和目的数组的元素编号都是从 0 开始，那么指令运行之后的效果是：变量"Data_block1".MyArry[6]、"Data_block1".MyArry[7]和"Data_block1".MyArry[8]的值分别赋值给变量"Data_block2".MyArry[0]、"Data_block2".MyArry[1]和"Data_block2".MyArry[2]。

4）FILL_BLK、UFILL_BLK（块填充）指令

块填充指令可以通过一个指令的运行，完成存储器中某个区域内变量的全体赋值。比如通过该指令可以将某个数组内所有（或部分）元素集体赋值。

如图 8-39 所示，在“IN”处输入一个变量或立即数，表示在给变量所赋的数值。在“COUNT”处输入一个数值，表示赋值几个变量。在“OUT”处输入一个数组中的某个元素，表示从该元素开始赋值。这样，图 8-39 所示的程序运行之后的效果是：从数组"TEST".INT_Array 中编号为“2”（"TEST".INT_Array[2]）的元素开始向下数，共计数 3 个变量，将这 3 个变量赋值为 56。即运行完该指令后变量"TEST".INT_Array[2]、"TEST".INT_Array[3]、"TEST".INT_Array[4]的值都为 56。

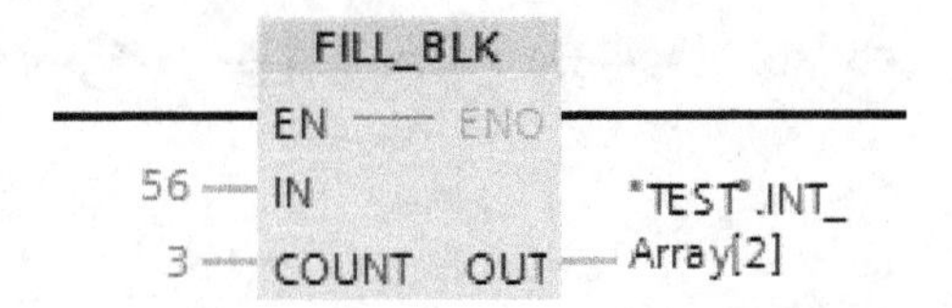

图 8-39　FILL_BLK 指令的应用例子

UFILL_BLK（不可中断的块赋值）指令功能与 FILL_BLK 指令相同，只是该指令运行过程中不会被其他中断程序打断。

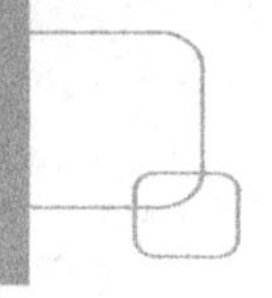

5）交换（SWAP）指令

SWAP（交换）指令可以实现数据在大端模式（变量的高位存储在存储器的低地址区，变量的低位存储在存储器的高地址区）和小端模式（变量的高位存储在存储器的高地址区，变量的低位存储在存储器的低地址区）之间的转换。对于双字的转换实例，如图 8-40 所示。

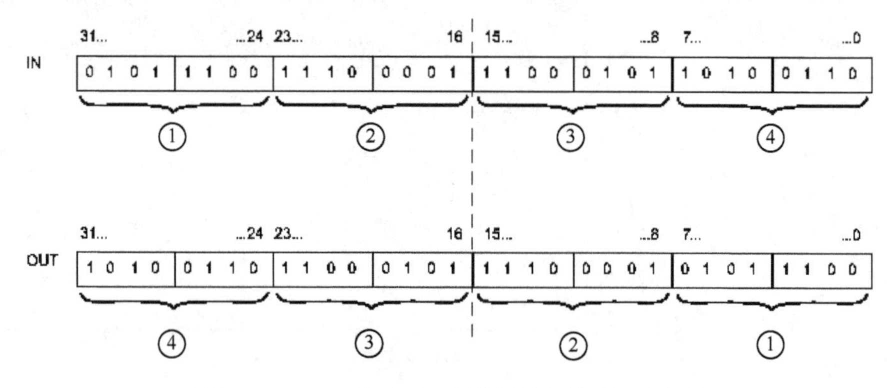

图 8-40　SWAP 指令对双字数据的交换效果示意图

6）ARRAY 数据块相关指令

在指令资源卡中，“移动操作”目录下的“Variant”子目录中的指令，适用于读取和写入数组型 DB 块。数组型 DB 块配合其中的读取变量值和写入变量值指令的使用，可以达到在程序中动态调整数组长度的效果。这个功能对于通常的控制系统并不常用，这里就不过多解释了。

7）Variant 相关指令

在指令资源卡中，“移动操作”目录下的“VARIANT”子目录中的指令均与 FC 块和 FB 块中的 Variant 对象有关。其中，VariantGet 指令用于读取 Variant 对象中的变量值。VariantPut 指令用于向 Variant 对象中的变量写入数值。CountOfElements 指令用于获取 Variant 对象（当 Variant 对象为数组时）中的元素数目。在 7.8 节关于 S7-1200/1500 下的间接寻址、梯形图下数组的使用和 FC/FB 块中 Variant 类型接口参数的讨论和实例中，用到这里的指令，可作为参考。

8.8　转换指令

1）转换（CONVERT）指令

CONVERT（转换指令）是非常灵活的指令。用户可以通过指令中的类型选择，进行各种基础数据类型之间的转换，该指令如图 8-41 所示。

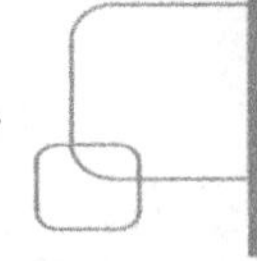

图 8-41　CONVERT 指令

2）实数变整型的几个指令

ROUND：对实数进行四舍五入后取整数部分，并转换为整型变量。
CEIL：对实数向上取整数部分，并转换为整型变量。
FLOOR：对实数向下取整数部分，并转换为整型变量。
TRUNC：对实数直接取整数部分，并转换为整型变量。

3）SCALE_X（缩放指令）

该指令如图 8-42 所示，用于将一个[0,1]区间中的小数，等比例放大（或缩小）到另外的一段区间中，然后输出另外那个区间中对应的数值。比如，将一个小数等比例放大到[100,200]的区间中。当小数值为 0.5 时，正好是[0,1]区间的中间。区间[100,200]的中间是 150，所以等比例放大到[100,200]的区间中后的值是 150。如果小数值为 0.25，那么是从“0”端起[0,1]区间的四分之一处。对应[100,200]区间的从“100”端起四分之一处的值为“125”，所以最后的输出是“125”。

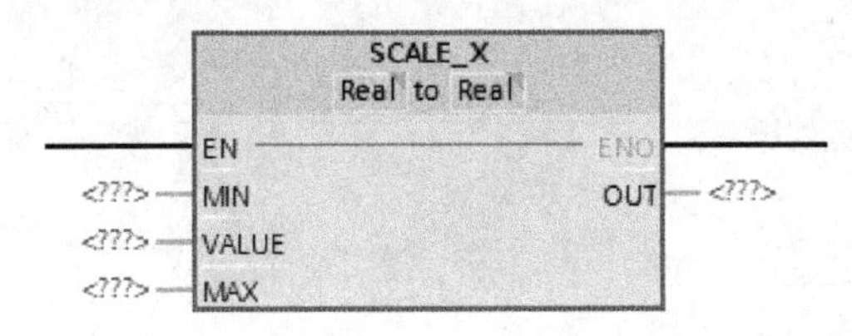

图 8-42　SCALE_X 指令

使用该指令时，在入口参数 MIN 中输入放大（或缩小）后区间的最小值（如上例中的 100）。在入口参数 MAX 中输入放大（或缩小）后区间的最大值（如上例中的 200）。Value 输入[0,1]区间中的小数。出口参数 OUT 则输出计算后的值。

4）NORM_X（标准化指令）

该指令如图 8-43 所示，它的运算与 SCALE_X 正好相反。可将指定区间中的一个数值等比例标准化到区间[0,1]中。例如指定区间[100,200]并输入一个值 150，该值在该区间中间对应标准区间[0,1]的中间为 0.5，所以该指令将输出 0.5。同理，若在同样的[100,200]区间中输入值 125，那么指令将输出 0.25。

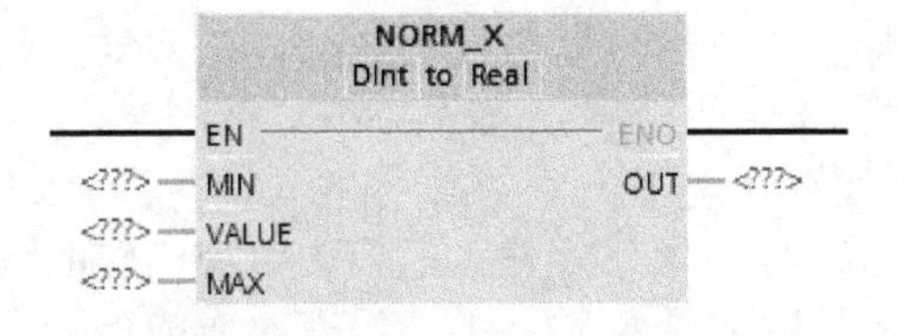

图 8-43　NORM_X 指令

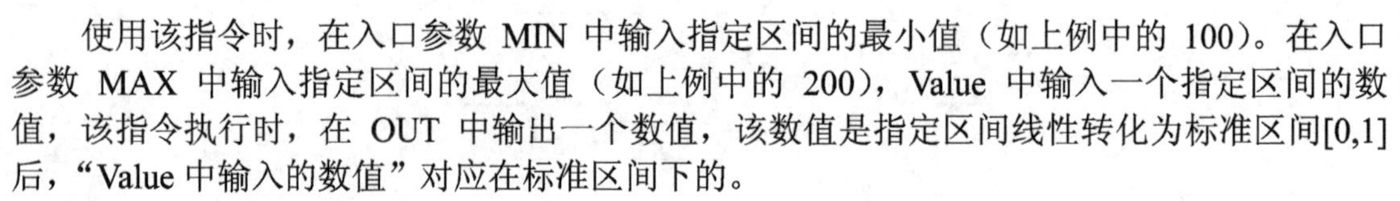

使用该指令时，在入口参数 MIN 中输入指定区间的最小值（如上例中的 100）。在入口参数 MAX 中输入指定区间的最大值（如上例中的 200），Value 中输入一个指定区间的数值，该指令执行时，在 OUT 中输出一个数值，该数值是指定区间线性转化为标准区间[0,1]后，“Value 中输入的数值”对应在标准区间下的。

NORM_X 指令和 SCALE_X 指令配合使用可以用于模拟量控制中的测量值与 AD 值之间的转换。

8.9 程序控制指令

1）-(JMP)、-(JMPN)、LABEL 的使用

在图 8-44 的 Network 中，添加了-（JMP）指令，并在指令上标记有“L1”，在 Network3 中添加了名为“L1”的 LABEL（标签）。

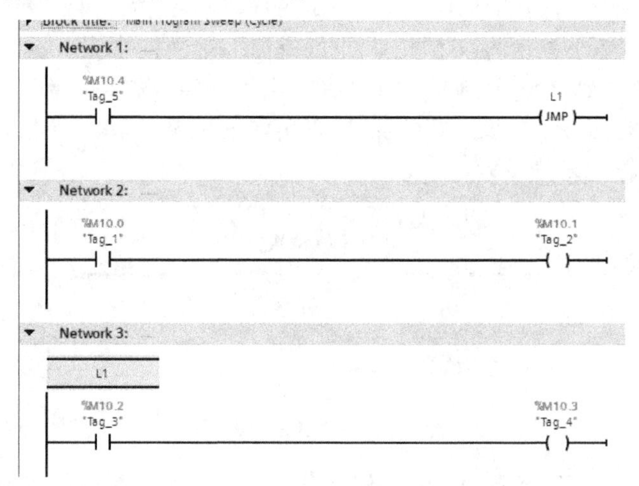

图 8-44 -（JMP）、-（JMPN）、LABEL 的使用例子

当-（JMP）指令前有信号时，程序会直接调整到该指令上方所标注的标签处运行。当-（JMPN）指令前没有信号时，则程序会直接调整到该指令上方所标注的标签处运行。

图 8-44 中给出了-（JMP）指令的例子。在图中，当 M10.4 为“1”时，程序会在运行完 Network1 后直接运行 Network3，不会运行 Network2。而当 M10.4 为“0”时，程序会按顺序从 Network1 运行到 Network3。

2）JMP_LIST（跳转列表指令）

用户可以在指令中添加若干个出口参数作为跳转目标。每个跳转目标都必须连接一个标签（LABEL）。对于这些跳转目标，每一个都有一个编号，编号从 0 开始，作如“DEST0”、“DEST1”、“DEST2”等，如图 8-45 所示。在指令的入口参数“K”处连接一个 UINT（无符号整型）型变量。该指令运行时，“K”端输入的值去对应相应的跳转目标编号，程序会跳转至该目标编号所连接的标签处。如果 K 输入的值没有对应的跳转目标编号，那么程序不会跳转而是继续向下执行。

以图 8-45 为例，如果变量"TEST".UINT_Test01 的值为 0，而 DEST0 对应的是标签“L0”。那么在运行该指令后，程序跳转至标签“L0”处，该指令到标签“L0”直接的程序将不会被运行；如果变量"TEST".UINT_Test01 的值为 1，而 DEST1 对应的是标签“L1”。那么在运行该指令后，程序跳转至标签“L1”处，该指令到标签“L1”直接的程序将不会被运行。

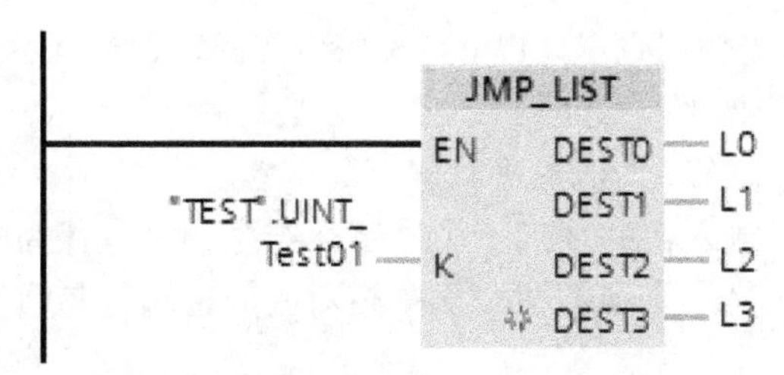

图 8-45　JMP_LIST 指令的例子

3）SWITCH（跳转分支）指令

该指令相当于可以在其入口参数部分配置若干个“条件表达式”，指令运行时，符合条件的程序就进行相应的跳转。该指令如图 8-46 所示，在指令中可以添加若干个“条件表达式和跳转目标对”。指令中左侧配置条件表达式，右侧填写跳转标签（LABEL）。

在图 8-46 中，如果“K”处的输入值（变量"TEST".REAL_Test01 的值）等于 5.6，那么跳转至标签“L1”处（DEST0 对应“==”表达式）。如果“K”处的输入值小于等于 3.0，那么跳转至标签“L2”处（DEST0 对应“<=”表达式）。如果“K”处的输入值不满足任何一个条件表达式，那么程序跳转至标签“L3”处（ELSE 对应不满足任何表达式的情况）。

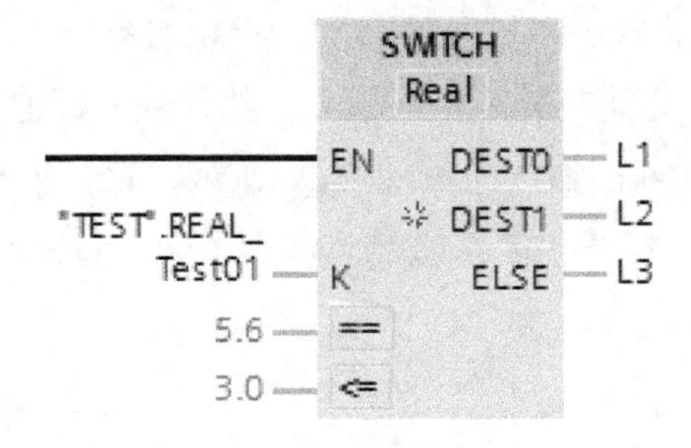

图 8-46　SWITCH（跳转分支）指令

4）-（RET）（返回）指令

在某个 FC 块或 FB 块中可以使用该指令。使用该指令时，在指令上方需要输入一个布尔量。若该指令执行，则立刻结束该 FC 或 FB 块的调用，返回至调用上一级程序中（调用该 FC 或 FB 块的那个程序中）。如果该指令上方布尔量为“1”，那么返回上一级程序后，该 FC 块后方的使能输出有信号（该 FC/FB 块的 ENO 端有信号输出），可以继续运行该 FC 或 FB 块后方挂在其 ENO 端上的指令。

如果该指令上方布尔量为“0”，那么返回上一级程序后，该 FC 块后方的使能输出没有信号（该 FC/FB 块的 ENO 端没有信号输出）。

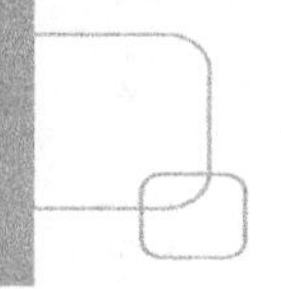

8.10 字逻辑运算指令

1）基本的字逻辑运算指令

对于字节（BYTE）、字（WORD）、双字（DWORD）、长字（LWORD）这些类型的变量可以使用字逻辑运算指令。

以“AND（‘与’逻辑运算）”指令进行“字”类型变量的运算为例，该指令需要写入两个“字”类型的变量作为输入，并连接一个“字”类型的变量作为输出。运算后，其中一个字类型变量中的每一位与另一个字类型变量中相对应的位进行与运算，结果写入输出变量相对应的位中。

类似的指令还有 OR（“或”逻辑运算）、XOR（“异或”逻辑运算）。

2）INVERT（求反码）指令

该指令一个入口参数，一个出口参数。运算时，将入口参数所连接的变量中各位取反（“1”变为“0”；“0”变为“1”），然后输出到出口参数所连接的变量上。

3）ENCO（编码）与 DECO（解码）指令

ENCO（编码）指令只有一个输入参数和一个出口参数，可以对一个变量进行最低有效位位号计算。一个变量的值从第 0 位开始向上数，最先出现“1”的位就是最低有效位，该位的位号（从 0 开始计数的情况下，是第几位，位号就是几）就是该指令的输出。

DECO（解码）指令也只有一个输入参数和一个出口参数。运行时，该指令先读取一个输入变量的值，然后将输出变量中第 N 位（从 0 开始计数）赋值为“1”，其余位全部赋值为“0”。其中 N 就是“最先读取的输入变量的值”。例如，该指令输入的是 5，那么输出就是“100000”。如果输出的是 32 位数（最高位就到第 31 位），而输入的值大于 31，那么 N 取该数除以 32 的余数。

4）SEL（选择）指令

该指令如图 8-47 所示。入口参数“G”处连接一个布尔量，当该布尔量为“0”时，将入口参数“IN0”处输入的值赋值到出口参数“OUT”所连接的变量上；而当该布尔量为“1”时，将入口参数“IN1”处输入的值赋值到出口参数“OUT”所连接的变量上。

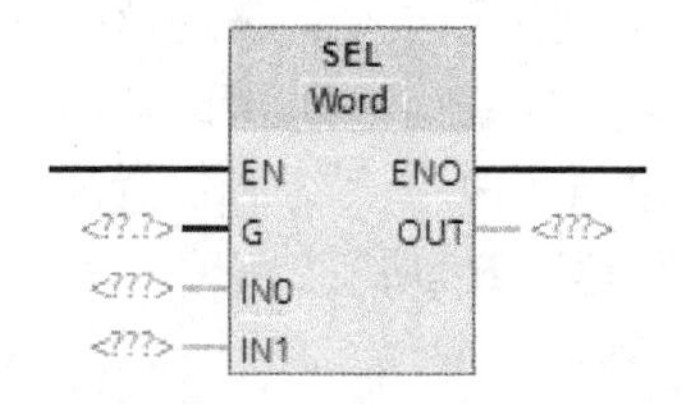

图 8-47 SEL（选择）指令

5）MUX（多路复用）与DEMUX（多路分用）指令

MUX（多路复用）指令与 SEL（选择）指令类似，功能比 SEL（选择）指令强大一些。该指令用于通过某个变量进行选择，将选择好的数据源赋值到指定的变量上。该指令如图 8-48 所示。使用时，可以添加若干个用作备选数据源的入口参数。它们以“IN”开头，并从 0 开始编号。连接变量时，需要在入口参数“K”处输入一个整型变量。以“IN”开头的入口参数和“ELSE”以及出口参数“OUT”上输入相同类型的变量。

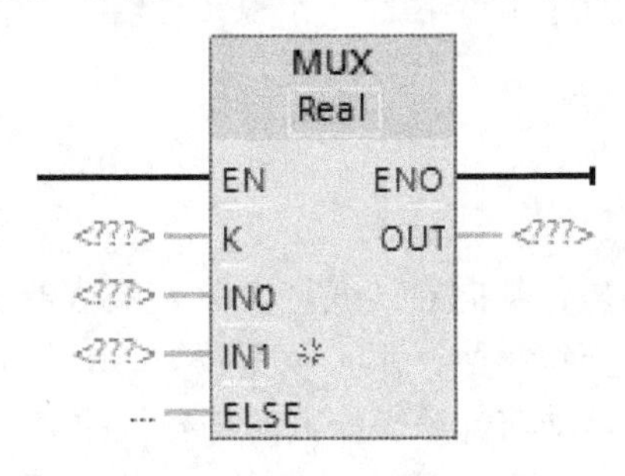

图 8-48　MUX 指令

指令运行时，如果入口参数“IN”的编号中与“接口 K 处的值”有相同的，则将该“IN”所连接变量的值赋值输出给“OUT”上的变量。如果没有相同的，那么就将“ELSE”上的值输出到“OUT”端，这种情况下该指令将没有使能输出（即该指令的 ENO 将没有信号）。

例如，“K”的值是“1”，那么就把“IN1”处的值赋值到“OUT”上；如果“K”的值是“0”，那么就把“IN0”处的值赋值到“OUT”上。“K”的值是“10”，而指令没有建立到“IN10”，那么就把“ELSE”处的值赋值到“OUT”上，同时指令 ENO 端停止信号输出。

DEMUX（多路分用）指令与 MUX（多路复用）指令相反，如图 8-49 所示。该指令用于通过某个变量进行选择，将指定的数据赋值到选择好的变量上。使用时，可以添加若干个用作备选数据输出目标的出口参数。它们以“OUT”开头，并从 0 开始编号。连接变量时，需要在入口参数“K”处输入一个整型变量。在“IN”处添加一个变量作为数据源。在所有的“OUT”开头的出口参数上及“ELSE”端，输入与“IN”处相同类型的变量。

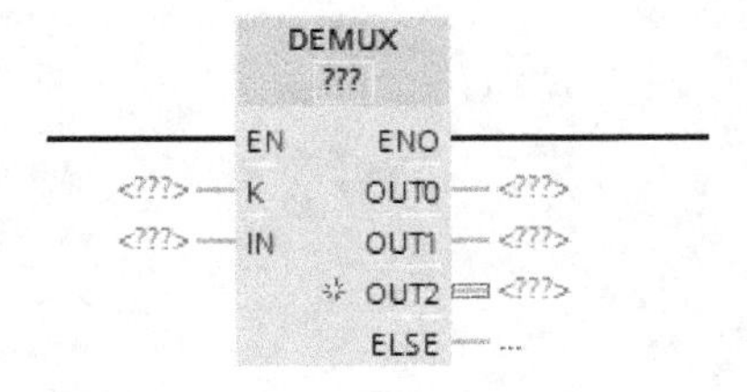

图 8-49　DEMUX（多路分用）指令

指令运行时，如果出口参数“OUT”的编号中与“接口 K 处的值”有相同的，则将“IN”处所输入的值赋值给该“OUT”端（编号与 K 处的值相同）所连接的变量上。如果没有相同的，则将“IN”处所输入的值赋值给“ELSE”端所连接的变量上。这种情况下该指令将没有使能输出（即该指令的 ENO 将没有信号）。

例如，“K”的值是“1”，那么就把“IN”处的值赋值到“OUT1”上；如果“K”的值是“0”，那么就把“IN”处的值赋值到“OUT0”上。“K”的值是“10”，而指令没有建立“OUT10”，那么就把“IN”处的值赋值到“ELSE”上，同时指令 ENO 端停止信号输出。

8.11 位移指令

1）SHR（左移）

该指令执行后，将输入的操作数向右（低位方向）移动指定位数，移动后，左侧输加填充数。如果被移动的操作数为无符号数，那么填充数为“0”。如果被移动的操作数为有符号数，那么填充数就是原先（未移动前）该操作数的符号位的值。

如图 8-50 所示为有符号数右移 4 位的示意图。图中以相同的数据按照有符号数和无符号数分别进行右移 4 位的实操，得到的两种结果，参见图 8-51。其中（A）为按有符号数进行的右移，（B）为按无符号数进行的右移。

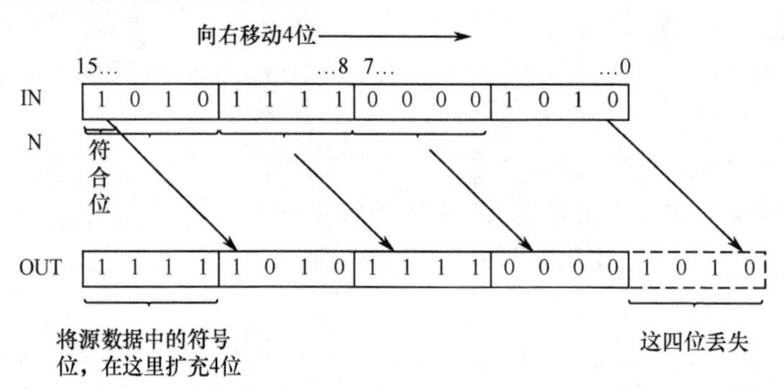

图 8-50　有符号数右移 4 位示意图

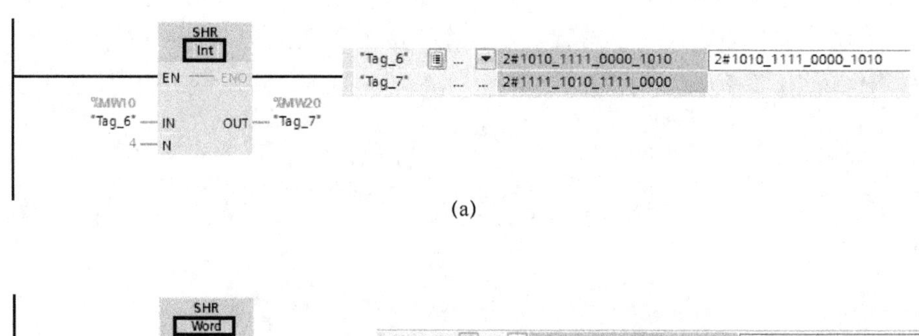

(a)

(b)

图 8-51　相同数据有符号数和无符号数右移 4 位的比较

2）SHL（左移）指令

左移指令相比右移指令要简单一些，没有符号位的问题。左移指令是将操作数向左（高位方向）移动指定的位数，移动后右侧空出来的位全部添“0”补充。

3）ROR（循环右移）和ROL（循环左移）指令

ROR（循环右移）指令可以将操作数按位向右循环移动指定位数。ROL（循环左移）指令方向与其相反，其可以将操作数按位向左循环移动指定位数。

第9章　调 试 方 法

9.1　程序的监控和相关功能

所有的程序块，包括 OB 块、FC 块、FB 块、DB 块都可以被监控。对程序和数据的监控是最常用的调试工具。FB 块的监控涉及调用选择，将在 9.1.2 节专门介绍，其他块的监控在 9.1.1 节中介绍。

9.1.1　一般程序块的监控和相关功能

打开一个程序后，在程序编辑窗口的工具栏中单击“监控”按钮，便可打开监控，如图 9-1 中黑框所示。对于 DB 块，可以监控其中所有变量当前的值。对于 FC 块、FB 块、OB 块，可以监控程序中变量的值，以及梯形中信号的通断状况。

图 9-1　程序块中的调试按钮

在开启监控状态之后，选择某一个变量然后调出右键菜单，在其中的“修改(Modify)”一栏中，有一些常用的调试功能，如图 9-2 所示。

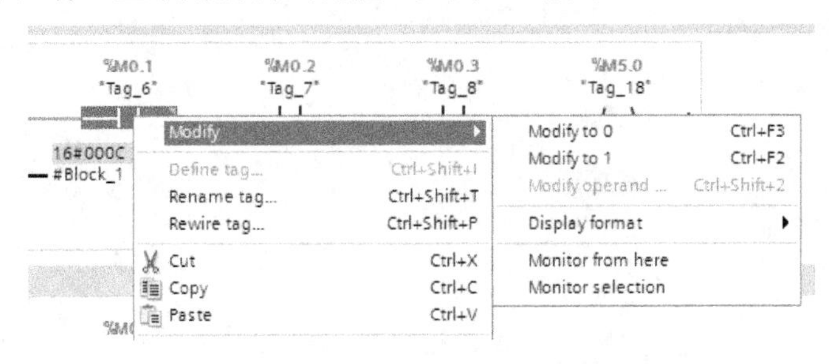

图 9-2　程序在监控下的常用调试工具

修改为 0（Modify to 0）：仅针对布尔量有效，将当前选择的布尔量复位一次。

修改为 1（Modify to 1）：仅针对布尔量有效，将当前选择的布尔量置位一次。

修改操作数（Modify operand）：仅针对整型、实型有效，更改当前变量的数值。

显示格式（Display format）：选择以“十进制”（按整型解码）或“十六进制”或“实型”（按浮点数解码）显示，也可以选择“自动”，软件自动根据变量类型智能选择。

仅从这里监控（Monitor from here）：从当前选中的这个变量开始向下监控，之前的程序

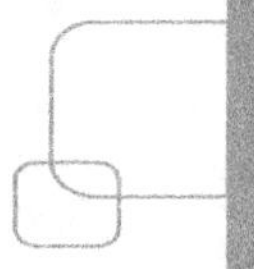

不再监控。一旦进入这种状态，活动一下鼠标中轮便可退回到全面监控状态。

仅监控选中的（Monitor selection）：鼠标在程序中可以拉出一个框，框住一个梯形图的某一部分，然后只监控选中的这部分变量。一旦进入这种状态，活动一下鼠标中轮便可退回到全面监控状态。

“仅从这里监控”和“仅监控选中的”的功能使得在调试过程中，可以快速专注于某一部分程序，使调试更有针对性。

9.1.2　在调用选择下 FB 块的监控

当程序中调用了很多 FB 块后，我们往往希望监控到其中某一次调用时的状况，即这个 FB 块监控时，其中各个变量的值都是某一次调用时使用的背景数据块内的值。

比如一个 FB 块为控制一条传输带的程序。一个系统中有 10 条传输带，调用了 10 次这个 FB 块，建立并分配了 10 个背景数控块。现在有 1 条传输带异常停车了，这时候我们只希望查看这 1 条传输线的各个状态变量（静态变量）在 FB 块中的运行情况，此时就需要在调用选择下进行 FB 块的监控。

实现这一功能有两种方法。

（1）找到需要监控的那次调用（即找到处理异常停机传输带的那次 FB 块调用）。在该调用处，选中该 FB 块调出右键菜单，选择“打开并监控（Open and monitor）”，之后就是真对本次调用的 FB 块监控。

（2）打开这个 FB 块并开启这个 FB 块的监控。在程序编辑窗口的右上角有一个调用选择按钮，如图 9-3 最右侧黑框所示，单击该按钮，打开一个调用选择对话框，如图 9-4 所示。

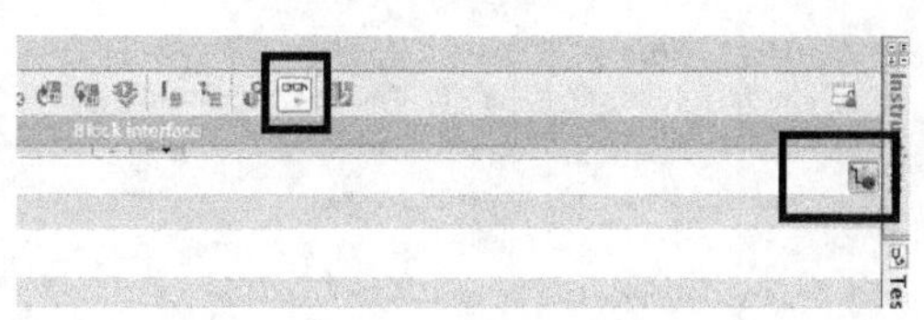

图 9-3　开启调用环境的按钮

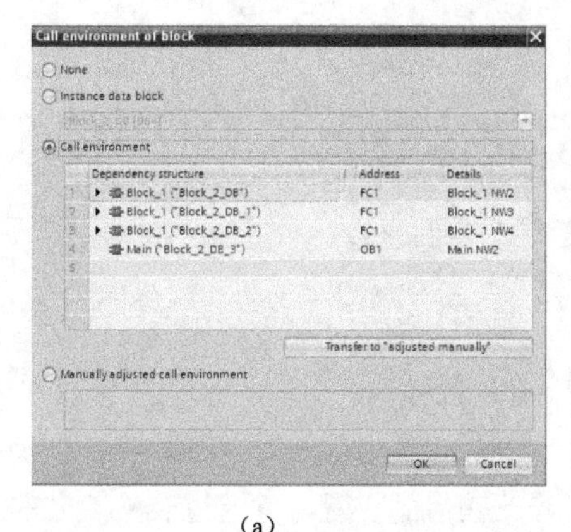

（a）

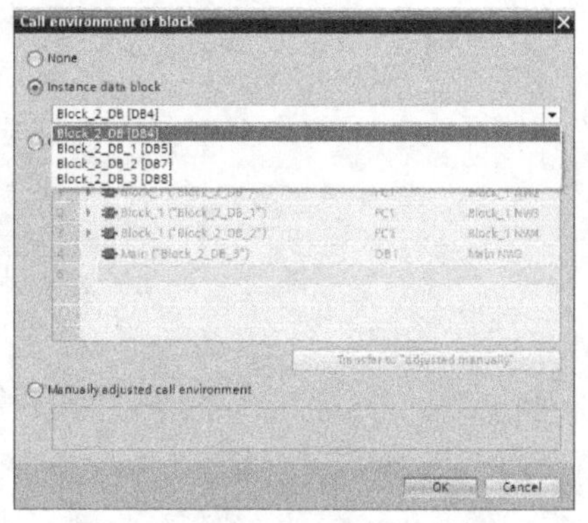

（b）

图 9-4　调用环境选择对话框

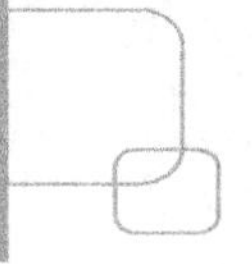

在图 9-4（a）中，可以用“基于调用环境”进行选择，这里罗列了该 FB 块所有的调用位置。

在图 9-4（b）中，可以用“基于背景数据块”进行选择，这里罗列了调用该 FB 块时所使用的所有背景数据块。

选择好后，单击 OK 按钮便可跳转并开启针对某次调用的 FB 监控。

9.2 监控变量和强制 IO

9.2.1 监控变量

1. 监控变量的基本操作

在调试的时候，我们有的时候还需要监控某些变量的值，有些时需要更改程序中某些变量的值，这就需要使用变量监控的功能（Watch），如图 9-5 所示，在项目树下的“监控和强制列表（Watch and force tables）”中，有一个名为“监控列表（Force table）”的表格（图中名为“Watch table_1”）。这里还可以单击“新建监控表（Add new force tables）”来新建表格，并自定义命名这些表格。双击某个监控表格，便可在工作区打开这个表格。

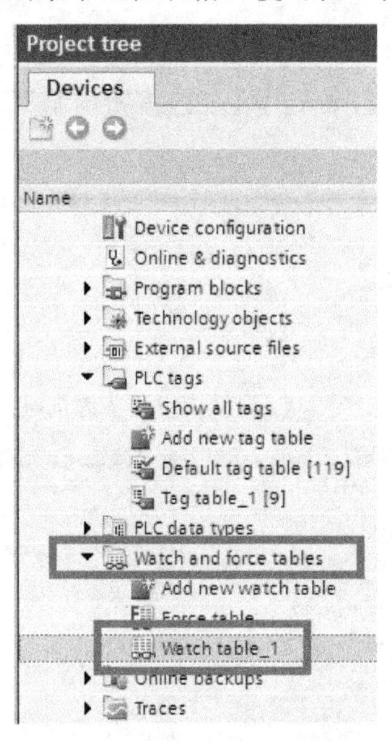

图 9-5 项目树中的监控和强制

表格打开后，如图 9-6 所示。

在监控表格中，需要添加希望监控或希望修改其值的变量，并通过表格上方的工具栏对变量进行操作。表格工具栏中的按钮和它们的功能展示如图 9-7 所示。

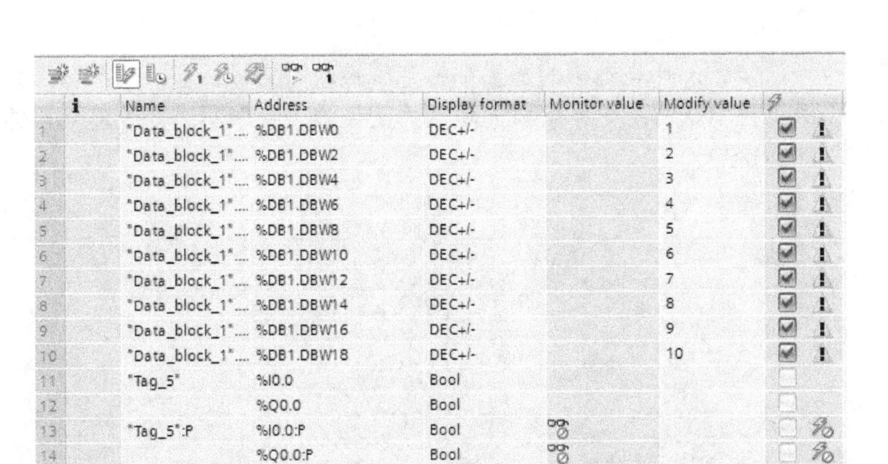

	i	Name	Address	Display format	Monitor value	Modify value	
1		"Data_block_1"...	%DB1.DBW0	DEC+/-		1	
2		"Data_block_1"...	%DB1.DBW2	DEC+/-		2	
3		"Data_block_1"...	%DB1.DBW4	DEC+/-		3	
4		"Data_block_1"...	%DB1.DBW6	DEC+/-		4	
5		"Data_block_1"...	%DB1.DBW8	DEC+/-		5	
6		"Data_block_1"...	%DB1.DBW10	DEC+/-		6	
7		"Data_block_1"...	%DB1.DBW12	DEC+/-		7	
8		"Data_block_1"...	%DB1.DBW14	DEC+/-		8	
9		"Data_block_1"...	%DB1.DBW16	DEC+/-		9	
10		"Data_block_1"...	%DB1.DBW18	DEC+/-		10	
11		"Tag_5"	%I0.0	Bool			
12			%Q0.0	Bool			
13		"Tag_5":P	%I0.0:P	Bool			
14			%Q0.0:P	Bool			
15		<Add new>					

图 9-6 监控表格

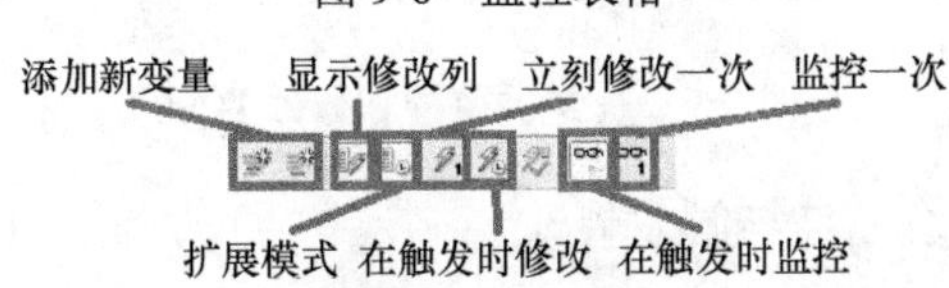

图 9-7 监控表格上方工具栏中各个按钮的功能

添加新变量的按钮和使用方法与标签表（Tags）和 DB 块中添加变量的操作相同，这里不再介绍。监控表中允许添加空白行，可以由此将监控的变量划分不同的小组。

如果“显示修改列”按钮没用被按下，表格中与修改变量值这个功能有关的列将不会显示出来。这时，每个变量只显示监控值，而不会显示（预）修改值，可以专注于监控那些变量。

打开扩展模式后（扩展模式按钮被按下），最主要的区别是：对于输入映像区中的变量和输出映像区的变量，无论是否在扩展模式、都可以监控和修改。但是，非扩展模式下无法监控也无法修改外设 IO 点。在扩展模式下，外设输入点可以被监控但不可被修改；外设输出点可以被修改但不可被监控。

变量添加完成后，如图 9-8 所示。表格中可以显示变量的名称和绝对地址（如果是优化 DB 块中的变量，没有绝对地址，这里将不会显示）和这个变量在监控时的显示格式（Display format），此格式用户可以修改。

	i	Name	Address	Display format
1		"OutputsToVoltabox".Contac...	%QB1608	Hex

图 9-8 对变量显示格式的设置

一切设置完毕后，单击工具栏中的“监控一次”按钮，所有变量会被立刻读取一遍它们的值，然后显示在“监控值（Monitor Value）”一列中。如果单击“在触发时监控”，在默认情况下，可以简单认为变量将被一直监控着，监控值（Monitor Value）内实时显示该变量的值（具体的细节，请参见 9.2.2 节的内容）。

在显示修改列按钮被按下的情况下，可以在修改值（Modify Value）一列中写入一个目标值，如图 9-9 所示。并在闪电列画上钩（当写入目标值后软件会自动画上钩）。然后，按动立刻修改一次按钮，凡是画钩的变量都将立刻被改写为目标值，仅改写一次。如果按动在触发时修改，在默认情况下，可以简单认为变量被一直改写为修改值（具体的细节，请参见 9.2.2 节的内容）。

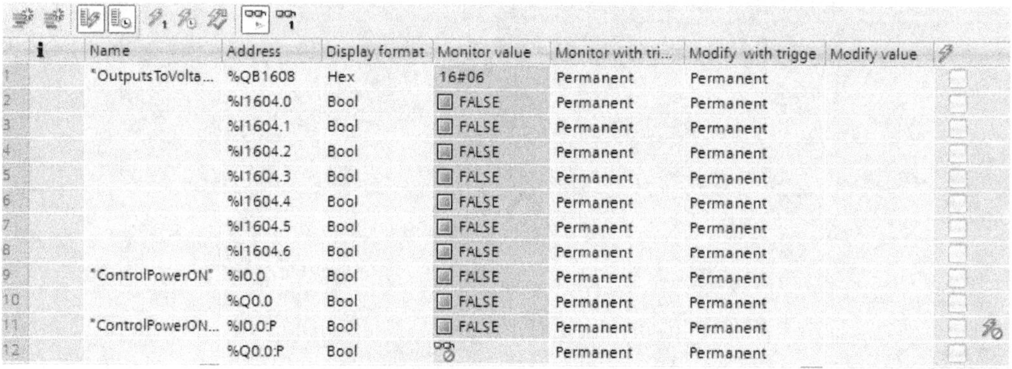

	i	Name	Address	Display format	Monitor value	Monitor with tri...	Modify with trigge	Modify value	
1		"OutputsToVolta...	%QB1608	Hex	16#06	Permanent	Permanent		
2			%I1604.0	Bool	FALSE	Permanent	Permanent		
3			%I1604.1	Bool	FALSE	Permanent	Permanent		
4			%I1604.2	Bool	FALSE	Permanent	Permanent		
5			%I1604.3	Bool	FALSE	Permanent	Permanent		
6			%I1604.4	Bool	FALSE	Permanent	Permanent		
7			%I1604.5	Bool	FALSE	Permanent	Permanent		
8			%I1604.6	Bool	FALSE	Permanent	Permanent		
9		"ControlPowerON"	%I0.0	Bool	FALSE	Permanent	Permanent		
10			%Q0.0	Bool	FALSE	Permanent	Permanent		
11		"ControlPowerON...	%I0.0:P	Bool	FALSE	Permanent	Permanent		
12			%Q0.0:P	Bool		Permanent	Permanent		

图 9-9　变量的监控和修改界面

2．变量监控功能的触发监控与触发修改

在启用触发监控和触发修改功能之前，首先打开扩展模式，这时监控表中会出现“监控触发（Monitor with trigger）和修改监控（Modify with trigger）”两列，如图 9-9 所示。“监控触发”用于设置在什么时候触发监控，也就是说在什么时候监控一下这个变量的值。“修改监控”用于设置在什么时候触发修改，也就是说在什么时候修改一下这个变量的值。这项设置有如下几个选项：

（1）永久（Permanent）。

（2）永久，在循环扫描开始时（permanently, at start of scan cycle）。

（3）仅一次，在循环扫描开始时（Once only, at start of scan cycle）。

（4）永久，在循环扫描结束后（Permanently, at end of scan cycle）。

（5）仅一次，在循环扫描结束后（Once only, at end of scan cycle）。

（6）永久，在进入停机状态时（Permanently, at transition to stop）。

（7）仅一次，在进入停机状态时（Once only, at transition to stop）。

为了更好地阐述这些触发时刻的意义，先回顾一下 PLC 的运行过程，如图 9-10 所示。

PLC 在运行时，首先将所有外设输入点读到输入映像中，然后运行主程序 OB1，接下来 PLC 将映像中的信息输出到外设输出点，至此完成一个循环。而后 PLC 将会继续刷新输入映像、运行主程序、将映像输出到外设……这样循环下去。

在 A 点，也就是“将外设输入导入至输入映像”完成之后，“运行主程序 OB1”之前。这个时刻点就是触发设置中所说的“在循环扫描开始时（At start of scan cycle）”。

下面以监控为例，说明这个时间点上的运行情况：如果变量监控触发设置为“仅一次，在循环扫描开始时（Once only, at start of scan cycle）”。在按动“在触发时监控”按钮后，软件将在这个 A 时刻点读取一次变量的值，然后显示出来。如果选择的是“永久，在循环扫描开始时（Permanently, at start of scan cycle）”。在按动“在触发时监控”按钮后。软件将在每个循环的这个 A 时刻点读一下变量的值然后显示出来。对于修改触发的设置与监控触发类似。

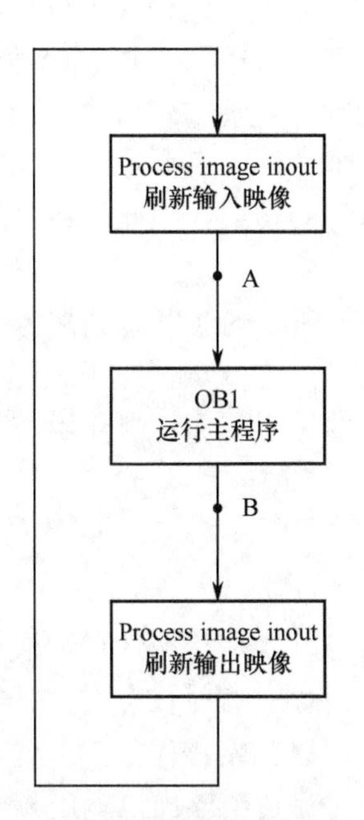

图 9-10　PLC 的运行过程

在 B 点，也就是“运行主程序 OB1”完成之后，“将输出映像导出至外设输出”之前，这个时刻点就是触发设置中所说的“在循环扫描结束后（At end of scan cycle）”。下面以监控为例，说明这个时间点上的运行情况：如果变量监控触发设置称为“仅一次，在循环扫描结束后（Once only, at end of scan cycle）”。在按动“在触发时监控”按钮后，软件将在这个 B 时刻点读一次变量的值然后显示出来。如果选择的是“永久，在循环扫描结束后（Permanently, at end of scan cycle）”，在按动“在触发时监控”按钮后。软件将在每个循环的这个 B 时刻点读取一下变量的值然后显示出来。对于修改触发的设置与监控触发类似。

如果监控触发选择为“仅一次，在进入停机状态时（Once only, at transition to stop）”，那么，只有 CPU 进入停机状态（STOP）时读一次变量值并显示出来。如果选择“永久，在进入停机状态时（Permanently, at transition to stop）”，那么每次 CPU 进入停机状态（STOP）时，读一次变量值并显示出来。修改触发与之类似。

对于触发监控和触发修改的设置，默认值都是“永久（Permanent）”，其意思如下所述。

对于触发监控而言：如果是输入变量，选择“永久（Permanent）”就是相当于选择了“永久，在循环扫描结束后（Permanently, at end of scan cycle）”选项。如果是输出变量，选择“永久（Permanent）”就是相当于选择了“永久，在循环扫描开始时（permanently, at start of scan cycle）”选项。

对于触发修改而言：如果是输入变量，选择“永久（Permanent）”就是相当于选择了“永久，在循环扫描开始时（Permanently, at start of scan cycle）”选项。如果是输出变量，选择“永久”就是相当于选择了“永久，在循环扫描结束后（Permanently, at end of scan cycle）”。

对于修改输入变量（输入映像中的）来说，在调试过程中选项修改它的目的通常是希望观察程序对于某一个输入量的变化所作出的反映。对于这样的目的，如果这个修改在 B 时刻，那么下一次运行主程序前，输入映像中的值又被外设实际输入的值刷新了，修改无法达到预期的目的。因此，在一般情况下，希望在 A 时刻修改输入变量的值。

对于输出（输入映像中的）而言，在调试过程中修改它的目的通常是为了看到外设实际进行某些输出。如果这个修改在 A 时刻，那么修改完成的输出值经过程序的运行可能变化了，最终输出到外设的还是程序运行的结果。因此，在一般情况下，希望在 B 时刻修改输出变量的值。

TIA 博途软件在默认的情况下，所有的触发时刻都为“永久（Permanent）”，正符合一般情况下调试的需求。这样的设计使得仅在默认情况下，无须过多设置就尽可能使修改的输入值可以在程序中应用。同时，修改的输出值尽可能作用在外设实际的输出点上。

9.2.2 强制 IO

对于一台 PLC 的底层控制而言，就是从输入点读取信息处理后再由输出点输出信息控制某些设备。因此，在调试程序的时候，有时候会有这样的需求：在没有外设输入某个输入点时，假设这个输入点有输入信号，以观察程序的响应。或者，在程序没有给出某个输出信号时，在不改变程序的情况下，临时让这个输出点输出相应的信号，以便查看外设的反应。

使用“强制”功能，是让 PLC 处在一个特殊的状态，在这个状态下，IO 点完全受用户控制，不受程序的影响。

使用强制功能的操作是这样的：在项目树中，在“监控和强制列表（Watch and force tables）”中有一个“强制列表（Force table）”。打开这个列表，可以在其中输入打算强制的 IO 点，如图 9-11 所示。我们添加了两个输出点 Q1.0 和 Q1.1，以及一个输入点 I0.0。由于强制功能是直接控制外设，不受到映像刷新和程序循环的影响，所以输入点和输出点都是直接控制外设。软件会在强制变量表中，在这些 IO 点后加上“:P”，表示直接对外设 IO 的读写。

TestProject1500 ▸ PLC_1 [CPU 1515-2 PN] ▸ Watch and force tables ▸ Force table

	i	Name	Address	Display format	Monitor value	Monitor with trigger	Force value	F	Comment
1		"Tag_7":P	%Q1.0:P	Bool		Permanent	TRUE	☑ !	
2			%Q1.1:P	Bool		Permanent	FALSE	☑ !	
3		"adsdf":P	%I0.0:P	Bool		Permanent		☐	
4			<Add new>					☐	

图 9-11　强制列表

在强制列表的工具栏中，有关于强制功能的按钮如图 9-12 所示。

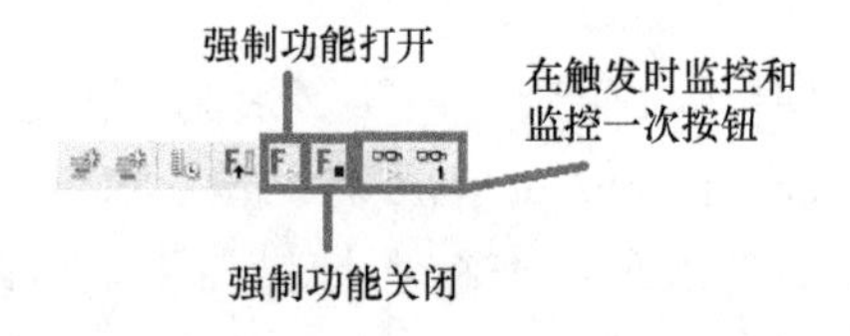

图 9-12　强制列表工具栏中的按钮功能

使用强制功能的方法：首先将要强制的 IO 点和要监控的变量添加至强制表中。将需要

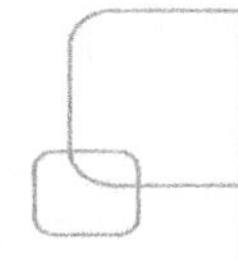

强制的值填写在该变量对应的“强制值（Force value）”一栏中。在开启强制之前，将需要强制的 IO 点（已输入强制值的）在它们对应的“红色 F”一栏中打上对钩（默认该变量强制值输入完成后就会自动打上对钩），如图 9-13 所示。

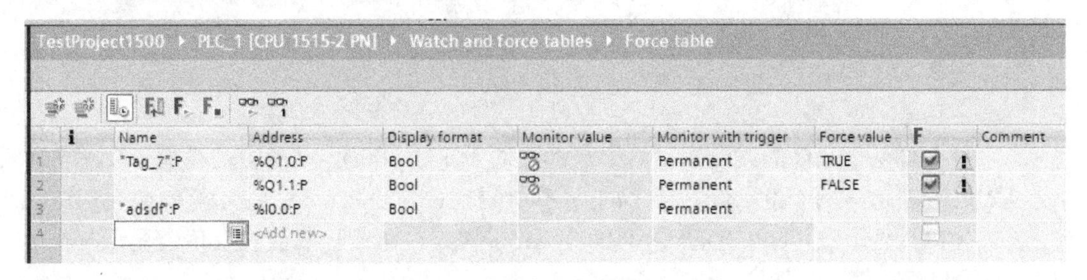

图 9-13　强制变量的操作

这时候，单击工具栏中的“强制功能打开”按钮（红色 F 和绿色三角标示即 F▸），软件会提示即将启动强制状态，如图 9-14 所示。单击“是（Yes）”后，PLC 会开启强制状态。PLC 开启强制状态后，会有如下几个特点：

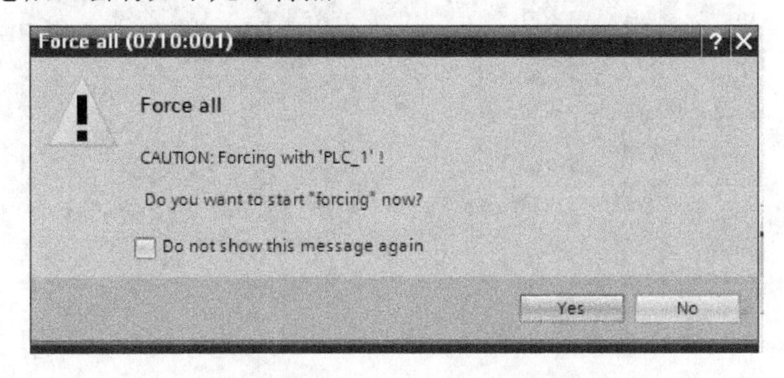

图 9-14　打开强制功能的提示框

（1）强制表中被强制的 IO 点将仅受到这张强制表中操作的控制。

（2）对于输出点，只要强制为 1（以 BOOL 量为例），就直接在外设上输出相应的信号了。因此在强制输出前，务必保证安全。

（3）在程序中强制的变量会在在线监控时显示一个“红色 F”的符号，如图 9-15 所示。

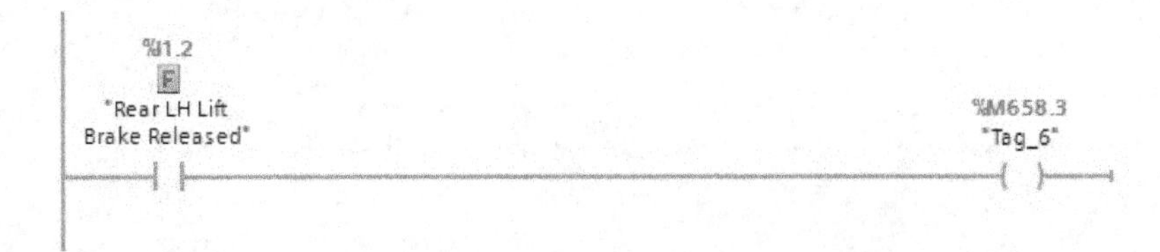

图 9-15　被强制的 IO 点在程序中的显示

（4）在强制表中，监控一个强制的输入点时，监控栏中也会显示出一个“红色 F”的符号，如图 9-16 所示。

图 9-16　被强制的 IO 点被监控时的显示

（5）对于强制的输出点会在该输出点这行最前面一栏中显示一个“红色 F”的符号，如图 9-17 所示。

	i	Name	Address	Display format	Monitor value	Monitor with trigger	Force value	F
1	F	"Tag_7":P	%Q1.0:P	Bool		Permanent	TRUE	☑
2	F		%Q1.1:P	Bool		Permanent	FALSE	☑

图 9-17　被强制的输出点所显示出来的状态

（6）S7-300/400 PLC 的强制指示灯会亮起。对于 S7-1200/1500 而言，精简了指示灯。在强制模式下，左起第三个指示灯（黄色的，它叫维护（Maintenance）指示灯）会亮起。如果是安装有 CPU 显示器（CPU-Display）的 S7-1500PLC，在显示器的右上角会显示一个“红色 F”的强制状态符号，如图 9-18 所示。

图 9-18　S7-1500 PLC 上显示的强制状态

强制使用完成之后，需要退出强制状态，PLC 才能恢复正常工作。PLC 一旦进入强制状态，只能通过强制表界面下工具栏中的“停止强制”按钮来退出强制状态。重启 PLC、断电等一切其他办法都无法终止强制状态！“停止强制”按钮为“F 和方块”图标，即“F■”。

9.3　查看资源分配列表

在程序编辑的过程中，当需要使用一个定时器、计数器或 M 区存储区时，我们希望可以查看一下有哪些定时器、计数器或 M 区存储空间已经被占用，还有哪些空余的资源可以使用，以防止程序中重复使用计数器、定时器或 M 区的某段空间。

查看的方法是：选中项目树中任意一个程序块，然后调出右键菜单，在其中选择“分配列表（Assignment list）”，如图 9-19 所示。打开分配列表后，程序中已经使用的输入输出映像存储器、M 区存储器、计数器、定时器资源全部显示出来。

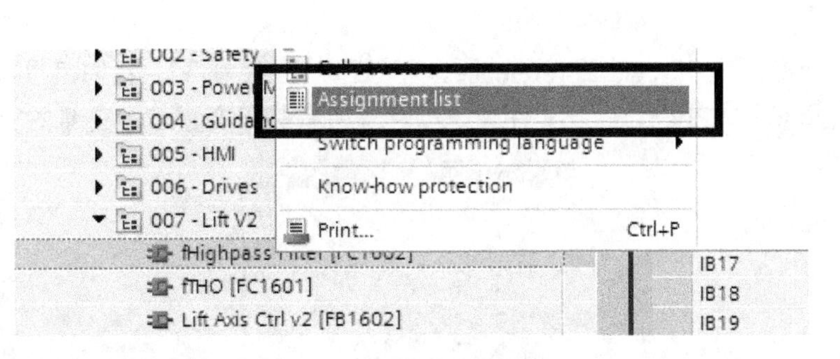

图 9-19　查看资源分配列表

在打开资源分配列表后，显示如图 9-20 所示的界面。在界面中可以显示哪些量被 CPU 模块本身使用。可以在硬件组态，CPU 模块属性中设置在位存储区中使用哪个字节作为方波输出和系统状态输出，如图 9-20 中 MB0 前的图标表示该字节用作了方波输出，MB2 前的图标表示该字节用作系统状态输出。

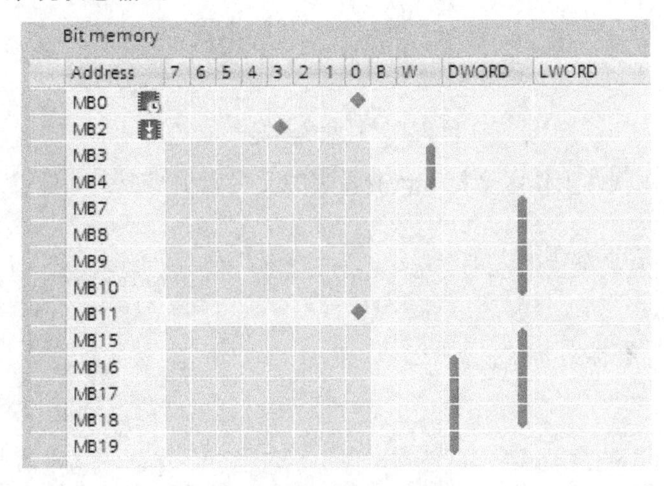

图 9-20　资源分配列表

该表格还可以显示用户使用了哪些变量和这些变量被以何种格式使用。例如，单个菱形块表示这位被以布尔量的形式使用了。而 MB2 和 MB3 后面的“W”列上画了一个竖杠，表示这两字节合在一起组成的“Word”被使用了。同理，该表中还可以显示双字（DWORD）和长字（LWORD），这样的显示方法可以让用户一目了然看到重复使用地址的情况（比如 MB3 与 MB2 组成了一个变量被使用；MB3 又与 MB4 组成了一个变量被使用了）。通常，这种重复使用是编程上的错误。

定时器、计数器、IO 点的使用状况都会在该表中显示出来，这里就不一一介绍了。

9.4　变量的交叉检索

变量的交叉索引有两种途径，一种是通过交叉索引表，另一种是通过巡视窗口。我们先介绍通过交叉索引表的方式。首先选中项目树中的变量表（Tag table），然后调出右键菜单，在菜单中选择“交叉索引（Cross-references）”，如图 9-21 所示。我们可以选择某一个变量表，也可以选择整个“PLC Tags”文件夹，以打开所有其下变量表中变量的交叉索引。

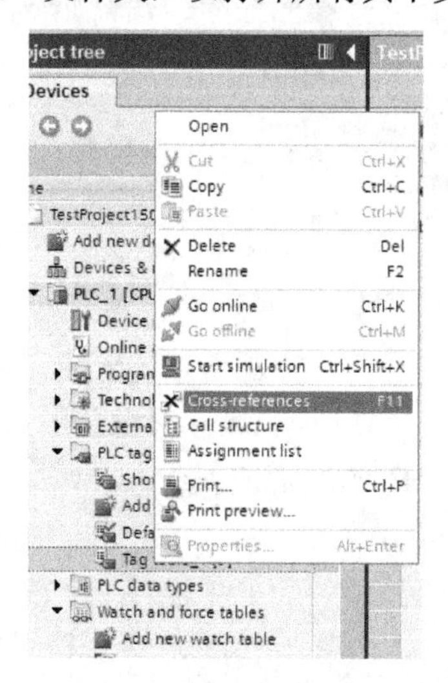

图 9-21　打开交叉索引表

单击完成后，在软件工作区会打开该变量表的交叉索引情况，如图 9-22 所示。

Cross-references of: PLC tags

Used by　Uses

Object	Number	Point of use	as	Access	Address	Type	Path
1/10Sec					%M1.7	Bool	15701_SPARv12\SPAGV1\PLC tags\Default tag table_3
240VAC Charging Pad Power ON					%I0.5	Bool	15701_SPARv12\SPAGV1\PLC tags\Default tag table_3
240VAC Charging Power ON					%I0.6	Bool	15701_SPARv12\SPAGV1\PLC tags\Default tag table
24VDC PS OK Delay					%T8	Timer	15701_SPARv12\SPAGV1\PLC tags\Default tag table_3
AGV Alarm LT Front/Left					%Q6.7	Bool	15701_SPARv12\SPAGV1\PLC tags\Default tag table_3
AGV Alarm LT Rear/Right					%Q7.7	Bool	15701_SPARv12\SPAGV1\PLC tags\Default tag table_3
AGV Front/Left Audible Device Channel 1					%Q6.2	Bool	15701_SPARv12\SPAGV1\PLC tags\Default tag table_3
AGV Front/Left Audible Device Channel 2					%Q6.3	Bool	15701_SPARv12\SPAGV1\PLC tags\Default tag table_3
AGV Needs Maintenance LT Front/Left					%Q6.4	Bool	15701_SPARv12\SPAGV1\PLC tags\Default tag table_3
AGV Needs Maintenance LT Rear/Right					%Q7.4	Bool	15701_SPARv12\SPAGV1\PLC tags\Default tag table_3
AGV ProcessFaultCode					%MW212	Word	15701_SPARv12\SPAGV1\PLC tags\Default tag table_3
AGV Production Assistance LT Front/Left					%Q6.6	Bool	15701_SPARv12\SPAGV1\PLC tags\Default tag table_3
AGV Production Assistance LT Rear/Right					%Q7.6	Bool	15701_SPARv12\SPAGV1\PLC tags\Default tag table_3
AGV Rear/Right Audible Device Channel 1					%Q7.2	Bool	15701_SPARv12\SPAGV1\PLC tags\Default tag table_3

图 9-22　标签表的交叉索引信息

在交叉索引表格的工具栏中有一个设置与显示变量有关的按钮，如图 9-23 所示。在该按钮中可以选择“是否显示使用了的变量（Show used）”和“是否显示未使用的变量（Show unused）”。

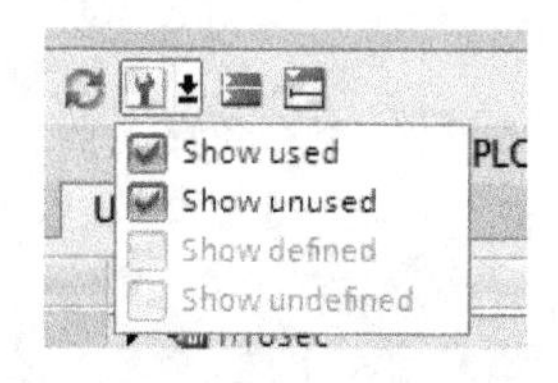

图 9-23　交叉索引表中的显示信息选择

对于已在程序中使用过的变量，列表中那个变量的前面会有一个黑色三角。展开这个三角（鼠标左键单击这个三角），一直展开到最底层，会出现该变量在程序中的使用信息。其画面和相应的解释如图 9-24 所示。

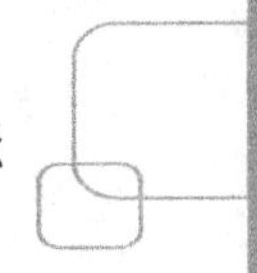

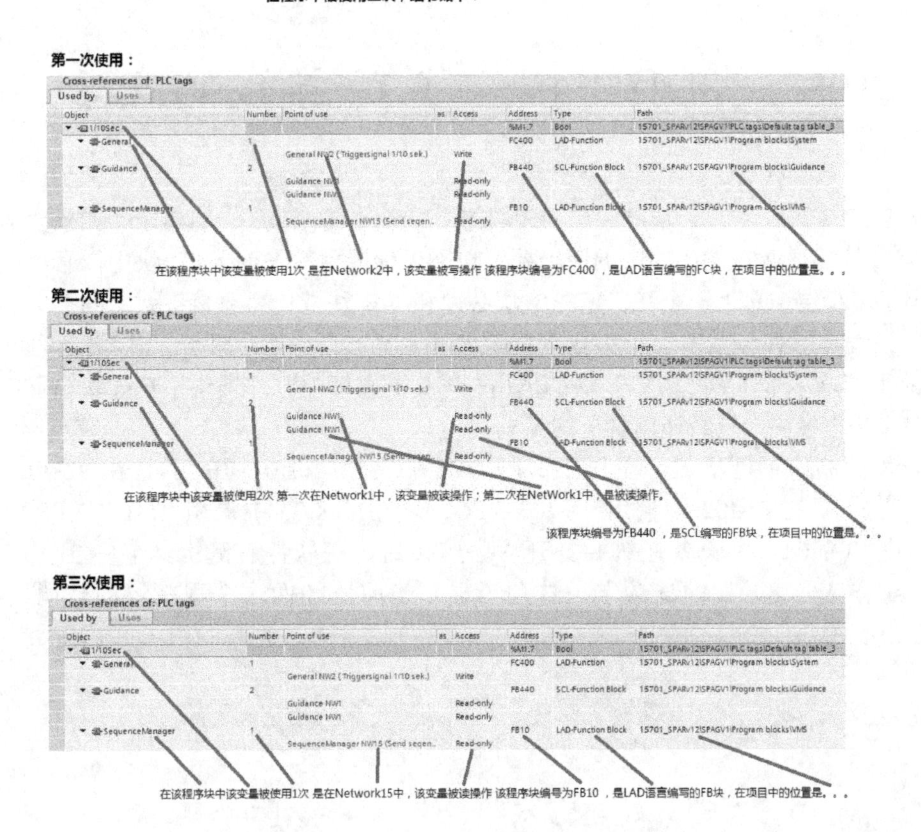

图 9-24　交叉索引表展开后的变量使用信息和相应解释

在这个交叉索引表中，那些显示使用位置（Point of use 一列中）的文字均为蓝颜色，鼠标单击这些蓝颜色的字，软件可以直接跳转到相应的使用位置。

交叉索引也可以在巡视窗口中进行，这种方式一次只能显示一个变量的交叉索引结果。更适合“在程序中，突然需要对其中某一个变量查看下它的使用”这样的情况。在程序中选中某个要查看的变量，在巡视窗口选择“信息（Info）”，然后选中“交叉检索（Cross-references）”选项卡。这时会显示这个变量的交叉索引情况，如图 9-25 所示。

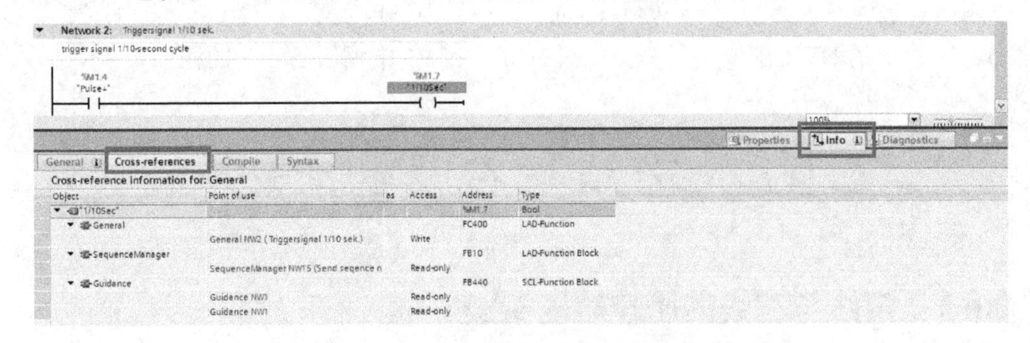

图 9-25　在巡视窗口中的交叉索引信息

同时，我们在项目树中选中 FC 块，FB 块，DB 块之后，依然可以在巡视窗口相应的选项卡中查看该程序块的交叉索引信息。程序块的交叉索引信息主要是显示该程序块被调用的情况。

9.5 调用结构与调用层级的查看

对于 PLC 来说，它只会依照某个 OB 块的运行条件运行 OB 块的程序。如果要运行某个 FC 或者 FB 块，要么在 OB 块中调用，要么在 OB 块调用的 FC 或 FB 块中嵌套调用。无论嵌套调用了多少层，总之一个 FC 或 FB 块必须和 OB 块取得“直接”或“间接”的联系才能运行。当程序规模较大时，可能嵌套的层级也比较多，FC/B 块与 OB 块之间过于“间接”。这时可能需要查看这个 FC/B 块的调用关系。TIA 博途软件提供了在线状态下快速查看当前正在监控程序块的层级调用状况的工具。

首先我们制作了这样的一段程序：在 OB1 中调用 Test01（FC3），在 Test01 中调用 Test02（FC5），在 Test02 中调用 Test03（FC6），在 Test03 中调用 Test04（FB1），现在打开并监控 Test04。当设备在线并打开程序监控后，在软件右侧工具卡中会出现“调用层级（Call hierarchy）”的选项卡，选项卡显示当前监控的这个程序块的被调用状况，如图 9-26 所示。

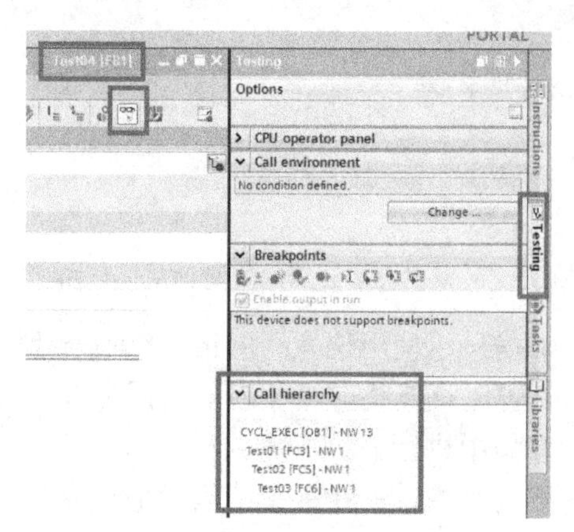

图 9-26　调用层级查看

在调用层级中显示 OB1 在 NW13（Network13）中调用了 FC3，在 FC3 的 NW1 中调用了 FC5，在 FC5 的 NW1 中调用了 FC6，在 FC6 的 NW1 中调用了当前的程序块。

9.6 离线与在线的比较

9.6.1 离线与在线的比较功能实操

在调试程序的过程中，当发现离线程序和在线程序不一致的时候，我们有时候会疑惑，不知道是哪里不一致了，不知道上一次修改了哪些地方，不知道哪一个版本是最新的，这时候就需要对离线和在线程序进行比较了。

首先选中 PLC，然后在菜单栏选择“工具（Tool）”的“比较（Compare）”下的“在线与离线比较（Offline/online）”，如图 9-27 所示。

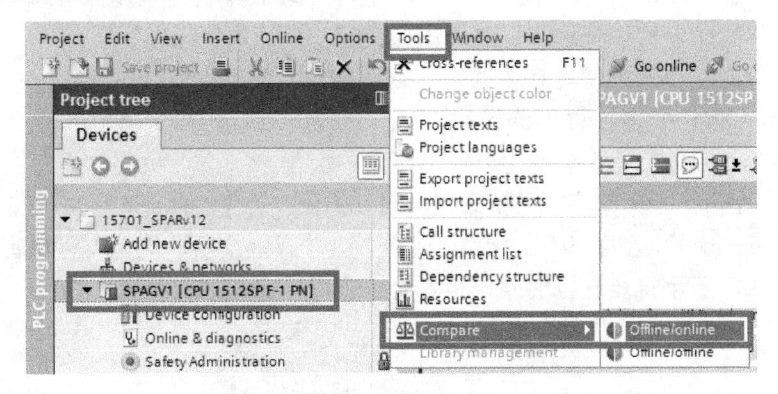

图 9-27　开启离线与在线比较功能

单击后，如果 PLC 没有在线的话，软件会自动在线 PLC，而后在软件工作区会出现在线与离线比较的窗口，如图 9-28 所示。

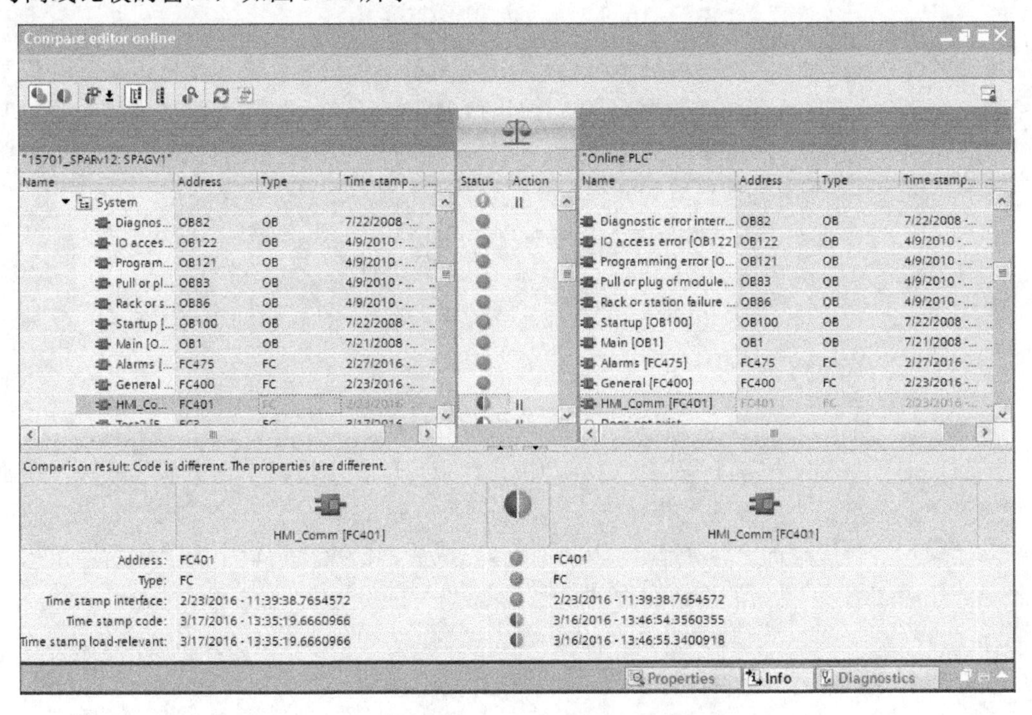

图 9-28　在线与离线比较的窗口

左侧展示的是离线项目所有的程序块，右侧展示的是在线的响应的程序块，中间图标表示当前状态。这些表示程序块离线/在线状态的图标和在线后的项目树中（程序块文件夹下）所显示的一样，这里就不叙述了。具体这些图标的含义，请参考 7.1 节的内容。

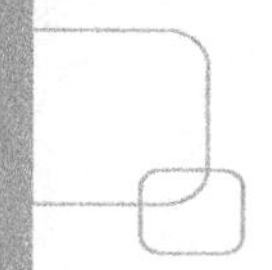

9.6.2 对不一致程序块的处理

当发现某个块离线与在线程序块不一致的时候，往往需要即刻进行处理。要么把当前项目中的程序下载到 PLC 中，要么把 PLC 中的程序上传到项目中，以保持二者的一致。在在线与离线比较窗口中，可以快速进行这样的操作。

对于所有比对不一致的块，在中间不一致图标（左侧蓝色实半圆，右侧橙色实半圆的图标“ ”）右侧有一个暂停标志的图标。这个暂停标志说明对于这一处的不一致暂时不做任何处理（No action）。鼠标单击这个暂停标志，会出来一个下拉菜单。在这个下拉菜单中可以选择“从设备上传程序（Upload from device）”也可以选择“下载程序给设备（Download to device）”，如图 9-29 所示。选择了上传或下载后，该地方将从暂停图标变为向左或向右的箭头，表示将要进行的操作是哪一边去覆盖另一边。

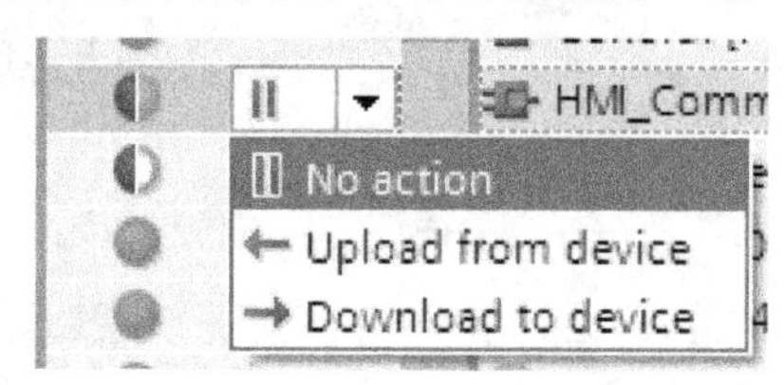

图 9-29　上传或下载选择

在这个下拉选项单中，无法从已经选择的“从设备上传程序”直接改选成“下载程序给设备”，当然反过来也不行。必须先选择不作处理（No Action），然后才能换成另外的选项。

将所有不一致的地方全部设置完成后，单击比较窗口工具栏上的行动按钮（如图 9-30 中箭头所示按钮），所有之前设置的操作将一起完成。

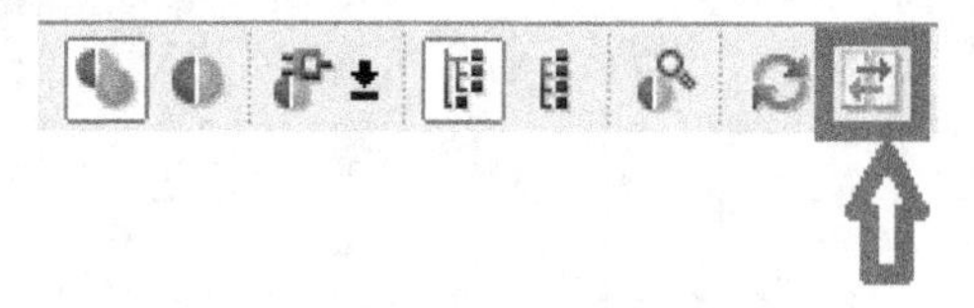

图 9-30　比较窗口中的行动按钮

当然，对于单独上传某个程序块这样的操作，也可以在项目树中选中该程序块，调出鼠标右键菜单，并选择“从设备上传（Upload from device(software)）”来完成。如果是通过这种在对比窗口之外进行的上传操作，可以在上传完成后单击对比窗口中的“刷新”按钮，查看最新的比对结果，“刷新”按钮在行动按钮左边。

9.6.3 对程序细节的离线与在线的比较

如果想要查看某个离线与在线不一致的程序到底哪里不一致的话。可以对程序细节进行对比。 在比较窗口，选中想要比较细节的那个程序块，它的中间肯定是个“左蓝色半圆，右橙色半圆的圈”——不一致的图标。鼠标移动至这个不一致图标上，单击鼠标右键调出菜单，然后选择“开始比较细节（Start detailed comparison）”，如图 9-31 所示。

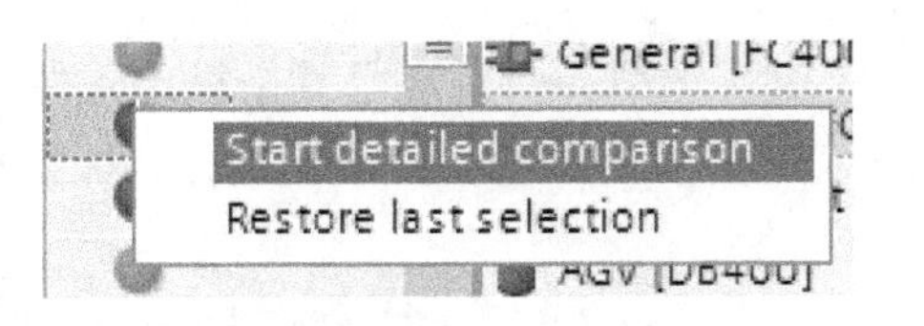

图 9-31　开始细节比较

此时软件会开始细节比较。如果欲比较的程序块处在打开状态，软件会重新打开该块。因此，开始比较前如果该块正在编辑，建议进行保存，关闭之后再进行比较。当然，当正在打开的块将要被比较时，软件也会给出相应的提示。

软件对某个程序块进行细节比较后，会在工作区显示细节比较的结果，如图 9-32 所示。左侧为离线的程序块，右侧为在线的程序块，可以对照观察。如果某个 Network 比较一致，会在该程序块前显示一致的图标——绿色实心圆；如果不一致，Network 前的图标一律显示“左蓝色半圆，右橙色半圆的圈”，无论另一方是否存在。如果不一致的情况是一方存在而另一方不存在，仅在不存在的一方显示“未找到相应的 Network（No corresponding network found.）”。

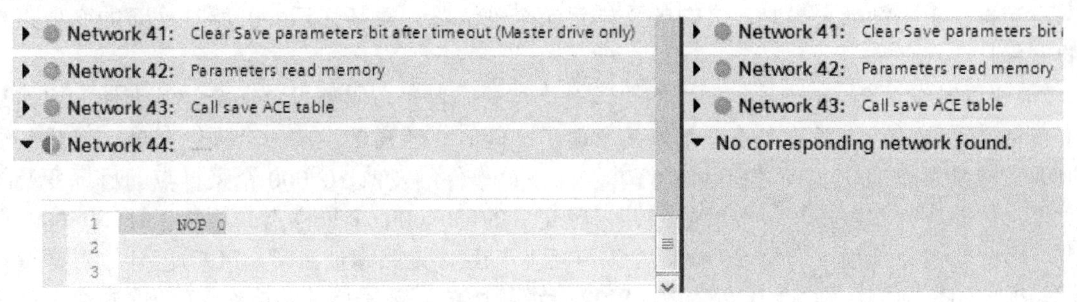

图 9-32　细节比较结果的显示

9.7　变量跟踪

9.7.1　变量跟踪的原理

变量跟踪就是记录某一些变量在一段时间内的变化状态。这个功能很类似许多组态软件中的“趋势”功能，但是 S7-1200/1500 系列 PLC 中的“变量跟踪”功能却比它强大得多。

对于一般组态软件中的“趋势”功能，是组态软件周期性地向 PLC 读取某个变量的值。每一次读取，称为一次采样。最后，将一段时间内所有的采样值整理并在坐标系下绘制出该变量在这段时间的变化曲线。这种方式，采样和记录数据的工作完全由组态软件完成，采样周期基本上是秒数量级的，它适用于一般过程量的记录和监控。

S7-1500/1200 系列 PLC 中的“变量跟踪”功能，原理与前者并不一样。在 S7-1500/1200 系列 PLC 中，有特定的存储区域。根据设定的采样周期（最小的采样周期可以到一个程序周期，即任意一个循环 OB 块的运行周期），每到需要采样的时刻，PLC 会读取需要采样的变量并存放在 PLC 的这个特定区域中。一旦满足某个设定条件，或者中途手动取消激活了“变量跟踪”，即宣告本次跟踪完成，PLC 不会再继续采样。这也是有别于组态软件“趋势”功能的地方。

9.7.2 变量跟踪的触发模式

变量跟踪有两种触发模式，一种为“即时记录（Record immediately）”，另一种为“变量触发（Trigger on tag）”。

“即时记录（Record immediately）”的原理是这样的：假设对于某个变量的最大采样量为 50 000 个，那么，自鼠标单击“激活变量跟踪”按钮的时刻起，PLC 开始采样，TIA 博途软件上同时显示并描绘相应变量的变化曲线。从这时刻起，第一个采样时刻，将读到的值记录到 PLC 内存中的第一个存储数据的位置；第二个采样时刻，将读到的值记录到 PLC 内存中的第二个存储数据的位置，依此类推。当 50 000 个值存满之后，一次完整的变量跟踪过程将自动宣告完成，PLC 会停止采样，在 TIA 博途软件界面上，“变量跟踪”变为未激活状态。当再次单击激活采样时，之前的采样记录全部清除，重新显示并开始一次新的变量跟踪的过程。

“变量触发（Trigger on tag）”的原理是这样的：首先，需要设定一个触发事件，比如某个布尔量置位了，或者某个整型量为某个值了。同时，还需要设定一个预触发值。依然假设最大采样量为 50 000 个，我们可能打算看一下该事件触发前 20 000 个采样点的目标变量的变化，然后事件触发后，再继续采样该目标变量的 30 000 个采样点。总共正好 50 000 个点。那么就设定预触发值为 20 000 个采样点。一旦，该跟踪被激活，PLC 就开始对变量进行采样，当采样值达到 50 000 之后，PLC 会继续采样，新采样的值会在 PLC 的内存中覆盖最早采样的值。这样，PLC 内永远记录着从当前时刻起，向前倒推 50 000 个采样时间这段时间内目标变量的变化情况。在这种情况下，一旦触发事件发生，PLC 便可以依照触发时间发生的时间点，截取该时间点向前 20 000 个采样点，向后 30 000 个采样点这个时间段。一旦这个时间段截取完成，一次完整的变量跟踪过程将自动宣告完成，PLC 会停止采样，在 TIA 博途软件界面上，“变量跟踪”变为未激活状态。

9.7.3 变量跟踪的组态

首先，在项目树中找到“跟踪（Traces）”并双击“新建跟踪（Add new trace）”，如图 9-33 所示。

在双击“新建跟踪（Add new trace）”后，在“跟踪（Traces）”目录下会出现新建立的“跟踪（Trace）”，如图 9-34 所示。

图 9-33 项目树中的“跟踪”功能

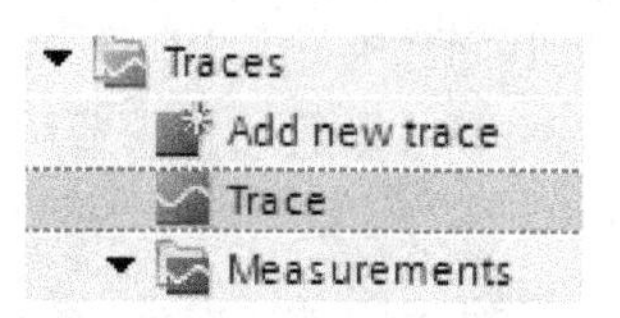

图 9-34 新建立的跟踪

双击这个新建立的跟踪（Trace），会在软件工作区打开这个跟踪，如图 9-35 所示。

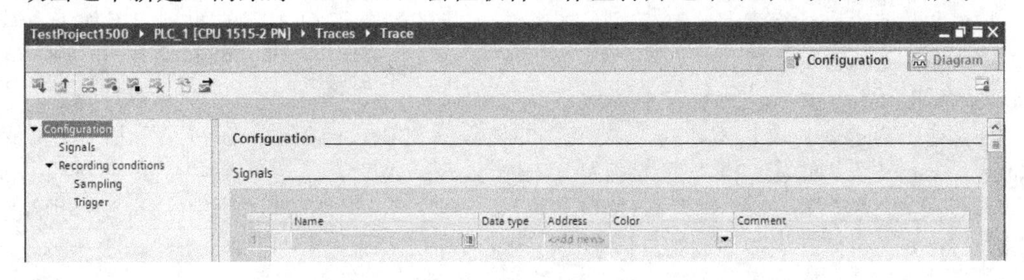

图 9-35　跟踪的编辑界面

在这个界面左上角可以看到，有组态（Configuration）和图表（Diagram）两个选项卡。组态（Configuration）卡用于设置跟踪的变量、采样个数、采样周期、触发方式等参数。图表（Diagram）卡用于实际查看变量跟踪的结果——即变量的变化曲线，以及与跟踪有关的操作，比如激活、关闭、放大缩小查看，导出等。

在组态（Configuration）卡的信号（Signals）框中，设置欲跟踪的目标变量，可以设置多个变量，以及每个变量在显示变化曲线时的颜色，如图 9-36 所示。

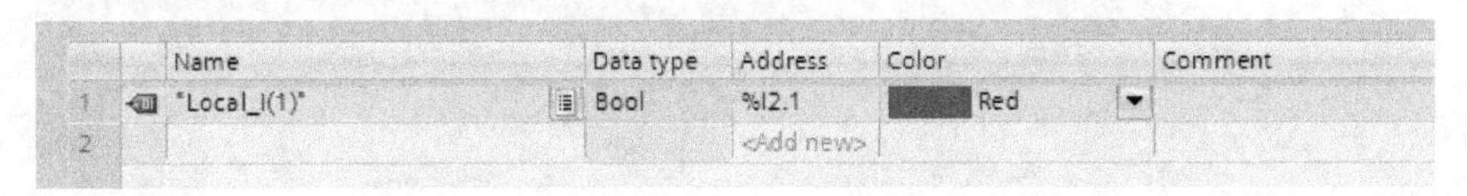

图 9-36　跟踪变量和颜色的设置

在采样（Sampling）设置中，“采样跟随（Sample with）”用于设定以哪个 OB 块循环周期作为采样周期的基准。这里我们只能选择周期运行的 OB，错误中断作用的 OB 不可能用作采样周期的基准，自然这里不会显示出来，也无法选取。“采样周期数（Record every）”用于设定“采样跟随（Sample with）”中设定的那个 OB 块执行了多少周期后，进行一次采样。“采样持续时间（Recording duration）”用于设定总共采样多少个值。如果勾选了“使用最大采样数目（Use max. recording duration）”，这里无须设置，系统会自动将最大采样数目填写在这里，如图 9-37 所示。

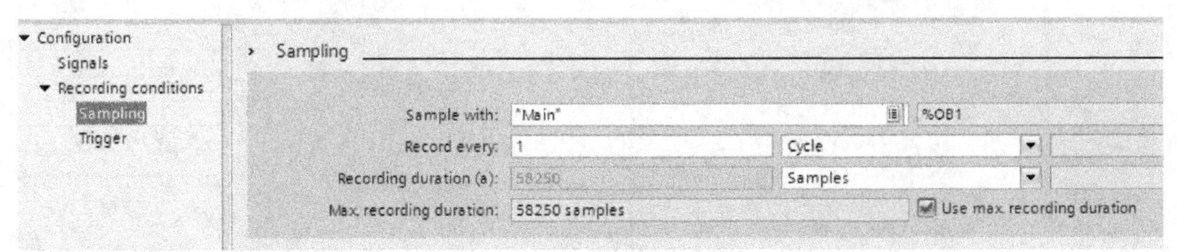

图 9-37　采样参数的设置

关于最大采样周期数目，与我们设定了多少欲跟踪的目标变量及其类型有关。具体来说，这个数值是这样计算的：对于每一个新建的跟踪（Trace），在 PLC 中都给予了 524 258 字节的存储空间。对于每一次采样，都会将本次采样的时间戳——占 8 字节加上本次采样变量的数值整个作为一次采样的数据。其中采样变量的数值最小为字节，也就是说，即便是跟踪一个布尔量，每次采样记录这个布尔量值时，也占用了一字节。在图中，只采样了 1 个布尔量，所以每次采样的数据量是 8 字节的时间戳和 1 字节该布尔量的值，共 9 字节。524

258 字节的存储空间除以 9 字节等于 58 250，这样最多只能有 58 250 个采样点了。依此类推，如果欲跟踪的目标变量是一个整型和一个布尔量的话，那么 8 字节的时间戳加上 2 字节存放整型量的值，再加上 1 字节存放布尔量的值，也就是说一次采样的数据是 11 字节的数据量。被 524 258 一除，得到最大 47 659 个采样值。

在触发（Trigger）设置中，可以设定“即时记录（Record immediately）”和“变量触发（Trigger on tag）”。如果选择“变量触发（Trigger on tag）”，需要设置“触发变量（Trigger Tag）”以及触发的条件——“触发事件（Event）”，同时还可以依照我们的需求设置“预触发采样个数（Pre-trigger）”。这些参数的具体含义，可参阅 9.7.2 节。相关页面，请参阅图 9-38。

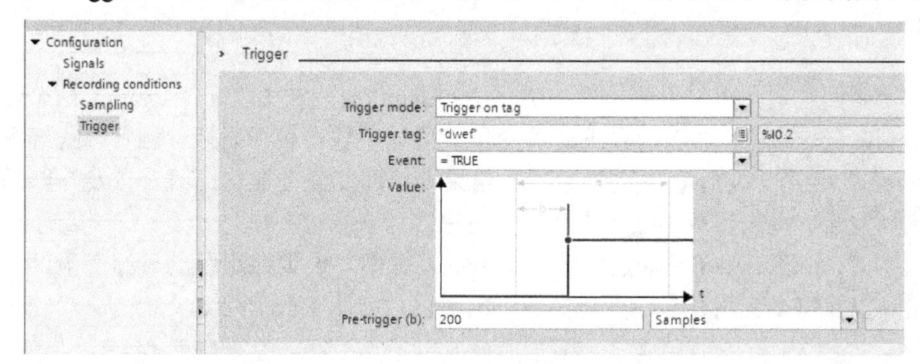

图 9-38　触发模式下的参数设置

9.7.4　变量跟踪的实际操作

当组态完成后，就可以实际操作一次变量的跟踪了，建议整个操作在在线情况下完成。在线后，单击变量跟踪组态界面中的下载按钮，如图 9-39 所示。

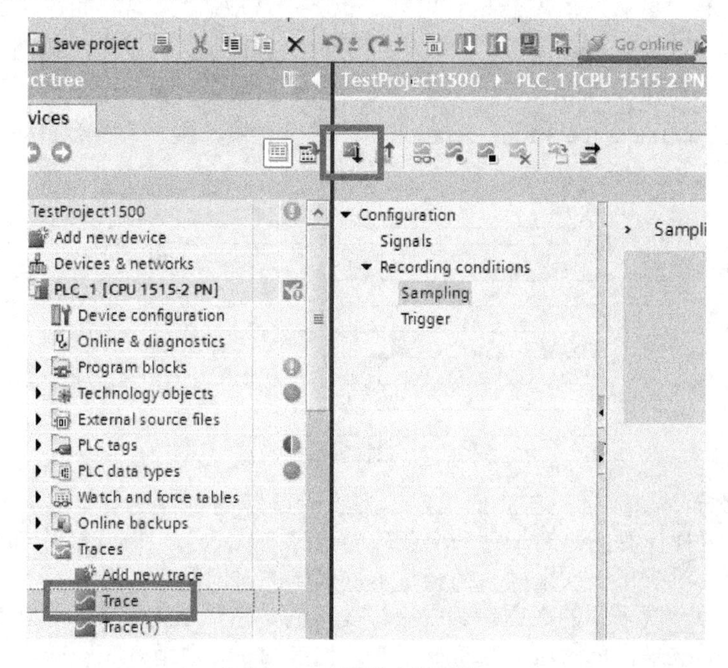

图 9-39　进行变量跟踪

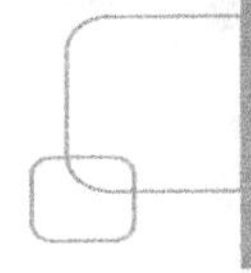

接着，软件会给出一个安全提示，告知我们这一功能的启用会增大 CPU 的循环周期，由此可能带来风险。我们单击“是（yes）”按钮，便完成了组态的下载，如图 9-40 所示。

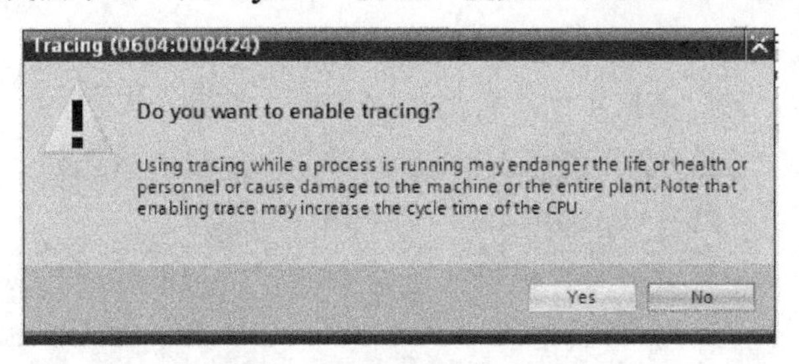

图 9-40　下载跟踪时的安全提示

下载完成后，界面自动跳转到图表（Diagram）卡上。在图表卡上，会出现一行操作栏，其具体功能如图 9-41 所示。

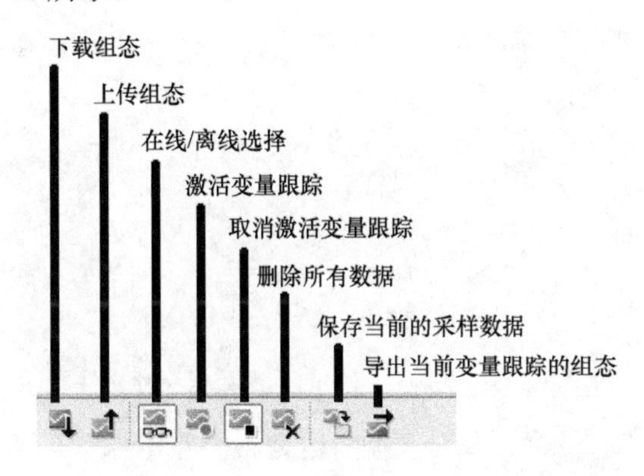

图 9-41　图表卡工具栏上的按钮及功能

当软件自动调整至上述界面后，可以按“在线/离线选择”按钮进行在线和离线的切换。只有在在线状态下，才可以进行激活或取消激活当前组态好的这个变量跟踪的操作。对于即时记录（Record immediately）型的变量跟踪，一旦单击“激活变量跟踪”按钮，PLC 将会开始记录变量的变化，直到所设定的采样点记满或者中途单击“取消激活变量跟踪”按钮。对于变量触发（Trigger on tag）型的变量跟踪，一旦单击单击“激活变量跟踪”按钮，PLC 将会开始记录变量的变化，直到触发状态发生后，PLC 截取触发时间前后相应时间段的记录值，截取完成后，激活自动被取消。中途按“取消激活变量跟踪”按钮，随时终止变量的跟踪。

特别提示的是，当激活过一次变量跟踪后，除非导出这些测量数据，否则再次激活时，前一次激活所记录的数据将会被覆盖。

当激活过一次变量跟踪后，可以选择“保存当前的采样数据”将数据保存在这个项目中。这个功能比较常用，所以将在 9.7.5 节中专门介绍。这里还有一个按钮是“导出当前变量跟踪的组态”，这个导出只是导出组态而已，导出后可以在 V12 及以上版本的 TIA 博途软件中的其他项目中直接使用这个组态（对于 V13 及以上版本的导出文件，V12 版本可以使用但会丢失部分信息）。

9.7.5 采用数据的保存与导出

当激活过一次变量跟踪后，可以单击“保存当前的采样数据”按钮将数据保存在这个项目中。单击该按钮后，会出现提示保存位置的对话框，如图 9-42 所示。

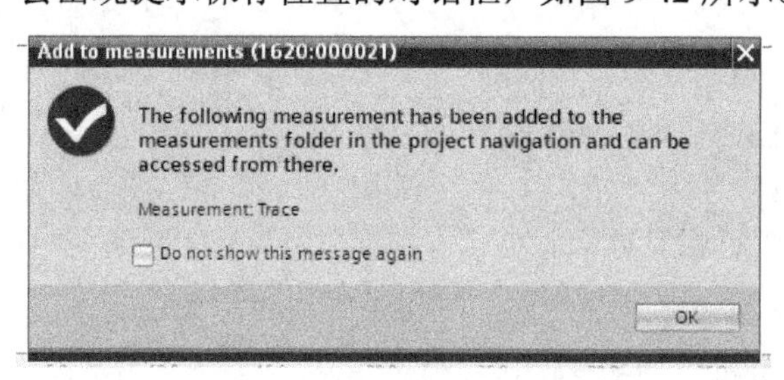

图 9-42　采用数据保存提示

单击 OK 按钮后，可以在项目树中“跟踪（Trace）”下的“测量（measurements）”中看到相应的数据，如图 9-43 所示。

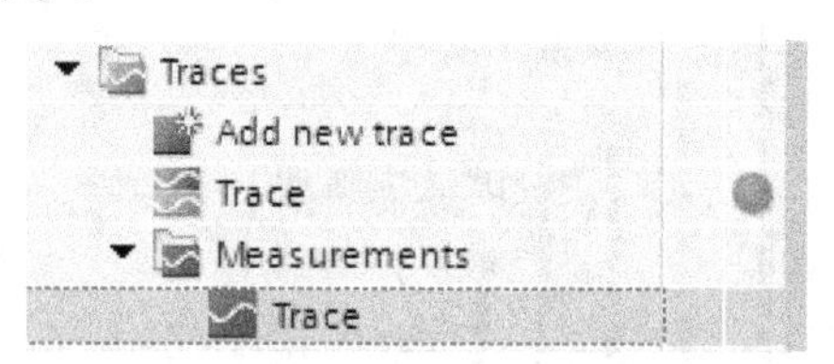

图 9-43　在项目树中的采用数据保存文件

双击这个新保存的“Trace”，本次保存的数据将会在工作区展示出来，可以查看这之前保存的变化曲线，如图 9-44 所示。

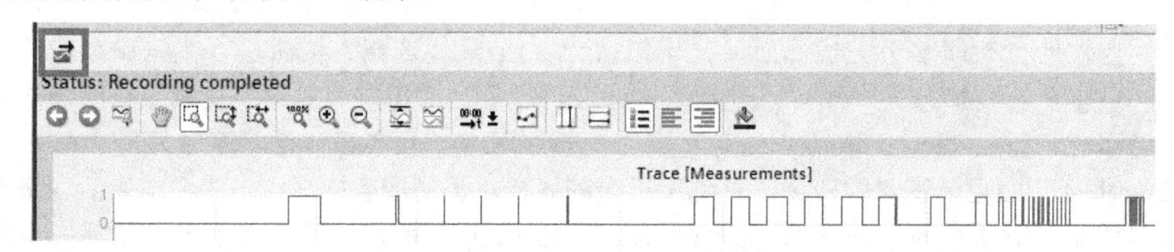

图 9-44　采用数据文件的参看

图中的左上角有一个黑框的按钮，该按钮的意思是将这些采样数据导出。这是一个很常用的功能，它可以让我们轻松地将这些采样数据以通用的格式传递出来，供其他软件使用。对于一些故障分析、系统辨识之类的工作，往往需要更专业的软件或更专业的人员进行处理。这个功能无疑满足了这方面的需要。单击这个按钮，弹出保存文件的对话框。

在对话框中，可以选择要保存的地址和要保存的文件格式。这里有三种可选择的文件格式，分别是*.ttrecx 格式、*.ttrec 格式、*.csv 格式。其中*.ttrecx 格式为 TIA 博途 V13 及 V13 SP1 版本支持并可以由这两款软件打开的文件格式。*.ttrec 格式为可由 TIA 博途 V12 及以上版本打开的文件格式。*.csv 为通用的数据格式（逗号分隔值文件格式），可由 Excel 这样的软件直接打开，如图 9-45 所示为 Excel 打开的 CSV 文件。

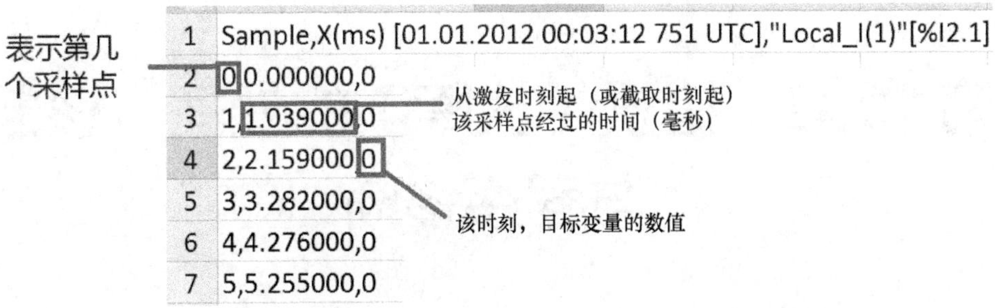

表示第几个采样点

1	Sample,X(ms) [01.01.2012 00:03:12 751 UTC],"Local_I(1)"[%I2.1]
2	0,0.000000,0
3	1,1.039000,0
4	2,2.159000,0
5	3,3.282000,0
6	4,4.276000,0
7	5,5.255000,0

从激发时刻起（或截取时刻起）该采样点经过的时间（毫秒）

该时刻，目标变量的数值

图 9-45　用 Excel 打开的采用数据文件（CSV 文件）

如果生成了*.ttrecx 格式或*.ttrec 格式的文件，在 TIA 博途软件中的打开方式是：鼠标选中项目树中的测量（Measurements），然后单击鼠标右键，在右键菜单中，选中“导入测量数据（Import measurement…）”便可。

第10章　错误（故障）的处理、诊断与程序诊断

10.1　PLC错误（故障）综述

在我们使用PLC的过程中，难免会出现一些故障。作为一名PLC工程师，在PLC的故障灯亮起时，在PLC意外停止运行时，在程序偏离了预想的功能时，需要高效率地找到问题出现的原因，然后迅速解决所有的问题。当然，一款成功的编程软件也必须为使用者提供高效的查错工具。

错误的分类

西门子PLC将所有的错误分为两类——处理器错误和功能性错误，其中又将处理器错误分为同步错误和异步错误，如图10-1所示。

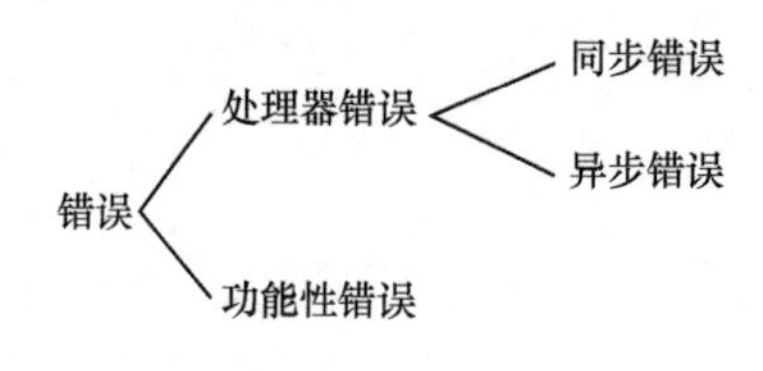

图10-1　错误分类

处理器错误指的是那些可以被PLC探测到的错误，而功能性错误指的是那些无法被PLC探测到的错误。功能性错误属于由于编程的不正确导致程序的运行未能达到预期效果，但又没有语法错误，所以PLC无法探测。对于功能性错误，需要使用程序调试工具进行程序的查错和修改。

同步错误是指由于程序所造成的错误。在一般情况下，有可能出现的程序错误有如下两种：

（1）超时错误（OB80）。如果程序的运行时间超过了看门狗的时间，超时错误将会被触发。一般如下的几种情况可能会触发这个错误：程序运行周期过大以至于确实超过了看门狗所设定的时间（可参见7.2.3节）。

（2）程序错误（OB121）。程序错误通常为指令错误或寻址错误（寻址了一个不存在的地址）。这里举出一个数组内寻址错误的例子，TIA博途软件中数组给编程带来了方便，但同时也带来寻址出错的风险，而某些情况下（如本例中）这种错误在编译程序时是没有警告出现的，所以特在此处举例。

如图10-2所示，是一个“寻址了一个不存在的地址”的错误程序。程序中建立了一个0～10的11个INT型变量的数组，即IntArray[0...10]。在SCL语言所编辑的程序中，先给

IntArray[0]赋值为 20。然后（第二行，画下画线的那一行）IntArray[0]的值是几就找数组中第几个元素（从 0 开始计算，同下文），然后给这个元素赋值 2。这样 PLC 在运行这行程序时，会直接寻找数组中的第 20 个变量，而数组中最多到第 10 个变量，因此 PLC 会触发程序错误，如图 10-3 所示为这个程序运行时的 PLC 诊断信息。

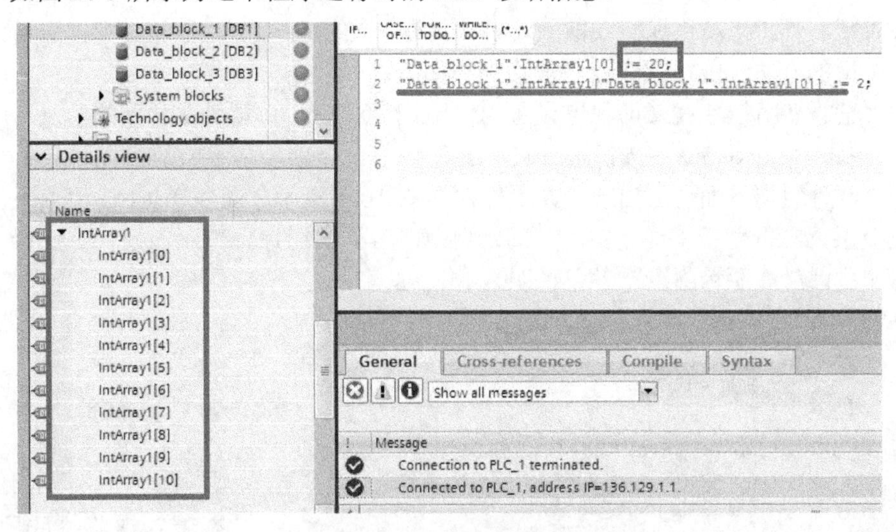

图 10-2　寻址错误的例子

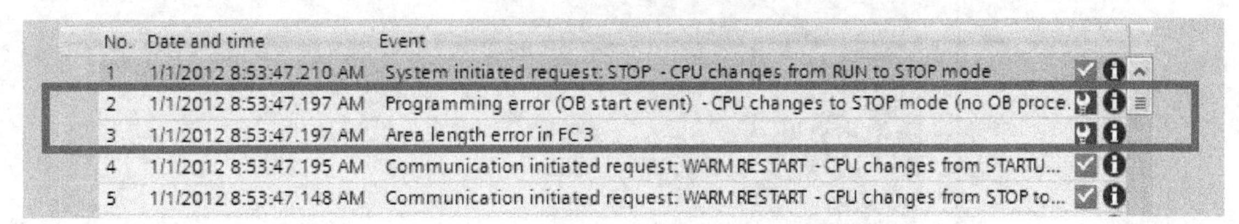

图 10-3　寻址错误中 PLC 的诊断信息

异步错误指的是由于硬件所造成的错误。一般来说，造成异步错误的情况有以下三种：

（1）硬件的损坏。

（2）硬件组态与实际不一致。

（3）接线错误（如短路等）。

当出现处理器错误时，首先 PLC 的故障灯（红灯）会亮起。对于大多数故障，PLC 根据探测到的故障类型会调用一次相应的 OB 块（运行这个 OB 中的程序）；当故障消失的时候，再次调用一次相应的 OB 块。也就是说，无论一个故障持续多长时间，仅当这个故障发生和消失的两个时刻，调用两次相应的 OB 块。一般可以这样总结，有些 OB 块调用的细节情况可参见 7.2.2 节。

10.2　PLC 的在线诊断

功能性错误是由于用户编程错误导致的，而这个错误又是合法的，可以被编译运行。这样的错误需要通过各种调试工具发现和解决，请参见程序调试相关章节。

对于处理器错误而言，由于 PLC 本身可以探测到，因此，处理这类错误首先应该进行在线诊断，查看 PLC 探测出了什么错误，而后才可以“对症下药”，从容应对。对于 S7-1500 PLC 还可以通过 CPU 模块上的显示屏进行诊断信息的查看。这种方式可以在控制现场出现故障时帮助维护人员快速查找故障，解决问题。当然在 TIA 博途软件中，查看诊断信息依然是最常用的方法。PLC 在线诊断操作介绍如下：

首先保证设备可以在线（即保证设备 IP 地址和组态的 IP 地址是相同的，且有连接设备的网线）。单击“Go online”按钮进行在线。在线之后，项目树中的软硬件目录下均会出现诊断图标，硬件组态界面也会出现诊断图标，如图 10-4 所示。图中在 CPU 模块下出现“红底，白色扳手，右下角带有红色实圆中间带白色叹号”的图标，表示该模块有错误（由于本书为黑白印刷，所有图标都附有颜色说明）。

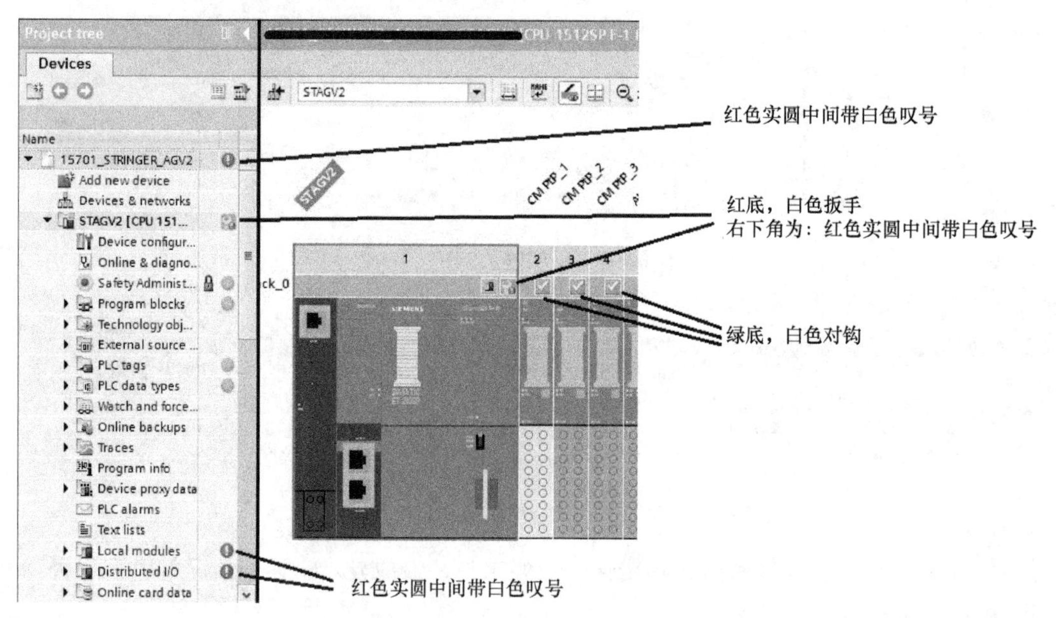

图 10-4 在线后的项目树和硬件组态界面

TIA 博途软件提供了大量的诊断图标，用户只要在线就可以一目了然地知悉当前系统中各个模块的状态，这些图标的含义如下所述。

（1）（左下橙色小方块虚线连接右上的计算机）：计算机正在建立与 CPU 的连接。

（2）（左下橙色底白色叉号小方块实线连接右上的计算机）：计算机无法通过组态的地址连接到 CPU。

（3）（左下橙色小方块向右连出一条橙色线，右上计算机向左连出一条灰色线，两条线彼此不通）：组态的 CPU 与实际的 CPU 型号不匹配。

（4）（左下蓝色小锁右侧计算机连接一个橙色方块）：连接了受保护的 CPU，且未输入正确的密码而导致密码对话框终止。

（5）（绿底白色对钩）：没有故障。

（6）（绿底白色扳手）：需要维修。

（7）（黄底白色扳手）：要求维修（PROFINET V2.3 规范中规定的一种诊断状态，通

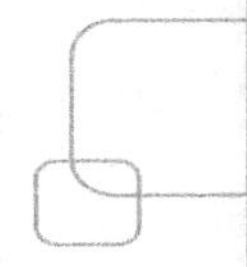

常硬件设备在通信过程中发生丢包情况时，根据严重的程度，会判定出维修状态）。

（8）（红底白色扳手）：错误。

（9）（模块图标）：该模块或设备处在未激活状态。

（10）（模块图标带红底白色叉子）：CPU 未能监测或访问该模块或设备。

（11）（模块图标带 0101 数字）：没有可用的输入或输出数据，可能是该模块（或子模块）的输入/输出通道被锁定。

（12）（模块图标带黑色叹号）：由于组态数据不一致无法获得有效的诊断数据。

（13）（模块图标带橙色三角）：该模块或设备组态的设备与实际设备不匹配。

（14）（模块图标带黑色问号）：组态的该模块不支持显示诊断信息（该图标仅会出现在 CPU 下挂的模块上）。

（15）（灰色方框带白色问号）：连接已经建立，但是模块状态始终无法确定。

（16）（灰色方框带白色禁止标志）：组态的模块不支持显示诊断信息。

（17）（红色实圆带白色叹号）：下一级存在硬件错误（在项目树中出现该图标的地方，其下的子文件夹中后模块会出现硬件错误）。

通常，在发生错误后，需要查看错误的原因，也就是查看错误缓存。查看的方法是在项目树中的“在线访问”查找到相应设备（CPU 模块），单击“在线和诊断（Online diagnostics）”打开在线窗口，如图 10-5 所示。

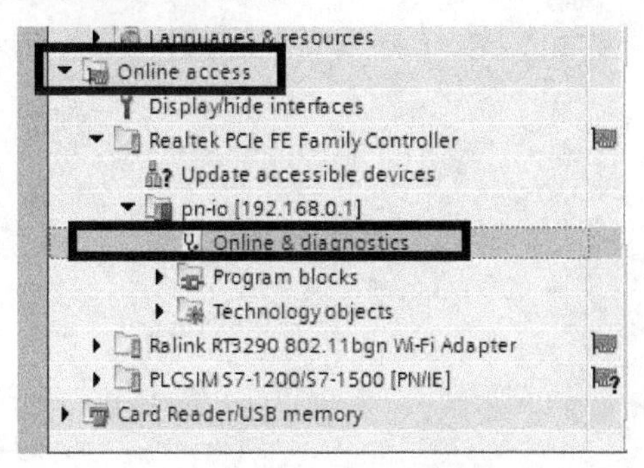

图 10-5　开启设备在线诊断

TIA 博途软件还提供了更为简便的打开在线诊断的方式，在任意位置（项目树或硬件组态窗口）双击错误图标“”，都可以直接打开在线窗口。在线窗口打开后如图 10-6 所示，单击其中的“诊断缓存（Diagnostics buffer）”以查看错误原因，如图中黑框所示。

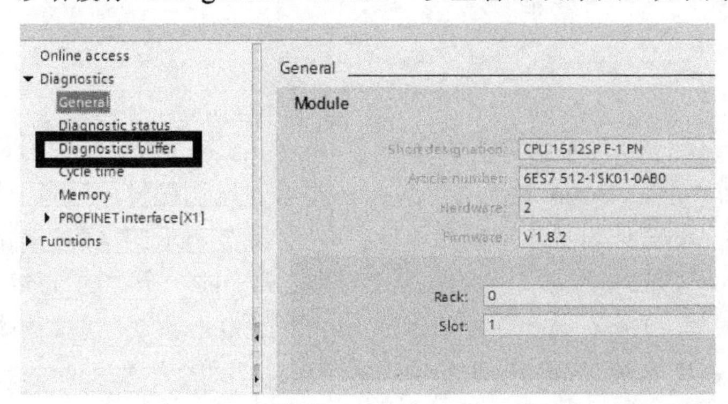

图 10-6　在线窗口

打开诊断缓存后，如图 10-7 所示。在“事件（Events）”板块中，按时间顺序将 CPU 中所有错误消息显示出来，图 10-7 框 A 所示是一个“错误”图标和一个带指向内箭头的信封图标，说明这个时刻（如图中“2/12/2012 9:57:36.095”）发生了错误。错误图标表明此时存在错误，带指向内箭头的信封图标表示该消息属于错误出现。同理，在此处如果出现一个带指向外箭头的信封图标，则表示该消息属于错误去除。图 10-7 框 B 中显示为“没有故障”图标和“蓝实圆带白色叹号”图标，表明此时系统正常。该条信息为一般消息（不是错误信息）。在事件（Event）一列中显示事件的具体原因，从图 10-7 可以看出，当前错误的原因是硬件模块被移除或意外丢失（Hardware component removed or missing）。

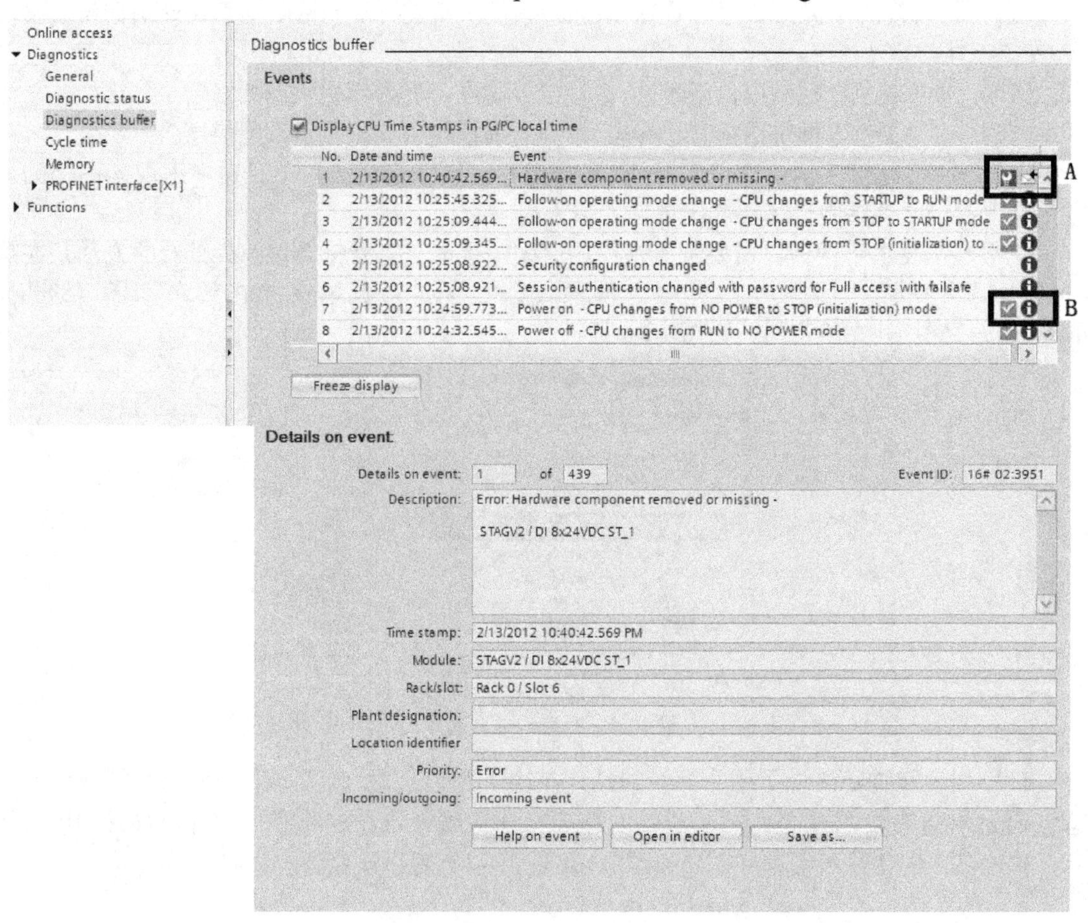

图 10-7 诊断缓存

选择某一条事件信息，在下方的事件细节（Details on event）中会显示出该事件的细节。在细节中，事件 ID（Event ID）用于显示该错误对应的编号，可用于检索相应的帮助信息。描述（Description）说明了该错误的细节。在图 10-7 所示的这条消息的细节描述中，可以看到发生问题的是接口模块名为“STAGV2”的机架上的一个“DI 8x24VDC ST_1”的模块。接下来，时间戳（Time stamp）、（问题）模块（Module）、（问题）模块所在的机架号和槽号（Rack/Slot）、优先级（Priority）分别显示出来。出现/去除（Incoming/outgoing）表示该信息属于报告问题出现还是问题去除。

最下方有三个按钮：“事件帮助（Help on event）”按钮用于查看该条错误的帮助信息。“打开编辑（Open in editor）”按钮用于调整到该错误的编辑处，可以直接跳转到有问题模块的组态界面或有问题指令的编程界面。“另存为（Save as）”按钮将错误信息另存为一个文件。

单击“打开编辑”按钮后，软件自动跳转到有问题模块的组态界面，如图 10-8 所示。图中可通过图标清晰地发现错误的模块。将该模块故障修复后，所有图标自动刷新为正常，如图 10-9 所示。

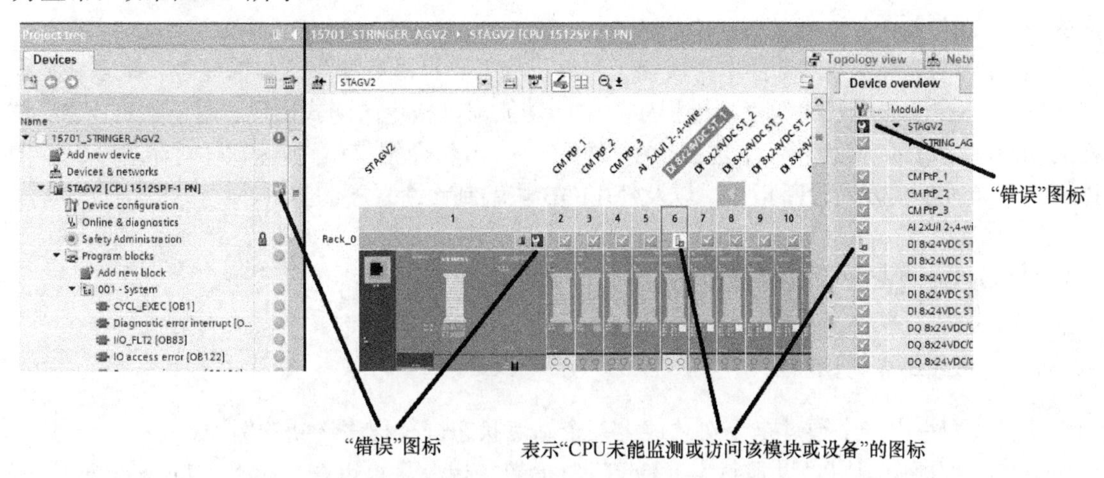

图 10-8　存在模块错误时的组态界面（在线时）

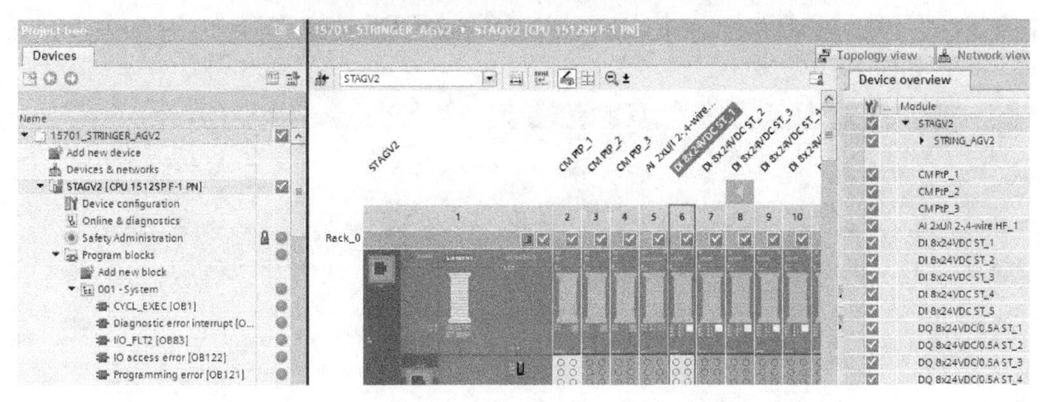

图 10-9　模块均正常时的组态界面（在线时）

10.3　PLC 的程序诊断

如前所述，当 PLC 发生故障后，可以通过故障灯发现故障，而后通过在线诊断，定位到底是哪里出现了故障，然后有针对性地处理。但是，我们通常会有这样的需求，比如，某一个远程 IO 站点突然间从总线上丢失了，程序会自动启动一套相应的应急方案，或者自动整理、记录、显示相应的报警。这就需要进行程序诊断——通过程序判断当前出现故障的细节，以便自动运行相应的故障处理程序。

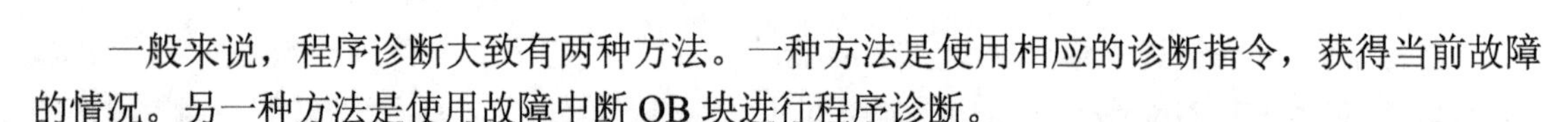

一般来说，程序诊断大致有两种方法。一种方法是使用相应的诊断指令，获得当前故障的情况。另一种方法是使用故障中断 OB 块进行程序诊断。

在实际的工程项目中，通常会对总线上的站点进行程序诊断。当某个站点发生故障后，产生相应报警，并停止相邻区域设备的动作。在 S7-300/400 和经典 STEP7 软件中，对于总线设备的程序诊断通常使用 FB126 程序块（可在 Siemens 官网下载官方的诊断程序）。该程序块可以对 Profibus 和 Profinet 总线上的站点进行诊断。对于每个站点的诊断信息会写入相应的数据块中。

在 TIA 博途软件中，软件本身淡化了“库程序”、“标准程序”这样的概念。很多在经典 STEP7 下存在于“库程序”、“标准程序”中的功能都以指令的形式出现。对于“FB126”这样的功能，在 TIA 博途软件中也被指令代替了。本节将介绍 TIA 博途软件对于总线站点的诊断指令和对于模块的诊断指令，以及使用 OB 块编制诊断程序的实例。

10.3.1 基于指令的诊断

1. 对总线站点的诊断

这里我们举出一个通过指令对总线上某个站点状态进行程序诊断的例子。

首先在程序中调用“设备状态（DeviceStates）”指令。可以在“指令（Instruction）”资源卡下的“扩展指令（Extended instruction）”中找到这个指令。

指令有三个入口参数，分别为“LADDR”“MODE”“STATE”，有一个出口参数“Ret_Val”，如图 10-10 所示。

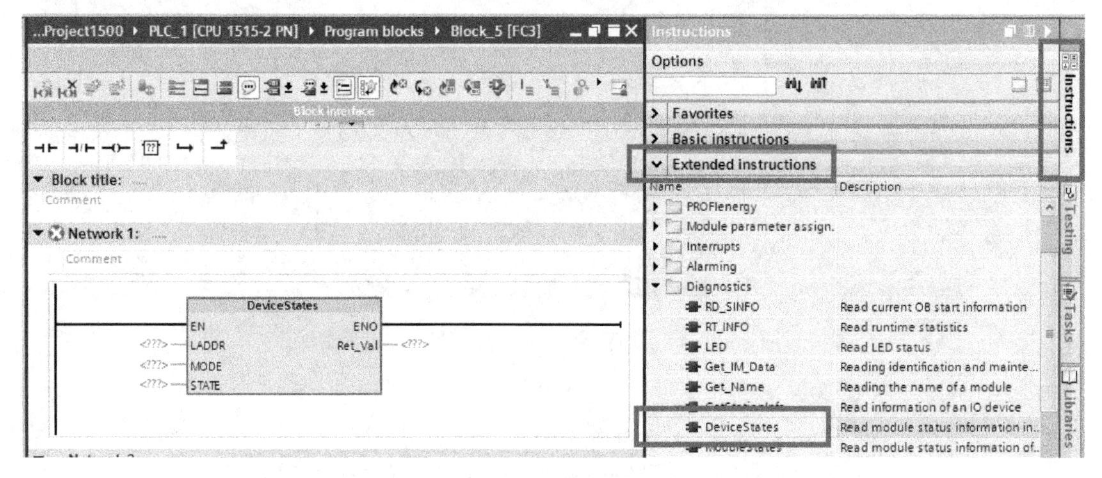

图 10-10 设备状态（DeviceStates）指令

“LADDR”处需要填写预诊断总线的硬件地址。所谓硬件地址是这样的，在硬件组态一个从站时，系统会给这个站分配一个硬件地址。这个地址是一个固定不变的数值，存在于系统常量中（请参阅“变量表（tag table）”章节）。其实，对于任何一个有可能与程序发生联系的（不限于诊断功能）硬件单元都有其硬件地址。不限于站，对于某个模块，或模块内的每个通道等都有相应的硬件地址，如图 10-11 所示，在默认变量表（Default tag table）中，找到系统硬件（System constants），这面列举了与当前系统有关的所有常量。用于标识某一条总线的系统常量，其类型为“Hw_IoSystem”。这个类型的常量才适用于“设备状态（DeviceStates）”指令，如图 10-11 所示。

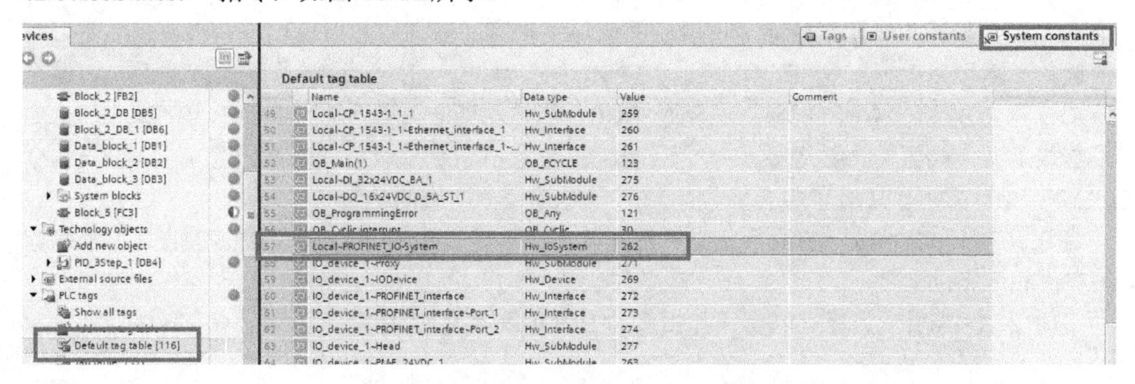

图 10-11　变量表（tag table）中的系统常量

当然，在整个系统的常量表中查找并不方便，因为这里罗列了太多的常量，所以 TIA 博途软件还有一种更方便的查找常量的方法。我们现在需要找的常量是标示“预诊断总线的”，那么就在硬件组态界面选中总线接口。在巡视窗口中选择属性选项卡（Properties）下的系统常量卡（System constants）。这里会显示与这个总线接口有关的所有系统常量。很容易在这里找到类型为“Hw_IoSystem”的常量，如图 10-12 所示。

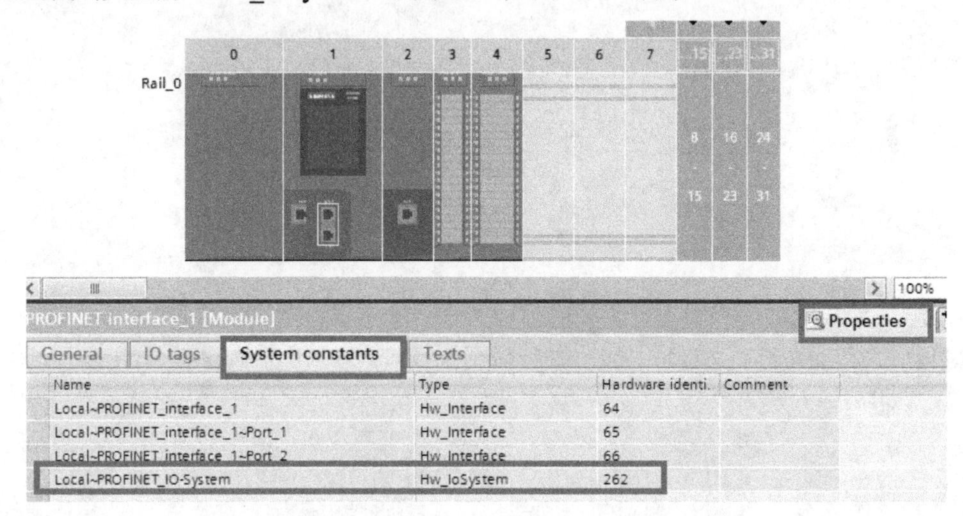

图 10-12　硬件组态中对于系统常量的查找

设备状态指令（DeviceStates）的“MODE”参数：当这里的值是“1”时，在“STATE”中显示的信息表示该条总线上每个站是否已经组态。指令会在“STATE”连接的一个 BOOL 型数组中写入一串 BOOL 量。每个站在这个 BOOL 型数组中对应一个 BOOL 量。如果某个站是组态了的，那么这个站所对应的 BOOL 量将为 1，否则为 0；当这里的值是“2”时，在“STATE”中显示的信息表示该条总线上每个站是否有故障；当这里的值是“3”时，在“STATE”中显示的信息表示该条总线上每个站是否未使能；当这里的值是“4”时，在“STATE”中显示的信息表示该条总线上每个站是否存在问题（这里所说的问题包括一些模块自行上报的维护信息等，比故障的范围更广）。这里我们需要程序诊断总线上的站是否掉站，所以输入“2”。

设备状态指令（DeviceStates）的“STATE”参数：输入一个 BOOL 型变量或者输入一个 BOOL 型数组，用于供给指令一段空间来显示相应的信息。如果仅仅想知道总线上是否有掉线的站，可以输入一个 BOOL 量（在 MODE 为“2”时），只要总线上有站丢失，这个 BOOL 量会置位。这里我们输入了一个 BOOL 型的数组。那么（在 MODE 为“2”时），如果总线上某个站丢失，数组第 0 个 BOOL 量会置位表示整个总线存在故障。同时第 N 个（由 0 开始计数）BOOL 量也会置位。“N”就是那个丢失站的站号。

“Ret_Val”表示指令的运行状态。这里输入了一个临时变量。有关该指令的具体信息，请参阅相应帮助文档。

如图 10-13 所示为建立的指令和相应的 BOOL 型数组变量。

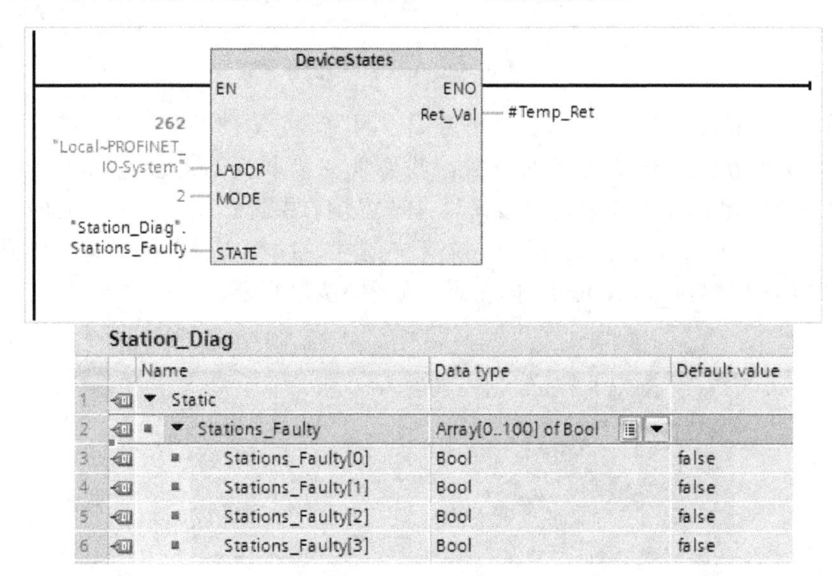

	Name	Data type	Default value
1	▼ Static		
2	▼ Stations_Faulty	Array[0..100] of Bool	
3	Stations_Faulty[0]	Bool	false
4	Stations_Faulty[1]	Bool	false
5	Stations_Faulty[2]	Bool	false
6	Stations_Faulty[3]	Bool	false

图 10-13　DeviceStates 指令的使用和相应的 BOOL 型数组变量

实际运行这段程序，当总线上的所有站点都正常时，BOOL 型数组中所有的 BOOL 量均为“0”，如图 10-14 所示。

TestProject1500
Add new device
Devices & networks
PLC_1 [CPU 1515-2...
Device configura...
Online & diagno...
Program blocks
Add new block
Cyclic interru...
Main [OB1]

	Name	Data type	Default value	Start value	Sn...	Monitor value
1	▼ Static					
2	▼ Stations_Faulty	Array[0..1...			—	
3	Stations_Faulty[0]	Bool	false	false	—	FALSE
4	Stations_Faulty[1]	Bool	false	false	—	FALSE
5	Stations_Faulty[2]	Bool	false	false	—	FALSE
6	Stations_Faulty[3]	Bool	false	false	—	FALSE
7	Stations_Faulty[4]	Bool	false	false	—	FALSE
8	Stations_Faulty[5]	Bool	false	false	—	FALSE
9	Stations_Faulty[6]	Bool	false	false	—	FALSE

图 10-14　正常时的情况

然后，让一个从站从总线上丢失。之后，这个 BOOL 型数组显示如图 10-15 所示。

TestProject1500
Add new device
Devices & networks
PLC_1 [CPU 1515-2...
Device configura...
Online & diagno...
Program blocks
Add new block
Cyclic interru...
Main [OB1]

	Name	Data type	Default value	Start value	Sn...	Monitor value
1	Static					
2	Stations_Faulty	Array[0..1...			—	
3	Stations_Faulty[0]	Bool	false	false	—	TRUE
4	Stations_Faulty[1]	Bool	false	false	—	TRUE
5	Stations_Faulty[2]	Bool	false	false	—	FALSE
6	Stations_Faulty[3]	Bool	false	false	—	FALSE
7	Stations_Faulty[4]	Bool	false	false	—	FALSE
8	Stations_Faulty[5]	Bool	false	false	—	FALSE
9	Stations_Faulty[6]	Bool	false	false	—	FALSE

图 10-15　掉一个站后的情况

可见，数组中第 0 个和第 1 个 BOOL 量均被置位了。第 0 个 BOOL 量被置位，说明总线上存在故障，即至少有一个站有故障。第 1 个 BOOL 量被置位说明站号为 1 的从站发生了故障。当故障解除后，这两个 BOOL 量会自动复位。

站号：在硬件组态界面，点选其中某个从站的总线接口，查看巡视窗口中该接口的属性。在属性中的站号（Device number）所显示的数值，就是这个站的站号，如图 10-16 所示。

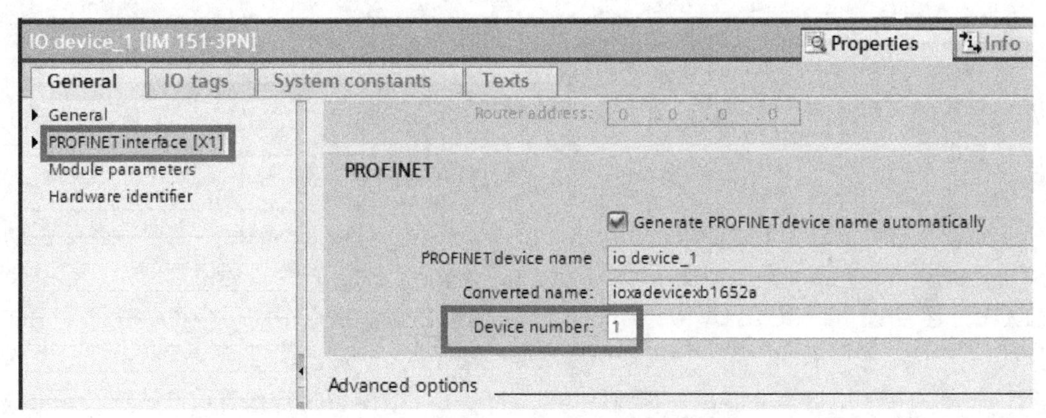

图 10-16　硬件组态时对站号的设置

现在这个名为“Station_Diag.Stations_Faulty”的数组中实时表示当前总线的状态，程序可以从中读取相应的变量，发出相应的报警或者运行掉站后的应急响应程序。

2. 对站点内某模块的诊断

与总线上对所有站点状态进行诊断类似，TIA 博途软件中还有一个比较常用的程序诊断指令——模块状态指令（ModuleStates）。如果说之前是对控制系统进行的站点级别的诊断，那么这个指令就是对某个站进行的模块级别的诊断。这里我们也举一个例子，说明这条指令的使用方法和使用效果。

首先在程序中调用“模块状态（ModuleStates）”指令，可以在“指令（Instruction）”选项卡下的“扩展指令（Extended instruction）”中找到这个指令。

指令有三个入口参数，分别为“LADDR”“MODE”“STATE”，有一个出口参数“Ret_Val”。

“LADDR”：欲对哪个站中的模块进行诊断，这里就填写哪个站的硬件地址，如图 10-17

所示，可以在硬件组态界面选中欲进行站内模块诊断的那个站，然后，在巡视窗口选择属性选项卡（Properties）下的系统常量卡（System constants）。在这里找到类型为 Hw_Device 的常量，这个类型的常量将适用于这条指令。

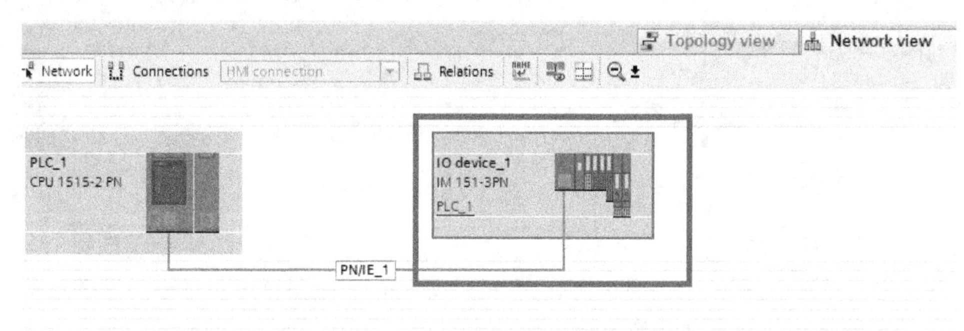

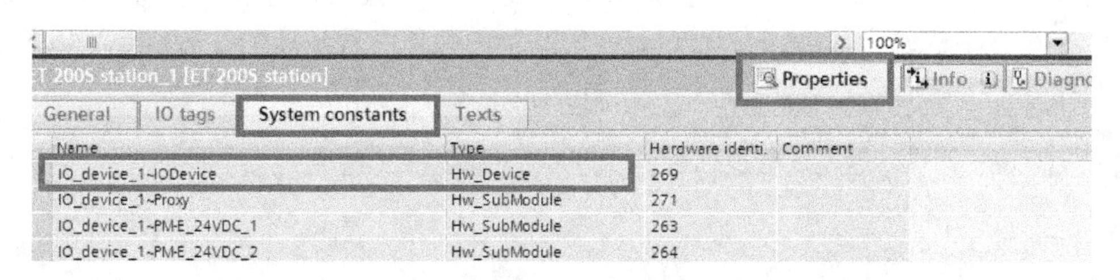

图 10-17　硬件组态中对从站 Hw_Device 常量的查找

“MODE”和“STATE”的表示形式与设备状态指令（DeviceStates）类似。当这里的值是“1”时，在“STATE”中显示的信息表示该站点上每个模块是否组态。指令会在“STATE”连接的一个 BOOL 型数组中写入一串 BOOL 量。站点中的每个模块在这个 BOOL 型数组中对应一个 BOOL 量。如果某个模块是组态了的，那么这个站所对应的 BOOL 量将为 1，否则为 0；当这里的值是“2”时，在“STATE”中显示的信息表示该站点上每个模块是否有故障；当这里的值是“3”时，在“STATE”中显示的信息表示该站点上每个模块是否未使能；当这里的值是“4”时，在“STATE”中显示的信息表示该站点上每个模块是否存在问题（这里所说的问题包括一些模块自行上报的维护信息和推荐信息等，比故障的范围更广）。这里我们需要程序诊断站点上的模块是否故障，所以输入“2”。

“STATE”参数：输入一个 BOOL 型变量或者输入一个 BOOL 型数组，用于供给指令一段空间来显示相应的信息。如果仅仅想知道该站上是否有模块存在故障，可以输入一个 BOOL 量，在 MODE 为“2”时，只要该站上有模块故障，这个 BOOL 量会置位。这里输入了一个 BOOL 型的数组。当这里输入一个数组（在 MODE 为“2”）时，指令输出信息中各位的解释如表 10-1 所示。

表 10-1　ModuleStates 指令输出信息中各位解释表

位数	含义
数组中的第 0 个量（均为从 0 开始计数）	整个站点上是否有故障
数组中的第 1 个量	槽号为 0 的模块是否有故障
数组中的第 2 个量	槽号为 1 的模块是否有故障

（续表）

位数	含义
数组中的第 3 个量	槽号为 2 的模块是否有故障
……	……
数组中的第 N 个量	槽号为 N+1 的模块是否有故障

指令调用如图 10-18 所示。

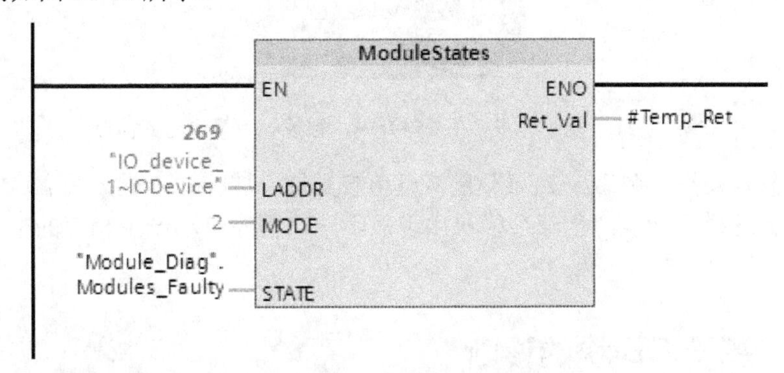

图 10-18　对指令的调用

当被诊断站中的所有模块正常时，数组“"Module_Diag".Modules_Faulty”中的所有变量均为“0”，如图 10-19 所示。

TestProject1500
Add new device
Devices & networks
PLC_1 [CPU 1515-2 PN]
Device configuration
Online & diagnostics
Program blocks
Add new block
Cyclic interrupt [OB30]
Main [OB1]

	Name	Data type	Default value	Start value	...	Monitor value
1	Static					
2	Modules_Faulty	Ar...				
3	Modules_Faulty[0]	Bool	false	false		FALSE
4	Modules_Faulty[1]	Bool	false	false		FALSE
5	Modules_Faulty[2]	Bool	false	false		FALSE
6	Modules_Faulty[3]	Bool	false	false		FALSE
7	Modules_Faulty[4]	Bool	false	false		FALSE
8	Modules_Faulty[5]	Bool	false	false		FALSE
9	Modules_Faulty[6]	Bool	false	false		FALSE

图 10-19　所有模块正常时的情况

这时，从该站中取下 2 号槽上的模块。数组中的情况如表 10-1 所示，第 0 个 BOOL 量和第 3 个量均被赋值，丢掉一个模块时的情况如图 10-20 所示。

TestProject1500
Add new device
Devices & networks
PLC_1 [CPU 1515-2 PN]
Device configuration
Online & diagnostics
Program blocks
Add new block
Cyclic interrupt [OB30]
Main [OB1]

	Name	Data type	Default value	Start value	...	Monitor value
1	Static					
2	Modules_Faulty	Ar...				
3	Modules_Faulty[0]	Bool	false	false		TRUE
4	Modules_Faulty[1]	Bool	false	false		FALSE
5	Modules_Faulty[2]	Bool	false	false		FALSE
6	Modules_Faulty[3]	Bool	false	false		TRUE
7	Modules_Faulty[4]	Bool	false	false		FALSE
8	Modules_Faulty[5]	Bool	false	false		FALSE
9	Modules_Faulty[6]	Bool	false	false		FALSE

图 10-20　丢掉一个模块时的情况

从在线状态下的硬件组态上可见槽号和出现问题模块之间的关系，如图 10-21 所示。

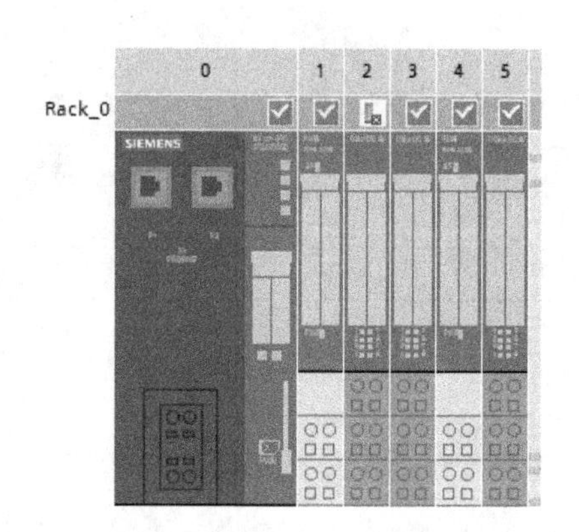

图 10-21　硬件组态（在线时）中，丢掉一个模块时的情况

当模块故障恢复后，数组中相应变量将自动被复位。这样通过程序读取这个数组中的数据，就可以做到这样的功能：当某个模块出现故障时，程序自动产生相应的报警并启动某些应急措施。

10.3.2　基于 OB 块的诊断

使用错误 OB 块可以实现程序诊断功能。它的原理是这样的：当某一个错误发生后，系统会调用一次该错误对应的 OB 块，然后回到主程序继续主程序的循环。直到错误消失的时候，系统会再调用一次该错误对应的 OB 块。每次调用 OB 块的时候，系统会把与本次错误有关的数据写入这个 OB 块的固有变量中（这些固有变量就储存于该 OB 块对应的 L 堆栈中），然后运行一遍 OB 块中的程序。可以在这个 OB 块中编写有这样功能的程序：程序读取该 OB 块固有变量，获取该错误的信息（比如该错误出现的位置），然后将其整理为报警信息写入其他变量中（如某个 DB 块中），以便主程序处理（比如产生相应报警），这样就实现了程序诊断的目的。

我们以 OB86 为例，说明这种程序诊断的实现原理。OB86 为槽或者站错误对应的 OB 块。比如，当总线上某个子站掉站了，系统会调用一次 OB86，OB86 中的程序对 OB86 对应的 L 堆栈中的数据进行分析，得到“出现××站发生掉站故障”的结论。于是将“××站发生掉站故障”对应的报警变量置位。系统运行完 OB86 后，回到主程序，主程序产生“××站发生掉站故障”的报警（或采取其他相应措施）。当该故障消失的时候，系统再次运行 OB86，OB86 的程序分析相应 L 堆栈中的数据，得到“××站发生掉站故障消失”的结论。于是将“××站发生掉站故障”对应的报警变量复位。系统再次运行完 OB86 后，回到主程序，主程序取消“××站发生掉站故障”的报警（或采取其他相应恢复措施）。程序自动进行错误诊断并采取相应的措施，这个功能就这样实现了。具体操作如下：

首先建立 OB86 块（优化的），并打开这个块。当 OB86 在工作区打开后，鼠标在工作区上部工具栏下方区域下拉，可以查看这个 OB 块中已经建立好的变量。可见，在 OB86 块中，系统已经建立了一些固有的变量，如图 10-22 所示。

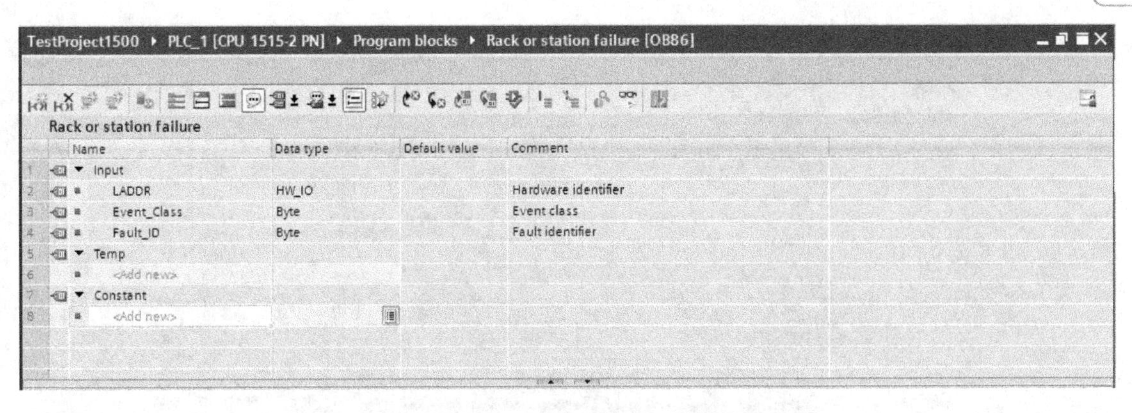

图 10-22　OB86（优化的）中的固有变量

在优化的 OB86 中，固有变量 LADDR 表示“发生错误或错误消失”发生在哪个硬件上（该硬件所对应的硬件地址）。固有变量 Event_Class 表示这个事件的类型（等级）。这个值为 B#16#39（十六进制的 39）表示当前调用这个 OB 块的原因是出现错误；这个值为 B#16#38（十六进制的 38）表示当前调用这个 OB 块的原因是错误消失。

在 OB 块中编辑这样的程序，如图 10-23 所示。

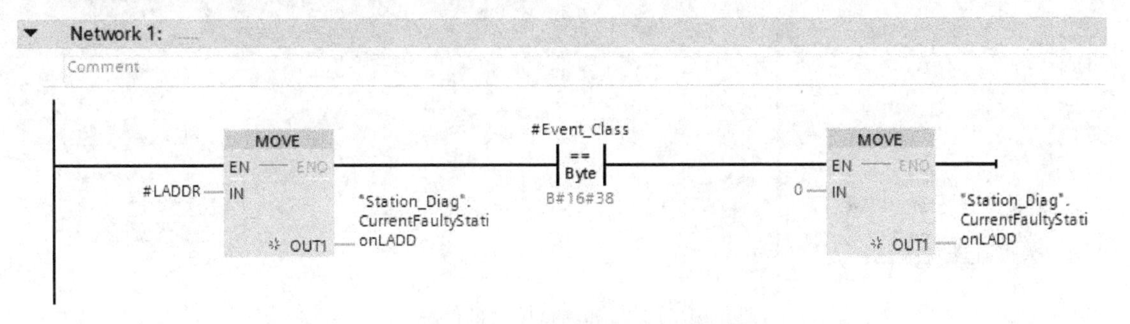

图 10-23　OB 块内的程序

这样，当总线上某个站发生错误时，该站的硬件地址会被从 LADDR 复制到变量“"Station_Diag".CurrentFaultyStationLADD”中（这是位于 DB 块中的一个 INT 型变量）。由于是“发生错误”，Event_Class 的值为 B#16#39（十六进制 39）。所以后面将变量“"Station_Diag".CurrentFaultyStationLADD”清零的指令不会运行。

这个站的错误消失的时候（无论 LADDR 将什么值写入该变量后，该 MOVE 指令的 ENO 都有信号输出，后续指令将会执行），此时 Event_Class 的值为 B#16#38。变量“"Station_Diag".CurrentFaultyStationLADD”将被清零。

有关硬件地址，在本章之前有过介绍，如图 10-24 所示，在硬件组态中，选中某个站点，在巡视窗口中选择“（系统常量）System constants”可以查看该站有关的所有系统常量。

在图 10-24 中，选中的这个站，它的系统常量中有一个名为“IO_device_1~IODevice”的类型为“Hw_Device”的常量，值为 269。每个站类型为“Hw_Device”的常量的值就是 OB86 中 LADDR 变量在指定硬件时所用的常量。

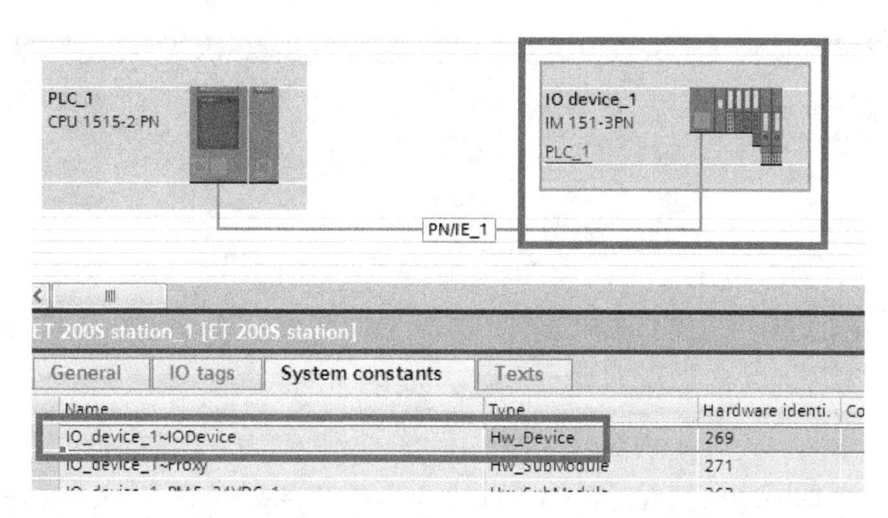

图 10-24 OB86 中产生的诊断地址在硬件组态中与实际硬件的对应关系

程序实际运行的情况如图 10-25 所示。当系统没有故障时，变量“"Station_Diag".CurrentFaultyStationLADD”的值为“0”。

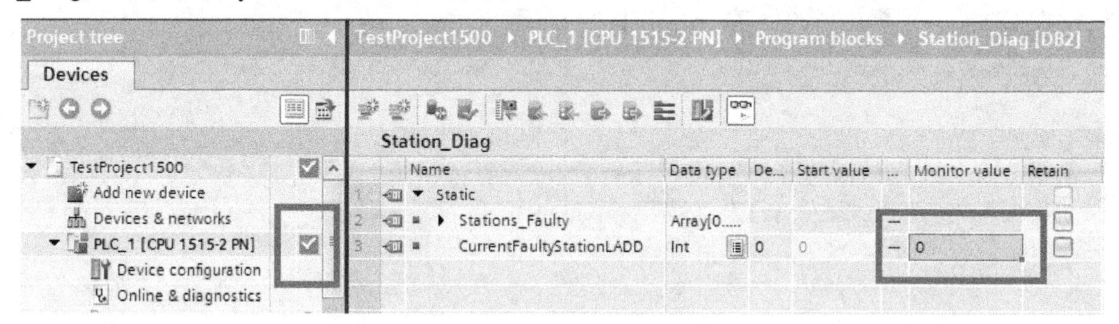

图 10-25 没有故障时的情况

那个“类型为‘Hw_Device’的常量，其值为 269”所对应的站，令其掉线后，如图 10-26 所示。软件显示系统存在故障，变量“"Station_Diag".CurrentFaultyStationLADD”的值变为了“269”。

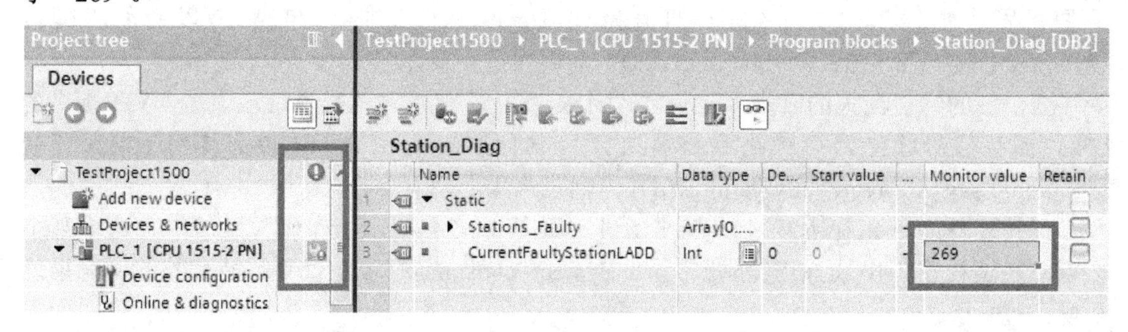

图 10-26 掉站时的情况

当该站恢复后，变量“"Station_Diag".CurrentFaultyStationLADD”的值也会恢复为“0”。

通过这种方式，我们也可以让程序读取某个站点的状态，从而实现这样的功能：当某个站点发生故障时，产生相应的报警或相应的应急响应。

第 11 章　HMI 相关操作

HMI 指的是 Human Machine Interface，即人机界面。通常的 HMI 设备有触摸显示屏、带按钮的显示屏或 PC 等。一般在工业现场分布安放若干台 HMI 设备，这些设备主要如下功能。

（1）过程可视化：设备在生产运行的整个过程中，可以通过显示屏上各种界面实时显示设备的状态和操作员关心的各种参数。这些状态和参数可以通过可变化颜色的文字、图形及一些曲线图、彩虹图、表格等丰富友好的界面形式展示出来，便于操作人员查看。

（2）设备的控制：在生产过程中，经常需要操作人员结合现场情况，给设备直接下达一些控制指令。操作人员可以直接通过触摸屏操作机器，下达指令或调整一些参数。

（3）报警和错误的显示和管理：当设备的运行出现故障或错误的时候，HMI 上直接显示出相关的报警信息和错误发生点，便于操作人员在现场迅速解决问题，恢复生产。HMI 也可以对报警信息进行记录，便于现场查看和故障分析。对于报警信息的长时间全面的记录和分析建议在 MES 系统中完成。

（4）数据的记录和归档：HMI 中可以对生产过程中的生产数据进行简单的记录和归档，便于现场快捷地查看和调试，而对于大量生产数据的归档和分析建议在 MES 系统中完成。比如 HMI 可以记录几个过程量在某次生产过程中的变化状况，操作人员可以在现场查看这些数据，及时调整某些控制参数（如 PID 参数等）。

（5）配方的管理：一条生产线可能会生产多种产品，每种产品的生产工艺可能不尽相同，操作人员可以在 HMI 界面上对每种产品的生产工艺参数进行管理，而没有必要每一次添加新产品或调整某个产品的生产工艺参数都去修改 PLC 程序。

在 TIA 博途软件中，设计一套 HMI 监控界面大体需要完成以下工作：

（1）设置 HMI 设备与 PLC 之间的连接。

（2）定义 HMI 变量，其中包括内部变量和外部变量。一个外部变量必须和某个 PLC 变量相关联。

（3）将 HMI 变量（外部变量）与 PLC 的变量进行关联。

（4）绘制 HMI 中的界面、配置报警和配方，将界面、报警、配方与 HMI 变量相关联。

在 TIA 博途软件中，与 HMI 的设计有关的功能非常多。软件提供了丰富的控件资源，每个控件都含有丰富的属性。同时，软件也支持 VB 脚本程序的运行。用户通过这些资源可以设计出动态、友好、直观的监控界面。软件本身的帮助系统对这些资源有详细的介绍，所以，本书中将重点讲解 HMI 界面设计的几个重点步骤（参照如上所述 4 部分工作），以及在新一代面板和 S7-1200/1500 PLC 下的一些新功能的使用。

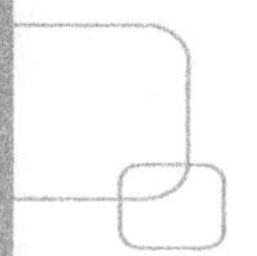

11.1 HMI 设备的新建和连接设置

11.1.1 新建 HMI 设备和 HMI 设计的框架

进行 HMI 设计之前，首先需要添加一台 HMI 设备，如图 11-1 所示，单击项目树中的“增添新设备（Add new device）”，然后弹出相应对话框。在对话框中，选择 HMI，然后选择相应的设备型号和订货号，再选择正确的版本号，单击 OK 按钮便可。如果勾选了“开启设备导航（Start device wizard）”，则在单击 OK 按钮后，软件会一步接着一步引导完成 HMI 总体框架的构建。本书接下来将介绍未使用“导航”功能的情况下，进行 HMI 总体框架的构建。

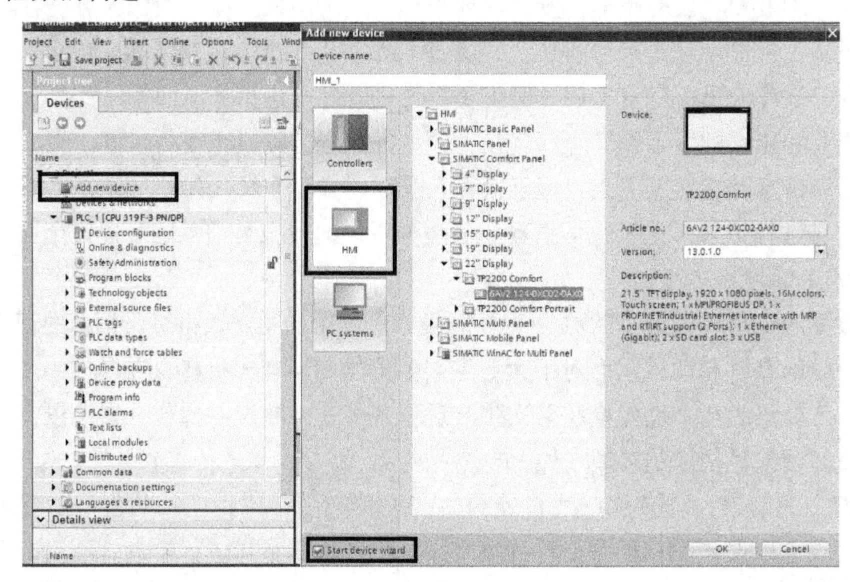

图 11-1　添加 HMI 设备界面

完成 HMI 设备的添加后，在项目树中会出现如图 11-2 所示的界面。

11.1.2 HMI 与 PLC 通信的设置

1. 建立非集成连接

添加完 HMI 设备后，在项目树中找到 HMI 设备下的“连接（Connections）”，单击并打开连接设置界面，如图 11-3 中的框 A。在连接设置界面下，新建一个连接，并选择连接 PLC 的类型，如图 11-3 中的框 B，这里以连接一台 S7-1500 PLC 为例。在选择好 PLC 类型后，可以在设置界面的下方区域对这个连接进行设置。在图 11-3 的框 C 处，选择 HMI 连接 PLC 的通信方式，这里以选择 ETHERNET 连接为例。在框 D 处和框 E 处分别写入触摸屏的 IP 地址和 PLC 的 IP 地址。PLC 的 IP 地址就是对 PLC 在线设置时的（PROFInet）IP 地址。触摸屏 IP 地址设置为与 PLC 的 IP 同网段，并记住这个 IP 地址，它需要设置在触摸屏中

（后面会介绍如何设置）。

图 11-2　HMI 设备设计导航

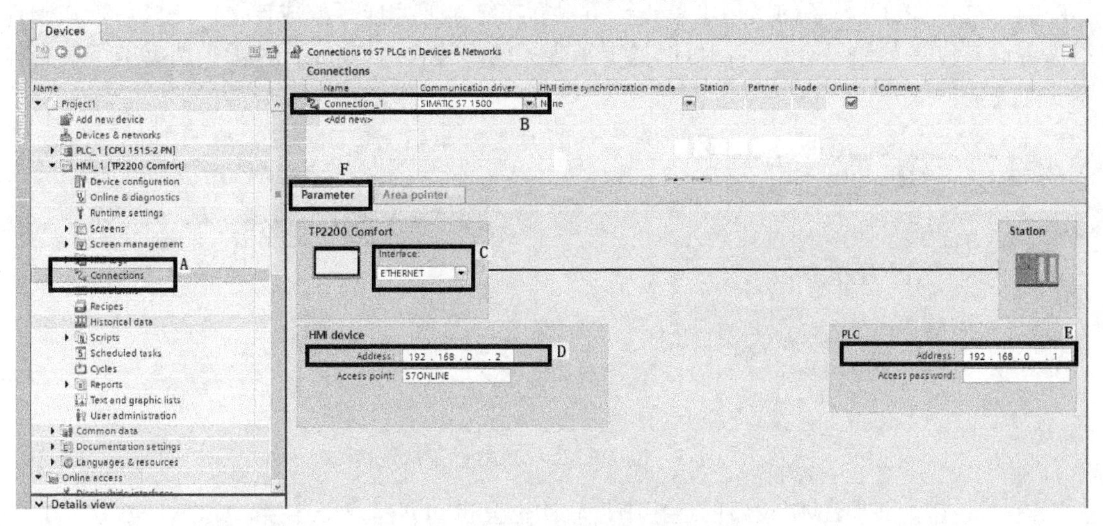

图 11-3　HMI 连接设置

如上方法所创建的连接是“非集成连接（Non-integrated connection）”，适用于 HMI 设备和 PLC 不在一个项目中的情况。如果 PLC 和 HMI 设备在同一个项目下，可以建立集成连接。

2. 建立集成连接

在新建完成 HMI 后，首先在 HMI 设备的硬件组态界面下对该设备的 IP 地址进行设置。设置界面如图 11-4 所示，要保证 HMI 设备 IP 地址与 PLC 的 IP 同网段。在软件中先分别设置好 PLC 和 HMI 的 IP，用于软件在建立集成连接时对连接的自动配置（软件会自动配置连接中的 HMI 和 PLC 的各项属性）。该（HMI 的）IP 也需要设置在触摸屏中（后面会介绍如何设置）。

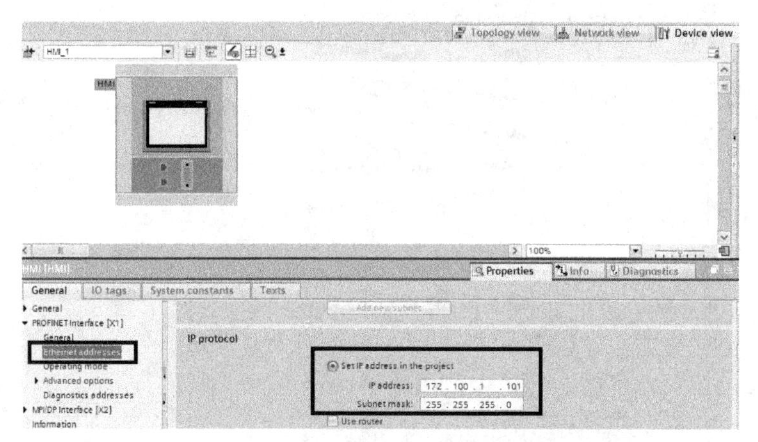

图 11-4　在硬件组态中设置 HMI 设备的 IP 地址

然后打开硬件组态中的“网络结构界面（Network view）”，单击“连接（Connections）”，如图 11-5 中框 A。再选择“HMI 连接（HMI connection）”，如图 11-5 中框 B。这时鼠标左键选中 HMI 设备中的网口（绿色小方块）图标不放手，然后拖曳至 HMI 设备处，松开鼠标左键，再在 PLC 设备的网口上单击一下鼠标左键，便完成了集成连接。完成后，在硬件组态界面右侧（如果没有显示，可以拖曳出来）的“连接（Connections）”选择卡下，会显示一个连接。

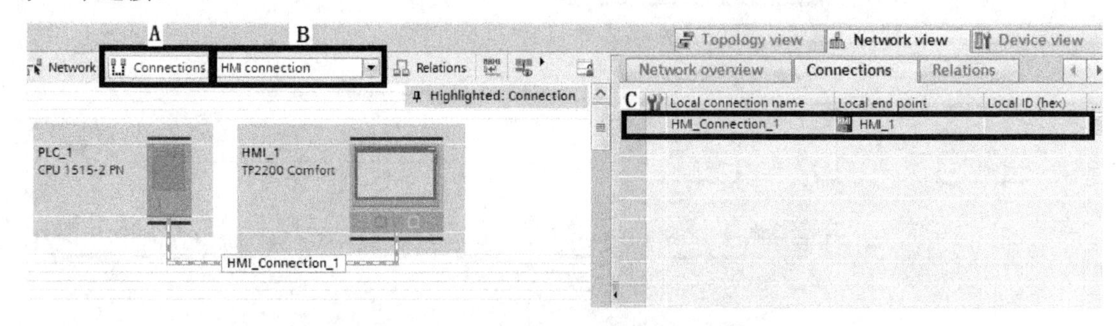

图 11-5　建立 HMI 与 PLC 的集成连接

同时，在项目树 HMI 设备的连接中，软件也会自动创建一个连接，如图 11-6 所示。该连接前显示图 11-6 框 A 所示的图标，表示为集成连接。相比较来看，图 11-6 框 B 所示图标为非集成连接图标（有其中一个正确配置的连接，都可以使用了）。

Connections

		Name	Communication driver	HMI time synchronization mode	Station	Partn
A		HMI_Connection_1	SIMATIC S7 1500	None	S71500/ET200MP s...	PLC_
B		Connection_1	SIMATIC S7 1500	None		

图 11-6　集成连接与非集成连接的比较

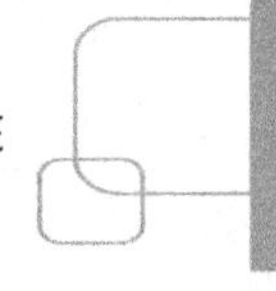

3．触摸屏设备上的 IP 地址设置

对于触摸屏 IP 地址的设置，可以通过软件进行，也可以在触摸屏上直接设置。这里介绍触摸屏上直接设置的流程（以精智系列面板为例）。在触摸屏启动后，如果没下载过任何项目，会自动进入如图 11-7（a）所示的传送界面，单击“取消（Cancel）”按钮后，进入启动菜单，如图 11-7（b）所示。

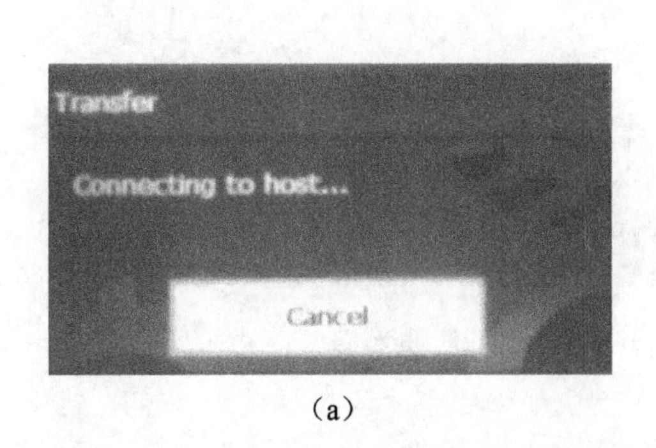

（a）

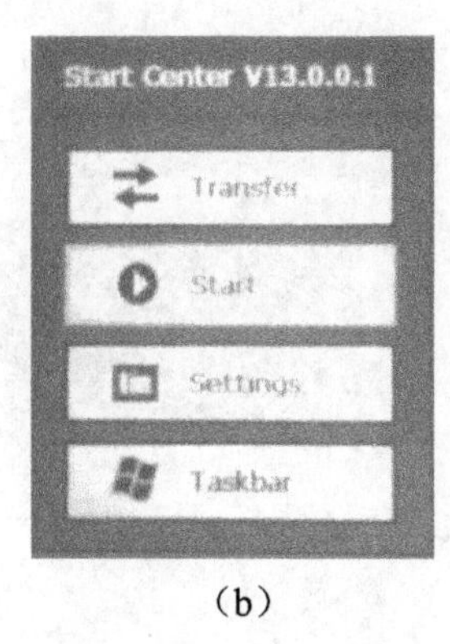

（b）

图 11-7　HMI 启动后的初始界面

单击启动菜单中的“设置（Settings）”进入设置窗口，再单击“网络和拨号连接（Network and Dial-up Connections）”一项，如图 11-8（a）所示。在接下来的窗口中选择需要设置的那个网络接口，如图 11-8（b）所示，这里只有一个接口——“PN_X1”。

（a）

（b）

图 11-8　HMI 设备 IP 设置相关选项

在网络接口设置界面的“IP Address”选项卡中选择“设置固定 IP（Specify an IP address）”，然后，在下方输入 IP 地址和子网掩码。保证此处所写入的 IP 地址、子网掩码与设置 HMI 连接时（或 HMI 设备硬件组态中）的一致。在需要输入字符的地方，HMI 界面会自动弹出软键盘，如图 11-9 所示。输入完成后，单击窗口右上角的“OK”按钮便可。

当 HMI 设备的 IP 在设备上和软件连接中都设置完毕后，软件和 PLC 就可以与 HMI 设备通信了。在软件上，当工作窗口为 HMI 编辑界面的情况下，单击工具栏上的编译按钮，可以对项目中的 HMI 设备进行编译。单击下载按钮，可以将设计好的 HMI 下载到设备（在默认情况下，设备会进入传送模式）。

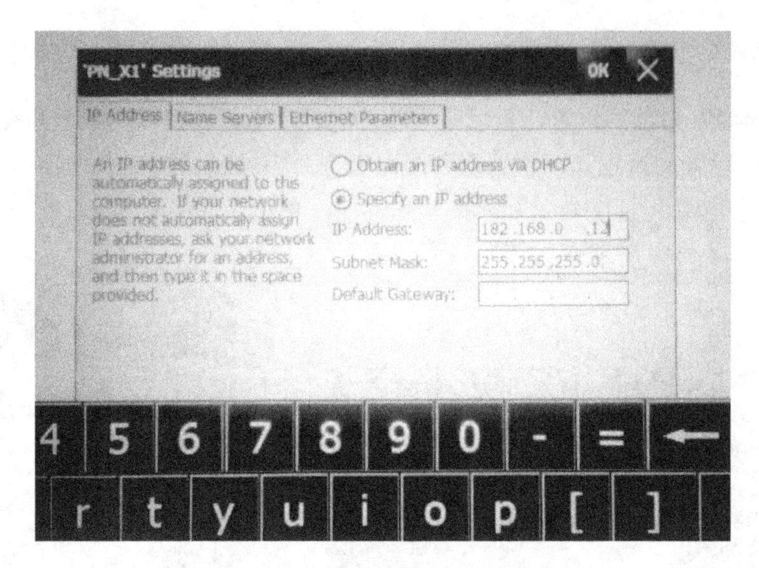

图 11-9 HMI 的 IP 设置窗口和软键盘

11.2 HMI 变量

在项目树的 HMI 设备文件夹下，也有一个“变量（Tags）”文件夹，在该文件夹内可以建立多个变量表，使用方法与 PLC 下的变量（Tags）类似，如图 11-10 中黑框部分所示。HMI 界面上需要显示（或基于某个变量显示某个图形的颜色、位置、形状等）或者需要由界面写入的变量，全部都需要在这里罗列出来。所有的内部变量也需要在这里定义。内部变量不与 PLC 内的变量相关联。例如，HMI 屏幕上需要显示某个布料小车在弧形轨道上的位置，PLC 将小车的位置值传给 HMI。在 HMI 中，这个位置值对应在 HMI 中的变量属于外部变量。HMI 运行一段脚本程序，根据弧形轨道的位置和弧度，计算出小车应该在屏幕中显示出来的坐标值（*X* 轴值和 *Y* 轴值），这两个值就属于内部变量（不与 PLC 中的变量之间关联，仅供 HMI 界面显示使用）。画面上显示小车的控件根据这两个坐标值将小车显示在弧形轨道的相应位置上。

在建立的 HMI 变量中，每个变量对应有一些属性，如图 11-10 所示。这里介绍其中的主要的属性。

（1）名称（Name）：这是 HMI 变量的名字。在 HMI 界面设计时，需要连接变量时总以这个名字为准。

（2）数据类型（Date type）：这是 HMI 变量的类型。

（3）连接（Connection）：单击连接栏中的“...”按钮，如图 11-11 中黑框所示，弹出设置框。如果建立的该变量为内部变量，在这里选择“内部变量（internal tag）”。选择内部变量后，该变量中“与 PLC 变量关联”有关的属性均无须设置。如果该变量为外部变量，则在这里选择一个已建立的连接（建立连接的过程见 7.1.2 节），说明该 HMI 变量将与该连接下所设置的目标 PLC 中某个变量相关联。

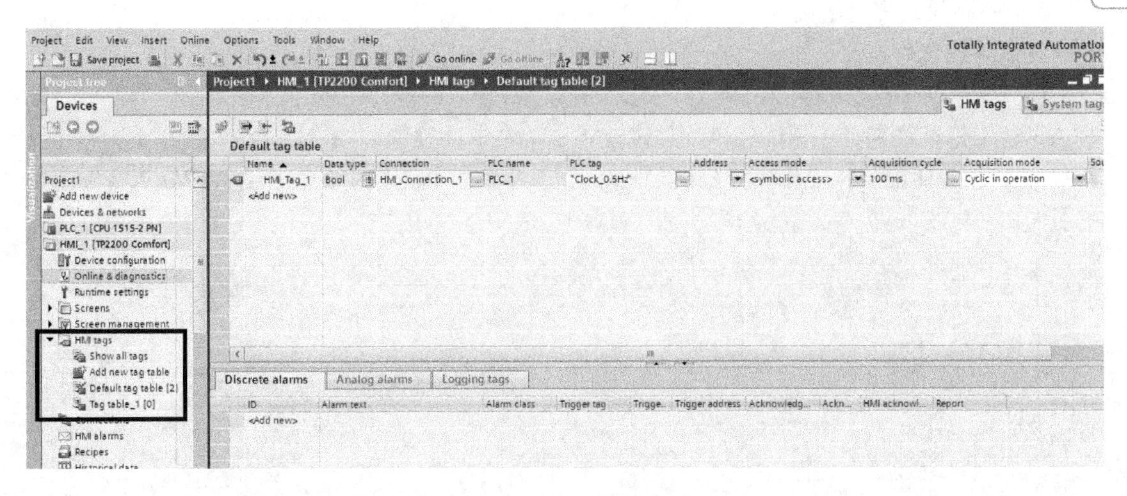

图 11-10　HMI 中的变量

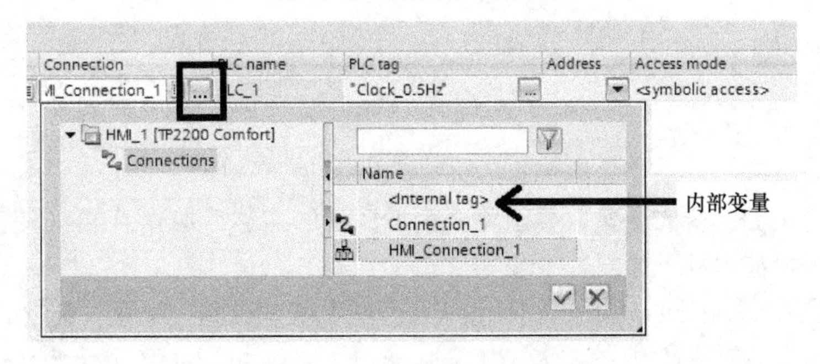

图 11-11　HMI 变量的连接设置

（4）PLC 名称（PLC Name）：如果该变量为外部变量，且连接设置好后，根据该连接中目标 PLC 的设置，该属性将被自动填写。

（5）PLC 变量名（PLC tag）：与访问模式有关，请参见（7）。

（6）地址（Address）：与访问模式有关，请参见（7）。

（7）访问模式（Access mode）：访问模式有两种：一种是“绝对地址访问”，另一种是“符号地址访问”。“绝对地址访问”是一种传统的访问模式，在“地址（Address）”一栏中直接填写相关联变量在 PLC 中的绝对地址即可（保证 PLC 中的变量和 HMI 变量类型一致）。

“符号地址访问”为西门子新一代面板与 S7-1200/1500 PLC 可使用的一种全新的访问方式，这种访问方式只有集成连接才可以使用。如果 PLC 和 HMI 设备在同一个项目下，但未设置集成连接，那么依然可以进行“符号地址访问”的设置，设置后，软件自动添加一个集成连接。

对于 S7-1200/1500 PLC，每一个变量都会有一个符号地址。对于优化的 DB 块，其中的变量只有符号地址。使用“符号地址访问”后，HMI 仅通过 PLC 中的符号地址访问该变量。例如，如果 PLC 的变量表中定义名为 Tag_01 的变量，其绝对地址为 M0.3，然后 HMI 中以符号地址访问方式访问“Tag_01”并将其值显示在某个界面上。之后，在 PLC 程序中将变量 Tag_01 的绝对地址改为了 M5.6，这时 HMI 界面上可以立刻显示 M5.6 的值（HMI 无须重启）。这种灵活性的提高，使我们在编辑程序时可以完全以符号地址为主要参考，淡化

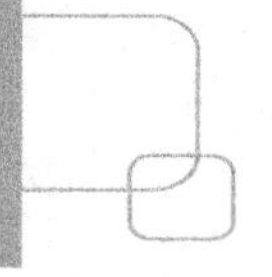

了绝对地址的作用。

在使用符号地址访问后，单击“PLC 变量（PLC tag）”中的“…”按钮（如图 11-12 中 A 框），打开变量选择窗口，在其中选择 DB 块中的变量（如图 11-12 中 B 框）或变量表中的变量（如图 11-12 中 C 框），前提是所连接的 PLC 在同一个项目中，并集成连接在了一起。

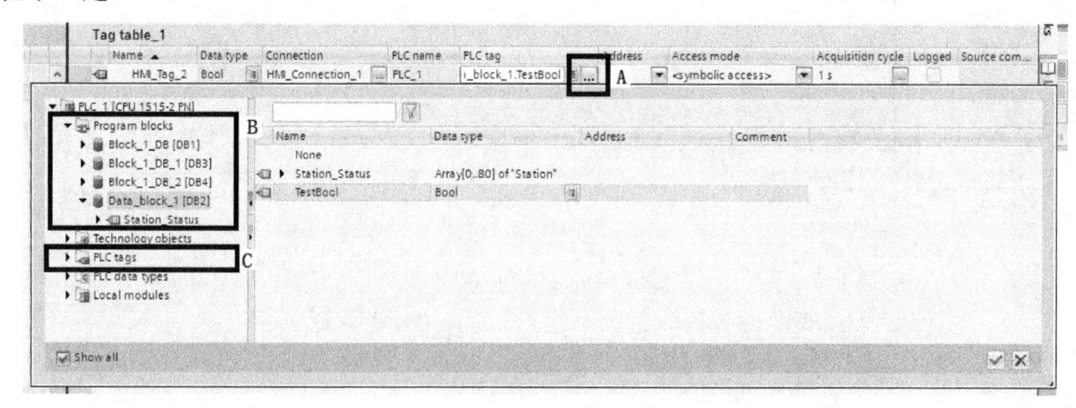

图 11-12　PLC 变量的选取

如果选择的是 DB 块的变量，显示格式为 DB 块的名称后加“.”再加变量名。如果是变量表中的变量，则在引号下显示其变量名。

（8）采样周期（Acquisition cycle）：设置 HMI 在 PLC 中读/写该变量的时间周期，如图 11-13 所示，在项目树中的“周期（Cycles）”中，可以设置若干个时间周期备选项（图 11-13 中 A 框）。双击项目树中的“周期”打开周期设置窗口，这里设置的周期备选项会在设置变量周期的窗口中罗列出来，如图 11-13 的框 B。对于采样周期的选择，如果过多的变量选择了较小的采用周期，会增大通信的负荷，建议基于实际工程需要设置各个变量的采样周期。

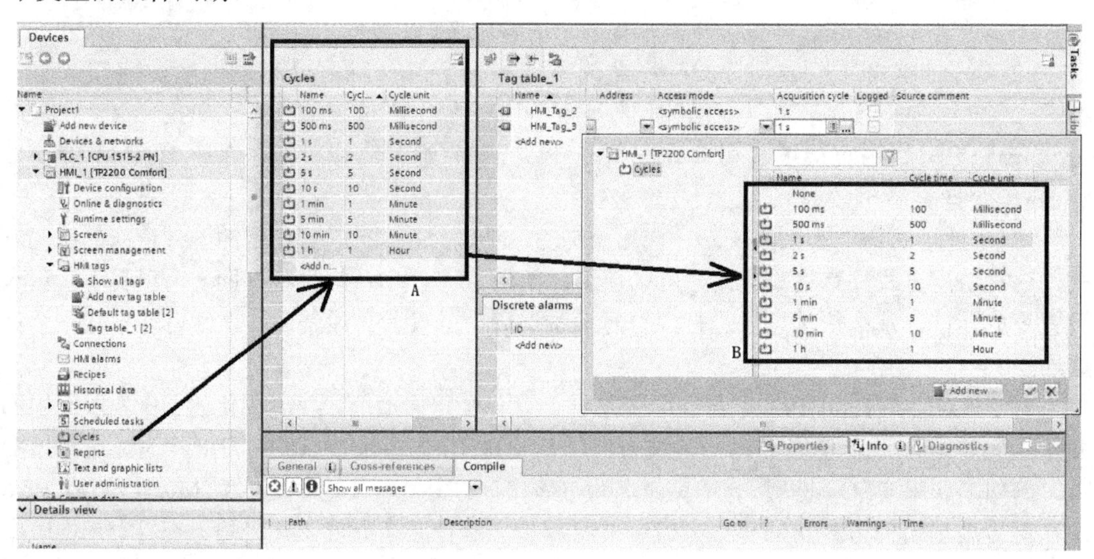

图 11-13　变量访问周期的设置

（9）采集方式（Acquisition mode）：采集方式有三种，即“循环操作（Cyclic in operation）”、“循环连续（Cyclic continuous）”、“必要时（On demand）”。选择“循环操作”后，变量被使用时（打开了显示该变量的界面或向该变量写入操作数时），周期性地刷新该变量。选择“循环连续”后，无论当前页面是否用到该变量，都周期性地刷新该变量。过多的变量采用这种方式，会增加通信的负荷。选择“必要时”后，该变量仅在使用“UpdateTag”指令后被更新。

TIA 博途软件作为一款集成自动化软件，用户可以尽享集成化的优越。一个 PLC 变量如果需要在 HMI 上显示，可以直接将该变量拖曳到 HMI 界面中。软件会自动在 HMI 界面中添加显示该变量值的控件（IO 域控件）。同时，软件会自动在 HMI 变量表中建立该变量及其关联关系。

11.3　画面与控件

11.3.1　画面的设计与管理

项目树的画面部分如图 11-14 所示。所有需要显示出来的画面均收在“画面（Screens）”文件夹下。其中必须有一个画面为启动画面。当 HMI 运行时，系统只显示启动画面，其他的画面的显示需要在启动画面中设置相应的连接按钮进行切换（一般在画面模板中直接设计用于画面切换的按钮选择栏，在启动画面中引用该画面模板）。一个画面需要被设置成启动画面时，鼠标选中该画面，打开右键菜单，选择“默认作为启动画面（Define as start screen）”便可。

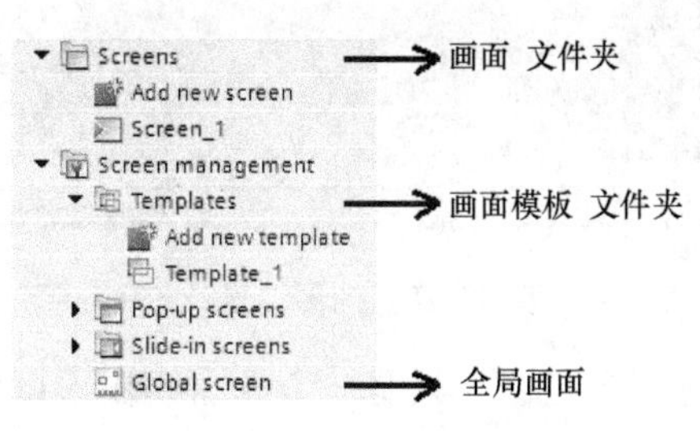

图 11-14　画面管理

在“画面管理（Screen management）”文件夹下，可以建立若干个画面模板，画面模板上可以放入一些菜单，按钮等控件。任何一幅画面可以选择一个画面模板，这样，如果几个画面都选择了同样的一个画面模板。那么只要在一个画面模板上制作一次菜单、按钮选择栏等部件，这些菜单、按钮选择栏就会出现在多个画面中。当这些菜单、按钮选择栏需要更新时，也只需要更新画面模板，所有的画面就可以同步更新了，极大提高了设计效率。

全局画面用于放置与报警有关的控件。如果在全局画面中放置了报警相关控件，那么当有报警产生时，无论当前显示的是什么画面，该画面随时可以显示出来，故称为全局画面。

画面的设计过程如图 11-15 所示。在设计画面时，对于画面上预显示的资源直接进行拖曳，就可以轻松完成画面的设计。

如图 11-15 中箭头 A 所示，在画面打开后，右侧资源卡窗口中自动开启画面控件资源卡。画面上所有控件罗列于此，需要哪一个直接向画面相应位置拖曳便可。

如图 11-15 中箭头 B 所示，如果该画面需要一个切换到另一个画面的按钮，直接将另一个画面拖曳到该画面中，软件自动添加一个按钮控件，并配置好相应属性。一个画面切换按钮便自动生成了。

如图 11-15 中箭头 C 所示，如果画面需要引用一个画面模板，直接将该画面模板拖曳到画面上便可，软件自动配置该画面的相关属性。

如图 11-15 中箭头 D 所示，PLC 中的变量可以直接拖曳到画面中。在图 11-14 黑框 E 所示，我们在同一个项目下选中了 PLC 的变量（Tags），并直接从细节窗口中将变量拖曳至画面上。画面上以 IO 域控件显示该变量。修改 IO 域控件的属性，可以在画面上显示该变量值或写入该变量值。

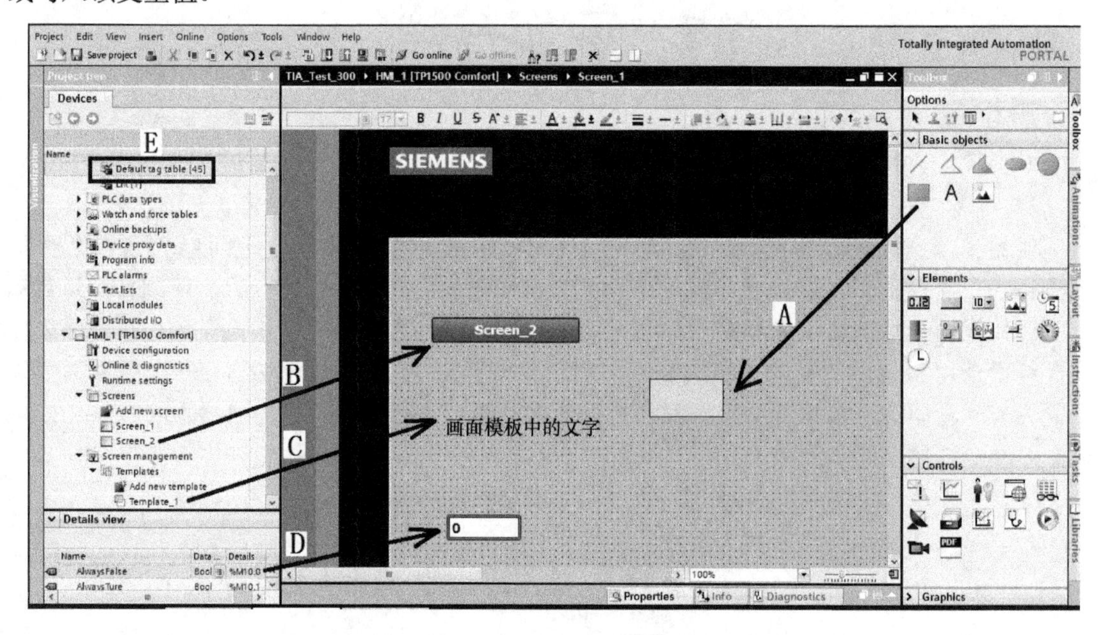

图 11-15　画面的设计

设计画面模板过程和方法与之类似。只是一个画面模板不可以再引用另一个画面模板。

11.3.2　控件的使用

正如图 11-15 所示，右侧的资源卡中有着丰富的控件。画面显示的各种 PLC 变量以及基于 PLC 变量呈现的各种动画效果均由这些控件完成。使用控件的大体方法是：从资源卡中拉出控件到画面上。选中该控件，在巡视窗口中对本次使用进行属性设置。在属性设置中连接 HMI 变量，或者加入脚本程序，进行与动画有关的设置等。在 TIA 博途软件中，每个控件都有丰富的帮助信息，这里仅对主要控件的部分功能做一个大体介绍，同时也连带介绍控件中主要属性的设置。

（1）基础对象：基础对象用于在画面上绘制线条、曲线、放置图片、文字等对象。通常不连接任何变量，但可以连接变量做出一些动画效果。在资源卡下方有 WinCC 图库，如图 11-16 所示，软件附带了大量图库资源。可以在此查找相应的图形直接拖到画面中，在画面中以“图片显示”控件（属于基础对象）的形式显示出来。

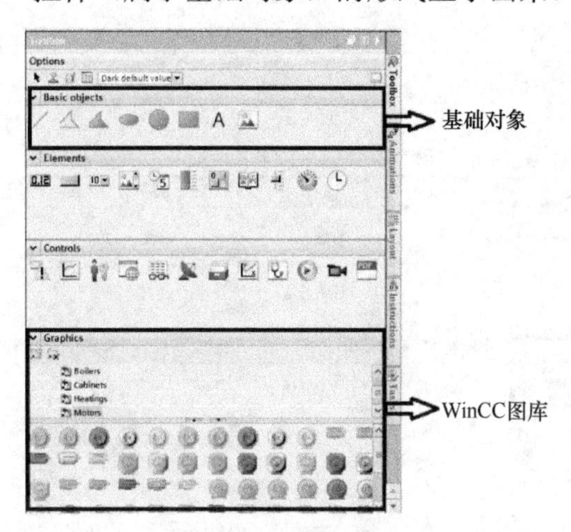

图 11-16　基础对象控件

在画面中选中一个控件后，巡视窗口会显示这个控件的属性，如图 11-17 所示。在控件属性界面，通常会显示“属性（Properties）”、“动画（Animations）”、“事件（Events）”、“文本（Texts）”四个选项卡。“属性”通常设置这个控件的显示内容、字体大小、各部分颜色、在画面中的坐标位置和图层位置等信息。“事件”用于设置当这个控件出现某个事件（操作）后，HMI 界面上进行何种响应。这个选项卡的具体实例将在介绍“按钮”控件时阐述。“文本”，当 HMI 设计牵扯到多语言显示时（可通过按钮切换显示不同语言），该选项卡用于调整相关文本在不同语言下的显示信息。

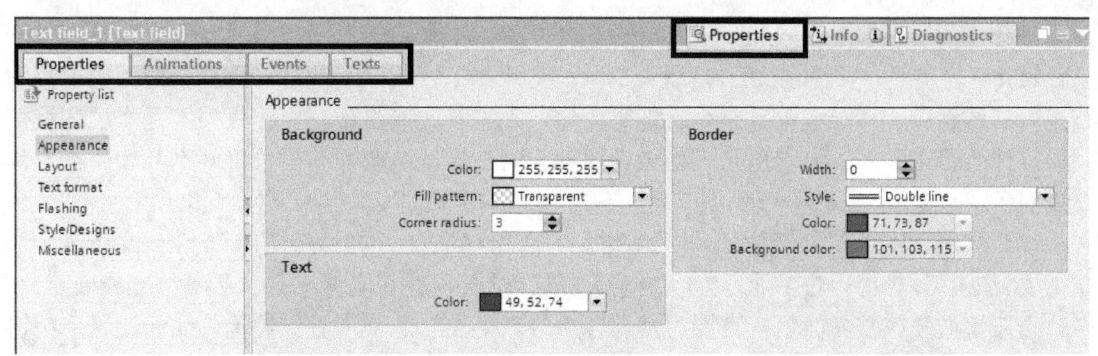

图 11-17　控件的属性

“动画”选项卡用于添加该控件在画面上“自动移动位置”、“自动改变颜色”、“自动显示/隐藏”的动画效果。动画效果分为移动和显示两类，“自动移动位置”属于移动类，“自动改变颜色”、“自动显示/隐藏”属于显示类。

首先介绍移动类的动画效果。添加该动画的过程如图 11-18 所示。先选择添加一种动画的类型，有“直接移动”、“斜向移动”、“水平移动”或“垂直移动”。本图中，我们以添加水平移动为例。在变量（Tag）中输入一个 HMI 变量，如图中的变量“Position”，并为该变量设置动画有效范围，如图 11-18 所示，从“0”到“100”。在下方的“起始位置（Start position）”和“目标位置（Target position）”中设置控件动画的范围。

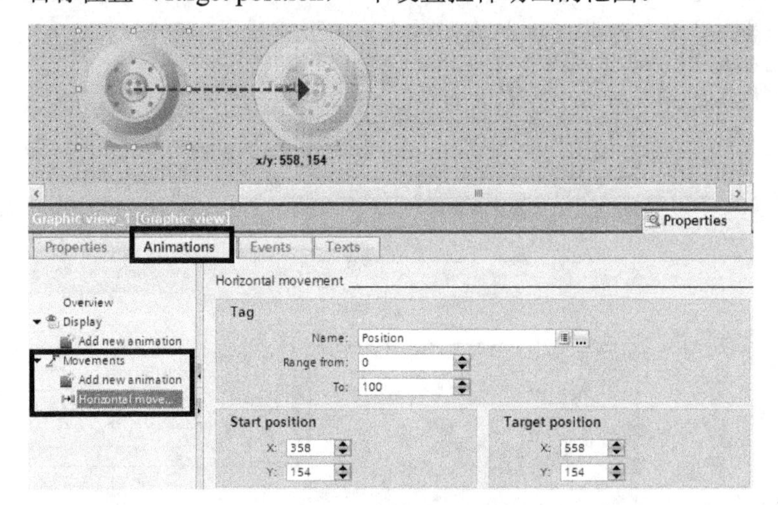

图 11-18 控件动画的设置

变量动画有效起始值（“0”值）对应于控件横坐标起始值（“358”值），变量动画有效终止值（“100”值）对应于控件横坐标终止值（“558”值）。控件动画范围在画面上有显示。这样，任一个变量值线性地对应一个坐标值，控件随变量的变化改变在画面上的显示位置，从而形成动画效果。

对于“斜向移动”或“垂直移动”设置方法与之类似。对于“直接移动”需要设置控件原始位置，然后连接两个 HMI 变量分别作为 *X* 轴和 *Y* 轴的坐标偏置。控件实际显示的坐标位置为原始位置加上相应轴上的坐标偏置，这样通过两个变量可以控制该控件向画面任意位置移动。

对于显示类的动画效果，可以选择“外观（Appearance）”和“显示（或隐藏）（Visibility）”两种动画效果。“外观”的动画效果如下：用一个变量，该变量的不同值控制该控件字体颜色、背景颜色、是否闪烁等变化。“显示（或隐藏）”的效果则是通过变量控制该控件是否在画面上显示出来。动画设置都大同小异，这两种动画设置并不复杂，不再具体说明了。

（2）按钮（Button）：通常操作员通过按动 HMI 界面上的各种按钮向 PLC 传递指令，这就需要 HMI 设计时，在界面上布设若干按钮。按钮控件在资源卡的“要素（Elements）”中。当按钮被安放在界面后，需要对其属性中的“事件”选项卡进行设置，才能让这个按钮真正发挥作用，设置界面如图 11-19 所示。

在“事件”选项卡中，设计了这样一个事件：单击（Click）、按下（Press）、释放（Release）、激活（Activate）、取消激活（Deactivate）、更改（Change）。通常，我们希望按钮在“单击”后起作用，所以选择在图 11-19 框 A 处“单击”，然后在右侧选择这个事件对应的响应。单击添加功能（Add function），可以在这里添加若干个功能作为这个按钮事件的响应。功能由一系列系统指令构成，也可以添加自己编写的脚本程序，如图 11-19 所示添加了一个“ActivateScreen”指令，指令对应的操作对象名为“Screen_1”。意思是切换到名为“Screen_1”的画面上。TIA 博途软件提供的系统指令非常丰富，每条指令在软件帮助系统中

都有详尽的讲解。

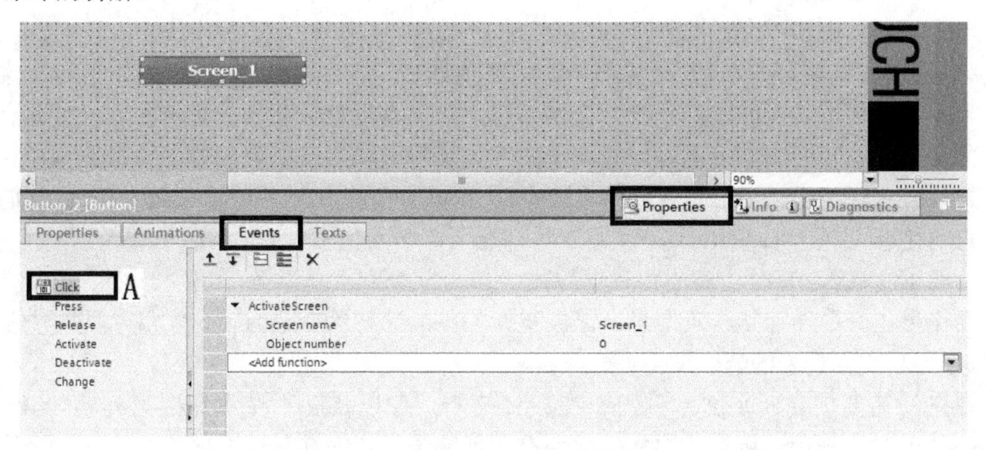

图 11-19　控件属性中的“事件”选项卡

（3）IO 域(I/O Field)：在屏幕上直接显示一个变量的值，以及操作员在 HMI 屏幕上直接向 PLC 输入一个操作数，最常使用的就是 IO 域。按钮控件也在资源卡的“要素（Elements）”中。配置 IO 域最主要的参数都集中在“常规（General）参数组”中，如图 11-20 所示。

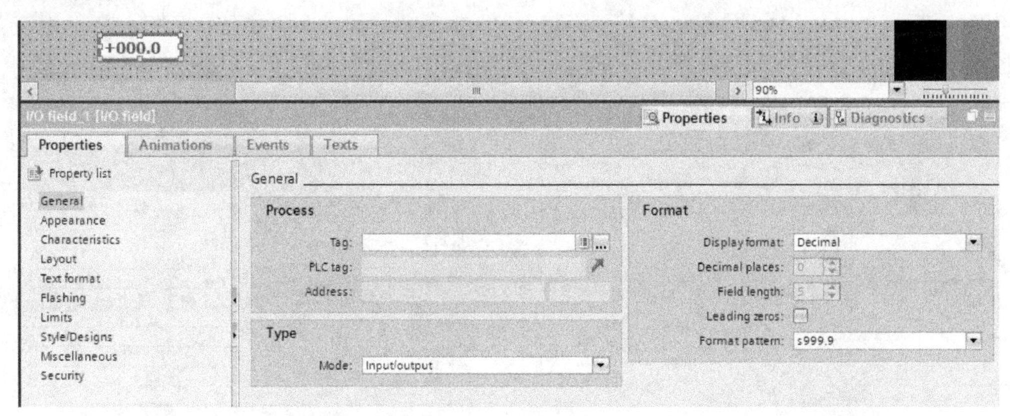

图 11-20　IO 域控件常规配置

在 IO 域控件常规配置过程（Process）一栏内，需要填写相关联的 HMI 变量。因为 IO 域通常用于显示 PLC 变量，或输入值给 PLC 变量，因此这里填写的 HMI 变量会自动显示该 HMI 变量对应关联的 PLC 变量的符号地址和绝对地址（如果是外部变量且有绝对地址）。在格式（Format）一栏内，用于设置显示该变量的格式。其中“显示格式（Display format）”用于设定是以几进制的形式显示该变量的值，如图 11-20 所示为十进制（Decimal）。“格式样式（Format pattern）”用于设置显示的格式，其中“9”表示十位数字。“.”表示小数点。“s”表示符号，“s999.9”表示先显示出“+/−”号，然后显示 3 位整数，1 位小数。在类型（Type）一栏中，设置“输入”、“输入/输出”或“输出”。若为“输入”，则操作员单击该 IO 域时，屏幕出现一个软键盘，操作员可以输入一个操作数，单击“确认”按钮后，HMI 将此数输入给相应 PLC 变量（或 HMI 内部变量）。若选择“输出”，该 IO 域仅输出相应变量的

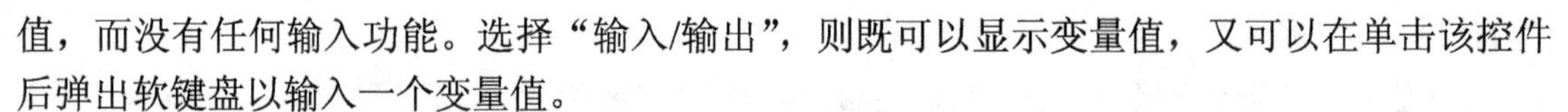

值，而没有任何输入功能。选择“输入/输出”，则既可以显示变量值，又可以在单击该控件后弹出软键盘以输入一个变量值。

（4）符号 IO 域与文本列表：在 HMI 监控界面中，常常需要这样的功能，有一个文本列表，即一个表格，其内容是若干条的文本信息。该文本列表与某个变量关联。变量值不同，在画面上显示不同的文本信息。比如一个文本列表中有“自动状态”、“手动状态”、“闭锁状态”三条信息。关联一个名为“SystemStatus”的整型变量。当 SystemStatus 值为 1 时，显示“自动状态”。当 SystemStatus 值为 2 时，显示“手动状态”。当 SystemStatus 值为 3 时，显示“闭锁状态”。有时，还需要反向输出，单击某个文本显示条，出现一个下拉的文本列表，操作员在其中选择某一条信息后，根据操作员的选择给变量赋值。实现这些功能都需要符号 IO 域与文本列表的配合使用。

首先，需要创建一个文本列表。在项目树中，可以找到“文本和图形列表（Text and graphic lists）”一项，所有的文本列表均在此处编辑。双击打开这一项，如图 11-21 箭头 B 所示。本截图中工作区开启左右分割模式，左侧为文本和图形列表编辑窗口，右侧为 HMI 画面编辑窗口。在左侧窗口中，选择右上角的“文本列表（Text lists）”，如图 11-21 中框 C 所示。在文本列表编辑窗口上半区创建一个文本列表，如图 11-21 中所示的“Text_list_1”。选中这个文本列表后，在文本列表编辑窗口下半区，编辑这个文本列表的细节。这个细节的编辑主要是设置各种变量的取值范围和其对应的显示文本。在“值（Value）”一列中设置变量的取值范围（也可以就设置一个值）。在“文本（Text）”一列中编辑当变量处在相应范围内欲显示出来的文本。最后设置某一条文本为默认项。当变量的值不属于任何已设定的文本项时，该文本列表显示默认项。

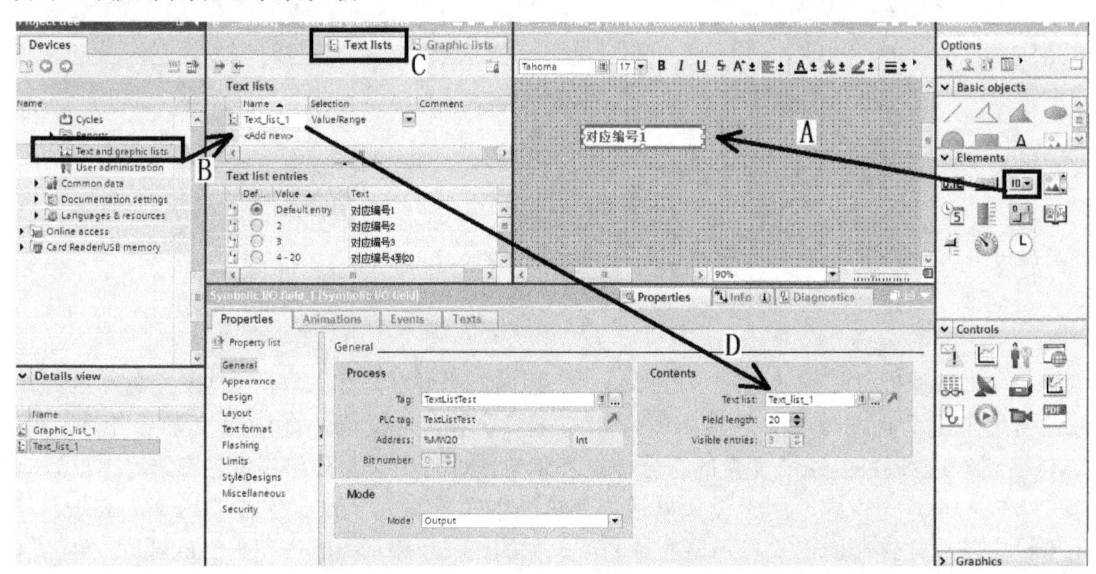

图 11-21　符号 IO 域和文本列表的设置与编辑

在画面上使用这个设置好的文本列表进行显示的控件为符号 IO 域（Symbolic I/O field），如图 11-21 箭头 A 所示，该控件被拖至画面上。图 11-21 的巡视窗口显示的是这个控件的属性。在常规属性中，将建立的文本列表设置在其中的“内容（Contents）”中，如图 11-21 箭头 D 所示。同时在控件属性中，设置好连接的变量和模式（这两项设置均与“IO 域”控件类似)。模式设置为“输入”后，操作员在文本列表部分可以点出下拉选择框，选择后依照文本列表内的设置给变量赋值。模式设置为“输出”后，画面上根据变量的值显示不同的文本内容。

（5）图形 IO 域与图形列表：功能和使用与文本 IO 域和文本列表类似，将其中的文本替换为图形，就是图形 IO 域与图形列表了。当需要在画面的某个区域根据某个变量的不同值显示不同的图案时，就需要图形 IO 域和图形列表了。

由于操作和设计方法与文本 IO 域类似，这里只介绍图形列表的编辑。首先打开“文本和图形列表”，选择右上角的“图形列表（Graphic lists)”选项卡，如图 11-22 所示。在图形列表编辑页上部分创建一个图形列表（可创建多个列表)，如图 11-22 所示创建了一个名为“Graphic_list_1”的图形列表。然后在编辑页下部分，编辑该图形列表中“变量值与图形的对应关系”。单击图形名称列（Graphic Name）中的下三角按钮，如图 11-22 中间黑框所示，打开选取图形对话框。在对话框中列出了已经导入本项目中的所有图片。如果需要从外部添加图片进入，单击从文件添加按钮，图中最下方的黑框。在新打开的对话框中选择一张计算机中的图片。选择完成并确认后，该图片将导入本项目中。在这个编辑页面下，右侧资源卡中会罗列 WinCC 图库，可以从图库中选择相应的图片直接拖到列表中，如图 11-22 箭头所示。拖曳后该图片会自动导入本项目中。

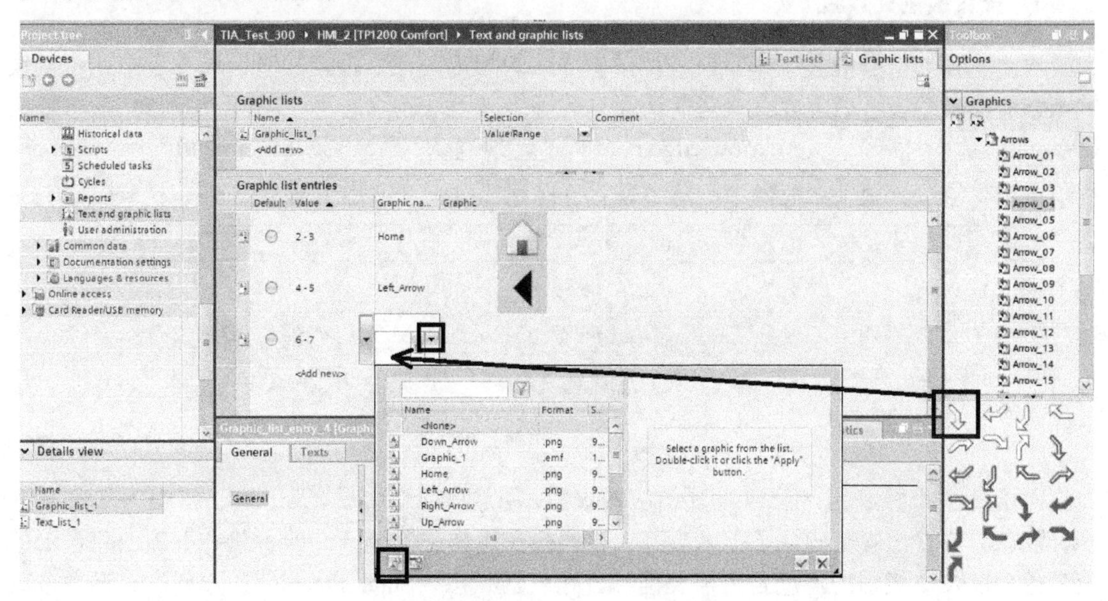

图 11-22 图形列表

使用基础对象中的图片显示控件（Graphic view）也是同样的添加图片方法。

11.4 报警的管理和配置

在控制系统中，HMI 可以对随时发生的事件（特别是故障）以报警的形式显示出来，便于操作人员及时处理。在 HMI 进行报警设计时，主要是编排某个事件的触发条件、对应级别和对应显示的内容。

在 HMI 中，打开项目树中 HMI 设备文件夹下的“HMI 报警（HMI alarms）”，所有的报警信息都将呈现在这里。同时，在这里也可以对所有报警信息进行编辑。从上方选项卡可以看出，这里有“离散报警（Discrete alarms）”、“模拟量报警（Analog alarms）”、“控制器报警（Controller alarms）”、“系统事件（System events）”、“报警等级（Alarm classes）”和“报警组（Alarm groups）”，如图 11-23 所示。

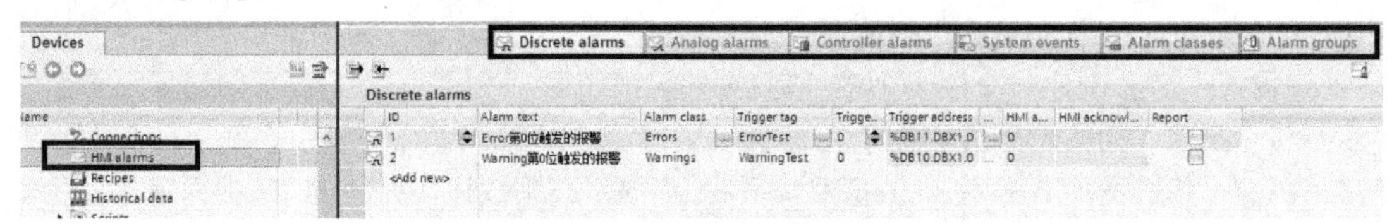

图 11-23　HMI 报警编辑界面

其中，“离散报警”和“模拟量报警”用于编辑用户自定义报警信息，而“控制器报警”和“系统事件”为系统报警信息，系统报警由系统自行生成。

1. 报警级别的设置

对于所有的报警信息，都需要进行报警等级的划定。在“报警等级”选项卡中，可以设置不同的报警等级。这里会有一些默认固有的等级（无法删除），如“故障（Error）”、“警告（Warnings）”、“需确认（Acknowledgement）”“无须确认（Acknowledgement）”等，通常用户报警信息会直接使用这些级别。在这里也可以新建自定义的报警级别，如图 11-24 所示。

Discrete alarms　Analog alarms　Controller alarms　System events　Alarm classes

Alarm classes

Display name	Name	State machine	Log	E-mail address	Backgro...	Backgro...	Backgro...	Backgro...
!	Errors	Alarm with single-mode ...	<No log>		...	...	...	...
	Warnings	Alarm without acknowle...	<No log>		255...	255...	255...	255...
S	System	Alarm without acknowle...	<No log>		255...	255...	255...	255...
S7	Diagnosis events	Alarm without acknowle...	<No log>		255...	255...	255...	255...

图 11-24　报警级别

对于每个报警级别，可以设置相应的参数。主要参数有：错误出现、错误出现又离开（未确认）、错误出现且确认了但未离开、错误出现确认了又离开，四种状态下该消息显示的背景色，以及该级别的消息是否需要确认。在机器状态（State machine）一列，选择“单次确认（Alarm with single-mode acknowledgment）”为该级别的报警出现后需要确认（错误消除且经过确认后，相应的报警信息才能消除）；选择“无须确认（Alarm without acknowledgment）”则该级别的报警出现后无须确认（只要错误消除，相应的报警信息就会消除）。

2. 离散报警和模拟量报警的设置

离散报警是指报警是否被触发取决于一个布尔量的值是否为“1”，是“1”则触发报警，是“0”则不触发报警。而模拟量报警中的触发条件是：一个变量（整型或实型）的数值是否超过某个范围。模拟量报警的设置与离散报警类似，主要区别在于设置模拟量报警时，需要配置该变量触发报警的各个阈值。下面以离散报警为例，介绍报警的设置。

打开离散报警选项卡，如图 11-23 所示。通常 PLC 程序会把所有的报警触发位集中放置在几个 DB 块中，在 HMI 中连接这些变量并一一对应地将其所触发报警的信息在这里编辑出来。在这个表格中，每条报警分别有如下几项设置。

（1）编号（ID）：该条报警的编号。

（2）报警文本信息（Alarm Text）：该条报警触发后，在 HMI 上显示什么文字。

（3）报警等级（Alarm class）：设置该条报警的等级。

（4）“触发变量（Trigger tag）”、“触发位（Trigger bit）”、“触发地址（Trigger address）”：在“触发变量”中填写一个（字型或 INT 型）变量（存在于 HMI 变量表中）。在“触发地址”中填写一位。也就是说，这个字型或 INT 型的变量中有 16 位，指定哪一位为触发该条报警的条件。当“触发变量”和“触发位”设置完成后，在“触发地址”中会显示这个触发位在 PLC 中的地址。如果对于优化 DB 块中的位，这里将以 Slice access 格式显示。

（5）“HMI 确认变量（HMI acknowledgement tag）”、“HMI 确认位（HMI acknowledgement bit）”和“HMI 确认地址（HMI acknowledgement address）”：这里可以不进行任何设置。如需设置，那么需要输入一位作为 HMI 确认位，该位需要对应在 PLC 中。输入的方法和输入触发位类似。如果这里输入有一个 HMI 确认位，则当该报警出现后并在 HMI 上对该报警进行确认后，HMI 确认位所对应 PLC 中的那一位将会被置位。通过这个设置，可令 PLC 知悉某条报警是否被确认。

这里以配置一个报警实例的方式，阐述其中的操作和含义。

首先在 PLC 的 DB10 中建立一个字，为 DBW0。该字用于触发“警告信息”(一个字包含 16 位，说明这一个字型变量最多可触发 16 条警告信息)。同理，建立变量绝对地址为 DB11.DBW0 的字，用于触发“错误信息”。然后，建立 HMI 变量并关联 PLC 中的报警相关变量，如图 11-25 所示。

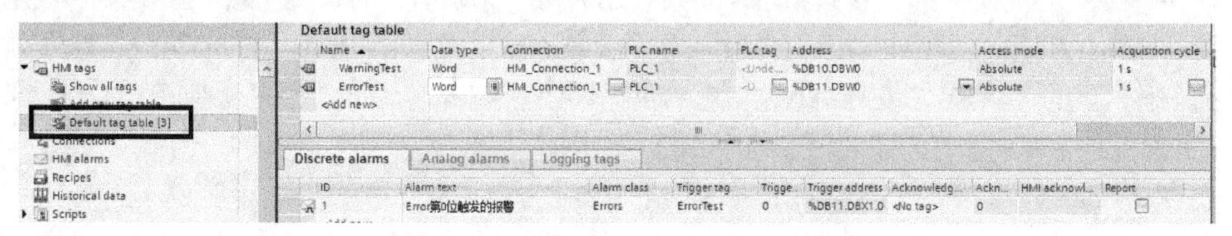

图 11-25　建立与报警有关的 HMI 变量

图中在 HMI 变量编辑页面下，建立了一个名为“WarningTest”的、HMI 变量关联 PLC 中的、绝对地址为 DB10.DBW0 的变量。建立了一个名为“ErrorTest”的、HMI 变量关联 PLC 中的、绝对地址为 DB11.DBW0 的变量。在该页面中，选中一个 HMI 变量，可以直接设置该变量所对应的报警（在图 11-25 的下部分），在此设置的报警会自动显示在报警编辑界面中。同理，报警界面中编辑的报警也会显示在 HMI 变量编辑页面中。

最终编辑完成的这两条报警如图 11-25 所示。HMI 变量“ErrorTest”（字型变量）中的第 0 位对应的报警信息是“Error 第 0 位触发的报警”，所以将“报警文本（Alarm text）”编辑为“Error 第 0 位触发的报警”。将“触发变量（Trigger tag）”设定为 HMI 变量中的

ErrorTest，将“触发位（Trigger bit）”设定为 0，将本条报警的报警级别设定为“Errors”。同理设置另一条报警，并将其级别设置为“Warnings”。设置完成后，软件自动配置该触发位对应 PLC 中变量的位地址。

本例中使用了非优化 DB 块和绝对地址访问方式，顺便强调一下大端模式在其中的作用。大端模式是指数据的高字节保存在内存的低地址中，而数据的低字节保存在内存的高地址中，西门子 PLC 均使用大端模式储存数据（除优化 DB 块内部使用小端模式存储，但优化 DB 块用户无法访问其中绝对地址，所以可忽略这条例外）。因此当“DB11.DBW0”这个“字”作为报警变量时，其中第一位（第一条报警）所对应的地址是“DB11.DBX1.0”，而不是“DB11.DBX0.0”。

在完成所有的报警信息的配置后，在画面上拖曳上一个“报警显示（Alarm view）”控件，这些报警信息便可在其中显示，报警控件如图 11-26 所示。

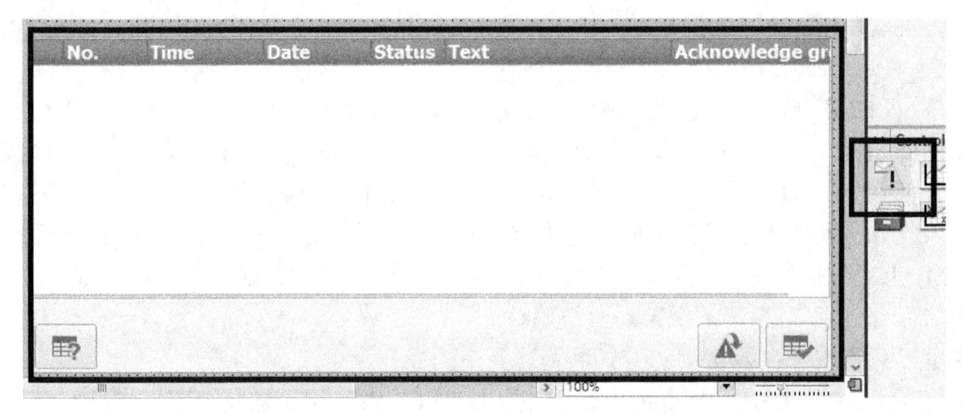

图 11-26　报警控件

对于需要确认的报警信息，只有操作员选择该条报警信息并单击控件上的“确认”按钮（且触发条件已消失）时，该条信息才不再显示。对于无须确认的报警信息，触发条件消失时，自动不再显示。图 11-25 中，“Error 第 0 位触发的报警”为 Errors 级别的报警，该级别为“单次确认（Alarm with single-mode acknowledgment）”，所以需要确认。而“Warning 第 0 位触发的报警”为 Warnings 级别的报警，无须确认。

11.5　HMI 中的常用特殊功能

11.5.1　HMI 与 CPU 之间的状态汇报

在很多项目上，PLC 需要获知 HMI 的当前状况。通常，HMI 上会被设置一个 1Hz 方波的信号，并将该信号写入 PLC 的某个变量中。PLC 程序通过两个定时器监控这个变量的变化情况。如果该变量长时间为 1 或为 0，都证明 HMI 掉线了，这个信号被称为心跳信号。

现在，由新一代的 HMI 设备及广泛采用的 Profinet 网线连接的方式，考察 HMI 是否掉线变得更加方便。对于 Profinet 网线连接的 HMI，可以在 HMI 上使能 Profinet 功能，然后将这台 HMI 组态在 PLC 的总线中，通过总线设备诊断指令来判定 HMI 的状态。

TIA 博途软件也提供了专用于向 PLC 汇报 HMI 自身状态的功能，只需要简单设置，HMI 便可以向 PLC 自动传送一个状态字，具体设置方法如下：

首先，需要在 PLC 中创建一个 WORD 型的变量。本例中创建的变量名为“"HMI_Status".Coordination”，其中"HMI_Status"为 DB 块的名字，Coordination 为这个 DB 块内 WORD 型变量的名字。DB 块为优化的 DB 块，没有绝对地址。

然后，开始 HMI 设备的设置。单击项目树中 HMI 设备下的“连接设置（Connections）”，待工作区打开连接设置界面后，工作区被分割为上下两个区域。上方显示已创建的连接，下方显示参数。

在“工作区下面的区域”内，选择“区域指针（Area point）”选项卡。在这个选项卡中，界面又被分割为两部分，上方为“区域指针（Area point）”，下方为“HMI 设备的全局指针（Global area pointer of HMI device）”。如果界面未能显示完这两个区域，可用鼠标以拖曳方式调整。在“区域指针（Area point）”中勾选名为“Coordination”的变量，并在“Coordination”一行的“PLC 标签（PLC tag）”中写入之前在 PLC 中建立变量——“"HMI_Status".Coordination”，如图 11-27 所示。

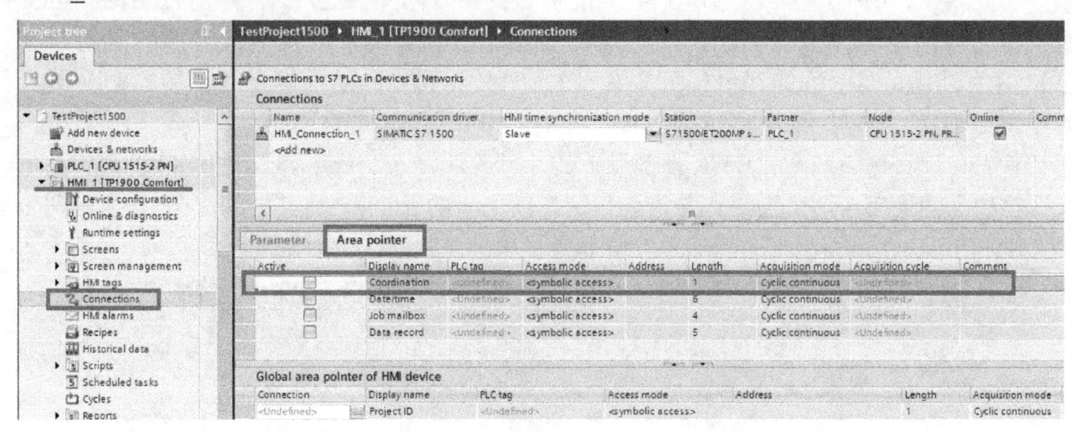

图 11-27　HMI 设备连接中的区域指针设置

对 PLC 和 HMI 均编译和下载后，对变量“"HMI_Status".Coordination”进行观察，如图 11-28 所示。

		Name	Data type	Default value	Start value	Snapshot	Monitor value
1		▼ Static					
2		■ Coordination	Word	16#0	16#0	—	16#0005

图 11-28　PLC 中显示的 HMI 设备状态

对于这个控制字，目前只定义了前三位，后面所有位将会始终为零。前三位的定义如下：第 0 位（由 0 开始计数），当为 0 时表示 HMI 正在启动过程中，当为 1 时表示 HMI 已经启动；第 1 位，当为 0 时表示 HMI 在线，当为 1 时表示 HMI 离线；第 2 位，1Hz 方波的心跳信号。使用 Slice access 访问方式提取并监控这三位，如图 11-29 所示。

图 11-29　梯形图中使用的 HMI 状态

11.5.2　HMI 与 PLC 的时间同步

HMI 与 PLC 的时间同步是指将 PLC 的日期和时间设置为 HMI 的日期和时间，方向是由 PLC 指向 HMI。通常 HMI 需要使用日期和时间来给所有的报警信息和过程量做时间戳，只有使用与 PLC 相同的日期和时间，这些报警和过程量的记录才更有意义。

在经典 STEP7 下，由于 HMI 中所使用的日期时间变量与 PLC 中所使用的相应变量格式不一致，所以完成“时间同步”这样的操作比较烦琐，涉及格式转换的问题。进入 TIA 博途时代，这个问题已经得到妥善解决。“时间同步”功能的设置变得非常简单，具体操作如下：

首先在项目树中选择“HMI 设备”下的 “连接（Connections）”，在连接设置界面下，选择已创建的连接（这个连接正是需要启用时间同步的那个），将其中的“HMI 时间同步模式（HMI time synchronization mode）”设置为“从机（Slave）”，如图 11-30 所示。

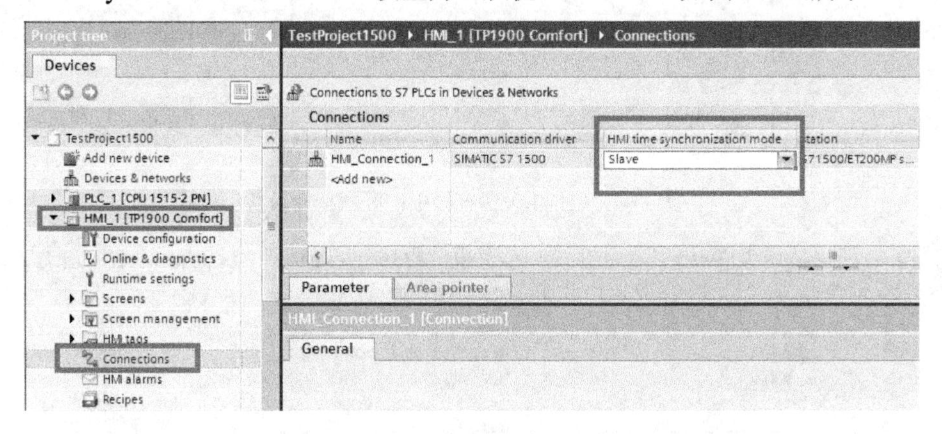

图 11-30　HMI 设备连接中的时间同步设置

接下来，确保 HMI 和 PLC 的时区是一致的，否则将无法同步。对于 PLC 的时区设置是：在硬件组态界面下，选中 CPU 模块，在巡视窗口中查看 CPU 的属性。其中“日期时间（Time of day）”设置时区（Time zone），同时在这里可以设置夏令时（Daylight saving time）的使用以及夏令时变更时的时间差，如图 11-31 所示。

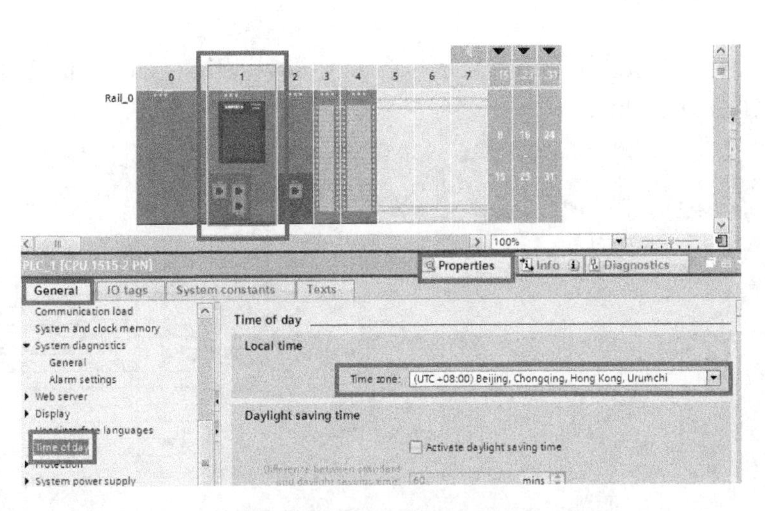

图 11-31　CPU 模块中时区的设置

对于 HMI 上的时区，需要通过面板进行设定。设定方法：选择进入“设置（Settings）”，然后单击“日期/时间（Date/Time）”进入设置界面，设置完成后单击“OK”按钮，如图 11-32 所示。

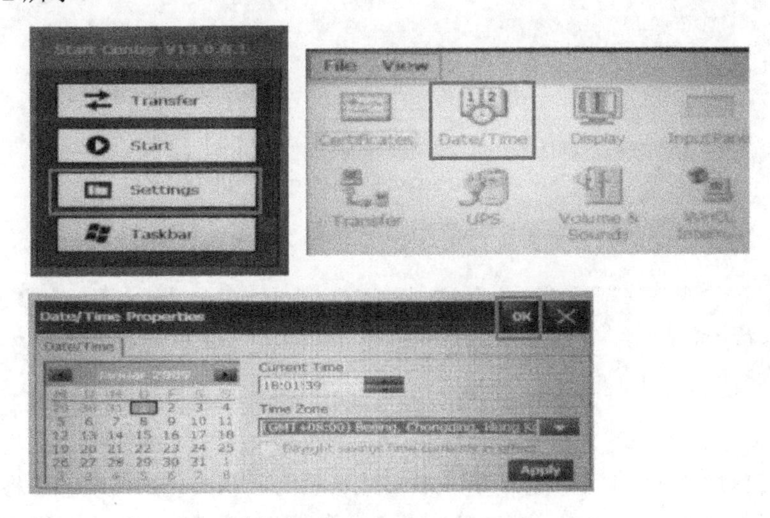

图 11-32　HMI 设备中时区的设置

当如上设置完成后，编译下载 PLC 和 HMI 的设置，“时间同步”功能将会启动。之后，每次 CPU 进入运行状态时会同步一次时间。如果 CPU 一直在运行状态，每间隔 10min CPU 会同步一次时间。

11.5.3　将 CPU 的诊断信息显示在 HMI 上

1. 在 HMI 中显示 CPU 诊断信息

TIA 博途软件本身添加了用于显示 CPU 诊断信息的控件，如图 11-33 所示。首先打开要插入显示 CPU 诊断信息的画面。在软件右侧的工具箱（Toolbox）中展开控制（Controls）一栏，这里有一个名为“系统诊断信息显示（System diagnostics view）”的控件，将这个控件拖到画面上，如图 11-33 所示。

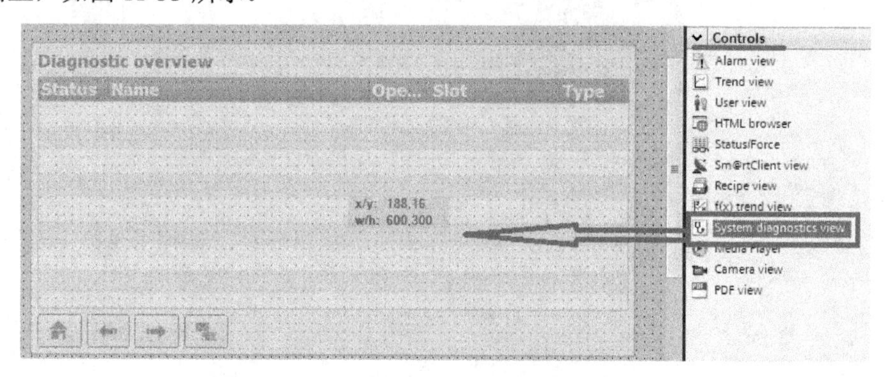

图 11-33　插入系统诊断信息显示控件

接下来，编译并运行这个 HMI，该界面运行后如图 11-34 所示。

S71500/ET200MP station_1

Status	Name	Operating state	Slot	Type	Order number	Address
	S71500/ET200MP...			S71500/ET200MP station		32*
	PLC_1		1	CPU 1515-2 PN	6ES7 515-2A...	49*
	PROFINET IO-S...					262*
	CP 1543-1_1		2	CP 1543-1	6GK7 543-1A...	259*
	DI 32x24VDC B...		3	DI 32x24VDC BA	6ES7 521-1B...	275*
	DQ 16x24VDC/...		4	DQ 16x24VDC/0.5A ST	6ES7 522-1B...	276*

图 11-34　系统诊断信息显示控件运行后的界面

在默认情况下，控件下方会有四个按钮——“设备总览”、“向前”、“向后”、“查看诊断缓存”，显示 CPU 本体机架上组态的所有端口或模块的状态（使用的状态图标与在线诊断的图标相同）。可见，其中 Profinet 端口存在故障。单击“向后”按钮可以查看在 Profinet 总线上所有设备的状态，以便知晓哪个站出了故障。再单击“向后”按钮，可以查看这个出现故障的站中所有模块的状态，以便知晓哪个模块出了故障。再单击“向后”按钮，可以查看该模块上各个通道的状态（如果该模块支持通道级诊断）。同理，单击“向前”按钮，可以查看前一个级别的设备状态。这就是“设备总览”、“向前”、“向后”三个按钮的作用。

如果单击“查看诊断缓存”按钮，会将 CPU 内部诊断缓存区中的信息显示在该控件上，如图 11-35 所示。

当控件变为显示 CPU 诊断缓存状态时，“查看诊断缓存”按钮将变为“刷新”按钮，用于刷新显示当前 CPU 的诊断缓存信息。

该控件的主要属性如下：在属性列表（巡视窗口）中的“工具栏（Toolbar）”下的“按钮-工具栏（Buttons-Toolbar）”中，可以选择是否显示如上介绍的那些按钮，如图 11-36 所示。

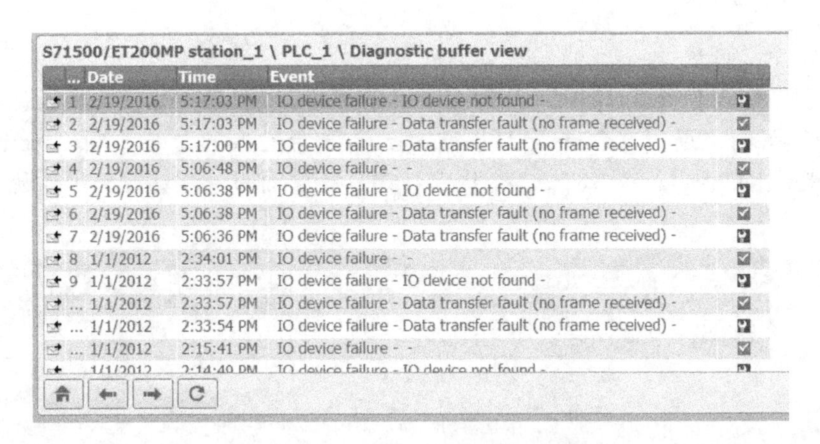

图 11-35　查看 CPU 诊断缓存信息

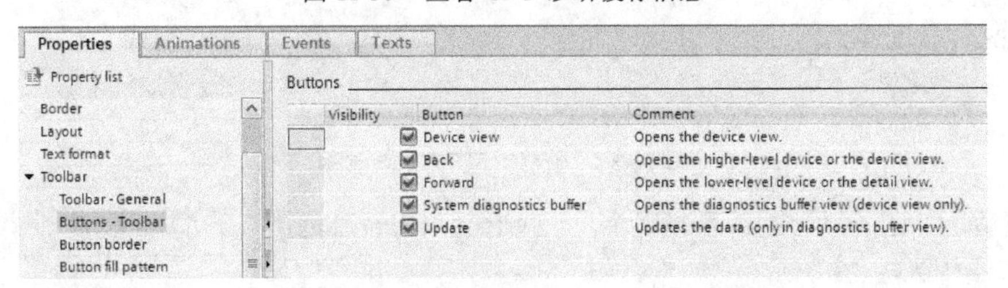

图 11-36　控件属性中的按钮-工具栏设置

在属性列表中的“列（Columns）”下的“设备/细节显示（Device/detail view）”中，可以对在控件显示设备状态时表格中列的内容、列宽和顺序进行设置；同理，在属性列中，“列（Columns）”下的“诊断缓存显示（Diagnostic buffer view）” 可以对在控件显示诊断缓存时表格中列的内容、列宽和顺序进行设置，如图 11-37 所示。

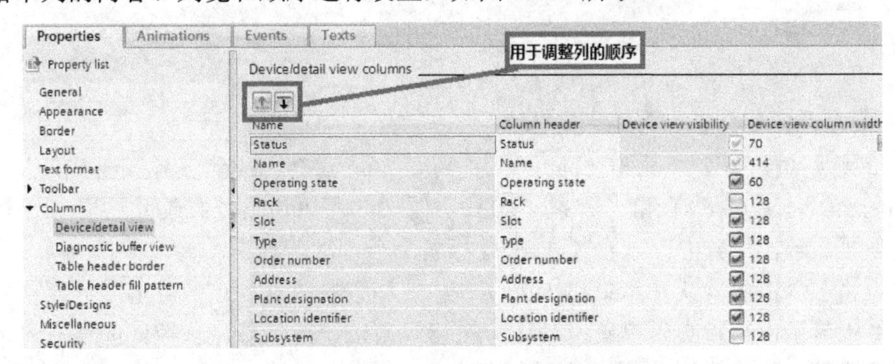

图 11-37　控件属性中的设备/细节显示设置

图中所示的两个上下箭头用于调整列的顺序。“设备显示（Device view visibility）”中是否打钩，表示是否显示该列。“设备显示列宽（Device view column width）”用于设置该列的列宽。“诊断缓存显示（Diagnostic buffer view）”的内容与之类似，就不再解释了。

2．将 CPU 诊断信息显示在报警控件中

使用控件“系统诊断信息显示（System diagnostics view）”可以在 HMI 中显示出 CPU 的诊断信息，但是有的时候我们希望这些诊断信息可以整合在报警显示中，而不是在单独的

控件中，具体操作如下：

首先打开 PLC 的组态界面，查看 CPU 的属性，在其中找到“系统诊断（System diagnostics）”下的“通用（General）”：将“激活这台设备的系统诊断（Activate system diagnostics for this device）”勾选。对于 S7-1500 PLC 而言，默认激活并且无法取消，如图 11-38 所示。

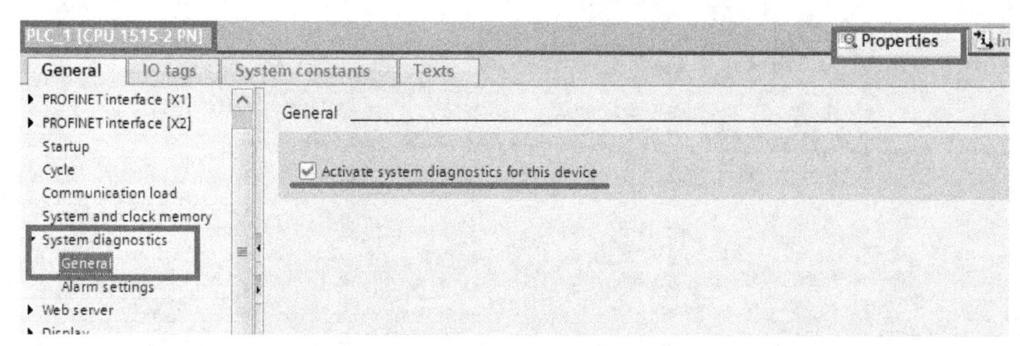

图 11-38　使能 CPU 的系统诊断

再选择 CPU 属性中“系统诊断（System diagnostics）”下的“报警设置（Alarm settings）”，如图 11-39 所示。

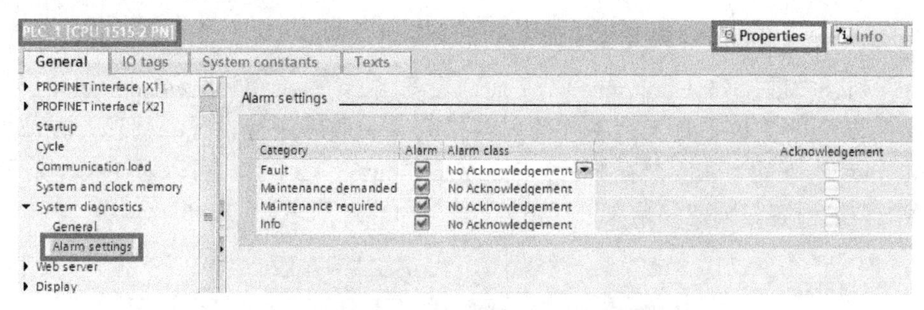

图 11-39　CPU 中系统诊断下的报警设置

CPU 的诊断信息分为“故障（Fault）”、“需要维护（Maintenance demanded）”、“建议维护（Maintenance required）”和“信息（Info）”四类。可以通过“打钩”的方式选择哪个级别的信息需要显示在报警中，以及其在 HMI 报警信息中的等级。

设定为属于“需要确认（Acknowledgement）”等级的信息，该信息消除后，依然会在报警显示控件中显示出来，必须单击“确认”按钮（该按钮随报警显示控件的运行显示出来，但可以设置隐藏）才能消除。属于“不需要确认（No Acknowledgement）”类别的信息，当该信息消除后，控件中自动不再显示该信息。

接下来，在项目树中，打开该 HMI 下的“运行设置（Runtime settings）”，选择“报警（Alarms）”设置项。在“控制器报警 Controller alarms”中，找到要显示 CPU 信息的那台 PLC 的连接（Connection），并将它的“系统诊断（System diagnostics）”选项打钩，如图 11-40 所示。

至此，CPU 的诊断信息已经可以传递到 HMI 的报警信息中了。需要在 HMI 的报警控件中设置显示“需要确认（Acknowledgement）”和“不需要确认（No Acknowledgement）”这两个类别的信息就可以了。设置方法如下：在报警显示控件的属性中，选择“通用（General）”并在“显示（Display）”中将“需要确认（Acknowledgement）”和“不需要确认（No Acknowledgement）”两个类别打钩，如图 11-41 所示。

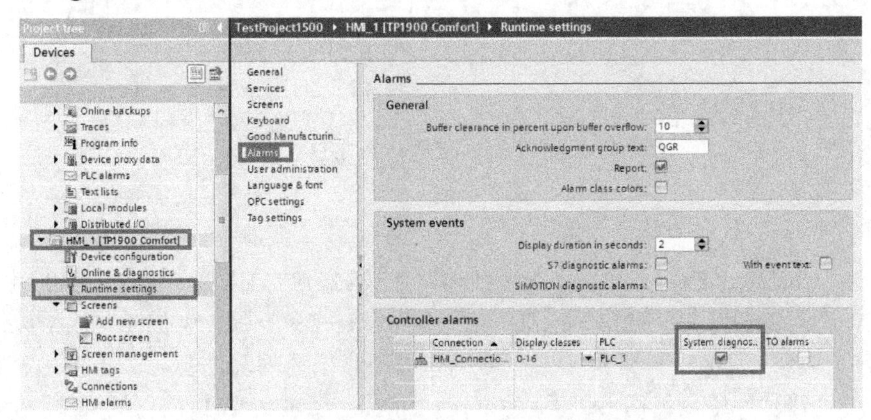

图 11-40　在 HMI 设备运行设置中使能系统诊断

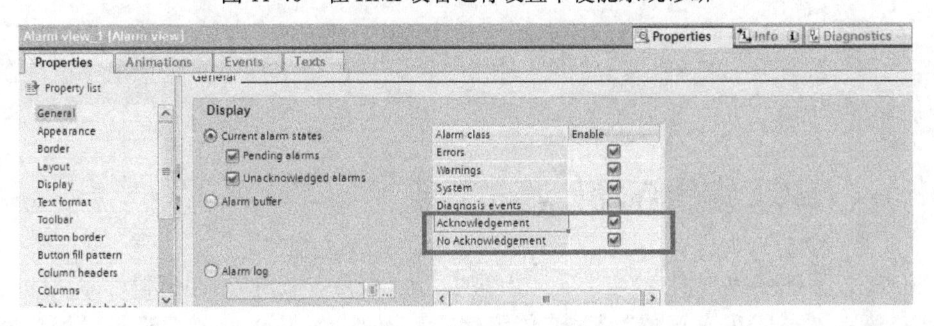

图 11-41　报警控件中的设置

第 12 章　SCL 语言与 Graph 语言

12.1　SCL 语言

SCL 是 Structured Control Language 的缩写，被称为结构化控制语言。SCL 由 Pascal 语言演变而来，最终成为 IEC61131 标准（在 IEC61131 标准中称为“ST”，结构化文本）。SCL 语言的出现，使得一些适合使用计算机高级语言描述的算法也可以方便地移植到 PLC 中。在 TIA 博途软件中，使用 SCL 更为方便，可以直接建立 SCL 语言的程序块，在统一的软件平台下进行编译、调试和下载。

SCL 语言与计算机高级语言类似，主要是用“IF”语句、“For”语句来构建出“顺序”、“选择”、“循环”这样的结构，然后将各种指令填充到这个结构中，整个程序也是在纯文本环境下编辑的。

12.1.1　SCL 编辑环境和调试工具

建立 SCL 程序块的过程：新建一个程序块（FC 块或 FB 块），在新建程序块的对话框中选择 SCL 语言。当打开一个 SCL 语言的程序块后，便进入了 SCL 编辑环境。编辑环境中各部分的作用如图 12-1 所示。

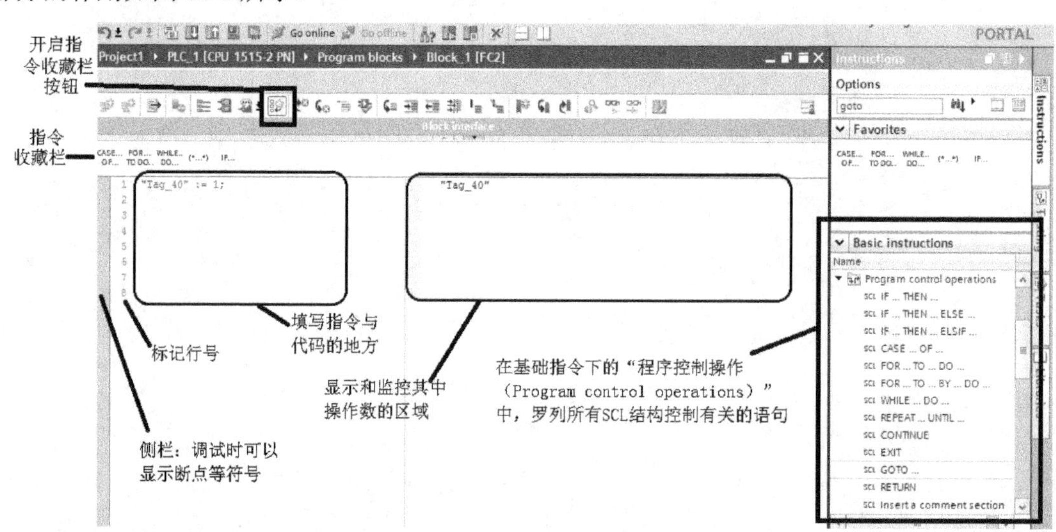

图 12-1　SCL 编辑环境各部分的作用

TIA 博途软件为 SCL 语言提供了友好的编辑界面，还提供一些 SCL 语言程序设计的调试和编辑工具。这些工具集中在程序编辑窗口的工具栏中，具体位置和每个按钮的功能参见图 12-2。

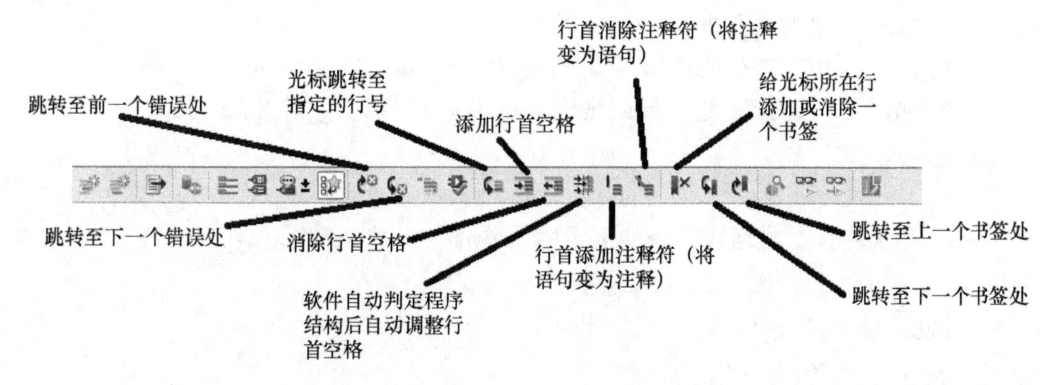

图 12-2　SCL 语言程序下可使用的调试和编辑工具

12.1.2　SCL 语言中的指令

在 SCL 中填写指令，指令的末尾必须写一个分号作为结束符，即“;”表示该指令的结束。在结束符的后面可以添加“行注释”。方法是先输入两个斜杠，即“//”，然后在后面书写注释便可。这种注释的方法只能将所有注释写在一行中。如果希望写一个段落的注释，可以使用“段注释”。方法是在段注释开始的地方加入左括号和通配符，即“(*”，然后在注释段落的结束处加入通配符和有括号，即“*)”便可。行注释和段注释的应用举例参见图 12-3。特别注意，在 SCL 语言程序中所有符号都为英文字符，应在英文输入法下输入这些字符。

1）赋值指令

赋值语句是 SCL 中最常见的指令，其格式是一个冒号加一个等号，即“:=”。例如，如图 12-3 中的程序，这一行的意思是将变量赋值为“1”。

```
1   "Tag_1" := 1; //将变量Tag_1的值赋值为"1"
2 ⊟(*
3  上面那条指令的意思是
4  将变量Tag_1的值赋值为"1"
5  *)
6
```

图 12-3　赋值指令、行注释、段注释的举例

2）位逻辑运算指令

在 SCL 语言中，逻辑运算指令如下所述（举例中的“Tag_1、Tag_2、Tag_3”均为布尔量）。

（1）取反指令：使用“NOT”进行取反操作，如 "Tag_1" := NOT "Tag_2";

（2）与指令：“AND”或者“&”进行与操作，如 "Tag_1" := "Tag_2" AND "Tag_3"; 或者"Tag_1" := "Tag_2" & "Tag_3";

（3）或指令：“OR”进行或操作，如 "Tag_1" := "Tag_2" OR "Tag_3";

（4）异或指令：“XOR” 进行异或操作，如"Tag_1" := "Tag_2" XOR "Tag_3";

3）数学运算指令

在 SCL 语言中，数学运算指令如下所述（举例中的“Tag_1、Tag_2、Tag_3”均为整型或实型变量）。

（1）加法：使用符号“+”。

（2）减法：使用符号“-”。

（3）乘法：使用符号“*”。

（4）除法：使用符号“/”。

（5）除法取余数：使用符号“MOD”。

（7）幂运算：使用符号“**”，如"Tag_1" := "Tag_2" ** "Tag_3"；意思是 Tag_1 的值为 Tag_2 的 Tag_3 次方。

4）PLC 指令的引用和 FC/FB 块的调用

在 SCL 语言中，大部分的指令都可以写成 SCL 语言形式，FC 和 FB 块的调用也可以写成 SCL 语言形式。当需要在 SCL 程序中引用指令时，直接从指令资源卡中找到相应的指令，然后向程序中拖曳便可。需要调用 FC/FB 块的时候，直接从项目树中找到相应的程序块，然后向程序中拖曳便可，如图 12-4 所示。

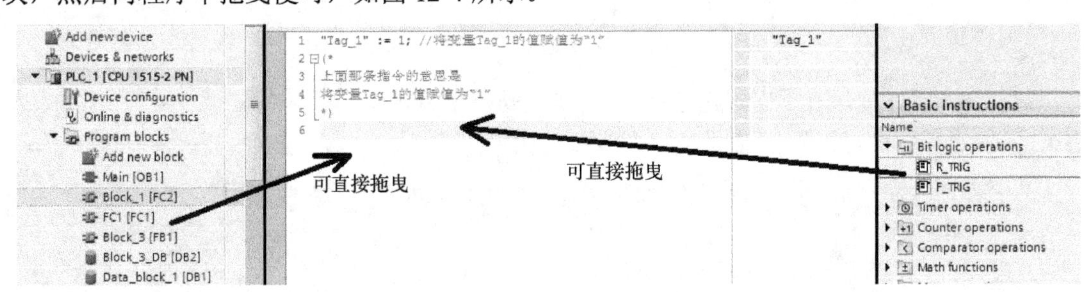

图 12-4　指令和程序块的拖曳引用方法

当一个指令或 FC/FB 块被放置到 SCL 程序中后，显示如图 12-5 所示的画面。软件已经按照 SCL 语言格式，将该指令（或程序块）书写在程序中，并在需要添加接口参数的地方进行了提示。在图 12-5 中，接口参数的名称用浅灰字体写出，后方赋值了默认值“false”（对应新建背景数据块中的默认值），该值以粉红色为背景，提示用户此处可以更改为需要连接的变量。双击“false”字样，光标会覆盖整个“false”字样，然后直接写入新的变量便可。

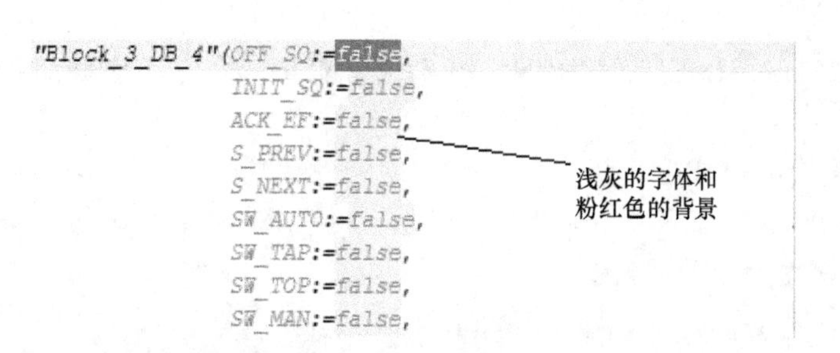

图 12-5　指令或程序块在 SCL 中引用时填写接口参数的界面

12.1.3　SCL 语言中的控制结构

1）分支结构

程序在分支结构中根据不同的条件，执行不同的指令组。程序中用于描述这个条件的部分称为条件表达式，条件表达式中可以使用如下符号。

（1）等于：使用符号“=”。如"Tag_1" = "Tag_2"。

（2）小于：使用符号“<”。如"Tag_1" < "Tag_2"。

（3）小于等于：使用符号“<=”。如"Tag_1" <= "Tag_2"。

（4）大于：使用符号“>”。如"Tag_1" > "Tag_2"。

（5）大于等于：使用符号“>=”。如"Tag_1"> = "Tag_2"。

（6）不等于：使用符号“<>”。如"Tag_1" <> "Tag_2"。

在分支结构中常用的语句有如下几条。

（1）IF…THEN…END_IF 结构。这种结构的具体使用格式如下：

IF <条件表达式> THEN

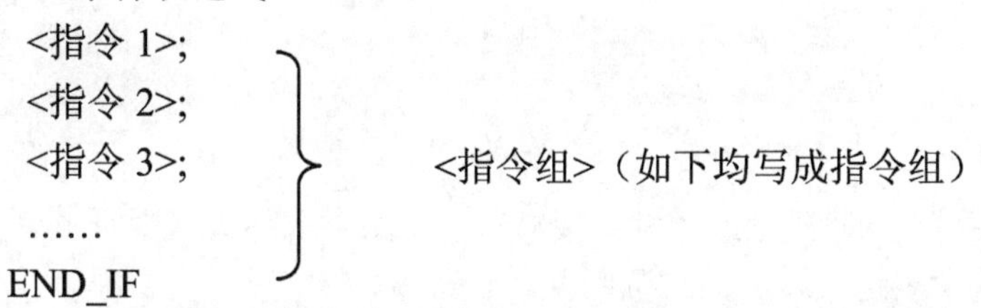

END_IF

当<条件表达式>成立时，执行<指令组>中的指令，否则直接跳转至 END_IF 处。即执行 END_IF 后的指令。每次运行该结构时，根据条件有可能执行<指令组>，也有可能什么都未执行。

（2）IF…THEN...ELSE…END_IF 结构。这种结构的具体使用格式如下：

IF <条件表达式> THEN

<指令组 1>

ELSE

<指令组 2>

END_IF

当<条件表达式>成立时，执行<指令组 1>中的指令，否则执行<指令组 2>中的指令。每次运行该结构时只会在<指令组 1><指令组 2>之中挑选一个指令组（舍弃另一个指令组）运行。

（3）IF…THEN…ELSEIF…THEN…ELSE…ENDIF 结构。这种结构的具体使用格式如下：

```
IF <条件表达式 1> THEN
 <指令组 1>
 ELSEIF<条件表达式 2>THEN
 <指令组 2>
 ELSE
 <指令组 3>
END_IF;
```

当<条件表达式 1>成立时，执行<指令组 1>中的指令。否则再判断<条件表达式 2>是否成立，若成立执行<指令组 2>，若不成立执行<指令组 3>。每次运行该结构时只会在<指令组 1><指令组 2><指令组 3>之中挑选一个指令组（舍弃另两个指令组）运行。如果在其中多次添加 ELSEIF，可以进行多次条件判断，最终达到“在多个指令组中挑选一个运行”的效果。

（4）CASE…OF…END_CASE 结构。这种结构的具体使用格式如下：

```
CASE <数学表达式>或<变量> OF
  <常量 1>：
      <指令组 1>
  <常量 2>：
      <指令组 2>
  <常量 3>：
      <指令组 3>
  ……
ELSE
      <指令组 4>
END_CASE;
```

在 CASE 和 IF 之间插入一个整型变量，或者直接书写一个数学表达式（保证其计算结果为整数），这个整型变量或数学表达式以下简称判断量。

如果判断量的值等于<常量 1>，那么执行<指令组 1>，执行后直接跳转至 END_CASE 语句处，该结构运行完毕。如果判断量的值不等于<常量 1>，继续确定判断量是否等于<变量 2>，等于则运行<指令组 2>然后该结构运行完毕，否则确定判断量是否等于<常量 3>，依此类推。

ELSE 和后面的<指令组 4>可以写也可以不写。如果写了，那么若 ELSE 之前没有任何常量与判断量相等，那么就执行<指令组 4>。也就是说在运行该结构时，在所有<指令中，必然有且仅有 1 个指令组会被执行。

如果 ELSE 和后面的<指令组 4>没有写，那么若结构中没有任何常量与判断量相等，则直接结束该结构的运行。也就是说在运行该结构时，有可能没有任何<指令组>被执行。

2）循环结构

（1）FOR…TO…BY…DO…END_FOR 结构。这种结构的具体使用格式如下：

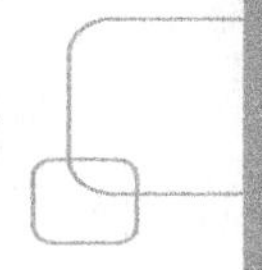

```
FOR <循环变量> :=  <常量 1>  TO  <常量 2>  BY <常量 3>  DO
    <指令组>
END_FOR;
```

使用该结构时，在<循环变量>处写入一个整型变量，然后在<常量 1>处写入一个整数，再在<常量 1>处写入一个大于<常量 1>的整数。

程序运行时，首先将<常量 1>的值赋给<循环变量>，同时系统内部也会记录下<常量 1>的值作为当前循环值（以下简称<内部循环值>），然后运行<指令组>。运行完毕后，“先判断”——即判断<内部循环值>是否大于等于<常量 2>，如果“大于等于”，就退出循环，该结构运行完毕。如果没有“大于等于”就将<内部循环值>加上<常量 3>（BY <常量 3> 可以不写，若不写则默认为加 1，同时将这个值（加后的结果）赋值给<循环变量>，然后重新运行指令组，运行完后继续判断，如此反复直至达到“大于等于”的条件而退出循环为止。

我们将上段中加引号部分的精髓总结起来就是：“先判断，大于等于则结束，否则累加再运行”。程序如下：

```
FOR "Tag_1":= 0 to 3 DO
    <指令组>
END_FOR;
```

首先"Tag_1"赋值为 0，<内部循环值>也赋值为 0，运行<指令组>（第一次运行）。然后判断，此时<内部循环值>为 0，小于 3，所以将<内部循环值>加 1，<内部循环值>变为 1，同时将此值赋给"Tag_1"，则"Tag_1"也为 1，重新运行<指令组>（第二次运行）。

然后判断，此时<内部循环值>为 1，小于 3，所以将<内部循环值>加 1，<内部循环值>变为 2，同时将此值赋给"Tag_1"，则"Tag_1"也为 2，重新运行<指令组>（第三次运行）。

然后判断，此时<内部循环值>为 2，小于 3，所以将<内部循环值>加 1，<内部循环值>变为 3，同时将此值赋给"Tag_1"，则"Tag_1"也为 3，重新运行<指令组>（第四次运行）。

然后判断，此时<内部循环值>为 3，等于 3，结束循环结构。

这样指令组共运行了 4 次，次数与 "Tag_1"（循环变量）中值的关系如下：

第一次运行时，"Tag_1"的值为 0。

第二次运行时，"Tag_1"的值为 1。

第三次运行时，"Tag_1"的值为 2。

第四次运行时，"Tag_1"的值为 3。

"Tag_1"中值的变化正好与 FOR 语句中“0 to 3”对应一致。这个循环变量在每次循环中显示当前循环的次数相关的量值，它可以在循环体中被利用以构成一些巧妙的算法。比如在本例中，如果<指令组>中是这样的指令：

```
"Data_block_1".ARRAYINT["Tag_1"] := 0;
```

那么整个循环体的功能就是：将名为"Data_block_1"的 DB 块下的一个名为 ARRAYINT 的数组中的第 0 个、第 1 个、第 2 个、第 3 个元素清零。

另外，在整个循环过程中，循环的判断和循环值的递增使用的是系统内部变量，也就是说<指令组>中如果改写了循环变量的值（本例中的"Tag_1"），并不影响整个循环的次数和运行。

（2）WHILE…DO…END_WHILE 结构。这种结构的具体使用格式如下：

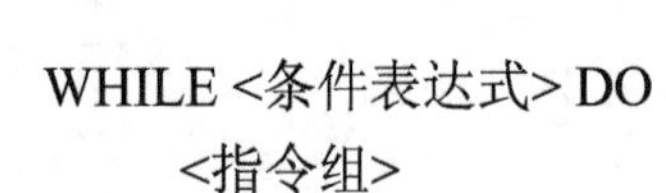


```
WHILE <条件表达式> DO
        <指令组>
END_WHILE;
```

先进行判断，如果<条件表达式>不满足条件，则立刻结束这个结构。如果<条件表达式>满足条件，执行<指令组>。执行完成后，继续判断<条件表达式>，如果<条件表达式>满足条件，再次执行<指令组>，如此往复，直至<条件表达式>不满足条件（结束这个结构）。

这个循环与 FOR 语句的循环相比没有明确的循环次数，是否循环取决于条件是否满足。满足则继续循环，不满足则退出。与之相反的还有 REPEAT 语句的循环，其循环逻辑是不满足则继续循环，满足则退出。

（3）REPEAT…UNTIL…END_REPEAT 结构。这种结构的具体使用格式如下：

```
REPEAT
    <指令组>
UNTIL <条件表达式> END_REPEAT;
```

首先运行一遍<指令组>，然后进行判断，如果<条件表达式>满足条件，则结束这个结构。如果不满足条件，则再次运行<指令组>，运行完毕后再次判断，如此反复，直到<条件表达式>满足（则结束这个结构）为止。

（4）CONTINUE 终止本次循环：可以在循环体内部使用该语句，其功能是立刻结束本次循环的运行，直接进入下一个循环。

（5）EXIT 立即退出循环：可以在循环体内部使用该语句，其功能是立刻结束整个循环结构。

3）程序控制语句

（1）GOTO 跳转

在程序中可以添加标签，添加的方法是在指令前写一个标签名称，然后打上“：”，即冒号。GOTO 语句使用时，后面添加一个标签名称（已在本程序块中定义）。执行该语句时，程序将直接跳转至标签所在行执行（标签所在行的指令）。

在一个程序块中，可以定义多个标签，但是标签名称不能重名。一个标签可以被不同位置的 GOTO 指令多次指向。GOTO 指令不能够将程序从循环体外跳转至循环内部，但是可以在循环内跳转，也可以从循环体内向循环体外跳转。

（2）RETURN 退出块

该语句运行后，将立刻结束该程序块，返回至其上一层的程序块中（调用它的那个 FC/FB/OB 块）。

12.2 Graph 语言

西门子所称的 Graph 语言在 IEC 标准中称作“顺序功能图（Sequential Function Chart，SFC）”，它是描述开关量控制系统的一种图形程序设计法。

在 PLC 程序中，很大一部分程序是控制某个机器按照某个流程一步接一步地完成相应的工作。对于这样的顺序控制程序，往往设计者需要先画出整个流程图，再通过流程图来编辑设计梯形图程序。如果可以将流程图直接作为可执行的程序，那么设计工作将变得方便高效。在 20 世纪 80 年代，法国工程师首先提出这种程序设计方法，后来该方法成为法国国家标准，最终发展成为 IEC 标准，收录于 IEC61131 中。

在 TIA 博途软件中，编辑和调试 Graph 程序变得更加方便和灵活。如果需要使用 Graph 语言，TIA 博途软件中的 SIMATIC STEP 7 部分需要的是专业版。如果软件达到这个要求，可以对 S7-300/400/1500 PLC 进行 Graph 语言编程。目前 S7-1200 PLC 不支持 S7-Graph 语言。

12.2.1　Graph 语言程序介绍

S7-Graph 语言既源自流程图，这里就展示了一张顺序控制的流程图，如图 12-6 所示。该图是在编程软件中直接绘制并摘录下来的，既可看作流程图也可作为程序直接运行。图中从上至下，为整个过程的执行顺序。在这个流程图中可见，完成整个操作的过程是先完成“Step1”（第一个步骤），然后再完成“Step2”（第二个步骤），依次往下最后完成“Step6”（第六个步骤），整个操作就算完成了。这个图作为一段程序也将按此顺序运行。

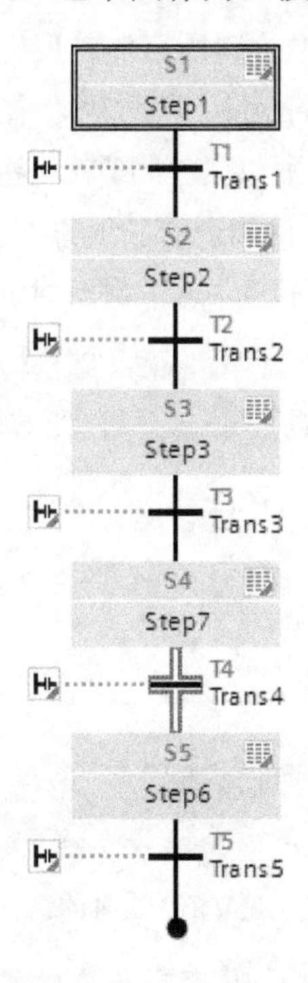

图 12-6　顺序控制的流程图（即 Graph 程序的顺控图）

在整个 Graph 语言程序的编辑过程中，需要编辑三大部分内容。

（1）顺控图：如图 12-6 所示，用户需要将整个机器的操作过程划分为若干步，然后通过图 12-6 那样的顺控图将各步的执行顺序联系在一起。Graph 语言程序的编辑界面中分为顺

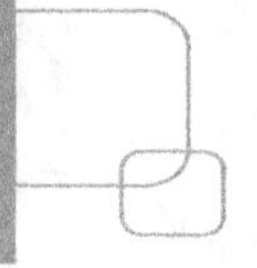

控器视图和单步视图，这部分内容在顺控器视图中编辑，相关内容将在 12.2.3 节中介绍。

（2）单步编辑：编辑每一步内的具体程序指令。同时在步内还可以编辑某些指令运行所需要的互锁条件，以及步运行过程中（异常情况）的监控、并设置相应的报警。这部分内容将在编辑界面的单步视图中编辑。相关内容将在 12.2.4 节和 12.2.5 节中介绍。

（3）编辑步与步之间的转换条件。一步完成之后，转换到下一步或转换到程序结束（仅对于最后一步），用户需要编辑每一步的完成条件，也就是转换到下一步的转换条件。这部分的内容既可以在编辑界面的顺控器视图中编辑，也可以在单步视图中编辑，这部分内容将在 12.2.3 节中介绍。

当一段 Graph 应用程序有了表示各步之间执行步骤的顺控图，有了每步内具体运行的指令、有了步之间转换的条件，这段程序就可以完整运行了。

12.2.2 Graph 语言程序块的建立和运行原理

Graph 语言所编辑的程序需要建立在一个 FB 块内，在该 FB 块内使用 Graph 语言编辑程序。当这个 FB 块被调用时，执行相应的 Graph 语言程序。

创建一个 Graph 程序，首先需要建立一个 FB 块。在建立 FB 块的对话框中，在语言选择一栏中选择 GRAPH，如图 12-7 中方框位置所示。之后打开这个新建 FB 块的属性对话框，在该对话框中，左侧选择“通用（General）”一栏，在右侧“在 Network 中所使用语言（Language in networks）”中选择梯形图（LAD）或者功能块图（FBD），如图 12-8 所示。这个选项将决定在顺序功能图中需要编辑条件和逻辑的地方（比如，转换的条件），使用哪种语言，默认为梯形图。同时，由于梯形图使用较为普遍，本章中所有的例子均选择梯形图的设置。

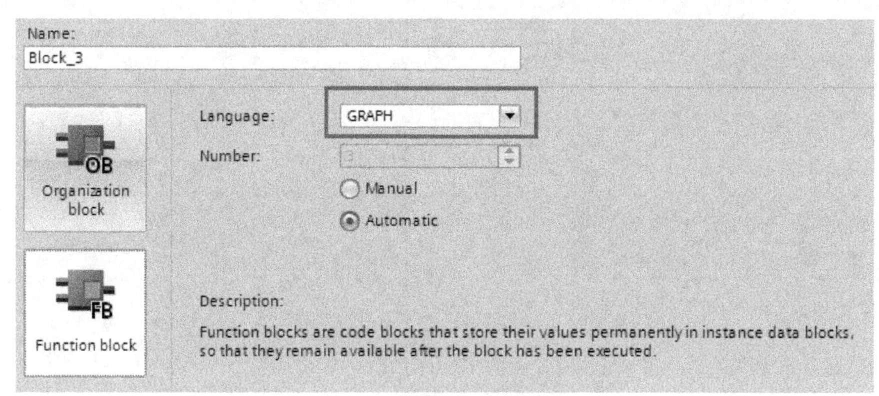

图 12-7 建立 FB 块时的语言设置

打开新建的这个 FB 块，就进入 Graph 语言程序的编辑界面，如图 12-9 所示。在该界面下，这个软件的工作区划分为两个区域，左侧为导航栏，右侧为编辑区域。通过在导航栏内点选各个部分，或单击工具栏上的按钮，可以在右侧的编辑区域选择开启前固指令（Permanent per-instructions）、顺控器（Sequences）、后固指令（Permanent post-instructions）、报警（Alarms）四部分的编辑。

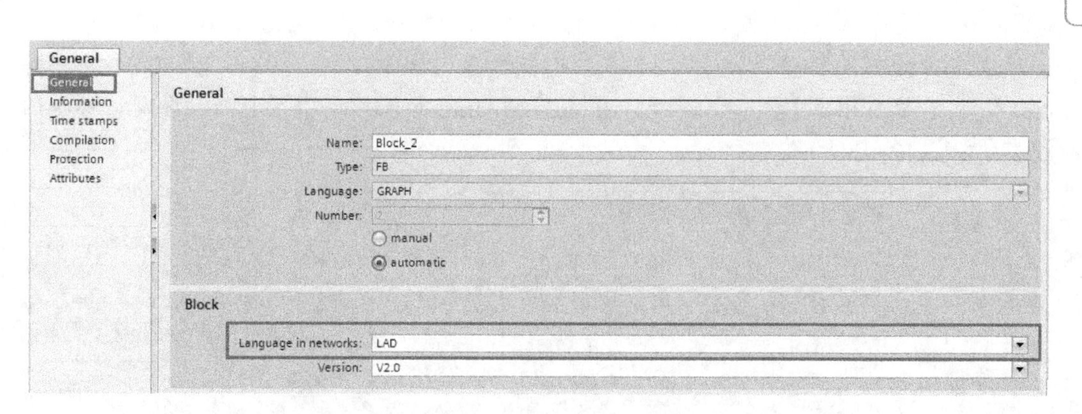

图 12-8　Graph 语言程序块（FB）属性中的设置

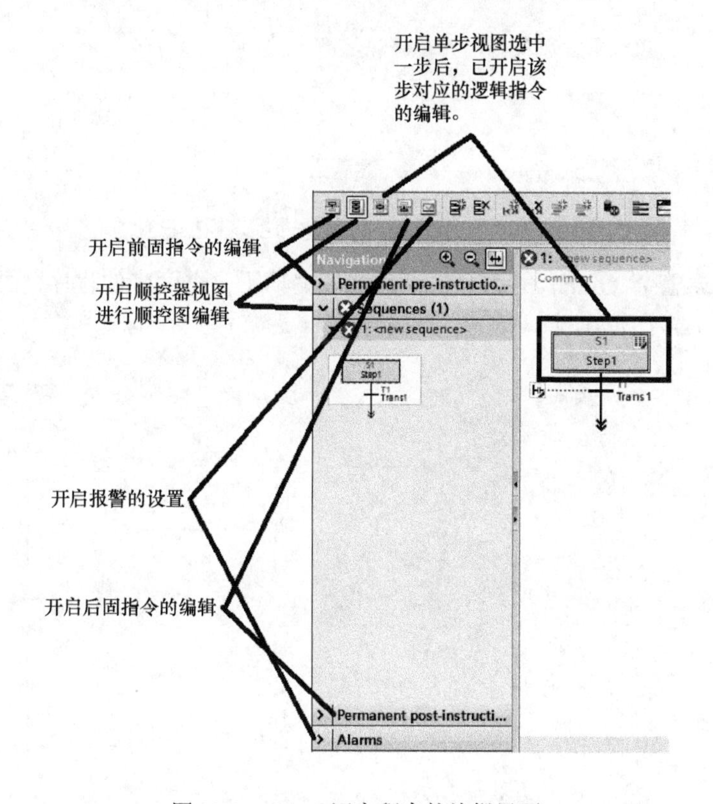

图 12-9　Graph 语言程序的编辑界面

当这个 FB 块被调用的时候，首先无条件运行前固指令，在前固指令完毕后，运行顺控器的程序，顺控器运行完成后，无条件运行后固指令。当后固指令运行完成后，整个 FB 块运行完毕。对于报警这部分，并不是编辑的程序，而是对其中报警信息进行设置，这部分具体内容在 12.2.4 节中详尽说明。

当 FB 块被建立时，这个 FB 块的接口参数系统和状态变量软件已经设置好了。如果 FB 块内的步序图有变化，其状态变量也会发生变化，需要按普通 FB 块的方法刷新背景数据块。该 FB 块的接口参数可以选择三种规模："最大规模接口（Maximum interface parameters）"、"默认规模接口（Default interface parameters）"、"最小规模接口（Minimum interface parameters）"。

对这三种模式的设置方法如下：首先打开这个 FB 块，选择软件菜单栏中的“编辑（Edit）”，再选择其下面的“接口参数（Interface parameters）”，在其中可以设置一种接口参数规模，如图 12-10 所示。

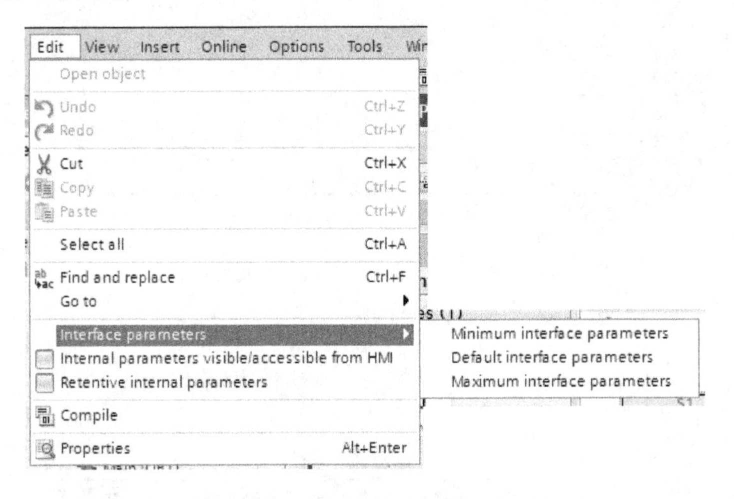

图 12-10　Graph 程序 FB 块的接口规模设置

为了简明阐述整个 Graph 的运行过程，这里编辑了一个两步的程序，并配以调用该 FB 块的截图，如图 12-11 所示。

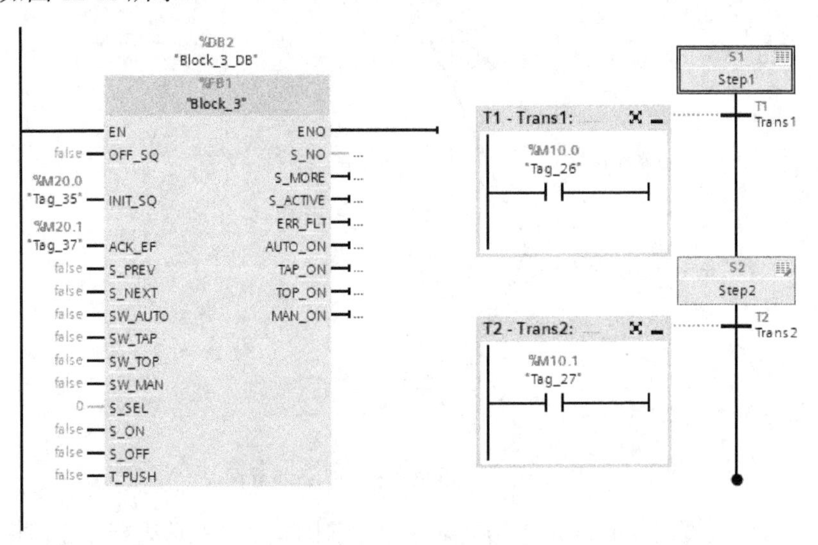

图 12-11　Graph 程序块的调用和两步程序实例

在该图中入口参数“INIT_SQ”（已连接变量 M20.0）和“ACK_EF”（已连接变量 M20.1）是两个关键变量。入口参数“ACK_EF”用于确认监控报警，具体内容在 12.2.4 节中说明。入口参数“INIT_SQ”用于初始化 Graph 程序，当该 FB 块首次下载进入 PLC 中（并调用运行）后，会从第一步开始运行，当整个流程运行完毕，该 FB 块不会运行顺控器中的内容（仅运行前固指令和后固指令）。这时，在入口参数“INIT_SQ”出现上升沿后，其顺控器中的内容才会运行，重新从第一步开始按流程运行。总之每次流程运行完毕后，都需要入口参数“INIT_SQ”的上升沿来开启新一遍的流程运行。有关接口参数中其他参数的含义，参见表 12-1（按默认规模给出了各个接口参数的含义）。

表 12-1　Graph 程序块（FB 块）的接口参数说明

接口参数名称	参数类型	数据类型	参 数 说 明
OFF_SQ	入口参数	BOOL	关闭控制器，使所有步变为未激活状态
INIT_SQ	入口参数	BOOL	激活初始化步，复位控制器
ACK_EF	入口参数	BOOL	确认错误和故障
S_PREV	入口参数	BOOL	从当前活动步后退一步，步编号在 S_NO 中显示
S_NEXT	入口参数	BOOL	从当前活动步前进一步，步编号在 S_NO 中显示
SW_AUTO	入口参数	BOOL	切换到自动模式
SW_TAP	入口参数	BOOL	切换到半自动模式
SW_TOP	入口参数	BOOL	切换到“自动或转向下一步”模式
SW_MAN	入口参数	BOOL	切换到手动模式
S_SEL	入口参数	INT	手动模式下，用于输入一个指定步的编号
S_ON	入口参数	BOOL	手动模式下，激活“S_SEL”中选择的步
S_OFF	入口参数	BOOL	手动模式下，将“S_SEL”中选择的步变为未激活状态
T_PUSH	入口参数	BOOL	在“自动或转向下一步”模式或单步模式中，通过这一位的上升沿实现步的转换
S_NO	出口参数	INT	显示步的编号
S_MORE	出口参数	BOOL	还有其他步是活动步
S_ACTIVE	出口参数	BOOL	被显示的步是活动步
ERR_FLT	出口参数	BOOL	组故障
AUTO_ON	出口参数	BOOL	显示自动模式
TAP_ON	出口参数	BOOL	显示单步模式
TOP_ON	出口参数	BOOL	显示“自动或转向下一步”模式
MAN_ON	出口参数	BOOL	显示手动模式

当一遍流程开始后，首先激活流程图中的起始步（在流程图中以双方框表示），如图 12-11 中的 Step1。对于这个程序，此时只有 Step1 处在激活状态，其余步均处在未激活状态。处在未激活状态的步内部设定的指令将不会被执行。Step1 这一步下面通向 Step2 的转换条件是变量“M10.0”是常开点，即只有 M10.0 为“1”，流程才能导通，才会转换到 Step2。在这种情况下，直到 M10.0 变为“1”之前，Step1 一直处在激活状态，其余步一直处在未激活状态。

当一步处在激活状态时，系统会运行该步内所设置的指令。且每次主程序循环运行到该位置时都会运行该步内的这些指令。当然步内指令的选择和设置可能比较复杂，有些指令“仅当激活状态出现上升沿时运行”，这种指令只能运行一个周期，有些指令设置有时间延迟，有些指令设置了互锁条件。总之，只要该步始终处于激活状态，排除步内设定的附加条件，每一次程序循环，系统总会试图运行该步内的指令。

当 M10.0 变为“1”后，Step1 变为未激活状态，Step2 变为激活状态。

当一步不再处于激活状态时，其内的指令不再执行。不过，有些指令的运行条件是“当激活状态出现下降沿时运行”，这种指令会在非激活状态下运行，但仅在本周期运行该类指令一次。还有的指令为产生一个固定脉宽的脉冲，有可能在该步变为非激活状态后延续输出完之前产生脉冲。总之，除了那些可以在非激活状态下延续一段时间的指令，系统不会运行非激活步下的指令。

同理，当 M10.1 变为“1”后，流程转换至结束符（黑色实心圆）。此时整个流程运行完毕，所有步均处在未激活状态。

12.2.3 顺控图与顺控图的编辑

1. 顺控图中的概念

顺控图从工程人员规划操作步骤的草图变为一个可直接编译运行的程序，其中对一些编辑和制图方法与符号进行标准化，也明确并规定了其中一些概念，具体如下所述。

1）步

图中的每一个“Step”称为一“步”。一般将顺序控制的流程分为若干个阶段，每个阶段被称为“步”。前一“步”完成之后（满足了运行下一个的条件），运行下一“步”，依次运行下来完成整个控制流程。最开始运行的“步”称为起始步，用双方框表示，其余的步用方框表示。步执行的顺序永远从上至下排列，且之间用有向实线段连接。如果 Step2 在 Step1 完成之后运行，那么表示步 Step1 的方框画在上面，表示 Step2 的方框画在下面，之间用有向实线段相连。

每步都有一个步编号和步名称，如图 12-12 所示，其中步编号由字母“S”和数字组成，数字可以由用户修改，但在顺控图中每一步的编号都是唯一的，不能与其他步重复。步名称也可以由用户自行修改，但顺控图中每一步的名称也是唯一的，不能与其他步重复。

在步的右上角有一个文档模样的图标，用于在顺控器视图下显示和编辑该步内的指令，这部分的编辑一般在单步视图下完成。具体内容在 12.2.4 中详解。

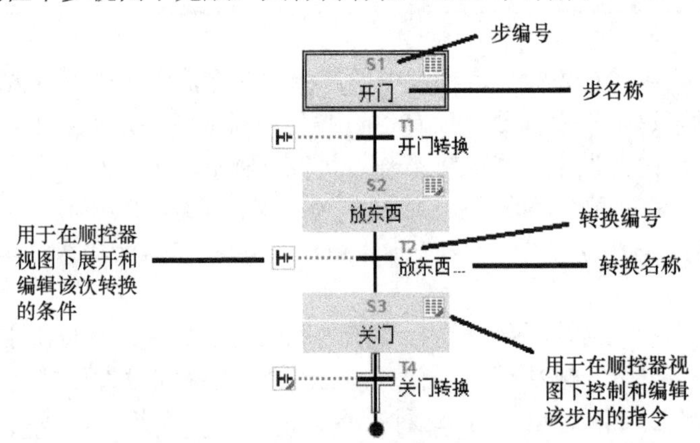

图 12-12　Graph 编辑界面下的顺控图

2）转换

在流程图中，完成上一步之后，且满足运行下一步的条件时运行下一步，这种过程称为步与步之间的转换。在表示步与步之间关系的有向实线段上，画上一个横杠，表示转换。横杠的右侧注明这次转换的编号和名称。转换编号由字母“T”和数字组成，数字可以由用户修改，但在顺控图中每一个转换编号是唯一的，不能与其他转换重复。转换名称也可以由用户自行修改，但顺控图中每个转换的名称也是唯一的，不能与其他转换重复。

在横杠的右侧由点状线延伸去连接一个梯形图的图标，单击这个图标可以使用梯形图（LAD）或者逻辑结构图（FBD）编辑本次转换的条件。这个编辑也可在单步视图下完成。

3）结束符

任何一个路径（即包括分支路径）的最后可以连接一个符号，表示运行到这个位置时，该路径运行结束。这个符号称为结束符，用黑色实心圆表示。

2. 顺控图的结构

1）单序列结构

如图 12-12 中所举例的流程图为单序列结构。单序列结构是由一系列相继激活的步组成，每一步的后面仅有一个转换，每一个转换后面只有一步，整个流程图中没有分支与合并的地方。

2）并联序列结构

有的时候，需要这样的流程：当某一步完成且满足某个转换条件之后，接下来有几步同时开始运行，这时就需要并联结构，该结构如图 12-13 所示。在转换 Trans2 下方，这里用双实线横向展开并在双实线上向下连接 4 个单序列结构。这个双实线表示并联结构。当 Step1 运行完成且满足转换 Trans2 的条件后，同时运行这 4 个单序列结构。在 4 个单序列结构完成的地方，用双实线横向合并 4 个单序列结构，并在该双实线上向下连接转换 Trans4，Trans4 连接结束符，表示当 4 个单序列结构中有完成的通路了且满足转换 Trans4 的条件后，流程结束。

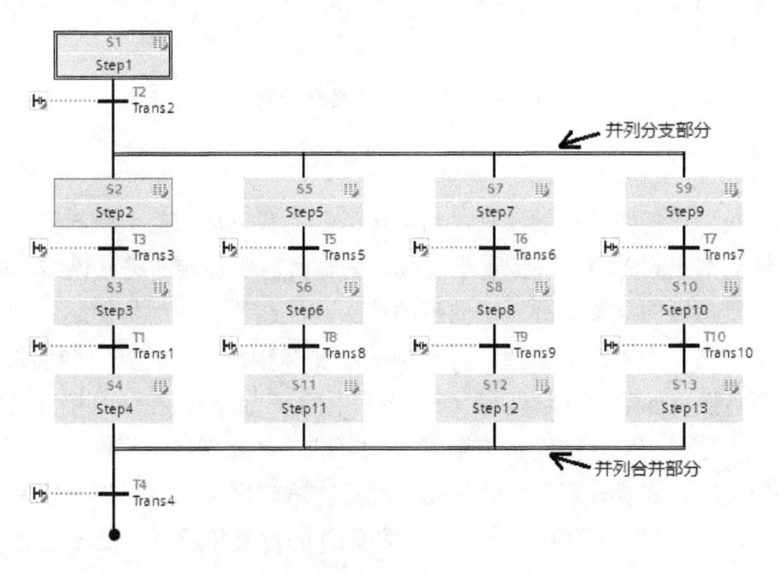

图 12-13　顺控图中的并联序列结构

3）选择序列结构

有的时候，我们还需要这样的流程：当某一步完成之后，满足不同的条件，则执行不同的步（序列）。这时，就需要选择序列结构，如图 12-14 所示。在步 Step1 下用单实线横向展开，实线连接 4 个单序列结构。与并联结构不同的是，每个单序列结构前都有一个转换条件。当 Step1 完成后，进行选择：当转移条件 Trans2 满足时，运行步 Step2 引导的这个单序列结构，其余单序列结构不会运行；当转移条件 Trans13 满足时，运行步 Step6 引导的这个单序列结构，其余单序列结构不会运行；依此类推，后两个单序列也依照此逻辑运行。

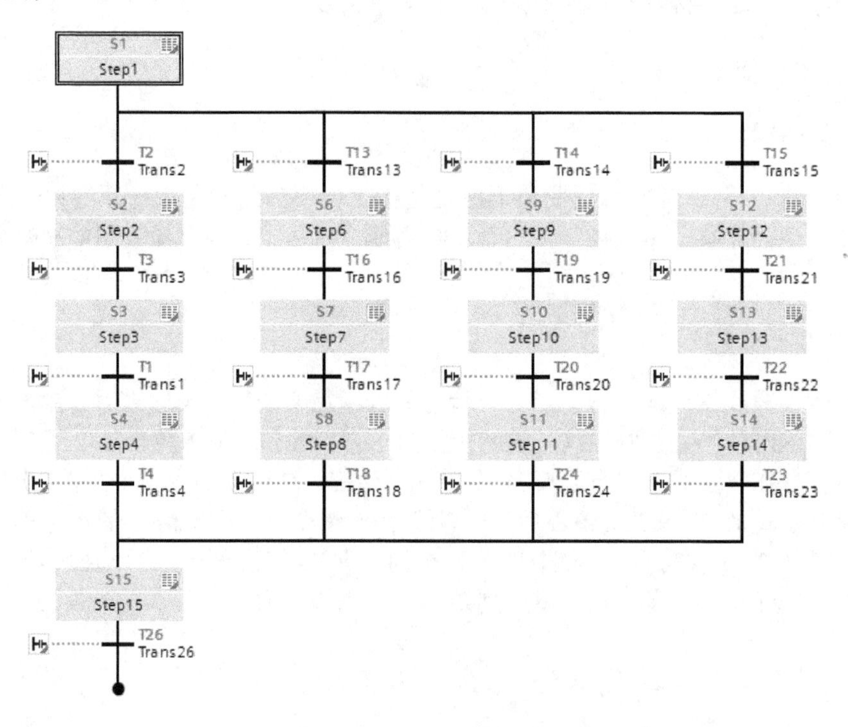

图 12-14　顺控图中的选择序列结构

4）跳转结构

有些时候，我们还需要这样的流程：当某步运行完成之后，需要跳转到另一个分支的某个位置或者跳转到本序列之前的某步重新运行，这时就需要跳转结构，该结构如图 12-15 所示。在程序中需要跳转的位置上画一个向下的箭头，并在箭头旁边标明跳转到哪一步。在跳转到的那个步前再画一个向左的箭头，并在箭头右侧标注从哪个转换跳转而来，如图 12-15 所示。当运行至转换 Trans4 后跳转至另一个序列中的步 Step7，在该单序列结构中运行至转换 Trans18 时，再跳转回原先单序列结构中的步 Step2，如此循环下去。

在编辑顺控图时，需要开启顺控器视图，然后在编辑区域内通过向编辑区拖曳相应顺控图元件的方法编辑整个顺控图程序。具体顺控图元件的位置和解释参见图 12-16。

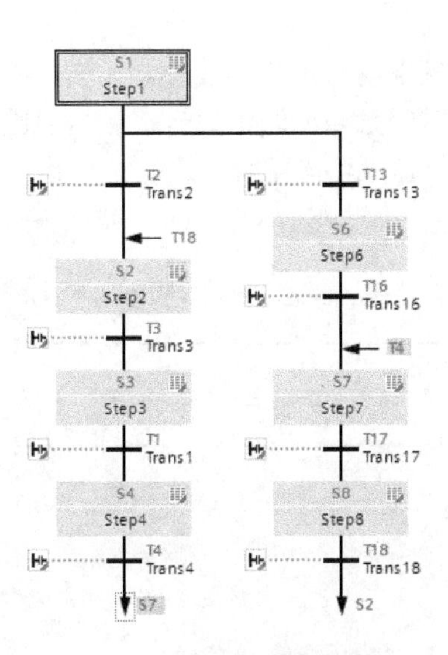

图 12-15　顺控图中的跳转结构

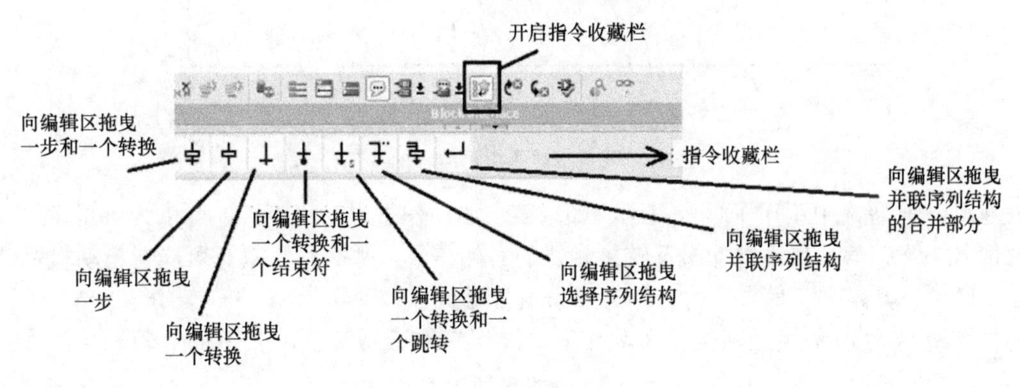

图 12-16　顺控图的编辑工具

12.2.4　单步编辑

在完成顺控图的编辑后，需要对每一步所执行的指令进行编辑。在顺控器视图下选中需要编辑的步，然后开启单步视图（开启方法见图 12-9）。或在顺控器视图下直接双击该步，软件自动跳转至编辑该步的单步视图。进入单步视图后可见，该步内部可以编辑的程序分为：互锁（Interlock）、监控（Supervision）、动作（Actions）和转换（Trans），如图 12-17 所示，其中“动作”的解释占篇幅最长，放在最后介绍。

1）互锁

当该步处在激活状态，程序执行动作中的指令，在这个过程中，为了确保某些指令（或动作）运行的安全，可以引入互锁信号。是否有互锁信号可以看作是否具备该指令（或动作）执行的必要条件。当一个指令设置了互锁信号后，只有有互锁信号时，才可以正常执行该指令，否则该指令不被执行。

“互锁”的概念源自电气控制。例如，在电动机正反转的控制电路中（可参考图 2-9），控制电动机正转的接触器和控制电动机反转的接触器如果同时闭合，会造成三相电线短路。在电路中通常将一个接触器的常闭触点串联至另一接触器线圈的供电线路中，这样，一个接触器闭合的状态下，另一个接触器不可能闭合，这种结构称之为互锁。

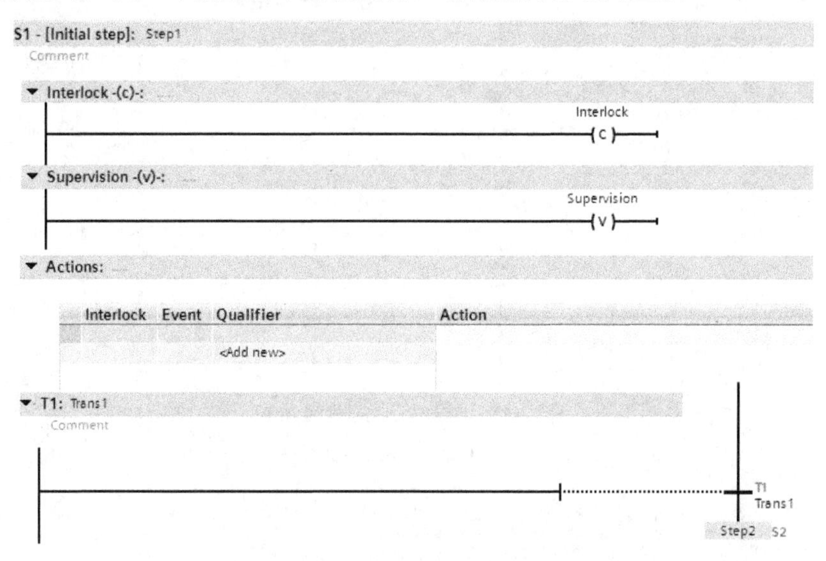

图 12-17 单步编辑中可编程的 4 部分

在 Graph 程序中引用了这个概念，如果某步的动作是电动机正转，可以为该步设置一个互锁信号，互锁信号就是电动机反转接触器的常闭信号，那么程序只有可能在电动机反转接触器未闭合（其常闭有信号）时，即有互锁信号时执行该动作。

如图 12-18 所示为互锁信号在动作编辑过程中的应用实例，在图中定义了互锁信号为 M10.2 的常开信号。当 M10.2 为“1”时，能流通过互锁线圈“Interlock —(c)—”，说明有互锁信号。当互锁程序没有编入任何程序时，互锁线圈始终有能流，此时该步中任何指令都没有任何互锁保护。

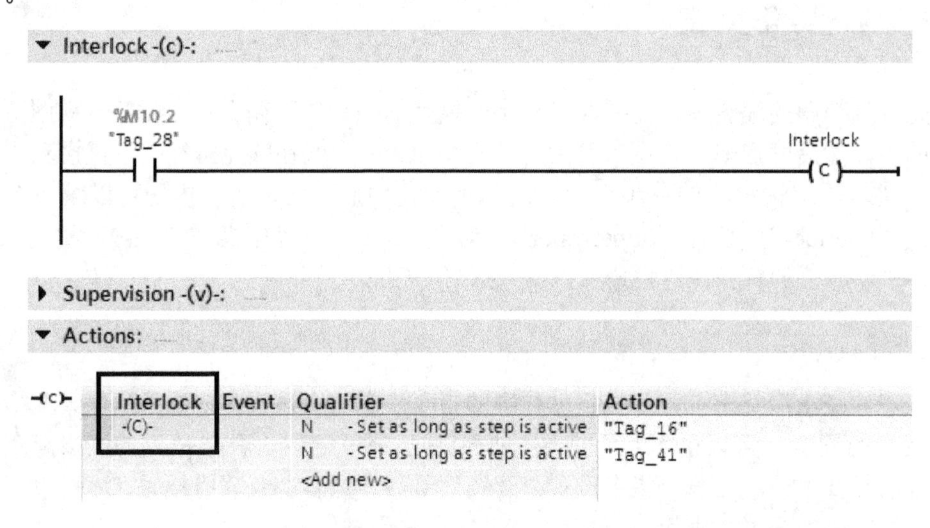

图 12-18 互锁信号在动作编辑过程中的应用实例

在动作的编辑区域中，有两个指令“该步激活时置位 Tag_16”和“该步激活时置位 Tag_41”，其中指令“该步激活时置位 Tag_16”所对应的互锁列中加入了互锁标志（如图 12-18 中黑框所示），而另一个指令没有加入这个互锁标志。

如果该步激活，且没有互锁信号，那么“置位 Tag_16”的指令将不会执行，Tag_16 不会被置位，而“置位 Tag_41”的指令将会执行，Tag_14 会置位，因为该指令不受互锁信号的控制。

如果一步激活，但没有互锁信号，可以设置产生相应的报警（报警有关设置参见 12.2.5 节）。此时如果该步的转换条件满足，顺控器依然会转移到下一步。也就是说，互锁信号缺失只会影响该步内设置了互锁指令的执行。

2）监控

当该步处在激活状态下，程序执行动作中的指令，在这个过程中，有可能这个动作受到干扰或出现意外情况，而这个干扰或意外情况需要立刻停止该指令的运行，并停止整个控制流程，这时可以在监控中定义这个干扰或意外情况是否发生。

监控信号的逻辑与互锁信号正好相反，互锁逻辑是当互锁信号消失时系统认为出现不正常情况，而监控逻辑是当出现监控信号时，系统认为出现不正常的情况（意味着干扰产生）。如果监控中什么程序都没有编写，那么虽然从梯形图上看能流直接连通“Supervision —(v)—”，但系统认为没有任何监控错误。如果监控中写有程序（该步处在激活状态下），那么只要能流通过“Supervision —(v)—”，系统就按有监控错误处理。

监控错误的处理过程：首先会产生报警信息（参见 12.2.5 节），其次顺控器会停留在该步上，在监控错误未解除之前，即使该步的转换条件满足，也不会跳转到下一步。

解除监控错误的方法：首先监控信号消失（干扰信号消失），然后在 FB 块的入口参数“ACK_EF”上出现一个上升沿信号，表示之前的监控错误已经被程序确认，然后才算监控错误解除，该步才可以进行跳转。在该 FB 块的属性设置中，有一条“监控错误需要确认（Acknowledgment required for supervision errors）”，该条默认为勾选，如果该条改为不勾选，那么只要监控信号消失，就算监控错误解除，如图 12-19 所示。

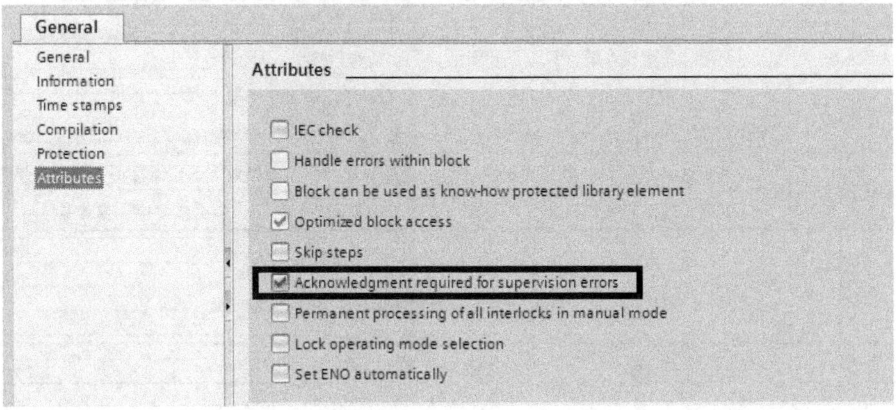

图 12-19　监控错误是否需要程序确认的设置

3）转换

填写转换条件，也可以看作该步的完成条件。当该步处在激活状态下，且满足了转换条件后，跳转到下一步。

4）动作

当该步处在激活状态时，将完成一系列操作（如 PLC 进行一系列的输出，执行一系列的指令）。这些操作（指令）都作为动作在“动作”表格中进行设置。

图 12-20 显示了这个表格中各列的功能。图 12-18 中展示了两条“激活置位”指令在表格中的书写方式。接下来对 Graph 程序中所定义的限定符（指令）、事件进行大体介绍，如表 12-2～表 12-4 所示。

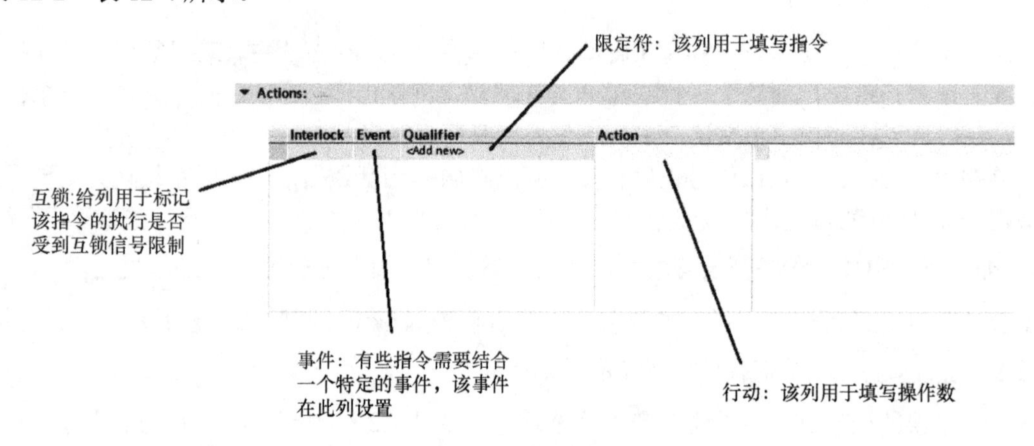

图 12-20 动作表格中各列的功能

表 12-2 标准指令的定义

限定符（指令）	解　释
N	后面可接布尔量操作数，或使用“Call FC(XX)”的格式调用一个 FC 或 FB 块。只要该步为激活状态下，则对操作数赋值为“1”或调用相应程序块
S	后面接布尔量操作数，只要该步激活，则对操作数置位，且保持
R	后面接布尔量操作数，只要该步激活，则对操作数复位，且保持
D	后接一个布尔量和一个时间量（之间用逗号隔开）作为操作数。在该步激活这个预设时间后，将操作数置位，并在激活状态下持续置“1”。如果步激活时间小于该指令中的预设时间，则没有任何效果
L	后接一个布尔量和一个时间量（之间用逗号隔开）作为操作数。该步激活时，操作数置位，在预设时间过去之后，复位该操作数。如果计时期间该步变为不激活，那么也复位该操作数

表 12-3 事件的定义

事件	解　释
S1	该步激活的时刻
S0	该步变为未激活的时刻
V1	监控信号出现的时刻

（续表）

事件	解　释
V0	监控信号消失的时刻
L0	互锁信号出现（满足互锁条件）的时刻
L1	互锁信号消失的时刻
A1	报警得到确认的时刻
R1	块外有触发事件的时刻（该 FB 块最大参数下，由入口参数 REG_EF 或 REG_S 的上升沿触发）

表 12-4　定时器和计数器指令（需要结合事件才可使用，TF 指令除外）

类别	限定符（指令）	解　释
定时器	TL	扩展脉冲：后接一个 S5 定时器和一个时间量（之间用逗号隔开）作为操作数和预设时间。一旦事件出现，立即启动定时器（定时器状态变为“1”），到达预设时间后，定时器关闭（定时器状态变为“0”）
	TD	接通延迟：后接一个 S5 定时器和一个时间量（之间用逗号隔开）作为操作数和预设时间。一旦事件出现，立即启动定时器（定时器状态变为“0”），到达预设时间后，定时器关闭（定时器状态变为“1”）
	TR	定时器复位：后接一个 S5 定时器，一旦事件出现，将该定时器停止并复位该定时器（令该定时器状态为 0，定时值也归 0）
	TF	关断延迟：后接一个 S5 定时器和一个时间量（之间用逗号隔开）作为操作数和预设时间。该步激活时，该定时器状态变为“1”，在该步变为未激活时，该定时器开始计时，在达到预设时间后其状态变为“0”
计数器	CS	设置初始值：后接一个 S5 计数器和一个整型立即数作为预设计数值（之间用逗号隔开）。一旦事件发生，计数器的计数值将被设置成为预设计数值
	CU	加计数：后接一个 S5 计数器。一旦事件发生，给该计数器的计数值加一。加至 999 时，不再向上递增，该数值将保持不变
	CD	减计数：后接一个 S5 计数器。一旦事件发生，给该计数器的计数值减一。减至 0 时，不再向下递减，该数值将保持不变
	CR	复位计数器：后接一个 S5 计数器。一旦事件发生，将该计数器的计数值变为 0

12.2.5　互锁和监控的报警

通常（默认设置）在某个激活的步中，出现互锁信号消失或监控错误出现时，会产生 CPU 报警信息，在 CPU 显示器和 HMI 报警显示插件中显示，如图 12-21 所示为在 CPU 显示器上显示的 Graph 程序报警信息（查看界面）。该报警信息在报警事件消除后，再在 HMI 上对该条信息进行确认后取消显示。

在 Graph 程序编辑界面下，选择其中的报警（Alarm），如图 12-22 中框 A 所示。

该界面下将设置“互锁报警信息”“监控报警信息”“步运行时间报警信息”三类报警信息。如果不勾选“使能报警（Enable alarms）”，如图 12-22 框 B，将不会产生任何报警信息。在图中所示的互锁报警设置中：

（1）如图 12-22 框 C 所示，当“需确认互锁信息报警（Acknowledge interlock alarms）”被选中，则该类报警产生后，需要确认（HMI 报警控件中的确认按钮）才可以取消报警的显示。在设置监控类报警的这个地方需注意：此处的“确认”仅与在报警的显示有关，对于监控报警中的程序确认，则与此无关（仅与 FB 属性中的设置有关）。

（2）如图 12-22 框 D 所示，在此选择当出现报警时显示哪些信息。

（3）如图 12-22 框 E 所示，在此设置报警显示时显示信息的顺序。

图 12-21　CPU 显示器上显示的 Graph 程序报警信息

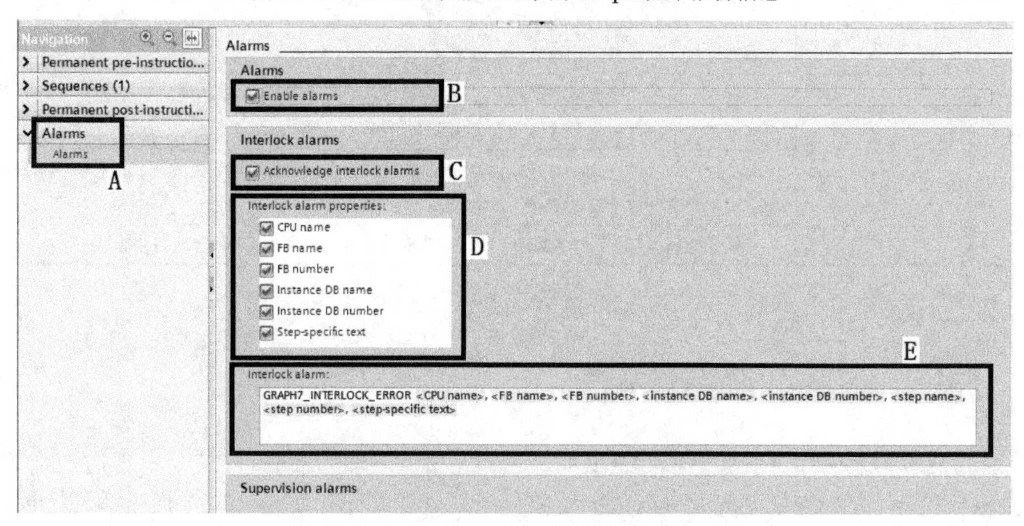

图 12-22　单步视图下的报警设置

对于“步运行时间报警”信息，如需使用，需要在该步的监控程序中编写时间比较程序，令步的运行时间超过预设值后产生监控错误，以此达到步时间监控和报警的效果。在监控程序编辑界面下，软件在指令收藏栏中已有 4 个与时间比较有关的指令，用法如图 12-23 所示。

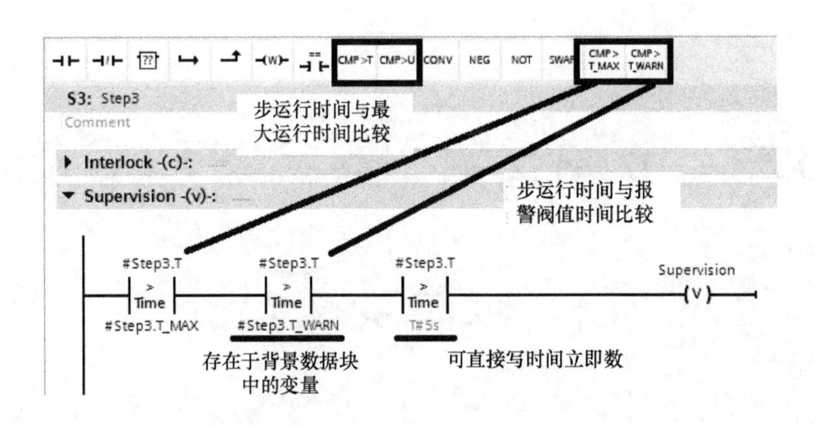

图 12-23　在监控程序中编写的步时间监控程序

当一个 PLC 中编入 Graph 程序后，与其绑定的 HMI 设备中会自动多出两个报警等级——“需要确认的 Graph 报警等级（GraphAlarmClass_WithAcknowled…）”和“无须确认的 Graph 报警等级（GraphAlarmClass_WithoutAcknow…）”，如图 12-24 所示。

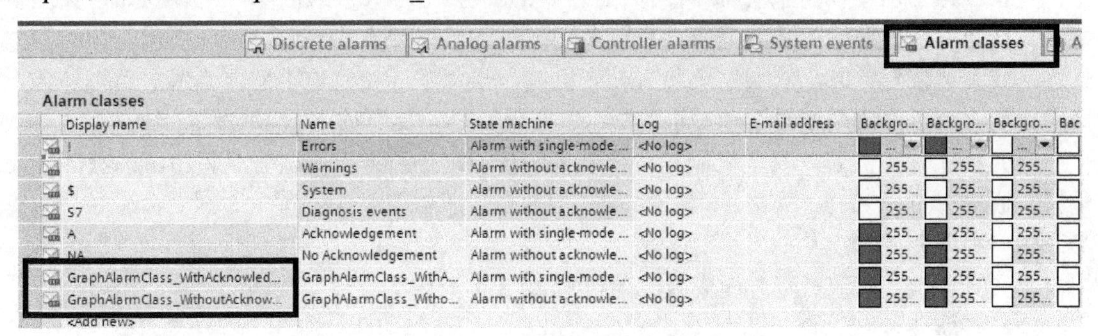

Alarm classes

Display name	Name	State machine	Log	E-mail address	Backgro...	Backgro...	Backgro...	Bac
!	Errors	Alarm with single-mode ...	<No log>		...	...	...	
	Warnings	Alarm without acknowle...	<No log>		255...	255...	255...	
$	System	Alarm without acknowle...	<No log>		255...	255...	255...	
S7	Diagnosis events	Alarm without acknowle...	<No log>		255...	255...	255...	
A	Acknowledgement	Alarm with single-mode ...	<No log>		255...	255...	255...	
NA	No Acknowledgement	Alarm without acknowle...	<No log>		255...	255...	255...	
GraphAlarmClass_WithAcknowled...	GraphAlarmClass_WithA...	Alarm with single-mode ...	<No log>		255...	255...	255...	
GraphAlarmClass_WithoutAcknow...	GraphAlarmClass_Witho...	Alarm without acknowle...	<No log>		255...	255...	255...	
<Add new>								

图 12-24　HMI 中 Graph 程序相关的报警等级

第 13 章　故障安全和安全型 PLC 的使用

13.1　故障安全简介

安全理论本身博大精深，本章仅简要介绍西门子故障安全相关内容，西门子故障安全（包括硬件和标准程序）系统基本可达到 SIL3 级标准（安全完备性等级）。

对于工业控制系统，安全永远是第一重要的。安全指三方面：人员安全、设备和资产安全、环境安全。

安全理论指出，任何系统都不能够做到 100%不会出现失效或故障，所以我们在关注设备本身如何避免失效或故障的同时，也要关注何时、以何种方式失效，系统要以可预见的方式进入或到达安全状态。例如，系统有一套机制，当急停开关被迫下后，确保电动机停转，抱闸锁死。为了确保系统的这套安全机制行之有效，必须具有如下基本技术特点。

（1）独立性。例如，安全机制与主控制系统要相对独立。即使 PLC 程序出现故障，安全机制依然有效。

（2）功能性。

（3）完备性。可应对两方面失效：随机失效和系统失效。

（4）可靠性。

（5）可审计性。整个系统可以进行评估、确认、验证、检测、测试、认证等。

（6）访问的安全准入。可抵御计算机病毒、非法入侵等。

（7）变更管理。

传统的安全机制是这样完成的：所有的安全器件（比如急停）都需要双通道连接到安全继电器上。安全继电器再拓展连接（也是双通道的）安全接触器。安全接触器直接控制切断各个电动机的电源。或者安全设备直接连接塑壳断路器的欠压包模块，一旦安全信号丢失，整个系统直接断电。

这样的结构虽然保证了系统的安全性，可安装、布线、变更都过于麻烦。如果一个控制系统覆盖整个车间，那么整个车间内急停、光栅等器件全部要与机柜内的安全继电器连接（或与主柜内的塑壳断路器欠压包连接），而机柜内的安全接触器还需要与分散在车间内的各个电动机和变频器相连。如果这些安全器件可以使用分布式 IO 模块并由 PLC 统一处理，就可以解决这个问题。但是这样做又与“安全机制的独立性和完备性”的原则相矛盾。为了解决这个矛盾，故障安全应运而出。

西门子的故障安全结构在保证安全性能的基础上，实现了高度的灵活，其结构如图 13-1 所示。其中上面一层为 PLC 层，有一台安全型 PLC（安全型 PLC 其编号后面带有字母“F”）。下面一层为设备层，这些设备就是普通的分布式 IO 机架上插入了安全输入和安全输出模块，之间用总线连接。图中在总线上深颜色的部分表示普通的程序、报文、模块等；浅颜色的部分表示安全的程序、报文、模块等。

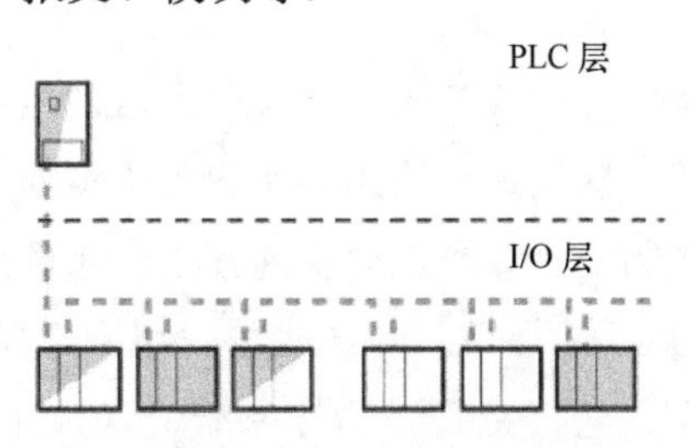

图 13-1　分布式安全系统的结构

在 PLC 上出现两种颜色，说明一台安全型 PLC 可以同时处理普通程序和安全程序。在总线上出现两种颜色，说明同一条总线既可以传输普通报文也可以传输安全报文。在分布式 IO 机架上，可以一个机架上全部为安全模块，也可以普通模块和安全模块混搭，当然也可以完全为普通模块。

一个系统中实现普通功能和实现安全功能的部件可以共用一个 PLC、一套总线和一套分布式 IO 机架，给整个系统的安全布局施工带来极大的便利。不过，这种统一并没有丧失其中安全功能部分的独立性、功能性、完备性、可靠性等特性。因为在 PLC、总线和分布式 IO 中有一些特别的设计，下面按“实现过程”、“安全模块”、“报文传输”、“程序运行”四部分介绍。

1）实现过程

图 13-2 中大体显示了故障安全的实现过程。从左到右的过程：首先安全传感器（F-S）（急停、光栅、激光扫描器、安全门等）连接安全输入模块（F-DI）。安全输入模块本身会对输入的安全信号进行检测（短路、断线等），然后输入模块基于移植在 Profinet 网络上的 PROFIsafe 规约将信号传递给 PLC。PLC（包括 F-I Drivers\F-Pro\F-O Drivers）对安全信号进行处理并输出安全信号。在这个环节上（F-Pro.），图 13-2 中分为两个颜色，表示通过“用户程序”和“生成程序”以时间冗余和差异比较的机制进行程序的运行。最后安全信号再通过 PROFIsafe 规约传递给安全输出模块。安全输出模块会进行错误检测（短路、断线等）并最终输出安全信号给执行设备（Actuator）（变频器的 STF 信号、安全接触器等）。

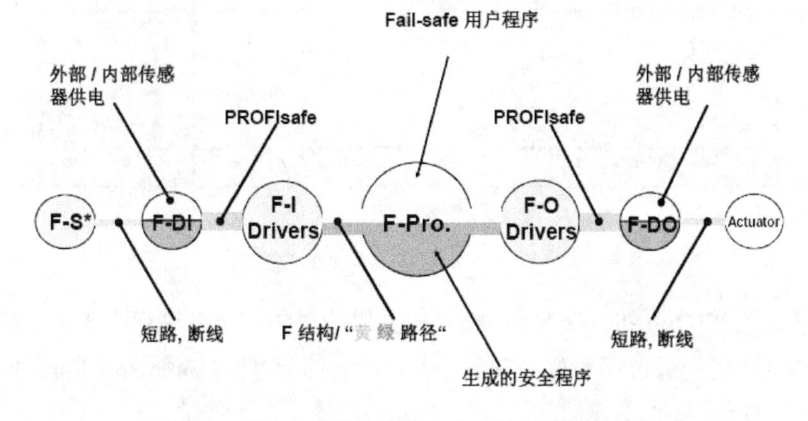

图 13-2　分布式安全系统中安全信号的处理过程

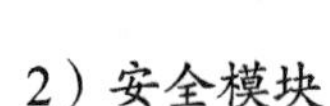

2）安全模块

安全模块本身具有对安全信号源或安全信号接收负载的监测、检查功能。例如，一个安全输入模块会通过发送脉冲信号探测整个回路，不仅可探测到线缆的导通状况，而且可以探测出线路接线的正确与否。再例如，如果该模块连接了一个两通道急停按钮，正常情况下急停按下后，两个通道应该几乎同时断开。安全模块可以自动检测两个通道断开之间的时间差。如果时差小于设定值，则按急停处理，否则系统进入钝化状态（也是一种安全状态）。相比使用安全继电器而言，安全模块本身可以探查出更多的安全问题。

3）报文传输

最早以 IEC61508 标准为参考，制定了一套安全报文的通信标准，称之为“PROFIsafe”。目前，基于 IEC61784-3-3 标准的发展，PROFIsafe 成为了国际标准。在该标准中借助 “顺序号”、“时间监控”、“准确性监控”和“额外的 CRC 监控”等技术手段，使其可以处理潜在的故障（如无效地址、延迟、数据丢失等）。

现在，PROFIsafe 已经完全移植到了 Profinet 总线上。目前有两个版本的 PROFIsafe 报文标准，“PROFIsafe V1-Mode”和“PROFIsafe V2-Mode”。在网络上，根据安全数据的总线访问周期，会在某些标准数据包上添加安全数据，添加了安全数据的数据包如图 13-3 所示（基于 PROFIsafe V1-Mode）。其中安全数据部分可见，除了传输 IO 点数据外，还传输了一字节的“状态/控制字”，一字节的“顺序号”以及 CRC 验证信息。“顺序号”的作用如下：主站发送数据包给从站，从站回复数据包给主站，双方数据包需要保持一对一的对应关系，“顺序号”起到了检测和确保这种对应关系的作用。

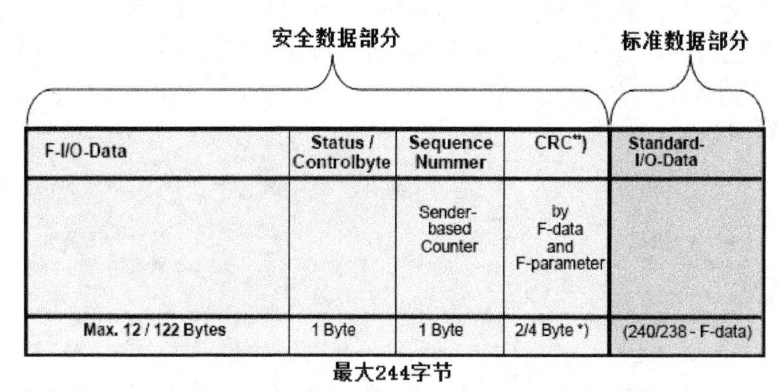

图 13-3　添加了安全数据的数据包

现在，最新的 PROFIsafe V2-Mode 报文对其中的“顺序号”进行了改进。顺序号不再被传送。主站和从站之间通过同步位（Toggle bit）和时间监控（Time monitor）的方式确保数据包的一对一对应关系。

主站发送数据包之后，会监控一段时间，在正常情况下这段时间内必须且只有一个返回的数据包。如果监控时间内没收到数据包或多收到了数据包，均证明出错。同理从站也会进行监控，从站发出响应帧后，也会监控一段时间，在正常情况下这段时间内必须且只会有一个再次从主站发来的数据包。如果监控时间内没收到数据包或多收到了数据包，均证明出错。

同时数据包的控制字中添加一个同步位。主站发送一个数据包，假设其中同步位为“1”，从站回复的数据包中该位也为“1”。下一个主站发送的数据包中，该位会取反，变为“0”，回复的数据包也会变为“0”，再下一组数据包双方再次变为“1”，依此类推。

这种设计既简化了 PROFIsafe V1-Mode 报文结构，又保证了数据包之间的一一对应关系。PROFIsafe V2-Mode 报文格式和同步位变化时序图如图 13-4 所示。

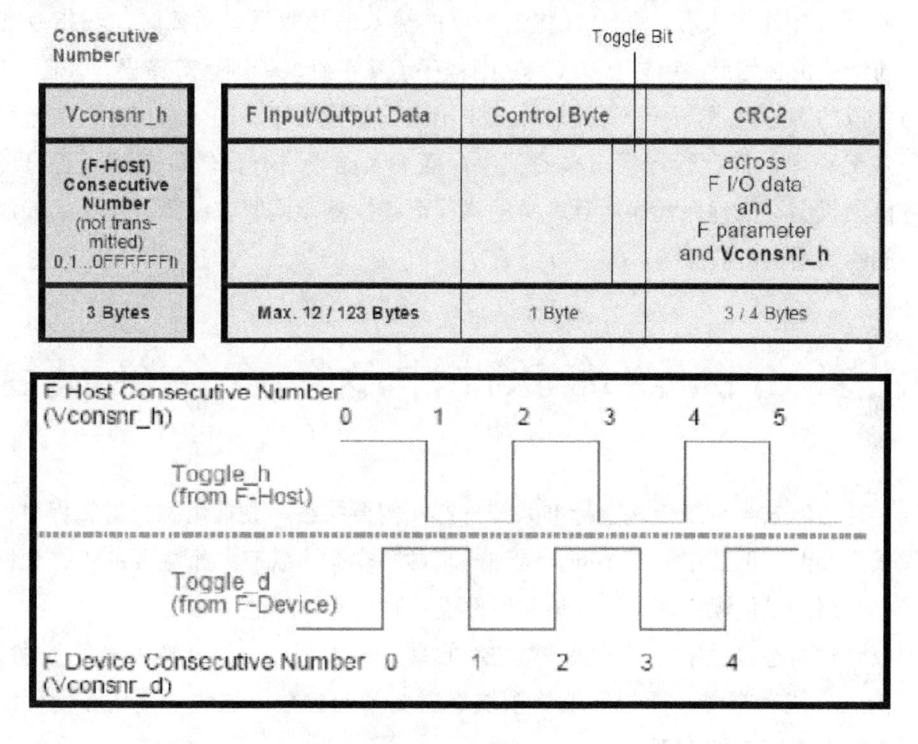

图 13-4　PROFIsafe V2-Mode 报文格式和同步位变化时序图

总之，这种传送方式确保了安全数据通信的准确性。

4）程序运行

在保证了数据采集、执行、传输的安全稳定之后，还需要保证控制程序运行的准确无误。安全型 PLC 采用了时间冗余和差异运算的机制，确保程序运行的准确。这里通过一个简单程序来阐述这种机制。

如图 13-5 所示，上面一行（浅灰色背景）进行运算的程序是取“A”和“B”两个布尔量，让“A”和“B”做与运算（AND 指令），结果赋值给“C”。

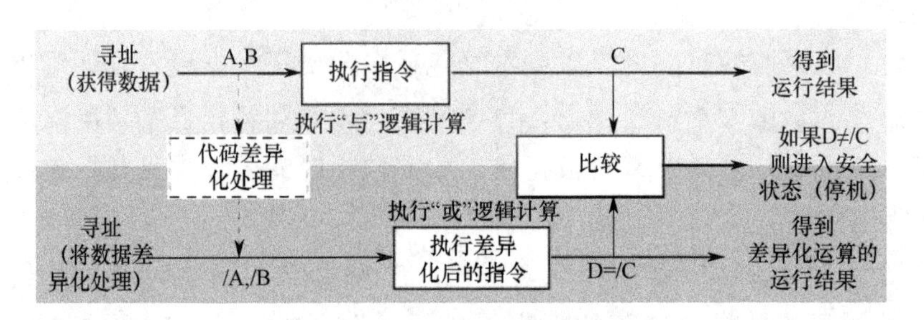

图 13-5　时间冗余和差异运算

下面一行（深灰色背景）进行运算的程序是取“A”布尔量的非信号（取反），即“$\overline{A}$”。再取“B”布尔量的非信号，即“$\overline{B}$”。让“$\overline{A}$”和“$\overline{B}$”做或运算（OR 指令），结果赋值给“D”。

从这两行程序比较来看，下一行将上一行的输入信号取反。运算时，与指令变为或指令，最后的结果也必相反，所以如果 D=$\overline{C}$ 则程序运算正确，否则运算错误。在图 13-5 中，上一行为模拟的实际程序，下一行为软件派生出来的差异程序。同一个 CPU 在不同的时间既运行原本的程序，又运行派生出来的程序，而后对结果进行比较，判断是否出现运算错误。这种检测机制不仅确保程序运行本身的错误可被探测，同时在编译过程中的漏洞或硬件漏洞所造成的错误也可被探测。

13.2　TIA 博途软件中故障安全的设置

构建一套故障安全系统像构建标准系统一样，需要接线、硬件组态、编辑程序、编译、下载、调试等环节，但其中又有不同。构建一套故障安全系统有几个主要的工作和概念。这里先做一下介绍，以便读者在阅读具体软硬件设置时更有针对性。

（1）在硬件组态过程中，对模块参数进行设置。如上所述，安全模块本身会对线路、回路和信号的状态进行探测，所以需要为模块配置更多的参数。这些设置均在硬件组态中完成，并编译后下载到 PLC 处理。

（2）需要在硬件组态中及模块端配置相同的 F 目标地址（F-destination addresses）。在组建安全系统时，首先需要给每个安全模块配置一个目标地址，这个配置过程是直接在安全模块上设置的。除此之外所有的设置都是在硬件组态中进行的，编译后下载进 PLC。而只有这个设置是直接设置在安全模块中的。相当于直接告诉模块是什么（编号），然后在硬件组态中依然要给每个某块设置相同的目标地址，这次设置是要下载进 PLC 的，相当于告诉 PLC 要找什么（编号的）模块。当基于模块和 PLC 的设置均完成后，才可以保证 PLC 能够正确寻址到各个安全模块。这样的机制确保安全信息传达的准确，确保 PLC 寻址的准确，确保 PLC 和用户对每个模块的识别保持一致。

（3）需要设置安全密码。可以设置离线密码和 CPU 密码，离线密码用于保护安全程序不会被改写，CPU 密码可以对下载程序做出限制。密码设置后，务必记牢所，一旦遗忘，目前无任何找回方法。

（4）需要建立安全程序组。安全程序与普通程序相对独立，需要组建独立的安全程序组，该组内存放所有安全程序块。

（5）编辑安全程序。根据现场实际情况，尽量使用软件提供的标准程序块组建安全程序。软件所提供的标准程序块已经通过了安全认证，全部使用标准程序块的系统可以保证设备的安全，同时易于对整个系统做安全认证。

（6）钝化的概念。在软硬件配置过程中，经常会遇到“钝化”相关的设置。钝化是安全系统定义的一种安全状态。当系统监测到错误或判定有发生故障的可能性时，会令整个系统进入钝化状态。在消除故障和错误后，可以通过程序指令恢复系统。

13.2.1　安全模块的硬件组态和设置

1. CPU 模块的设置

与普通模块的硬件组态类似，需要根据实际的硬件配置情况，在软件中将安全模块配置在相应的机架上，并配置各个模块的参数。使用故障安全系统的 CPU 模块必须是安全型 CPU（型号最后带字母“F”），如图 13-6 所示，这是 S7-1500 系列 PLC 中的一款分布式 CPU 模块（1512SP F-1PN，其中“-1PN”表示有一个 Profinet 接口，其前面的“1512SP F”为模块型号，可见最后有字母 F，为安全型 CPU 模块），其后面可以直接携带 ET200SP 机架和相应模块。

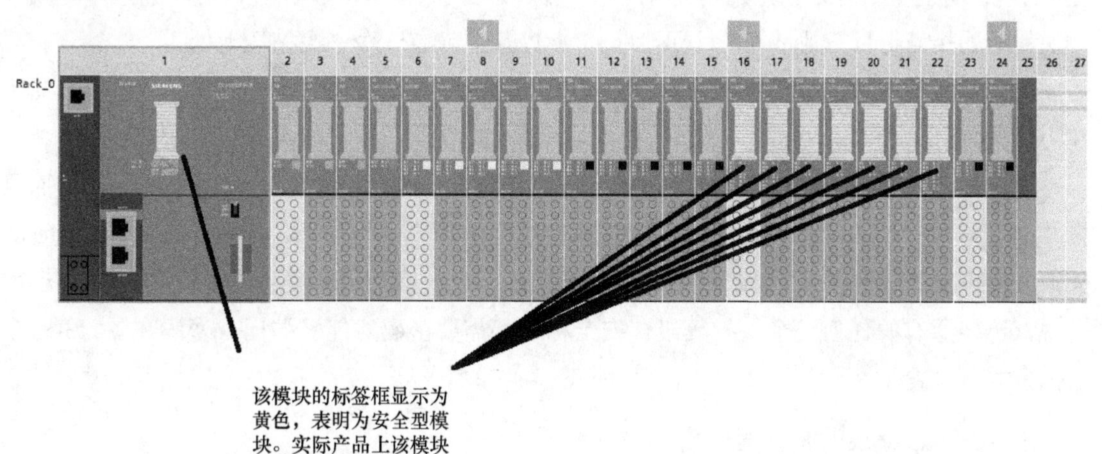

图 13-6　安全型 CPU 和安全模块的组态

其中的 CPU 模块设置页面如图 13-7 所示，所有与故障安全有关的设置显示一个黄色方框。在故障安全（Fail-safe）和 F 参数（F-parameters）分类中，有如下几个设置。

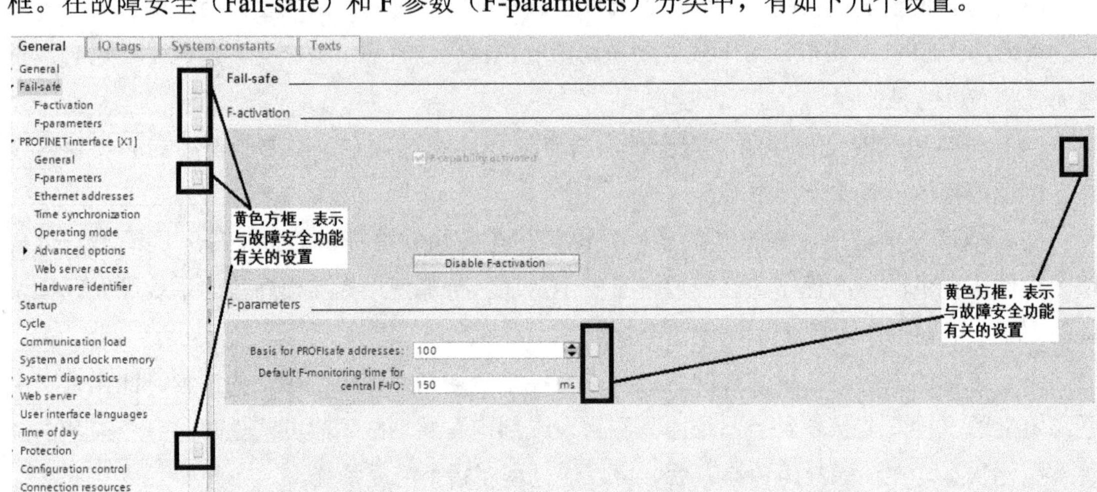

图 13-7　故障安全型 CPU 的设置

（1）故障安全功能使能（F-activation）：如果当前 CPU 已经启用故障安全功能，可以单击“不使能故障安全功能（Disable F-activation）”按钮，以关闭故障安全功能，关闭时软件会给出相应提示。当故障安全被关闭后，该 CPU 可以当作普通 CPU 模块使用。

如果当前 CPU 已经关闭故障安全功能，可以单击“使能故障安全功能（Enable F-activation）”按钮，开启故障安全功能。

（2）CPU 模块在 PROFIsafe 上的地址。在安全系统中 CPU 模块相当于传统总线结构中的“主站”，每个安全模块相当于“从站”。需要在“主站”中设置一个地址，在“从站”中“主站”的地址作为源地址（F 源地址，在“从站”模块设置时软件可自动匹配），“从站”模块的地址相当于目标地址（F 目标地址），此处需要设置一个“主站”地址。

（3）默认的故障 IO 点监控时间（Default F-monitoring time for central F-I/O）。可以简单使用默认值。

在安全型 CPU 模块的保护（Protection）设置中，多增加故障安全列（Fail-safe），而且多增加了一个保护等级“包括安全程序在内全部可访问（Full access incl. fail-safe(no protection)）”。该保护等级加在保护力度最低的一层，原有的保护等级都比此等级高。也就是说，选择原有的任何一个保护等级，安全程序都需要密码才能够访问。密码在图 13-8 中右侧方框中设置。

2．安全 IO 模块的 F 参数设置

在分布式 IO 或 PLC 本体机架上可以安装并组态安全模块。这里仅给出一个基于 ET200SP 机架的安全输入模块（6ES7 136-6BA00-0CA0）的配置方法和参数说明，其他安全模块的使用方法与之有相似之处，具体内容可参考相关模块的手册说明。

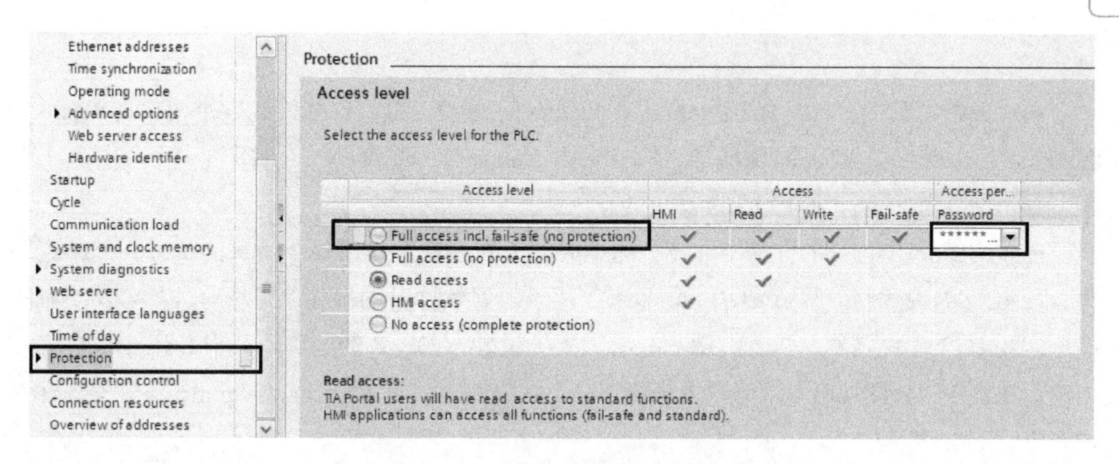

图 13-8　安全 CPU 模块的保护属性设置

如图 13-9 所示，在安全输入模块的属性中，以黄色标签显示与安全有关的设置。在 F 参数中，选择“手动分配监控时间（Manual assignment of F-monitoring time)”，可以手动设置“F 监控时间（F-monitoring time)”一项，该项设置可以使用默认值。

F 源地址（F-source address)：该地址需要与 CPU 模块中所设置的“PROFIsafe 上的地址”保持一致。所以软件根据 CPU 模块属性中的设置自动设置这个值，该值无法在此页面修改。若在 CPU 属性界面修改 PROFIsafe 上的地址，所有安全模块的 F 源地址将会自动被修改。

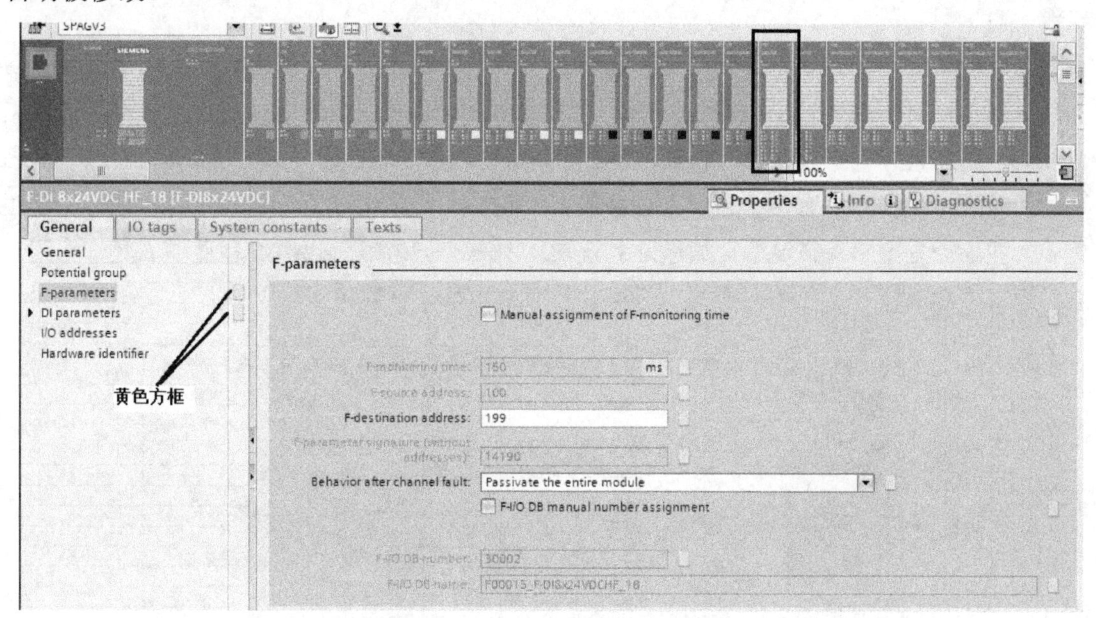

图 13-9　安全模块的 F 参数设置界面

F 目标地址（F-destination addresses)：在硬件组态时，可以先为该模块分配一个数值作为其 F 目标地址，该值将会编译并下载进 PLC。同时，还会根据现在给该模块分配的这个数值，将该值下载进该模块本体。这样确保下载进 PLC 的和下载进模块的数

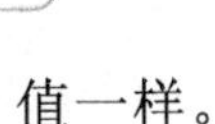

值一样。

通道故障之后的行为（Behavior after channel fault）：可以选择钝化整个模块（Passivate the entire module），或仅钝化通道（Passivate channel）（通常将一个 DI、一个 DO、一个 AI、一个 AO 称之为一个通道）。

在软件编译安全程序的时候，会自动生成若干程序块，包括每个模块的状态，差异程序等。“F-IO DB 块编号（F-I/O DB-number）”用于设置软件自动生成该模块有关的 DB 块时的编号；“F-IO DB 块名称（F-I/O DB-name）”用于设置该 DB 块的名称，其中 F-IO DB 块编号一项可在选中“F-IO DB 块手动分配编号（F-I/O DB manual number assignment）”后进行手动调整。

3. 安全输入模块的接线与 DI 参数的设置

输入模块中的 DI 参数（DI parameters）设置与该模块的接线紧密关联。所以将 DI 参数设置与模块接线一并介绍。

如图 13-10 所示，为该安全 DI 模块的端子分配图。图中有给模块供电的两个端子（L+和 M），还有 DI0～DI7 共 8 个输入通道，以及 VS0～VS7 共 8 个模块内部的传感器电源。通常可以使用内部传感器电源和 DI 通道构成回路，这种设计安全性最高。当然也可以使用外部电源，如图 13-11（a）中使用了模块内部电源，（b）中使用了模块外部电源。

通常一个安全器件会有两个通道。比如急停，一般在设计急停按钮时会安装两个常闭触点，分别使用两个通道检测一个急停按钮，以增加该设备的安全性能。在安全输入模块中，可以对这种连接方式进行设置。在通道测试区域，如图 13-12 所示，每两个通道组成一个通道对。对于一个传感器有两个通道（如急停）的设备，必须将这两个输入信号接在一个通道对中。在这个安全输入模块中，通道 0 和通道 4 是一个通道对、通道 1 和通道 5 是一个通道对、通道 2 和通道 6 是一个通道对、通道 3 和通道 7 是一个通道对。

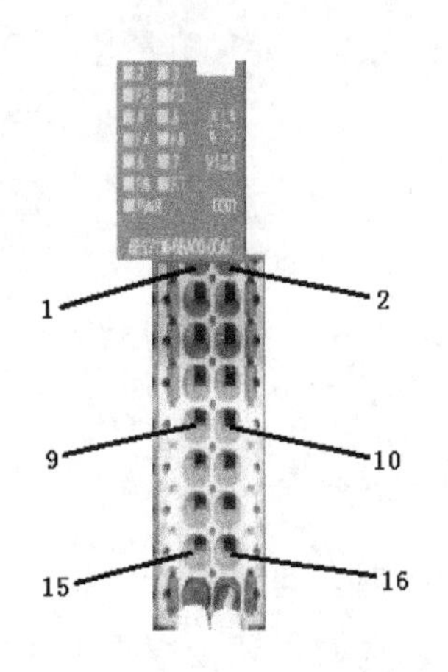

F-DI 8×24VDC HF (6ES7136-6BA00-0CA0) 的端子分配				
端子	分配	端子	分配	颜色识别标签（端子 1 到 16）
1	DI_0	2	DI_1	
3	DI_2	4	DI_3	
5	DI_4	6	DI_5	
7	DI_6	8	DI_7	
9	VS_0	10	VS_1	CC01
11	VS_2	12	VS_3	6ES7193-6CP01-2MA0
13	VS_4	14	VS_5	
15	VS_6	16	VS_7	
L+	DC24V	M	M	

图 13-10　安全 DI 模块的端子分配

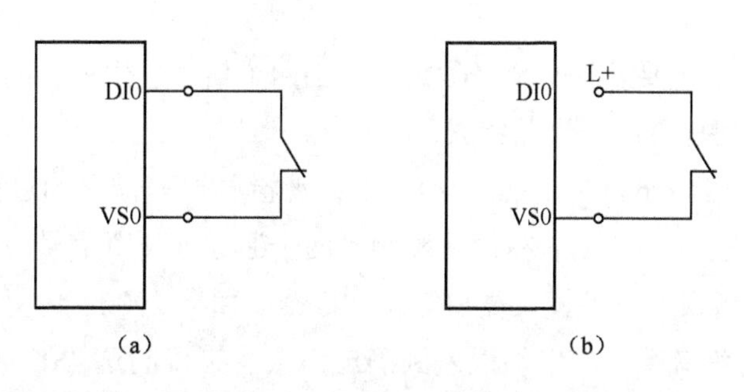

图 13-11　使用模块内部电源和模块外部电源的电路

如图 13-12 为设置通道 0 和通道 4 这组通道对的界面。首先是整个通道对的设置，然后是两个通道的参数设置。

Channel parameters

Channel 0, 4

Sensor evaluation: 1oo2 evaluation, equivalent
Discrepancy behavior: Supply value 0
Discrepancy time: 200 ms
Reintegration after discrepancy error: Test 0-Signal not necessary

Channel 0

Activated
Sensor supply: Sensor supply 0
Input delay: 3.2 ms
Chatter monitoring
Number of signal changes: 5
Monitoring window: 2 sec

Channel 4

Activated
Sensor supply: Sensor supply 4
Input delay: 3.2 ms
Chatter monitoring
Number of signal changes: 5
Monitoring window: 2 sec

图 13-12　安全输入模块通道参数设置界面

在通道对的设置中，“传感器评估（Sensor evaluation）”用于选择这个通道对上连接的传感器接线类型。如果连接的是 1 个传感器且有 1 个通道，那么就选择“1oo1 评估（1oo1 evaluation）”；如果连接的是 1 个传感器但有 2 个通道，且 2 个通道的信号相同（如 1 个急停带 2 个常闭触点），那么就选择“1oo2，对等评估（1oo2 evaluation equivalent）”；如果连接的是 1 个传感器有 2 个通道，但 2 个通道的信号不相同（如 1 个急停带 1 个常开触点和 1 个常闭触点），那么就选择“1oo2，不对等评估（1oo2 evaluation non-equivalent）”

如果选择了 1oo2 的评估方式后，对于同一个传感器的两路信号，无论是对等的信号还是不对等的，它们都肯定几乎是同时变化的。模块会对这种同时性进行检测。在“误差时间

（Discrepancy time）”中需要设置一个毫秒数值。当两个信号发生变化的时间差超过了这个设置的数值，就说明模块检测出了误差错误。

在“误差特性（Discrepancy behavior）”中设置检测误差错误的过程中该通道的信号状态。假设误差时间设置为 200ms。在模块检测到两个通道上一个信号发生变化而另一个没有发生变化时，说明出现误差。但模块需要等待 200ms，如果 200ms 内另一个通道上始终未出现信号，说明出现误差错误。从出现误差到确定为误差错误的这 200ms 过程中，如果选择“供应 0 值（Supply value 0）”，则此过程中该通道按“0”信号传送给 CPU 模块。如果选择“供应上次有效值（Supply last valid value）”，则在此过程中该通道按发生误差前的信号传送给 CPU 模块。

在“误差错误后重新集成（Reintegration after discrepancy error）”中设置误差错误的恢复条件。当误差错误发生且恢复后，选择“不需要测试 0 信号（Test 0-Signal not necessary）”，则模块端直接恢复错误（只要程序解除钝化就可以了）。如果选择“需要测试 0 信号（Test 0 Signal necessary）”，对于模块来说恢复该错误必须是两个通道都出现“0”信号（对于对等的）或者通道对中编号较小的通道处必须再次出现“0”信号（对于非对等的）。

当通道组设置为“1oo2”时，该通道组下的两个通道都会被激活（Activated）。在“传感器供电（Sensor supply）”选择实际电路中给该通道供电的电源，是外部电源（External sensor supply）还是模块内的哪一个内部电源（VS0～VS7 对应 Sensor supply 0～Sensor supply 7 的选项）。可以在“输入延迟（Input delay）”中输入一个毫秒值，用于抑制线路中的干扰，建议使用默认值。

抖动监视（Chatter monitoring）用于“1oo1”的模式，对不稳定的信号进行是否出现抖动的错误判别。当信号发生变化时，进行计时和计数，如果在监控期内“信号变化次数”超过了预设值，就说明出现抖动错误。预设的变化次数在“变化次数（Number of signal changes）”中设置，监控期在“监控窗口（Monitoring window）”中设置。

一旦在通道设置中使用了模块的内部电源（说明该电源的信号可以在某个输入端检测到），那么这个内部电源将可以进行短路测试。短路测试的配置界面如图 13-13 所示。

图 13-13　DI 参数设置下的电源短路设置

勾选“短路测试（Short-circuit test）”则会对该路电源进行短路测试。短路测试时，模块会周期性地关断该路电源，当电源关断后，模块在设定的时间内未检测到“0”信号，那么生成诊断信息并令系统钝化。这个“设定的时间”就是“短路测试时间（Time for short-circuit test)”中所设定的时间。在一次测试完成后，当恢复传感器的供电时，由于传感器和线缆中电感、电容等影响，可能无法及时采样到正确的信号，可以在“短路测试后的启动时间（Startup time of sensor after shout-circuit test)”中设定一个启动时间。在恢复供电后，等待这段时间，模块再进行输入信号的检测。

4．连接一个急停按钮的实例

通常一个急停按钮有两个通道，即两个常闭触点，实际在模块上的接线如图 13-14 所示。然后按图 13-12 和图 13-13 所示进行配置。有关这个实例的软件设置在后面章节将分别讲解，对于所有类似的有双通道常闭信号的安全器件，都可以按此方法连接至安全模块。

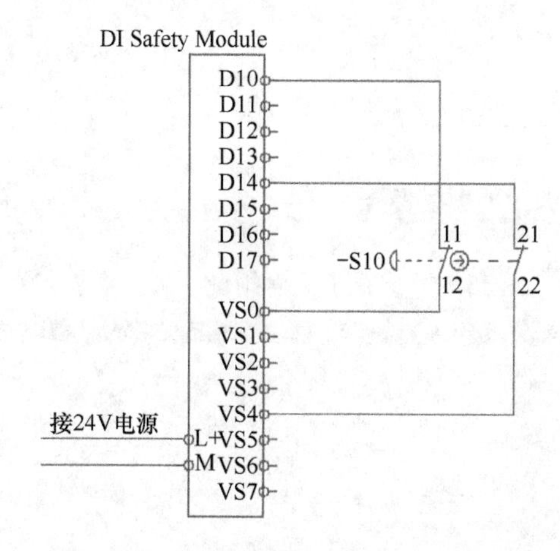

图 13-14　安全模块连接急停按钮的实例

13.2.2　硬件组态的下载和模块端 F 目标地址的设置

硬件组态的下载方法与普通 PLC 硬件组态下载的方法一样，这里不再阐述。一套故障安全系统的正常使用还需要设置各个安全模块中的 F 目标地址。对于 ET200S 机架上的安全模块，其 F 目标地址通过模块侧面的拨码开关进行设置。对于 ET200SP（新一代分布式 IO 系统）机架则通过软件方式设置，其方法如下所述。

首先打开硬件组态界面，在网络视图（Network view）选项卡中，选择已经组态好的安装有待组态安全模块那个的机架，然后调出右键菜单，在其中选择“分配 F-目标地址（Assign F-destination address)”，如图 13-15 所示。

接下来，出现如图 13-16 所示的界面。这里，选择需要系统识别的那些模块。在图 13-16 下方的列表中，第一行显示的是该机架的接口模块，如果它对应分配（Assign）这列上的方块被打了对钩，那么该机架上所有安全模块都会被选中。如果只需要选择部分模块进行识别而不是全部，只需要将相应（预识别的）安全模块在分配（Assign）这列上的方块打对钩便可。

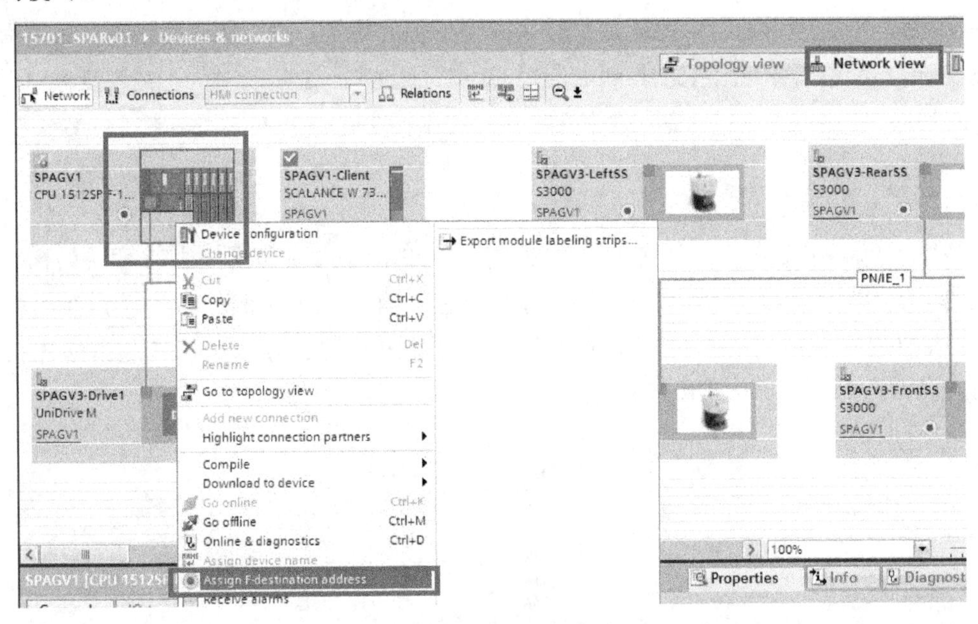

图 13-15　分配 F 目标地址（第一步）

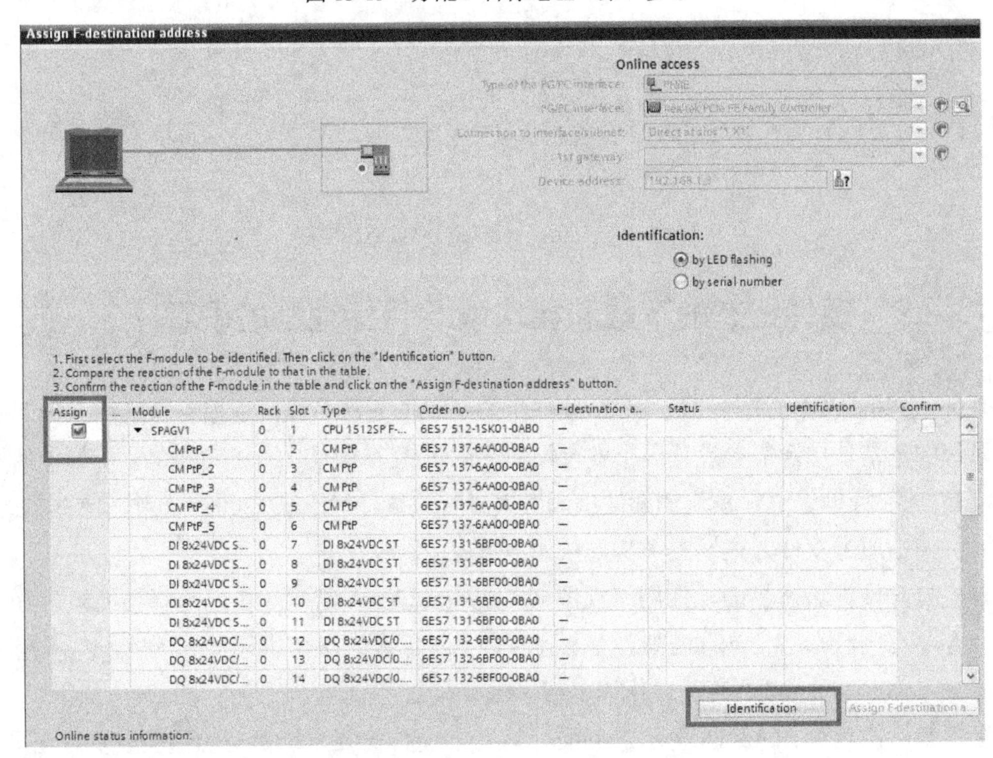

Assign	Module	Rack	Slot	Type	Order no.	F-destination a...	Status	Identification	Confirm
☑	SPAGV1	0	1	CPU 1512SP F-...	6ES7 512-1SK01-0AB0	–			
	CM PtP_1	0	2	CM PtP	6ES7 137-6AA00-0BA0	–			
	CM PtP_2	0	3	CM PtP	6ES7 137-6AA00-0BA0	–			
	CM PtP_3	0	4	CM PtP	6ES7 137-6AA00-0BA0	–			
	CM PtP_4	0	5	CM PtP	6ES7 137-6AA00-0BA0	–			
	CM PtP_5	0	6	CM PtP	6ES7 137-6AA00-0BA0	–			
	DI 8x24VDC S...	0	7	DI 8x24VDC ST	6ES7 131-6BF00-0BA0	–			
	DI 8x24VDC S...	0	8	DI 8x24VDC ST	6ES7 131-6BF00-0BA0	–			
	DI 8x24VDC S...	0	9	DI 8x24VDC ST	6ES7 131-6BF00-0BA0	–			
	DI 8x24VDC S...	0	10	DI 8x24VDC ST	6ES7 131-6BF00-0BA0	–			
	DI 8x24VDC S...	0	11	DI 8x24VDC ST	6ES7 131-6BF00-0BA0	–			
	DQ 8x24VDC/...	0	12	DQ 8x24VDC/0....	6ES7 132-6BF00-0BA0	–			
	DQ 8x24VDC/...	0	13	DQ 8x24VDC/0....	6ES7 132-6BF00-0BA0	–			
	DQ 8x24VDC/...	0	14	DQ 8x24VDC/0....	6ES7 132-6BF00-0BA0	–			

图 13-16　分配 F 目标地址（第二步）

当选择好要识别的模块后，单击识别（Identification）按钮。如果上方选择的是“靠 LED 灯闪烁识别（By LED flashing）”，那么在识别（Identification）一列中会出现 LED 闪烁的提示，如图 13-17 所示。同时相应模块上的 LED 灯也会闪烁，用于确认当前系统对这些安全模块的识别是否正确。

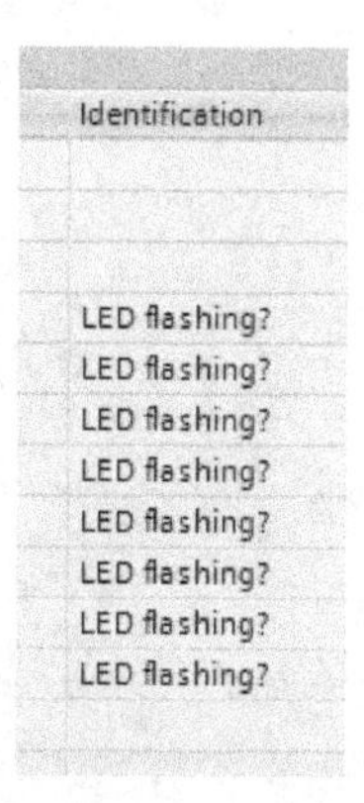

图 13-17　识别过程中当模块 LED 灯闪烁时的软件提示界面

识别完成后，会出现如图 13-18 所示的界面。在 F 目标地址（F-destination assign）列上，软件根据硬件组态中各个模块中分配的 F 目标地址以及对实际组态的识别结果，将每个安全模块（应该被分配的）F 目标地址写在一列上，供用户参考。确定无误后，在该模块的“确认（Confirm）”一栏上打钩。当所有模块均确认完毕后，单击“分配 F-目标地址（Assign F-destination）”按钮。

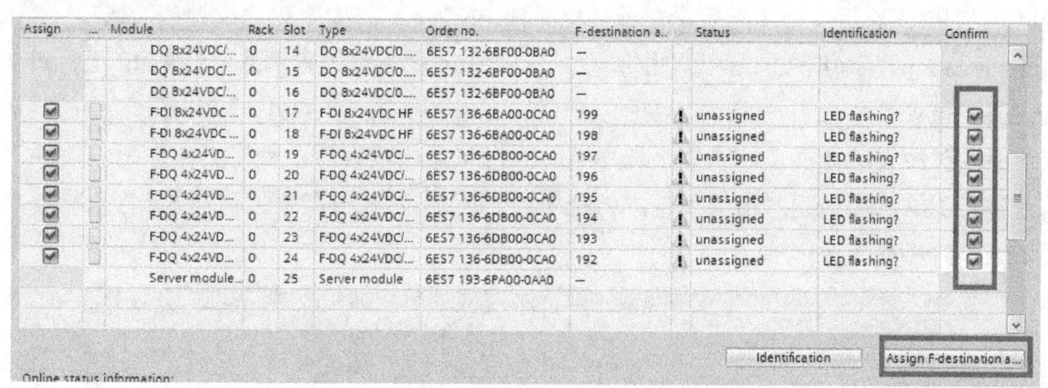

图 13-18　确认界面 1

单击之后，系统在向各个模块写入 F 目标地址之前，会给出一个倒计时提示，如图 13-19 所示。用户需要在 1min 内确认确实要将此 F 目标地址写入模块。

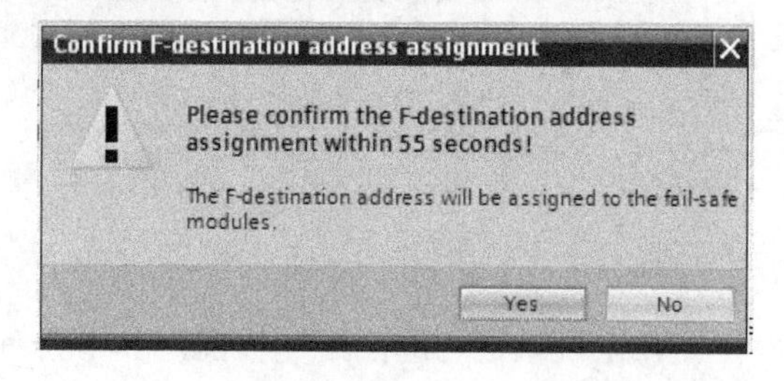

图 13-19　确认界面 2

单击确认后，F 目标地址将被写入模块，写入成功后，软件给出相应反馈，如图 13-20 所示。

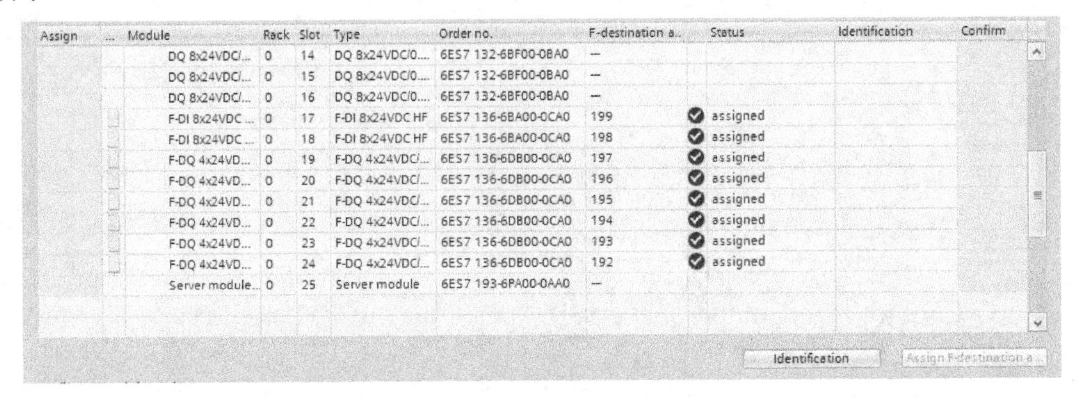

Assign	...	Module	Rack	Slot	Type	Order no.	F-destination a..	Status	Identification	Confirm
		DQ 8x24VDC/...	0	14	DQ 8x24VDC/0....	6ES7 132-6BF00-0BA0	--			
		DQ 8x24VDC/...	0	15	DQ 8x24VDC/0....	6ES7 132-6BF00-0BA0	--			
		DQ 8x24VDC/...	0	16	DQ 8x24VDC/0....	6ES7 132-6BF00-0BA0	--			
		F-DI 8x24VDC ...	0	17	F-DI 8x24VDC HF	6ES7 136-6BA00-0CA0	199	assigned		
		F-DI 8x24VDC ...	0	18	F-DI 8x24VDC HF	6ES7 136-6BA00-0CA0	198	assigned		
		F-DQ 4x24VD...	0	19	F-DQ 4x24VDC/...	6ES7 136-6DB00-0CA0	197	assigned		
		F-DQ 4x24VD...	0	20	F-DQ 4x24VDC/...	6ES7 136-6DB00-0CA0	196	assigned		
		F-DQ 4x24VD...	0	21	F-DQ 4x24VDC/...	6ES7 136-6DB00-0CA0	195	assigned		
		F-DQ 4x24VD...	0	22	F-DQ 4x24VDC/...	6ES7 136-6DB00-0CA0	194	assigned		
		F-DQ 4x24VD...	0	23	F-DQ 4x24VDC/...	6ES7 136-6DB00-0CA0	193	assigned		
		F-DQ 4x24VD...	0	24	F-DQ 4x24VDC/...	6ES7 136-6DB00-0CA0	192	assigned		
		Server module...	0	25	Server module	6ES7 193-6PA00-0AA0	--			

图 13-20 模块分配成功后的界面

13.2.3 安全程序的创建、编写、编译与下载

1. 安全程序组的建立和配置

安全程序相对于普通程序是相对独立的，需要组建一个安全程序组以存放所有的安全程序。当 PLC 启用安全功能后，在项目树的该 PLC 下会有安全程序组管理的选项（Safety Administration），如图 13-21 中 A 框所示。打开安全程序组管理后，可见在“F 运行组（F-runtime group）”下面有一个“F 运行组 1（F-runtime group 1[RTG1]）”，如图中 C 框所示，说明系统已经自动建立了一套安全程序组。同时可见在项目树中程序文件夹下，软件已经自动建立了这套安全程序组中最基本的程序块，所有安全程序块图标均以黄色为背景，如图 13-21 中 B 框所示。

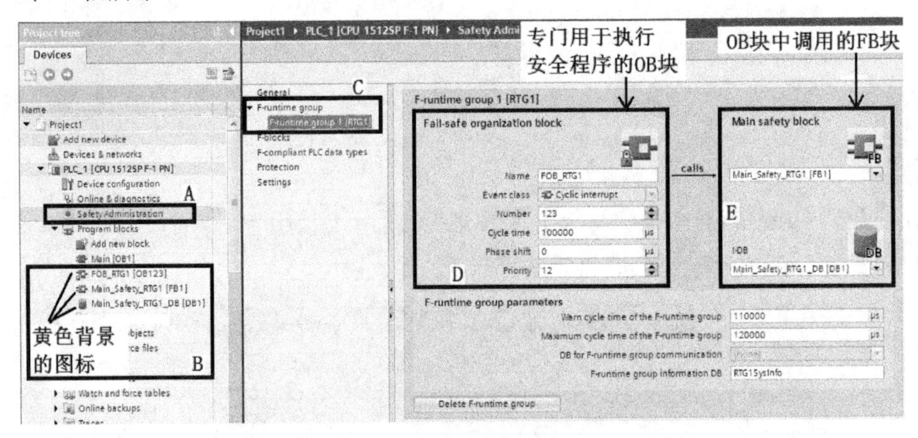

图 13-21 安全程序组中 F 运行组设置

在单击“F 运行组 1”后，出现该运行组的配置界面，其中会有一个安全 OB 块，用于专门执行（调用）该安全程序组，与该 OB 块有关的设置见图 13-21 中的 D 框。其中可以设

置该 OB 块的编号、运行周期、运行相角和优先级（相关概念可参见第 7 章 OB 块一节）。在这个 OB 块中软件已经设置调用了一个 FB 块，该 OB 块只能调用一个 FB 块，用户所有安全程序必须全部整合在该 FB 块中（可以直接写在这个 FB 块中，也可以写在其他程序块中，然后在该 FB 块中调用）。该 FB 块的设置见图 13-21 中的 E 框。用户也可以自行在项目树程序块下建立安全 FB 块和相应的背景数据库，然后在这里设置为被 OB 块调用。

下面介绍 F 运行组的其他设置。在通用（General）界面下，如图 13-22 所示，如果 PLC 在线，可以显示在线安全程序的模式状态，离线和在线的状态。如果安全程序进行了编译，那么最下面会显示本次编译后的离线签名（Offline signature）和时间戳。如果程序进行了更改，再进行编译，离线签名将发生变化。离线签名一般用来对安全程序进行认证。当一套安全程序经过认证后，认证书上会记录这套程序的离线签名。如果程序被修改了，那么离线签名发生变化，原先的认证将会作废。

图 13-22　安全程序组中通用界面

在"F 块（F-blocks）"界面中，可以查看整个安全程序组内所有的程序块。

"安全程序中的 PLC 数据类型（F-compliant PLC data types）"用于查看所有的用于安全程序的 UDT（PLC 数据类型，PLC data type）。如果需要建立用于安全程序的 UDT，在新建 UDT 的对话框中（项目树下，PLC 变量类型下，单击"添加新的数据类型"），选中"（Create F-suitable PLC data type）"便可，如图 13-23 所示。

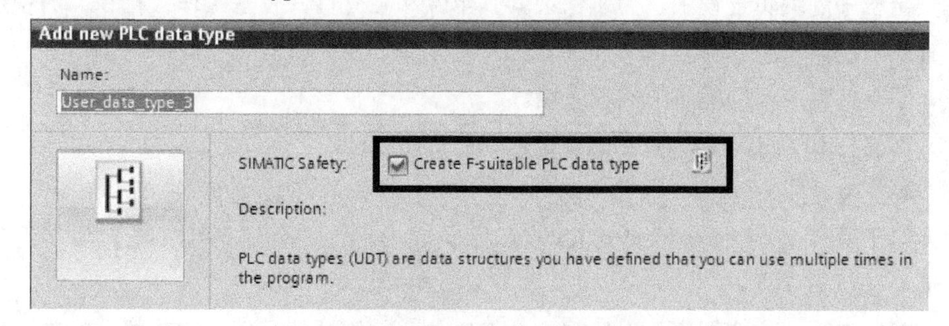

图 13-23　建立用于安全程序 UDT 的界面

“保护（Protection）”用于设置离线安全程序密码。密码设置后，可以在此处（仍在这个界面的这个位置）通过密码让安全程序组处在登录状态或登出状态。安全程序组处在登出状态时，安全程序组管理（Safety Administration，如图 13-21 中 A 框所示）的右边会出现一把锁住状态的锁；安全程序组处在登录状态时，安全程序组管理的右边会出现一把打开状态的锁。离线修改安全程序及相关设置都将需要在登录状态。

“设置（Settings）”的作用是，当用户编写了安全程序后，为了完成差异运算等安全机制，软件会自动生成一些程序块，这里可以设置软件自动生成程序块的编号范围。建议使用默认选项“系统自动安排（System managed）”便可。另外这里提供了系统库的版本设置和一些高级设置，建议默认便可。

2. 程序的编写、编译、下载

打开被安全程序组中 OB 块调用的那个 FB 块，用户的安全程序可以在这里填写。也可以建立安全程序块，然后在该 FB 块中调用。当项目启用故障安全功能，单击新建程序块后，可以通过勾选“故障安全（Fail-safe）”来选择当前新建的程序块是否是为安全程序块，如图 13-24 所示。

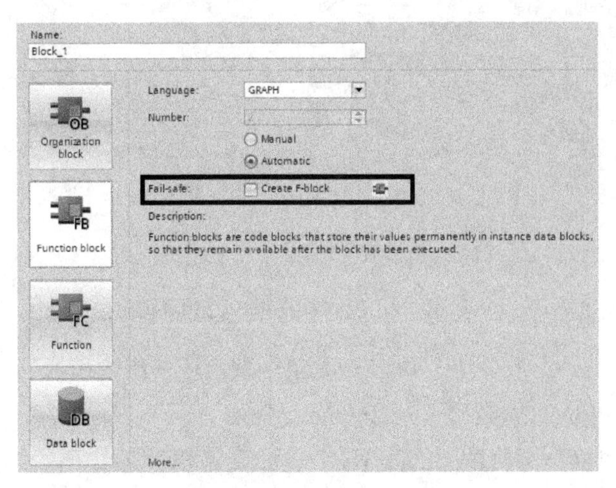

图 13-24　新建安全程序块

在安全程序的编辑过程中，为了保证其安全性和独立性，有些操作（指令）的使用会有限制，具体限制如下：

（1）不支持调用标准程序中的程序块。

（2）不支持 I/O 的直接访问（后面带“：P”的形式）。

（3）不支持 STL 语言。

（4）对于所有 IO 点（包括安全 IO 点和标准 IO 点），安全程序可以读 I 点、写 O 点，但不能读 O 点、写 I 点。

（5）对于 DB 块安全程序可以读写安全 DB 块，但无法读写标准 DB 块。标准程序可以读写标准 DB 块，但无法读写安全 DB 块。

（6）仅支持部分指令，标准程序下的扩展指令、工艺指令等无法使用。在编辑安全程序时，软件右侧的指令资源卡中只会显示可以使用的安全程序指令。

在编写安全程序时，软件根据实际使用安全器件的（操作行为）类别制作了一些经过认证的标准程序。建议用户使用这些标准程序组建安全程序，如图 13-25 所示为这些标准安全程序所在的位置（截图来自软件右侧的指令资源卡）。

其中每个指令都有详尽的帮助信息，可以从软件帮助系统获得使用说明。下面仅介绍急停标准指令（ESTOP1）的使用。

3．建立急停按钮的标准安全程序

在之前的硬件配置过程中，已经配置了该安全模块安全参数。现在查看该模块的输入地址，如图 13-26 所示，该模块的输入地址从 0 开始。那么对于第一个通道组（通道 0 和 4）的输入就是 I0.0；对于第二个通道组（通道 1 和 5）的输入就是 I0.1；对于第三个通道组（通道 2 和 6）的输入就是 I0.2；对于第四个通道组（通道 3 和 7）的输入就是 I0.3（前提是都按 1oo2 进行的设置）。急停接在了第一个通道组中，所以应使用变量“I0.0”。

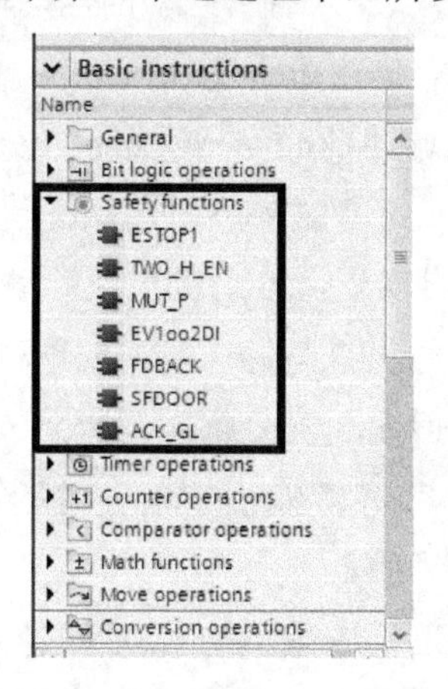

图 13-25　标准安全程序指令

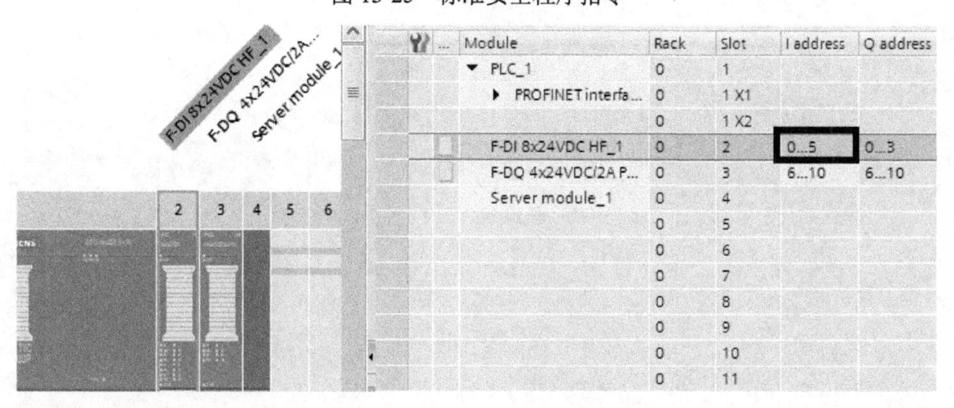

图 13-26　安全输入模块的输入地址

接着在程序中引入急停标准指令（ESTOP1。打开安全程序组中设置的那个 FB 块，在其中添加“ESTOP1”指令，如图 13-27 所示。插入时软件会提示建立一个背景数据块，与插入标准 FB 块的操作一样。

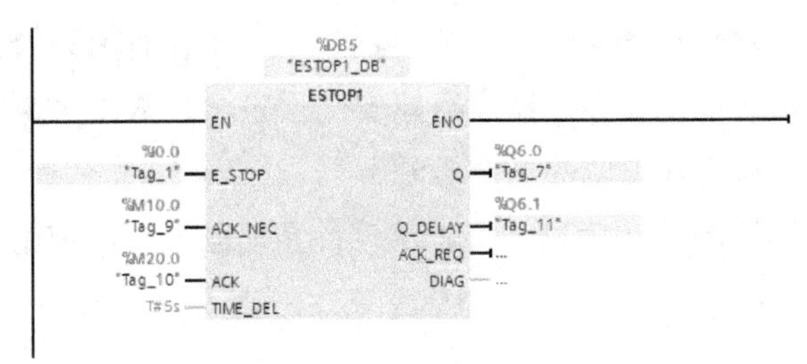

图 13-27　安全程序中的 ESTOP1 指令

在指令 ESTOP1 中，“E_STOP”参数用于连接急停信号。在本例中急停按钮连接在安全输入模块的第一个通道组中，输入点为 I0.0，所以此处连接 I0.0。

出口参数中“Q”为该急停信号经处理后的输出，这里我们写入了一个安全输出模块上的输出点。假设这个点连接一个变频器的 STF 端。变频器的 STF 端是在 SIL3 级标准下的安全功能端子，当该端子失去信号后，变频器所拖动的电动机肯定不会有任何扭矩输出，电动机会在机械抱闸作用下停车。STF，即 Safety Torque Off。

入口参数“ACK_NEC”意思是 Acknowledgement necessary，即是否需要确认。如果该位输入为“0”，那么不需要确认。当急停按下后，“Q”点输出立刻为“0”，电动机立刻停车。当急停被拔起后，“Q”点输出恢复，电动机重获启动条件。如果“ACK_NEC”输入为“1”，那么当急停按下后，“Q”点输出立刻为“0”，电动机立刻停车。但是当急停被拔起后，“Q”点依然输出为“0”，电动机仍处于安全状态，直到入口参数“ACK”出现上升沿后，该急停事件才算被确认，“Q”点重新输出“1”。在等待确认信号过程中，出口参数“ACK_REQ”（确认请求）会输出“1”。

如果在入口参数“TIME_DEL”中输入一个时间值，那么当急停按下后，将延迟一段预设时间，然后将出口参数“Q_DELAY”（延迟输出）变为“0”，对出口参数“Q”没有影响。

第 4 篇

编程经验与 PLC 技术漫谈

第 14 章　设计与编程经验漫谈

14.1　组建一个控制系统

在编程的过程中，对于同一个被控对象，同一套控制逻辑，不同的人编写的程序虽然都实现了相同的功能，但是程序本身却并不一样。这种不一样是全方位的，从宏观到微观，从整个构架到变量设计的细节往往都不尽相同。这使我们产生了这样的疑问，哪一个程序才是比较好的，怎样的架构才是比较优化的？对于程序优劣的评判，可以遵循以下几个原则。

（1）保证安全。安全永远是第一重要的。即使系统结构上有独立的安全机制，程序本身也必须保证人员、机器和环境的安全。

（2）实现功能。程序在保证安全的前提下，需要实现预期设计的功能。

（3）较少的漏洞，无致命漏洞。程序不仅需要在各部件都正常情况下完成相应的功能，同时当某些部件出现问题时，依然能够保证设备处于安全状态并产生相应报警。比如某个限位开关出现异常时，程序依然可以控制某个移动部件安全停车。否则，该移动部件冲出限位，造成电动机过流或其他事故，这都说明程序中存在漏洞。

（4）易于修改、调试和升级。任何一个控制系统的完成都是这样的流程：规划相应的功能，编程设计、调试并实现该功能，规划修改功能或添加新的功能，继续编程、调试，继续新一轮修改和规划，如此往复多次，最终才会完成。所以程序本身在设计上就需要易于修改、调试和升级。

（5）易于阅读。一方面，工程师所编写的程序应该易于读懂和上手。一个控制系统往往由一个团队完成，团队中每个人都能迅速读懂彼此的程序，才能让整个项目顺畅高效地运行；另一方面，程序中的信息便于检索和查找。比如程序中的某个接近开关的信号，可以方便地通过程序中的变量名、注释与图表与图纸与实际元件相对应。

为了能够满足上述的原则，对整个控制系统的组建提几个建议。

（1）系统的设计。为了保证整个控制系统的安全性，如第 13 章所述，控制系统应按照 SIL3 级标准设计。安全机制需与主程序相对独立。可以使用分布式安全模块和安全型 PLC，并在相对独立的安全程序中使用标准程序块。同时保证所有执行器件的安全使能（如变频器的 STF 信号）被安全程序和安全模块直接控制。

也可以在电气系统中使用经过 SIL3 级认证的安全器件（如安全继电器等），保证安全信号（如急停信号）直接与安全器件连接。同时保证安全器件直接控制所有执行器件的安全使能端。

（2）程序的编辑。程序只有通过合理的架构及各层面上优化的编程思路，才能保证功能的实现，同时少漏洞、易修改、易阅读。为了更好地解释程序设计的方法和技巧，这里将编程经验分为两个方面。一方面是微观的，针对某一个特定的控制对象的编程方法（见 14.2

节内容），另一个方面是宏观的，对整个控制程序架构的分析（见 14.3 节内容）。

14.2　输入、状态、输出三层级的编程与分析方法

14.2.1　方法概述

本节讨论的是微观层面的编程技巧。当我们面对某一个特定的具体被控对象时，如何组织构建一个控制程序。如何让这个程序便于编辑、便于调试、理解与阅读，便于修改和新功能的添加，在不少文献和书籍中有很多关于编程思路的方法，如图解法、经验设计法、状态表格法、正逻辑法、反逻辑法等。很多方法其实都大同小异，如果可以将这些方法总结概括为一套编程思路，将更有实用价值。三层级法就是笔者在总结上述方法基础上，结合几年来工作经验总结出来的编程方法。在这里就献丑一叙了。

所谓三层级就是输入、状态、输出这三组变量，方法的精髓是：在编程和分析程序的时候，始终将程序变量分为输入、状态、输出三组，其中永恒的关系是输入决定状态，状态决定输出。核心在于对状态的定义，然后勾连输入与状态的关系以及状态与输出的关系。

具体来说，构建控制程序大体分为以下三个步骤。

第一步：先根据实际的控制要求和基本经验，定义几类状态变量，这几类状态变量的定义就决定了整个控制程序的结构。

第二步：根据“输入决定状态”的原则，用输入量定义这些状态量。可以是直接定义的，也可以是间接定义的，总之是找到输入与状态之间的关系。

第三步：根据“状态决定输出”的原则，用状态量决定输出量。

经过这三步后，整个控制逻辑（程序）就很自然地编辑出来了。

步序控制是 PLC 程序中极常见的一类控制程序。编辑这类程序，如果方法不当可能会比较麻烦（尤其是步序复杂的时候）。这里给出一个步序控制的实例，以此解析三层级的方法。通常对于步序控制，首先对控制步骤进行划分，针对每个步骤定义一类状态变量，我们称为“步骤状态”。同时，根据各部分活动部件的位置定义一类状态变量，我们称为“位置状态”。

14.2.2　举升机控制实例之状态变量的创建

实例如图 14-1 所示，这是一个由电动机拖动的举升机。举升机一侧安装有限位开关和接近开关，限位开关有上限位开关和下限为开关，接近开关有上停止位、上减速位、下停止位、下减速位。在举升机平台下端还装有一个定位销，在举升机平台处在下停止位或上停止位时，定位销伸出，可以插入相应的定位销孔中。定位销孔安装在平台之外的固定位置上，

下停止位和上停止位各有一个定位销孔。当定位销插入相应的孔中后，平台无法自由活动，将锁死在该位置上。定位销为气动部件，由 PLC 通过阀岛进行控制。定位销上有两个磁性开关，安装在伸出位置和缩回位置。

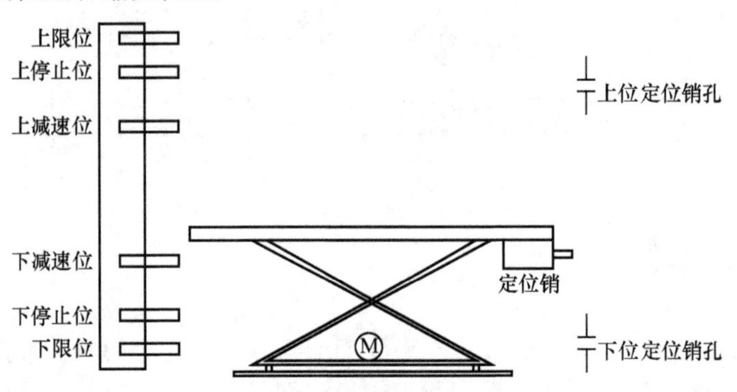

图 14-1　举升机实例图

当举升机得到上升指令时，首先在平台上的定位销缩回，使得平台可以上下活动。然后，电动机拖动平台快速上升，当上升到上减速位开关有信号时，开始减慢上升速度，变为慢速上升。直到上升到上停止位置时，平台停止在该位置上。之后，定位销伸出，销子插入上位定位销孔中。举升机下降的运行步骤正好相反，这里就不再阐述了。为了可以简明扼要地阐述这种编程的思路，这里也仅对上升的程序进行编辑和详解。

根据前文所述，需要定义“步骤状态”和“位置状态”，并以此作为整个控制程序的基础。从步序来看，需要如下 5 个步骤。

（1）缩回销子。

（2）举升机高速向上运行。

（3）举升机慢速向上运行。

（4）举升机停止。

（5）伸出销子。

所以，新建一个名为“lift”的 DB 块，块中用于存放所有与举升有关的变量，并在该 DB 块中先建立 5 个布尔量，以表示这 5 个步骤的运行状态，变量建立后如图 14-2 所示。

Lift

	Name	Data type	Default value
1	▼ Static		
2	Step1_RetractPin	Bool	false
3	Step2_UpHiSpeed	Bool	false
4	Step3_UpLowSpeed	Bool	false
5	Step4_LiftStop	Bool	false
6	Step5_AdvancePin	Bool	false

图 14-2　在 DB 块中建立的“步骤状态”变量

然后建立“位置状态”。一般来看，绝大多数的控制系统都是由一系列可移动的部件组成的，这些部件可能是电动机驱动的，也可能是气动或液压驱动的。在设备运行时，不同的部件在不同的步骤下进行相应的动作，最终完成整个循环（操作）。对于这样的控制对象，可以以各个移动部分可能所处的位置为基础建立设备状态变量——即“位置状态”。对于这个举升机也不例外，在这个设备上有两个可移动设备——定位销和平台。

对于平台来说：平台上有 2 个起到安全作用的限位开关。与这两个开关有关的程序不在本节考虑，将在后面介绍。还有 4 个接近开关，如图 14-3 所示。三个区域为“平台在上方区域”、“平台下方区域”、“平台中间区域”。这些区域与速度变化有关，定义这三个区域为位置状态变量。同时定义 2 个点“上方停止点”、“下方停止点”也为位置状态变量，因为在这 2 个点上有停止、伸缩定位销等行为。位置所定义的区域如图 14-3 所示。

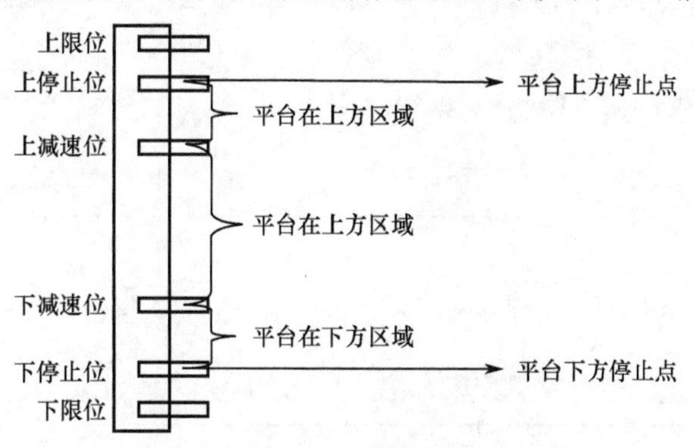

图 14-3　举升过程中的区域划分

对于定位销来说，有伸出位置和缩回位置两个磁性开关，可以定义一个区域和两个点，分别为“销子在中间区域”和“销子在伸出点”、“销子在缩回点”。

继续在 Lift 这个 DB 块中添加表示这些位置状态的变量，添加后如图 14-4 所示。其中含义对应如下：“PinInRetracted”表示“销子在缩回点”，“PinInMid” 表示“销子在中间区域”，“PinInAdvanced” 表示“销子在伸出点”，“LiftInDownPOS”表示“平台在下方停止点”，“LiftInDownArea”表示“平台在下方区域”，“LiftInMid”表示“平台在中间区域”，“LiftInUpArea”表示“平台在上方区域”，“LiftInUpPOS” 表示“平台在上方停止点”。

7	PinInRetracted	Bool	false
8	PinInMid	Bool	false
9	PinInAdvanced	Bool	false
10	LiftInDownPOS	Bool	false
11	LiftInDownArea	Bool	false
12	LiftInMid	Bool	false
13	LiftInUpArea	Bool	false
14	LiftInUpPOS	Bool	false

图 14-4　举升过程中的区域划分

14.2.3　举升机控制实例之状态变量的定义

下面需要通过输入点定义或间接定义状态变量，其中控制设备各个活动部件上的主令开关（输入点）与位置状态变量关系紧密，而步骤状态变量与输出点关系紧密。先对位置状态变量进行定义，再找到位置状态与步骤状态的关系，对步骤状态变量进行定义，是程序制作最关键一步。

对于用输入点定义定位销的位置状态来说，汽缸上两个磁性开关可以直接决定“伸出点位置”和“缩回点位置”。定位销为汽缸部件，前后均为死限位（只要磁性开关位置安装正确，没有超行程的情况），所以在“伸出点”和“缩回点”均没有信号时可决定为“中间区域”。用销子的两个磁性开关定义销子的状态，其程序如图 14-5 所示。

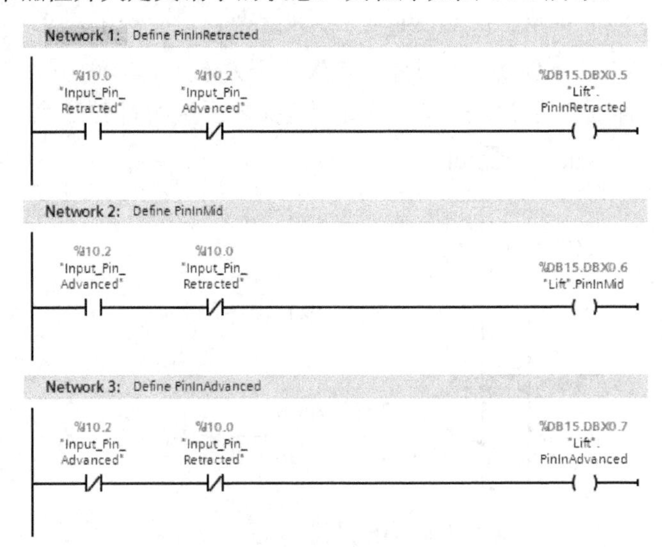

图 14-5　对销子状态进行定义的程序

在这段程序中，定义销子缩回状态时，程序需要检测到有缩回信号并且无伸出信号才认定为缩回状态。这样的设计可以避免万一既有伸出信号又有缩回信号时出现程序运行上的错误。从销子的实际运动状态上看“伸出状态”、“缩回状态”和“中间状态”三者是不能并存的，所以程序中也设计三个状态不可能并存。总之，在程序中的状态定义环节需要考虑即使信号错乱，程序中的状态也不会错乱。状态决定输出，状态不错乱就可以保证输出不会错乱。

从举升的位置定义来看，“平台上方停止点”、“平台下方停止点”这 2 个位置点状态可由相应接近开关的输入点直接决定。“平台上方区域”、“平台下方区域”、“平台中间区域”这 3 个位置区域状态则需要由接近开关间接决定。程序如图 14-6～图 14-10 所示。

因为举升所在的这几个位置不可能同时出现，所以对于每一个位置，进行定义时都是采用了这样的逻辑：当定义了该位置状态时，同时取消其他位置的状态，以保证任何时候都只有一个位置状态出现。在举升位置定义的这些程序中，使用了“复位”和“置位”指令，而没有使用线圈，这是因为有些位置状态的出现使用了“上升沿进行触发”的逻辑。

（1）图 14-6 和图 14-10 所示的逻辑，就是通过上下停止位直接定义“平台上方停止点”、“平台下方停止点”这 2 个位置状态。

（2）图 14-7 所示的逻辑，定义了“平台在上方区域”。当举升向下运动时（有向下指令），上停止位信号出现下降沿，说明举升开始进入了这个区域（这个位置状态量被置位）；当举升向上运动时（有向上指令），上减速位信号出现下降沿，说明举升开始进入了这个区域（这个位置状态量也被置位）。当其他任意位置状态出现时，这个位置状态都将被复位，说明举升脱离了这个区域。

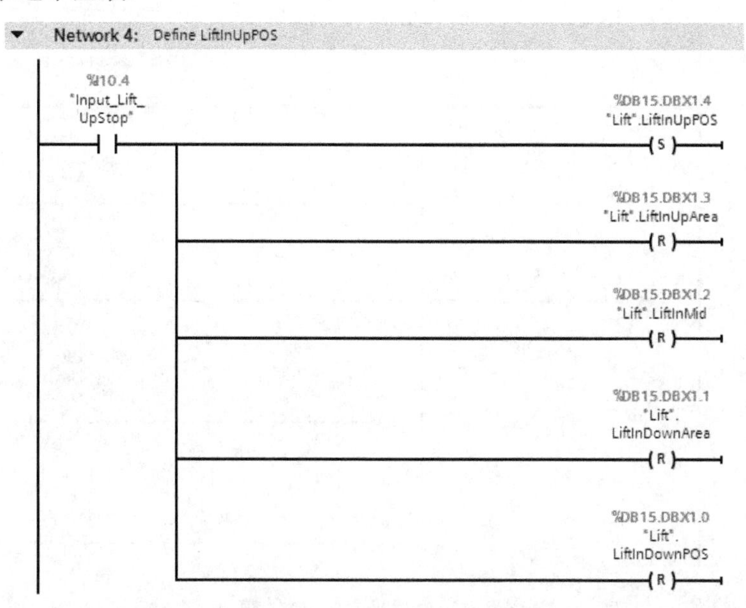

图 14-6 定义“平台上方停止点”的程序

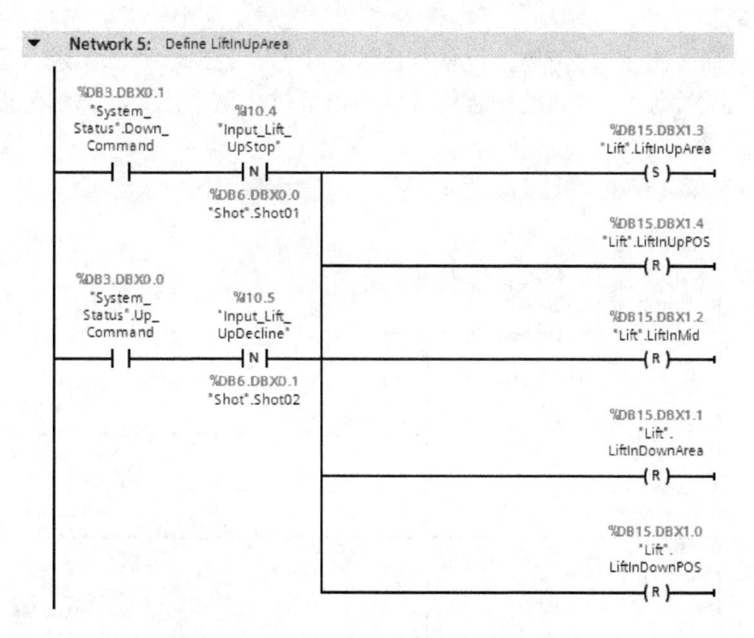

图 14-7 定义“平台在上方区域”程序

（3）图 14-8 所示的逻辑定义“平台中间区域”。当举升向下运动时（有向下指令），上减速位信号出现下降沿，说明举升开始进入了这个区域（这个位置状态量被置位）；当举升向上运动时（有向上指令），下减速位信号出现下降沿，说明举升开始进入了这个区域（这个位置状态量也被置位）。当其他任意位置状态出现时，这个位置状态都将被复位，说明举升脱离了这个区域。

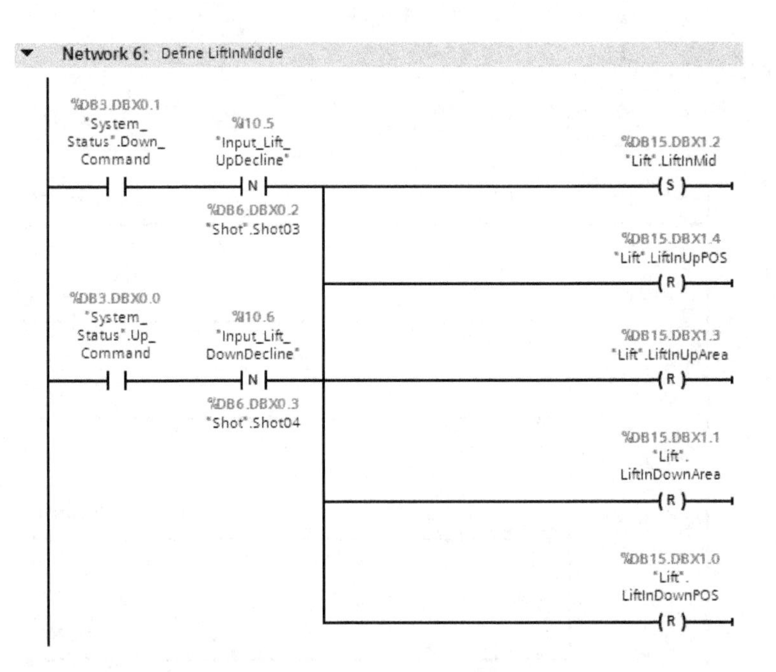

图 14-8　定义“平台中间区域”程序

（4）图 14-9 所示的逻辑定义“平台下方区域”。当举升向下运动时（有向下指令），下减速位信号出现下降沿，说明举升开始进入了这个区域（这个位置状态量被置位）；当举升向上运动时（有向上指令），下停止位信号出现下降沿，说明举升开始进入了这个区域（这个位置状态量也被置位）。当其他任意位置状态出现时，这个位置状态都将被复位，说明举升脱离了这个区域。

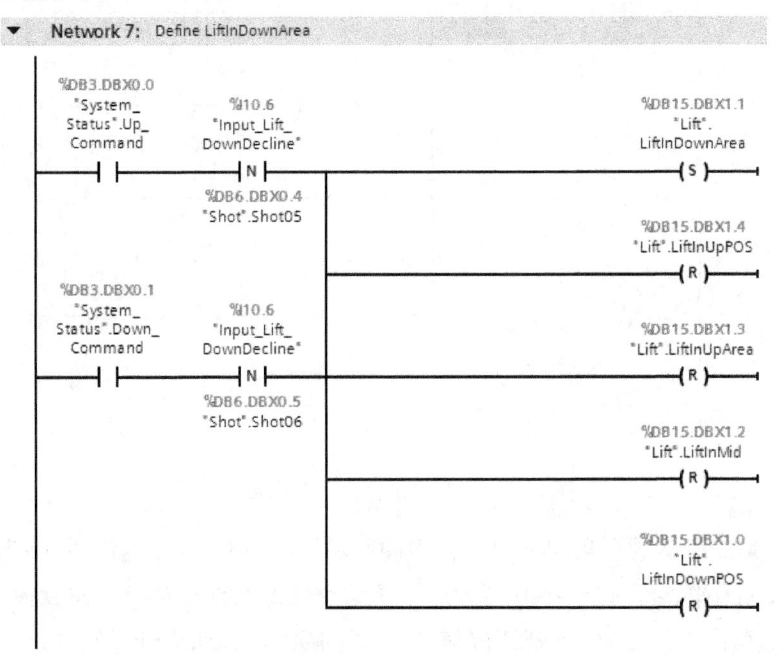

图 14-9　定义“平台下方区域”程序

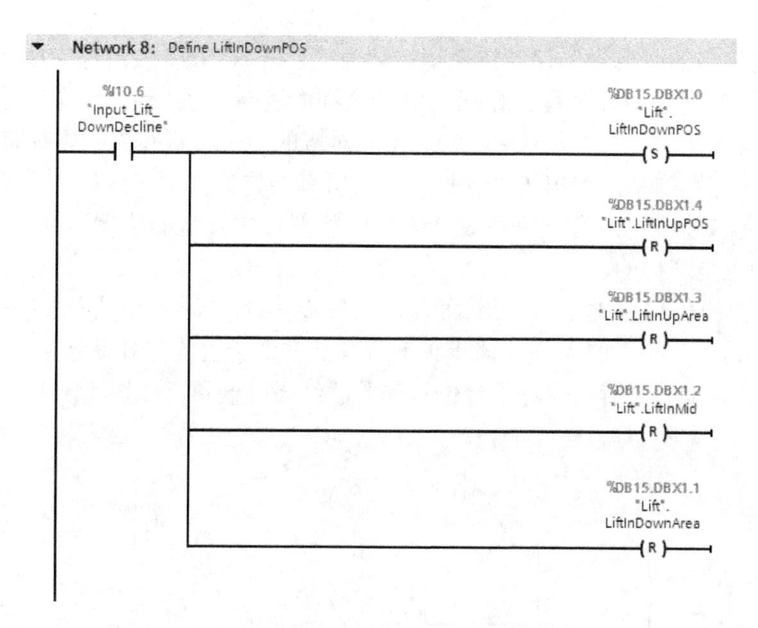

图 14-10　定义“平台下方停止点”程序

从这些程序可以看出，所有的位置状态都是由系统输入点定义的。接下来通过这些位置状态变量定义步骤状态变量，也就是相当于系统输入点间接地定义了步骤状态变量。程序依然在“输入决定状态”的原则下进行。在分析“位置”与“步骤”的关系时，可以直接根据整个控制流程建立一个关系表，如表 14-1 所示。

表 14-1　“步骤”与“位置”关系表

	系统状态	销子状态			平台状态				
	上升指令	销子缩回点	销子在中间位	销子在伸出点	平台在下方停止点	平台在下方区域	平台在中间区域	平台在上方区域	平台上方停止点
第一步：缩回定位销子	√		√	√					
第二步：全速上升	√	√			√	√	√		
第三步：减速上升	√	√						√	
第四步：停止	√	√							√
第五部：伸出定位销子	√	√	√						√

在表 14-1 中新添加了一个“系统状态”。在控制系统中会通常会定义“手动”、“自动”、“闭锁”、“半自动”等模式和“自动上升”、“自动下降”等指令。这部分程序根据不同的控制对象和客户需求差异较大，但程序本身不复杂，在此不对这部分程序进行介绍。这里只在表格和程序中添加一个“上升指令”，代表在实际编程中一段不可忽略的内容。对于“上升

指令”，我们定义它的逻辑为，仅当该变量持续为“1”时，设备按流程完成上升动作。如果中途变为“0”，则终止上升过程。显然，对于这样的逻辑，该变量为“1”是完成上升过程中每一步的必要条件，所以在表格中，每一步所对应的“上升指令”列中都有对钩。

在“销子状态”列中，列出了执行每一步时所有准许的位置。这样，销子状态对某步骤的准许信号就是该步骤下所有准许位置（表格中相应行中画钩的位置）并联的结果。同理，“平台状态”列也是这样的。

在定义步骤的程序中对于每一步而言，只需要串上“系统状态”的条件（即上升指令），再串上“销子状态”的条件（该步骤下所有准许销子位置的并联结果），再串上“平台状态”的条件（该步骤下所有准许平台位置的并联结果）便可，如图 14-11 所示。

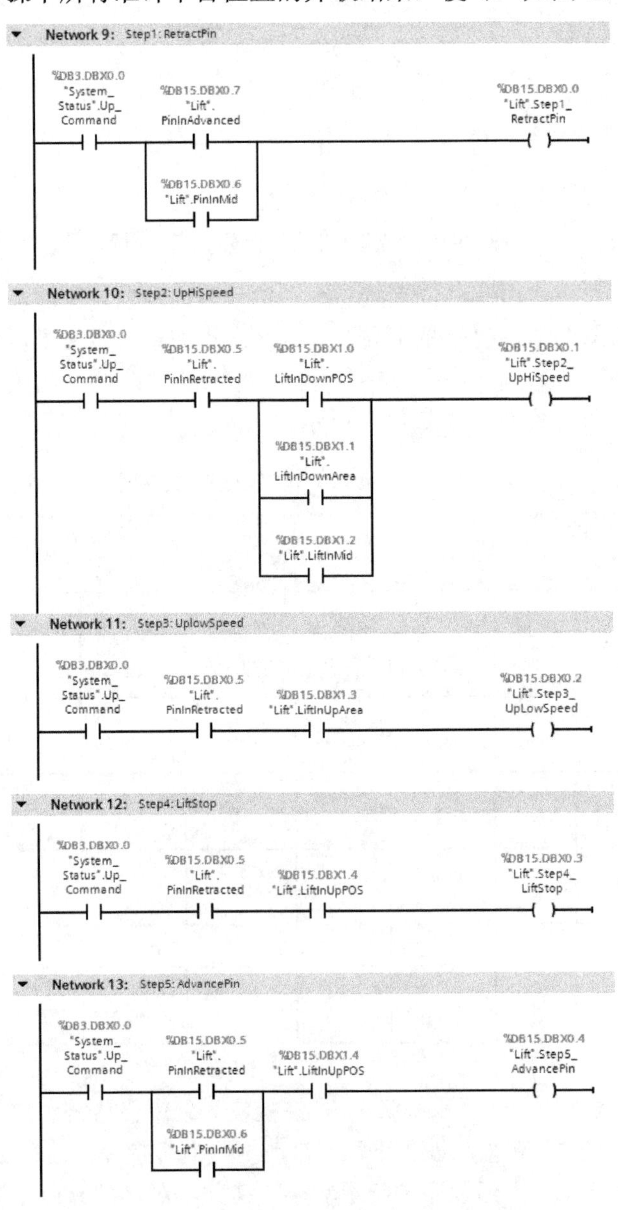

图 14-11　定义“步序状态”的程序

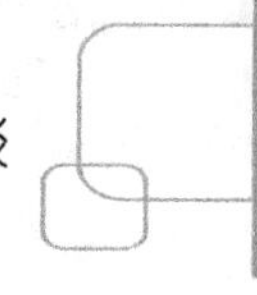

14.2.4　举升机控制实例之状态变量决定输出

假设 Q0.0 为控制举升电动机运行的位，“1”表示令电动机运行，“0”表示令电动机停止。Q0.1 为控制举升电动机运行方向的位，“1”表示令电动机运动的方向可使平台上升，“0”表示令电动机运动的方向可使平台下降。Q0.2 为控制举升电动机速度的位，“1”表示平台举升电动机高速运行，“0”表示平台举升电动机低速运行。Q3.0 为控制销子的位，“1”表示销子缩回，“0”销子伸出。

那么可以根据流程中每一步的操作，编写相应的程序，如图 14-12 所示。

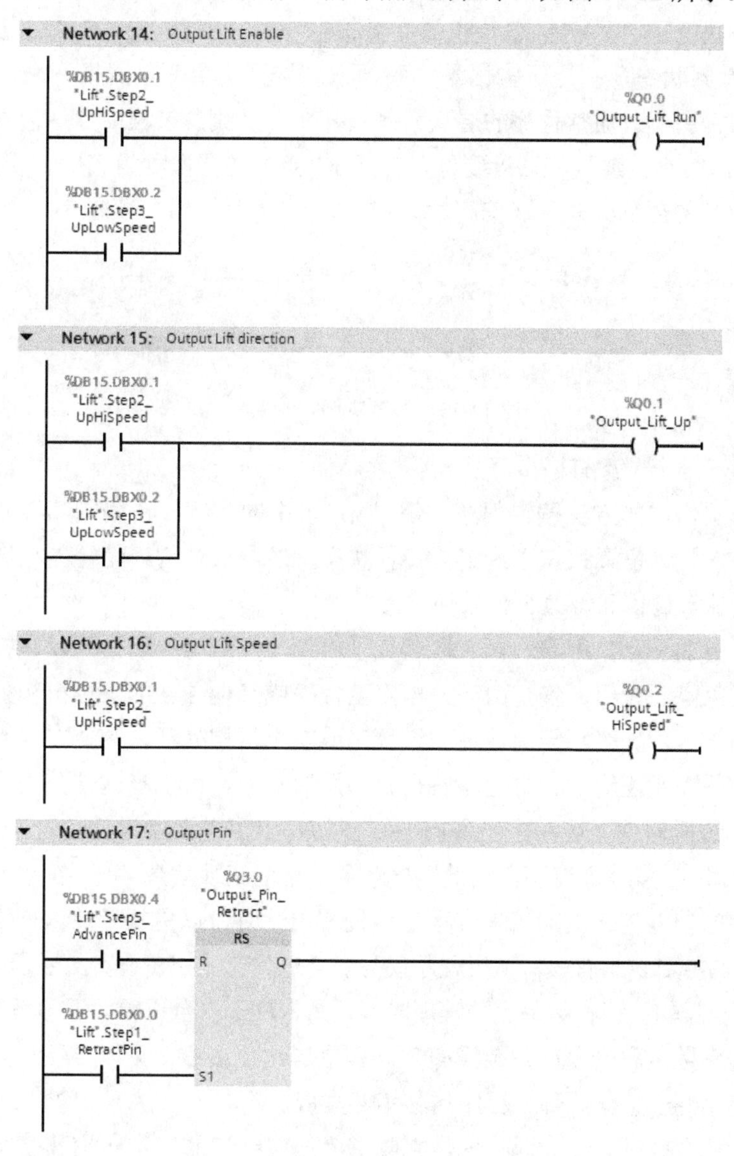

图 14-12　状态变量决定输出的程序

这样，整个举升上升部分的程序就完成了，下降部分的控制程序与之类似。总之，由两个活动部件构成的机器就通过“三层级”的概念完成了。如果机器有更多的部件，有更多的

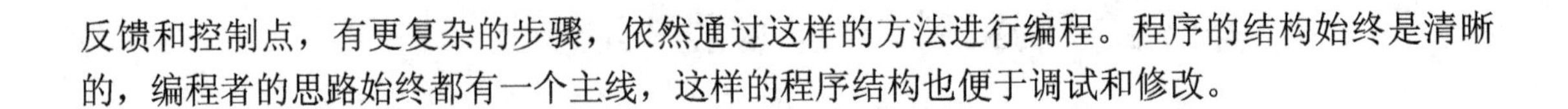

反馈和控制点，有更复杂的步骤，依然通过这样的方法进行编程。程序的结构始终是清晰的，编程者的思路始终都有一个主线，这样的程序结构也便于调试和修改。

14.3 论程序的层次与结构

现在，我们再次从变量流的角度来分析 14.1 节中的例子。在这个实例中，最先是输入量，然后输入量决定了“系统状态”和“位置状态”，“系统状态”和“位置状态”决定了“步骤状态”，“步骤状态”决定了输出量。整个系统按照这个变量流推下来，可以分为四个层次，如图 14-13 所示。通常程序的层次就是指其在变量流的过程中（从输入输出）所经历的几类变量的传递关系。通常将贴近硬件（实际 IO 点）的层次称为底层（或偏底层），不太贴近硬件（IO 点）的层称为高层（偏高层）。

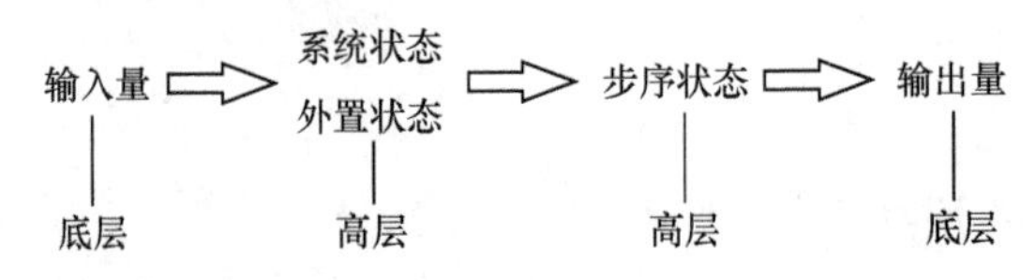

图 14-13　控制实例的变量流

将程序分为若干个层次有诸多好处。

（1）便于使用惯用的方法编辑程序。像 14.1 节中的实例，在编制其核心控制逻辑时，采用“系统状态”和“位置状态”决定“步骤状态”的层次结构，使得整个编程过程有章可循，给程序的设计、调试和修改带来方便。

（2）使程序更加安全、可靠、极大地避免了出现与安全有关的漏洞。在控制系统中，绝对的安全信号（急停、光栅、安全门等）由安全程序或其他独立的安全机构处理，但是有一些与安全相关的信号，其级别无须使用安全程序或安全机构处理，需要在控制程序中处理，并可能会参与一些控制逻辑。如果程序有很好的层次划分，可以将这部分安全逻辑编辑在底层的程序块中。这样即使上层程序出现问题（例如发出了错误的运行信号），底层的安全逻辑依然可以直接对 IO 点进行控制，有效地屏蔽了上层的错误信息。

（3）使程序的功能划分更加清晰合理，编程和调试时可以更加专注。程序进行层次划分后，上层程序仅与控制逻辑有关，下层程序仅与安全逻辑有关。在编辑上层程序时，只需考虑控制逻辑忽略安全逻辑。而在编写底层程序时，只需专注于安全逻辑而无须考虑控制逻辑。

（4）便于程序数据和变量的规范及整理。程序层次化之后，可以方便地统计某个层次上的变量使用状况，便于整体或部分程序的移植和集成。

就 14.1 节中的实例来看，目前只是完成了“三层级”的基本结构和基本的控制，其中程序层次的划分主要体现了上述的第一条优点。接下来我们对这套程序进行一系列改进，使其达到工程实际应用的水平，并从中体现第二、三、四条层次化程序的优点。

首先在“输入点”与状态量之间添加一个“输入映射层”，在“输出点”与状态量之间添加一个“输出映射层”，如图 14-14 所示。在 OB1 中先调用 FC1（Input_Mapping，输入映射程序）。在 FC1 中，将所有输入点直接赋值到 DB1（输入映射数据块）中。在 DB1 中，系统所有输入点都有对应的一个变量。OB1 在调用完 FC1 后，调用 FC15，即举升机控制程序块。FC15 中的内容与前面所述的程序逻辑基本相同，只是其中所有的输入点取自 DB1 而不是直接的输入点，其中所有的输出点取自 DB2（输出映射数据块）而不是直接的输入点。在 DB2 中，系统所有输出点都有对应的一个变量。OB1 最后调用 FC2（Output_Mapping，输出映射程序）。在 FC2 中，将所有 DB2 变量赋值到相应的输出点中。

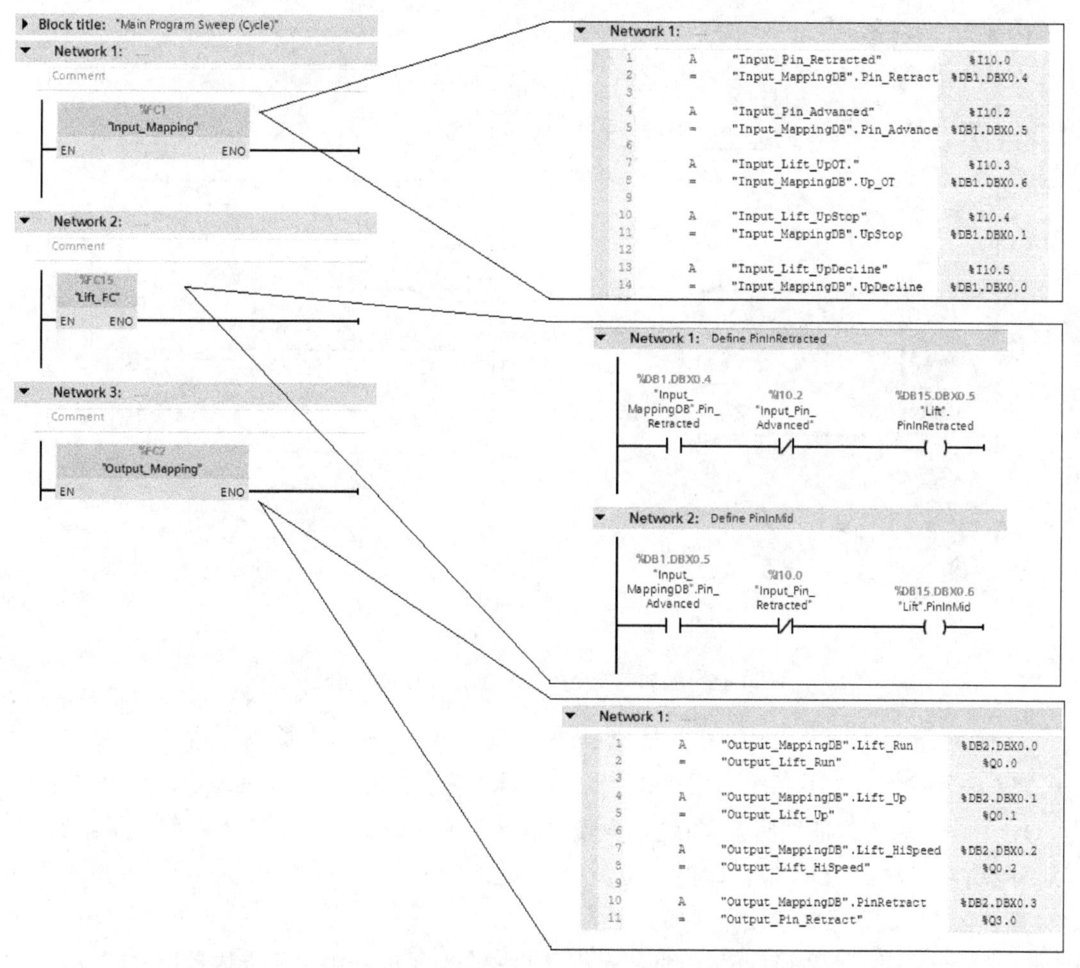

图 14-14 加入“输入映射层”和“输出映射层”的举升控制程序

当系统添加了“输入映射层”和“输出映射层”之后，这段控制程序使用了哪些输入量和输出量都在 DB 块中进行了总结，接口数据一目了然。如果在一套流水线控制系统中包括几个这样的举升，在设计整个流水线控制程序时打算借用这套程序作为其中举升机的控制部分，那么该程序中只需要对每个举升机按照“举升机程序内‘输入映射数据块’和‘输出映射数据’”预留接口数据便可。

另外，如果该举升机程序在另一个新项目中再次应用的话，每次项目中相同控制对象的功能都是类似的，但一般对应的 IO 点地址却不会相同。使用这种分层结构对于新项目的 IO 点更改变得更加方便，因为所有更改工作都仅仅集中在两个 FC 块之内（本例中的 FC1 和 FC2）。

再从主程序的调用顺序 FC1 FC15 FC2 上看，也可以看作分别调用和处理了“输入数据”、“状态数据”、“输出数据”，恰恰也是三层级在宏观程序结构上的一种体现。

总之，这两个映射层的出现是对程序、数据和变量的规范和整理。

程序修改到这一步，还需要添加一个安全相关的程序层，用于应用限位开关的控制逻辑，添加后的程序如图 14-15 所示。

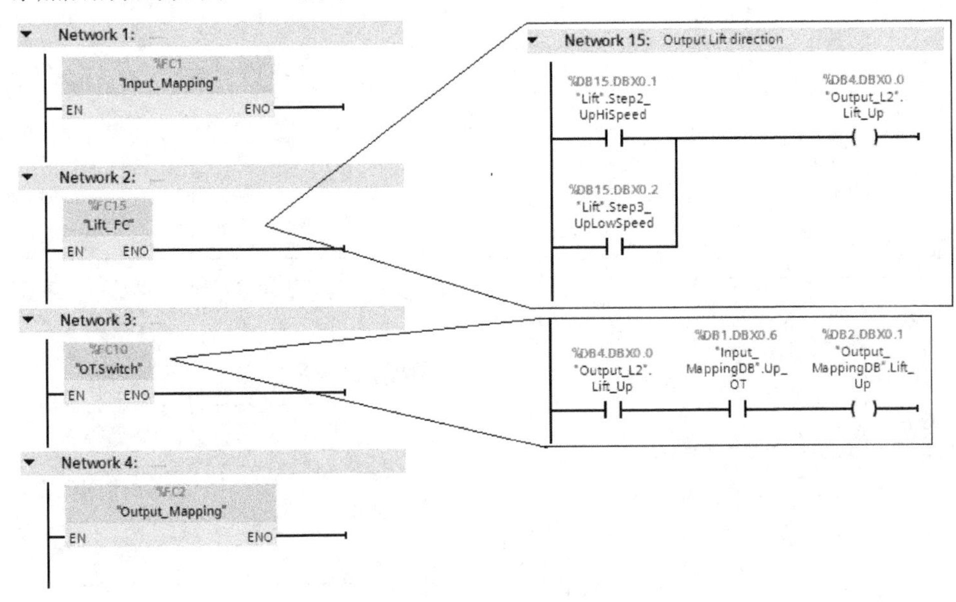

图 14-15　添加完安全相关程序层后的举升机程序

可见，新添加了一个中间变量“Output_L2”.Lift_up。在原有的举升控制 FC 块（FC15）中，将举升上升指令的位换成了这个变量，在名为 OT.Switch 的 FC 块中（其中 OT. 是 Overtravel 超限位的缩写），将这个变量再输入安全条件后才给到输入映射变量。这样，从“举升控制逻辑”到“输出映射变量”中间添加一个中间变量“Output_L2”.Lift_up，同时在新建的 FC 块中添加了安全逻辑。

从安全逻辑上看，限位开关为常闭触点（与安全有关的开关工程上均使用常闭触点，这样更为安全，可有效避免断线错误），未触碰时为“1”，触碰后为“0”。所以当有上升指令时，只有限位开关为“1”（未触碰）才能正确传达上升指令。否则，从“举升控制逻辑”到“实际输出”之间无法传达上升指令。这就是在二者之间添加一层，集中放置安全程序的好处。即使举升控制逻辑发生错误，发出了错误的上升指令，这样的结构依然保证整个系统的安全。另外，编写举升控制逻辑时，用户不必要考虑安全逻辑，而编写安全逻辑时也不必考虑控制逻辑。这样功能上的分开也避免了程序编写中错误的发生，使得程序更加严格（严格是指程序不会出现与安全有关的漏洞）。

程序编写至此，再添加完全下降的控制和与之有关的报警程序，就是一套完整的应用于工业现场的举升机控制程序了，这套程序参考自东欧某汽车厂总装车间的相似设备。

在编写实际控制程序时，根据控制对象的复杂程度可以多分一些层次，以及多划分一些控制段落。只要保证安全相关的逻辑至少单独一层，并保证越与安全有关的控制越贴近底层的原则，同时在宏观（结构）和微观（控制逻辑）上保持“输入”、“状态”、“输出”三层级的架构，就可以编写出高效而又严格的程序了。

第15章 编程技巧

15.1 利用Excel批量编辑简单的语句表指令

Office 软件是一套功能极其强大的办公软件，并且该软件普及程度也非常高，几乎每个使用计算机的人都能多多少少会一些 Office 软件中的功能和操作。有些时候，可以使用这套软件帮助我们进行程序的设计、数据和变量的规划等工作，甚至可以直接生成 PLC 程序。如今在 TIA 博途软件中的任何一个表格都可以和 Excel 表格进行数据的复制和粘贴，这更加增强了 Office 软件在 PLC 编程工作中的实用性。Excel 作为其中的电子表格软件，拥有强大的数学运算和数据处理能力，如果可以很好地利用 Excel 的这些功能，势必将成为我们编程的一位给力助手。

这里，给出一个由 Excel 生成 MES 报警接口程序的例子。在本例中包含 Excel 创建批量地址、创建批量语句表指令、批量创建的语句表指令向 TIA 博途软件复制等内容。例子只起抛砖引玉的作用，读者可以以此作为启发，将类似操作有机结合并应用到自己的项目中。

通常一台控制设备在某个工厂调试完毕后，该设备的报警信息需要上传至工厂的 MES 系统中。这时需要在 PLC 程序中编写一段用于 MES 系统的接口程序，比如该设备的所有报警信息都存储与 DB100 中，现在建立了一个 DB200 作为给 MES 系统的报警信息。由于制造设备和制作 MES 系统的厂家可能并不相同，因此对于报警信息的定义、分类和顺序可能也不一样。设备厂家的工程师需要根据与 MES 厂家商讨的标准重新将 DB100 中的报警信息进行调整（主要是顺序上的调整），然后将调整的结果写入 DB200 中，供 MES 系统使用，通常这种调整和商讨工作是在 Excel 表格中完成的。

接下的问题是，如何编辑一段程序，让 Excel 表格中左侧单元格中的变量（DB100）批量赋值给右侧单元格中的变量（DB200）。方法一：从 Excel 表格中找出规律，然后按此规律写一个 FC 块，通过循环和间接寻址批量进行赋值操作。使用这种方法看似简单其实比较麻烦，因为这种报警数据的调整功能在设备（PLC）上只调整一次（只调用一次该 FC 块），没有太多使用 FC 块的必要。另外在整个项目调试过程中，可能会反复修改其中的调整规则。如果使用 FC 块，可能每次调整都需要在 Excel 中布局一遍，再找到规律，再总结算法，再写成 FC 程序块……如此一来，可能使用 FC 块更加麻烦。方法二：既然变量对应关系已经在 Excel 中了，那么就使用 Excel 直接生成批量赋值的 PLC 程序。

1. 使用 Excel 生成批量（变量）绝对地址的方法

如我们所知，SIEMENS 的 PLC 中，以 8 位为一字节（Byte），其中每位对应编号为 0～

7。以布尔量为例，如果需要顺序写出 DB100 中的变量，那就是 DB100.DBX0.0 DB100.DBX0.1　DB100.DBX0.2　DB100.DBX0.3……对于这种书写方式，其后端小数点后的第一位到 8 之后进位清零，所以并不能够直接在 Excel 中批量生成这种地址。因为 Excel 处理的都是十进制数，每位都是到 10 之后进位清零的。这样，就需要一点点技巧来实现 Excel 中批量生成这样的布尔量地址。

例子以从地址 DB100.DBX0.0 开始往下生成为例。首先在 Excel 中选择四列，分别写入“DB100.DBX”、“0”、“.”、“0”这个起始地址，如图 15-1 所示。

	A	B	C	D
1	地址区	字节位	小数点	布尔位
2	DB100.DBX	0	.	0
3				
4				

图 15-1　生成批量绝对地址时的初始设置

选中布尔量这一列的起始地址下面那一行的单元格，即图中的单元格 D3。在这个单元格中输入公式为“=If(D2=7,0,D2+1)”，如图 15-2 所示。

SUM　fx　=If(D2=7,0,D2+1)

	A	B	C	D
1	地址区	字节位	小数点	布尔位
2	DB100.DBX	0	.	0
3				=7,0,D2+1)

图 15-2　生成批量绝对地址时的布尔位设置

这时，单击回车，在单元格中生成计算结果，然后再选中该单元格。当该单元格被选中之后，单元格会出现一个黑色的框，框的右下角有一个方形实心小黑点，将鼠标移动到这个小黑点上，会变成一个黑十字形状。此时，按住鼠标左键然后向下拖拉，在下面拖拉到的单元格就会按 0～7 循环生成相应的数字了。至此，布尔量位就已经创建完成，创建后如图 15-3 所示。

	A	B	C	D
1	地址区	字节位	小数点	布尔位
2	DB100.DBX	0	.	0
3				1
4				2
5				3
6				4
7				5
8				6
9				7
10				0
11				1
12				2
13				3
14				

图 15-3　生成批量绝对地址时布尔位生成后的结果

这里解释一下公式“=If(D2=7,0,D2+1)”，最前面的等号是 Excel 的公式识别标志，只有在单元格最前面出现这个等号，Excel 才会认定等号后面输入的是一个需要计算的公式而不是字符串。IF（”Logical_test”，”[value if true]”，”[value if false]”）是 Excel 支持的一个选择语句，括号内第一个逗号之前的内容（”Logical_test”部分）填写要判断的条件，两个逗号之间的内容（”[value if true]”部分）填写之前那个判断条件成立之后该单元格所出现的结果，第二个逗号之后的内容（”[value if false]”部分）填写之前那个判断条件不成立之后该单元格所出现的结果。这样在 D3 单元格填写“=If(D2=7,0,D2+1)”，意思就是说，判定 D2 单元格是不是等于 7，如果等于就在 D3 单元格生成 0，否则（即 D2 单元格的值不等于 7），就在 D3 单元格生成 D2 单元格的值加上 1 之后的数值。当把这个 D3 下拉时，Excel 会在如下的单元格中依照每个单元格的地址更改相应的计算地址，但继承这套计算逻辑。于是在如下的单元格中，都会遵从这样的计算逻辑：判定该单元格的上一个单元格是不是等于 7，如果等于就在该单元格中生成 0，否则（即该单元格的上一个单元格的值不等于 7），就在该单元格中生成其上一个单元格的值加上 1 之后的数值。

另外，也可以使用求余数函数得到 0～7 的循环数列。求余数函数为 MOD（number，divisor），因为一个递增整数数列（步长为 1）除以 8 的余数就是 0～7 的循环数列，可以先找一列做成递增整数数列，然后另一列的结果为该列除以 8 的余数。

接着创建字节位，按照类似的原理，在初始地址字节位的下一个单元格（B3 中）输入如下公式 “=IF(D3=0,B2+1,B2)”，然后按照同样的方法，用 B3 单元格下拉下面的单元格便可生成字节位。公式“=IF(D3=0,B2+1,B2)”书写在 B3 单元格中，其意思是这样的：当该单元格右侧的“布尔位”列中的值是 0 的话（说明应该进位了），该单元格生成它上一个单元格的值加一的值，否则（说明不进位）该单元格的值就等于它上一个单元格的值。

字节位生成后，复制地址区域下的内容（即“DB100.DBX”）及小数点列中的小数点，最后的结果如图 15-4 所示。

	A	B	C	D
1	地址区	字节位	小数点	布尔位
2	DB100.DBX	0	.	0
3	DB100.DBX	0	.	1
4	DB100.DBX	0	.	2
5	DB100.DBX	0	.	3
6	DB100.DBX	0	.	4
7	DB100.DBX	0	.	5
8	DB100.DBX	0	.	6
9	DB100.DBX	0	.	7
10	DB100.DBX	1	.	0
11	DB100.DBX	1	.	1
12	DB100.DBX	1	.	2
13	DB100.DBX	1	.	3

图 15-4　生成批量绝对地址时各列均生成后的结果

这时，找一个空白列（如表格中的“E”列），在单元格 E2 中键入公式“=A2&B2&C2&D2”，其意思是将前面单元格内容（A2 和 B2 和 C2 和 D2）合并在一起成为该单元格（E2）的内容，然后下拉这个单元格，以生成所有合成的地址。

2. 使用 Excel 和 Word 生成批量赋值程序

假设已经整理出了 DB100 和 DB200 内的数据对应关系，如图 15-6 所示，现在需要通过

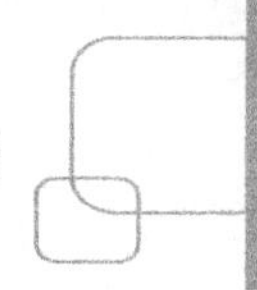

Office 软件将其中的变量赋值程序自动生成。

E2　　=A2&B2&C2&D2

	A	B	C	D	E
1	地址区	字节位	小数点	布尔位	合成结果
2	DB100.DBX	0	.	0	DB100.DBX0.0
3	DB100.DBX	0	.	1	DB100.DBX0.1
4	DB100.DBX	0	.	2	DB100.DBX0.2
5	DB100.DBX	0	.	3	DB100.DBX0.3
6	DB100.DBX	0	.	4	DB100.DBX0.4
7	DB100.DBX	0	.	5	DB100.DBX0.5
8	DB100.DBX	0	.	6	DB100.DBX0.6
9	DB100.DBX	0	.	7	DB100.DBX0.7
10	DB100.DBX	1	.	0	DB100.DBX1.0
11	DB100.DBX	1	.	1	DB100.DBX1.1
12	DB100.DBX	1	.	2	DB100.DBX1.2
13	DB100.DBX	1	.	3	DB100.DBX1.3

图 15-5　生成批量绝对地址的最后结果

A	B	C
源变量		目的变量
DB100.DBX0.0		DB200.DBX1.4
DB100.DBX0.1		DB200.DBX2.0
DB100.DBX0.2		DB200.DBX0.1
DB100.DBX0.3		DB200.DBX0.6
DB100.DBX0.4		DB200.DBX1.5
DB100.DBX0.5		DB200.DBX1.7
DB100.DBX0.6		DB200.DBX2.2
DB100.DBX0.7		DB200.DBX0.2
DB100.DBX1.0		DB200.DBX0.3
DB100.DBX1.1		DB200.DBX2.5
DB100.DBX1.2		DB200.DBX2.4
DB100.DBX1.3		DB200.DBX1.0

图 15-6　假设的 DB100 和 DB200 内的数据对应关系

首先需要通过复制的方式添加每一行的赋值语句。在源变量（A 列）前面添加一列，列中均写入（写入一个单元格，并复制到其他的单元）"'A'和'空格'"。作为将操作数（源变量）载入 RLO 的语句，在源变量和目的变量之间的列中均写入"'空格'、'回车'、'='、'空格'"。其中"回车"表示这里会出现一个回车，回车前是一条指令和操作数。回车之后是另一行，又是一个指令和操作数。"="是赋值指令，将 RLO 的值赋值给其后面的操作数（目的变量），整个添加的情况如图 15-7 所示。

之后，另找一个空白列，输入合并公式（并下拉至所有该列的单元格），如图 15-7 所示，将第一条指令和操作数、"空格"字样、第二条指令和操作数写在一个单元格中。

将合并后的指令复制到 Word 文档中，然后通过 Word 的查找替换功能将汉字"回车"替换成真正的回车（换行符）。在 Word 文档中按住"Ctrl"键并按字母"F"，开启查找替换对话框。单击替换（Replace）选择卡，切换到替换的配置页面下。在查找（Find what）中输入"回车"并在替换（Replace with）中输入"^p"，如图 15-8 所示。在 Word 软件中"^p"表示回车（换行符）。

F2 =A2&B2&C2&D2

A	B	C	D	E	F
	源变量		目的变量		
A	DB100.DBX0.0	回车 =	DB200.DBX1.4		A DB100.DBX0.0 回车 = DB200.DBX1.4
A	DB100.DBX0.1	回车 =	DB200.DBX2.0		A DB100.DBX0.1 回车 = DB200.DBX2.0
A	DB100.DBX0.2	回车 =	DB200.DBX0.1		A DB100.DBX0.2 回车 = DB200.DBX0.1
A	DB100.DBX0.3	回车 =	DB200.DBX0.6		A DB100.DBX0.3 回车 = DB200.DBX0.6
A	DB100.DBX0.4	回车 =	DB200.DBX1.5		A DB100.DBX0.4 回车 = DB200.DBX1.5
A	DB100.DBX0.5	回车 =	DB200.DBX1.7		A DB100.DBX0.5 回车 = DB200.DBX1.7
A	DB100.DBX0.6	回车 =	DB200.DBX2.2		A DB100.DBX0.6 回车 = DB200.DBX2.2
A	DB100.DBX0.7	回车 =	DB200.DBX0.2		A DB100.DBX0.7 回车 = DB200.DBX0.2
A	DB100.DBX1.0	回车 =	DB200.DBX0.3		A DB100.DBX1.0 回车 = DB200.DBX0.3
A	DB100.DBX1.1	回车 =	DB200.DBX2.5		A DB100.DBX1.1 回车 = DB200.DBX2.5
A	DB100.DBX1.2	回车 =	DB200.DBX2.4		A DB100.DBX1.2 回车 = DB200.DBX2.4
A	DB100.DBX1.3	回车 =	DB200.DBX1.0		A DB100.DBX1.3 回车 = DB200.DBX1.0

图 15-7　添加并合成完指令的结果

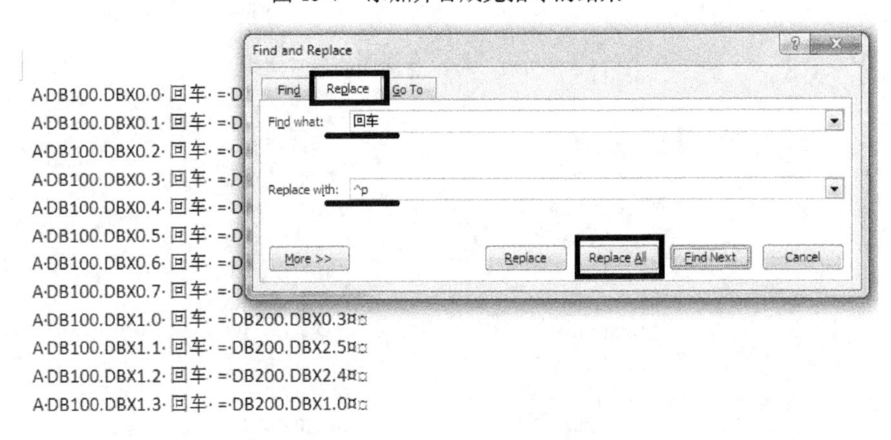

图 15-8　查找替换的配置

替换完成后的效果如图 15-9 左侧图所示，直接将这段代码复制到 TIA 博途软件的 STL 编辑界面下便可，复制后的效果如图 15-9 右侧图所示。

```
A DB100.DBX0.0
 = DB200.DBX1.4
A DB100.DBX0.1
 = DB200.DBX2.0
A DB100.DBX0.2
 = DB200.DBX0.1
A DB100.DBX0.3
 = DB200.DBX0.6
A DB100.DBX0.4
 = DB200.DBX1.5
A DB100.DBX0.5
 = DB200.DBX1.7
A DB100.DBX0.6
 = DB200.DBX2.2
A DB100.DBX0.7
 = DB200.DBX0.2
A DB100.DBX1.0
 = DB200.DBX0.3
A DB100.DBX1.1
 = DB200.DBX2.5
A DB100.DBX1.2
 = DB200.DBX2.4
A DB100.DBX1.3
 = DB200.DBX1.0
```

Word中替换后的结果

```
1   A   "Data_block_1".Warning1         %DB100.DBX0.0
2   =   "Data_block_2".MES_Warning13    %DB200.DBX1.4
3   A   "Data_block_1".Warning2         %DB100.DBX0.1
4   =   "Data_block_2".MES_Warning17    %DB200.DBX2.0
5   A   "Data_block_1".Warning3         %DB100.DBX0.2
6   =   "Data_block_2".MES_Warning2     %DB200.DBX0.1
7   A   "Data_block_1".Warning4         %DB100.DBX0.3
8   =   "Data_block_2".MES_Warning7     %DB200.DBX0.6
9   A   "Data_block_1".Warning5         %DB100.DBX0.4
10  =   "Data_block_2".MES_Warning14    %DB200.DBX1.5
11  A   "Data_block_1".Warning6         %DB100.DBX0.5
12  =   "Data_block_2".MES_Warning16    %DB200.DBX1.7
13  A   "Data_block_1".Warning7         %DB100.DBX0.6
14  =   "Data_block_2".MES_Warning19    %DB200.DBX2.2
15  A   "Data_block_1".Warning8         %DB100.DBX0.7
16  =   "Data_block_2".MES_Warning3     %DB200.DBX0.2
17  A   "Data_block_1".Warning9         %DB100.DBX1.0
18  =   "Data_block_2".MES_Warning4     %DB200.DBX0.3
19  A   "Data_block_1".Warning10        %DB100.DBX1.1
20  =   "Data_block_2".MES_Warning22    %DB200.DBX2.5
21  A   "Data_block_1".Warning11        %DB100.DBX1.2
22  =   "Data_block_2".MES_Warning21    %DB200.DBX2.4
23  A   "Data_block_1".Warning12        %DB100.DBX1.3
24  =   "Data_block_2".MES_Warning9     %DB200.DBX1.0
25
```

复制到TIA博途软件中的结果

图 15-9　Word 替换后的结果和复制到 TIA 博途软件中的结果

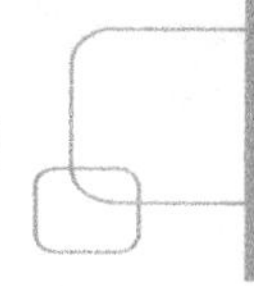

本节所介绍的是批量生成 STL 语言的程序。TIA 博途软件依然支持程序块向源文件的导入和导出。在 15.2 节中将介绍源文件的相关操作，这意味着，巧妙地使用 Office 软件也是可以批量生成程序和数据的。

15.2　源文件操作

和经典 STEP7 相同，TIA 博途软件对于程序块依然可以进行源文件的导入和导出。将一个程序块导出成为一种文本形式，称之为生成源文件（源文件的导出）。将源文件（文本形式的程序块）变为项目中的程序块称为源文件的导入。

对于 LAD（梯形图）语言程序，在经典 STEP7 下是先将其编译为语句表再记录于源文件之中的。由于 TIA 博途软件对 LAD 语言的编译原理不同（不使用语句表作为中介语言，而是直接编译为机器语言），所以 TIA 博途软件无法生成 LAD 语言程序的源文件。对于经典 STEP7 下生成的 LAD 语言程序的源文件，在 TIA 博途软件中导入后，均按 STL 语言生成相应的程序块。总之，对于 FC/FB 块，TIA 博途软件只支持 STL 和 SCL 语言的源文件导入和导出操作，对于 DB 块和 UDT，没有特别的限制。

进行源文件的操作有两个好处：

（1）便于几个单独程序块在各个项目中的复制。如果几个程序块均在 TIA 博途软件中需要在项目间复制，可以使用“库（Libraries）”进行。但是如果在经典 STEP7 和 TIA 博途软件中需要对某几个程序块进行复制（移植），那么使用源文件的方法就比较合适了。尤其是只需要从 STEP7 移植几个程序块时，没必要对项目整体移植。这时使用源文件操作就比较省时省力了。

（2）便于使用第三方软件进行程序和数据的处理。文本格式是几乎所有的软件都可以读取并再生成的格式。在 TIA 博途软件之前，从 Excel 向经典 STEP 7 导入和导出数据的主要方法就是通过源文件，而在 TIA 博途软件中，源文件也是实现第三方软件介入程序编辑的一个接口。

TIA 博途软件在源文件操作上虽然不支持 LAD 程序，但是作为一款面向未来的集成自动化软件，它在第三方程序接口上有更好的解决方案。感兴趣的读者可以研究一个名为“TIA Portal Openness”的插件，它提供了更为广的项目数据接口，使得“智能”设计成为可能。

1）源文件的生成

选中一个可以生成源文件的程序块或 UDT。打开右键菜单，在菜单中单击“从程序块中生成源文件（Generate source from blocks）”，选择一个源文件的存放地址便可，如图 15-10 所示。

2）源文件的导入

首先在项目树下选择“外部源文件（External source files）”下的“加入新的源文件（Add

new external file）”，如图 15-11 所示，在弹出的文件选择对话框中选择要导入的源文件。

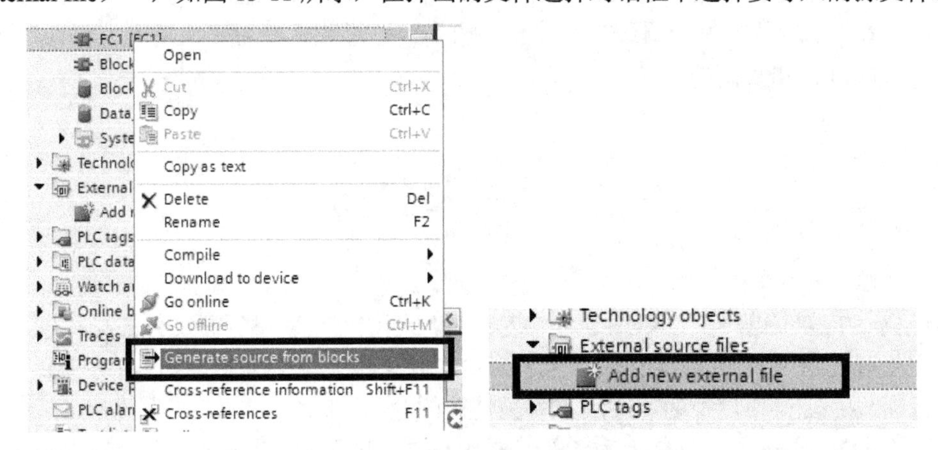

图 15-10　生成源文件　　　　　　图 15-11　导入源文件的操作

源文件导入后，会出现在项目树“外部源文件”的文件夹下，鼠标选中该文件，打开右键菜单，然后选择“从源文件生成程序块（Generate blocks from source)”，将源文件生成为程序块或 UDT，如图 15-12 所示。

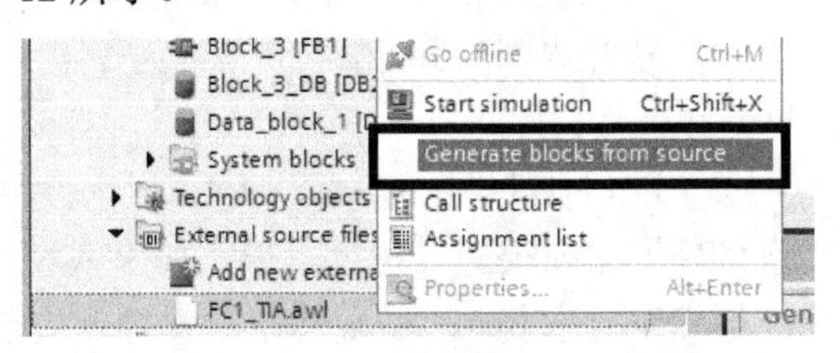

图 15-12　由源文件生成程序块的操作

3）经典 STEP7 下源文件的生成

首先打开需要生成源文件的那个程序块，如图 15-13 所示，然后在弹出的对话框中输入一个名字，存放地址必须选择某个（经典 STEP7）项目中的源文件目录，默认为当前这个项目（建议使用默认），然后单击 OK 按钮。

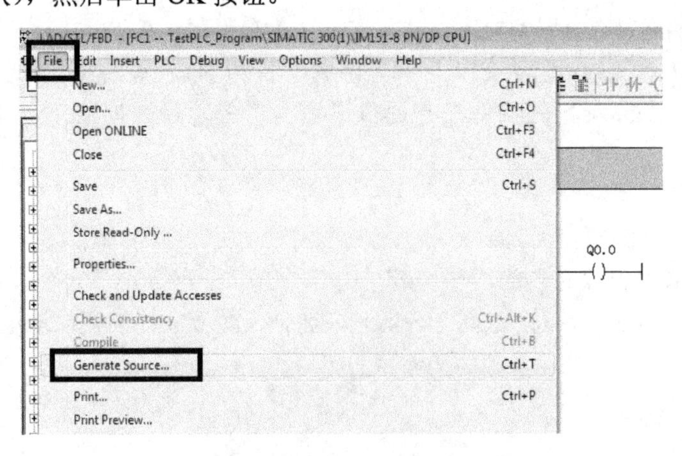

图 15-13　生成程序块的源文件（第一步操作）

在接下来的对话框中，需要选择所有希望生成在同一个源文件中的程序块，如图 15-14 所示。先选中一个需要生成到源文件中去的程序，然后单击向右箭头按钮，即“--->”按钮（如图 15-14 中黑框所示）。该程序块会移动到右侧的“选中列表（Blocks Selected）”中。按照相同的方法将所有希望生成源文件的程序块都移动到“选中列表”中，单击“OK”按钮后，所有在“选中列表”中的程序块都将生成在同一个源文件之中。

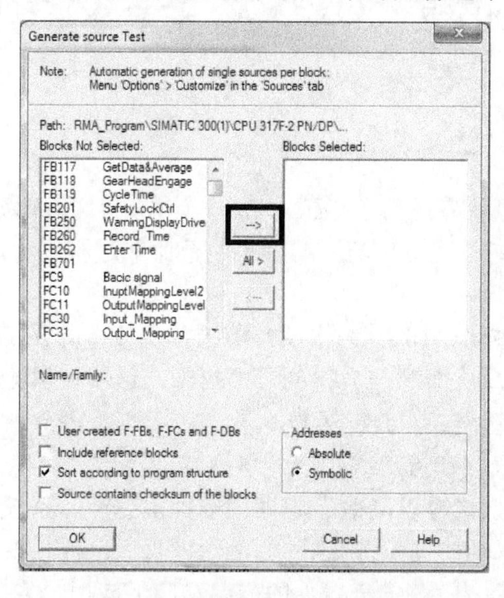

图 15-14　生成程序块的源文件（选择程序块操作）

生成后，在该项目的源文件目录下（之前使用默认源文件存储位置时）可以找到生成的源文件，如图 15-15 左侧图所示。鼠标选中这个源文件，打开右键菜单并打开这个源文件的属性选项（Object Properties），弹出的属性窗口如图 15-15 右侧图所示。在属性窗口中选择“源文件（Source File）”选择卡，其中显示该源文件的名称和在计算机中的存放地址，按照这个地址和名称就可以将这个源文件导入 TIA 博途软件的源文件目录中了。

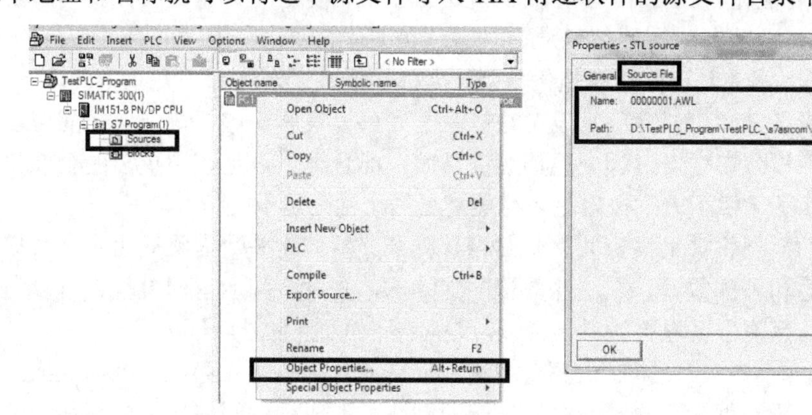

图 15-15　生成的源文件信息

第16章　展望“工业4.0”与《中国制造2025》下的PLC技术

1．德国的“工业4.0”战略

在2012年初，德国产业界提出了“工业4.0”计划。计划认为当前世界正处在“信息网络世界与物理世界的接合中”，也就是第4次工业革命的进程中，这4次工业革命是这样界定的：

工业革命1.0——机械化。18世纪末期，英国首先改良并在工业生产中成功应用了蒸汽机，机械逐渐替代了人力，从而生产力得到极大提升，这不仅巩固了资产阶级的生产关系，同时也带来了经济发展的新模式，开辟了技术进步的新道路。

工业革命2.0——电气化和流水线生产。1931年美国人亨利福特创立了世界上第一条汽车流水装配线，这种生产方式可以高效组织大规模批量生产，不仅生产效率大幅度提高，而且产品的生产成本大幅度降低。同时，这种标准化批量生产的模式也为进一步实现自动化打下了基础。在19世纪中期，随着电气器件的成熟和广泛应用，人类进入了“电气时代”。流水线上的机器设备逐渐改为电动机驱动，生产过程更容易控制和改进，这一切也为实现自动化生产埋下了伏笔。

工业革命3.0——自动化。20世纪70年代，PLC的发明和使用使得生产过程实现了自动化，机器不仅代替了人力，而且还可以在“少人”或“无人”的情况下生产，同时生产效率又得到了进一步提升，生产设备的研发、调试、改进的周期也大幅缩短。

工业革命4.0——智能化。在2013年4月的汉诺威工业博览会上，德国首先提出“工业4.0”的概念，主旨在于通过充分利用信息通信技术和信息物理系统（CPS，Cyber Physical system）相结合的手段，推动制造业向智能化转型。具体来看，表现在如下几个方面。

（1）互联。生产设备之间可以互联、设备与产品之间可以互联，虚拟与现实之间可以互联。这种互联不仅使得设备在生产过程中更加经济高效，而且可以满足客户更多的个性化要求，而客户可以通过线上、线下方式提出更多可被满足的个性化需求。

（2）数据。大量的数据将被采集、共享、归档和精准分析。这些数据将分为生产数据、运营数据、价值链数据和外部数据。在这些数据的支持下，在生产和运营的过程中可以考量更多、更复杂的因素，使整个过程更加科学合理，是对整个价值链的提升。

（3）高度的集成。纵向集成，企业内部资产流、数据流、服务流的集成；横向集成，企业之间的集成，以实现研产供销，共同研发、生产和制造，形成企业间的信息共享和业务协同；端到端集成，从整个产品生命周期和价值链角度上的集成，从设计、采购、生产、仓储、物流、销售到服务这一过程的集成，是对整个产业链价值体系的重构。

（4）生产方式的转变。有三个方向上的转变。

一是大规模向个性化的转变：随着物联网、大数据和各个生产环节的集成和智能化，生产过程将实现极大的自由度与灵活性。这种自由度与灵活性的提升使整个价值创造的过程中可以融入不同客户的多方位的个性化要求。在不增加成本的情况下实现定制生产。

二是生产型向服务型的转变：服务型制造是未来工业转型的重要方向，创造型企业将围绕产品全周期的各个环节提供增值服务。在产品中融入服务要素，形成产品和服务的组合体。

三是要素驱动向创新驱动转变：传统的以廉价劳动力和大规模资本投入进行经济驱动的方式在“工业 4.0”时代下已经难以为继，技术的进步和创新将成为驱动经济的新引擎。

（5）不断创新的机制。在高新技术不断创新，各种技术不断融合的时代，将带来产业链的协同开放，这种新业态和新模式的涌现，将激发全社会的创新和创业激情，形成一种促进不断创新的机制。

2．我国的《中国制造 2025》战略

相比较德国和我国，在当今时代下两国都面临相同的技术革新需求，也面临一些共同的机遇和挑战。首先，物联网、云计算、大数据、移动互联、3D 打印、机器人、可再生能源以及在生物和材料等领域的技术不断创新和成熟，在科技高速发展的今天，这些技术向传统制造行业横向发展已是大势所趋。智能化、网络化、集成化将必然成为新一轮工业革命的总特征。另一方面，面对经济复苏、能源安全、气候变化等议题，两国都需要从新产业，新业态、新模式下找到解决方案。

中德两国有共性也有个性，两国的基本国情和工业发展总体状况并不相同。德国是制造业强国，中国是制造业大国。德国整体工业发展均已进入 3.0，而中国工业发展历史不长，大部分还没有实现自动化和数字化，部分在 2.0 阶段，部分在 3.0 水平。同时，德国制造业中以中小型企业居多，创新活力较强，对于几家大型企业，创新带来的经济效益比重也较大。德国的创新体系和知识产权保护等相关法律体系已经完善，而我国制造业多种所有制、大中小型各种企业并存，总体来看创新活力不足，还需要加强标准体系、法律体系和创新体系的建设。从全球价值链角度看，两国不在一个层次上，我国目前仍然处于全球价值链的低端。再随着环境资源的紧张、人口红利的消失，我国更需要一个符合中国国情的战略布局，也更需要利用一次技术革命，占领技术高地，为经济结构调整找到新的动力和契机。

虽然我国面临诸多困难，但是也有独具的优势。

第一，我国的工业体系门类齐全、独立完整，已经成为世界最大的制造业基地，这为 4.0 技术的应用提供了广阔的土壤。

第二，中国对新技术更加开放，在新技术和新商机出现的时候，中国人更容易把握商机。中国在学习、研究、推广、应用、发展新技术方面有良好的氛围。

第三，中国有雄厚的资本和集中力量办大事的社会主义优越性。中国作为世界经济引擎，拥有通过并购、整合等资本运作手段和普及新技术的能力。

第四，我国是制造业大国，人口众多，也是消费大国，本国国内拥有广阔的市场，可以利用国内市场，发展民族制造业，提高民族工业竞争力。

第五，我国电子商务和互联网企业在消费市场的爆发式增长下已经积累了数字化的商业经验，同时也有力发展了移动互联网、云计算、大数据、物联网等技术，在两化融合的过程中，可以快速被中国制造行业所借鉴和应用。

鉴于当前的国际形势和趋势及我国国情实际，我国提出了《中国制造 2025》战略，作为我国实施制造强国战略的第一个 10 年行动纲领，《中国制造 2025》共提出了 9 项战略任务和 8 个战略支持。

9 个”战略任务”是：

（1）提高国家制造业创新能力。

（2）推进信息化与工业化深度融合。

（3）强化工业基础能力。

（4）加强质量品牌建设。

（5）全面推行绿色制造。

（6）大力推动重点领域突破发展。

（7）深入推进制造业结构调整。

（8）积极发展服务型制造和生产型服务业。

（9）提高制造业国际发展水平。

8 个”战略支持”是：

（1）深化体制机制改革。

（2）营造公平竞争市场环境。

（3）完善金融扶持政策。

（4）加大财税政策支持力度。

（5）健全多层次人才培养体系。

（6）完善中小微企业政策。

（7）进一步扩大制造业对外开放。

（8）健全组织实施机制。

2015 年年底，工信部与国家标准化管理委员会联合制定并发布了《国家智能制造标准体系建设指南（2015 版)》。2016 年年中，由工信部编著，电子工业出版社出版了《国家智能制造标准体系建设指南（2015 版）解读》（以下简称《指南解读》)。在《指南解读》中，明确指出“智能制造”为《中国制造 2025 战略》的主攻方向。

3. 我国的“智能制造架构体系”

《指南解读》中全面解读了“智能制造架构体系”，这里仅对此进行简单介绍，如图 16-1 所示。

整个“智能制造架构体系”由三个维度组成。分别是生命周期维度、系统层级维度、智能功能维度。

（1）生命周期维度：是指设计、生产、物流、销售、服务等一系列相互联系的价值创造活动组成的链式集合。

（2）系统层级维度：是指设备层、控制层、车间层、企业层和协同层。系统层级与本书最初所介绍的车间控制系统结构具有相同的概念，只是在智能制造架构比传统制造多出一层——协同层，其中设备层是制造的物质技术基础，包括传感器、仪器仪表、机械、机器、装置等。控制层指的是 PLC、HMI 等控制设备。车间层主要指的是 MES 系统（制造执行系统)。企业层指的是 ERP（企业资源计划)、PLM（产品生命周期管理)、SCM（供应链管理）等系统。协同层是智能制造相对于传统制造的一个新特点，它指的是由产业链上不同企业通过互联网络共享信息，实现协同研发、智能生产、精准物流和智能服务，它体现了企业之间的协作过程。

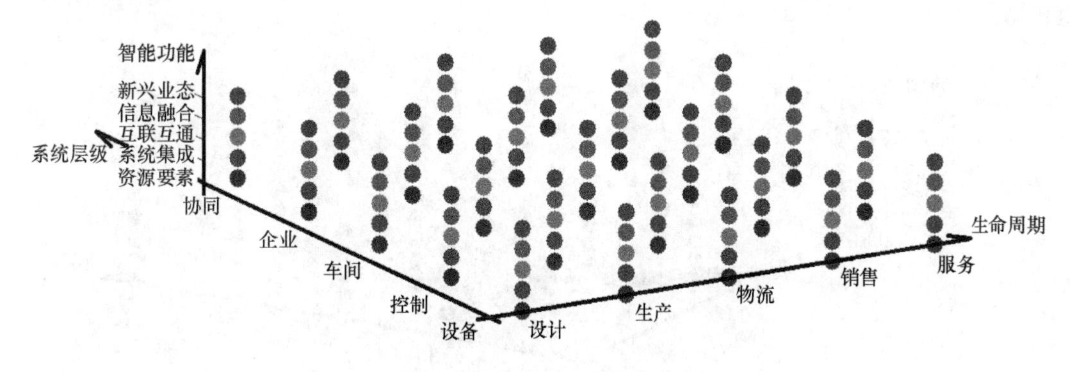

图 16-1　智能制造系统架构

（3）智能功能维度：自上而下包括资源要素、系统集成、互联互通、信息融合、新业态等。资源要素包括施工图纸、控制程序、原材料、制造设备、车间厂房等物理实体，也包括电力、能源等，最重要的是还包括人员。系统集成指通过 RFID、软件等信息技术集成原材料、零部件、能源、设备等各种制造资源。互联互通指有线和无线的通信技术，实现机器之间、机器与控制系统之间、企业之间的互联互通。信息融合指在系统集成和通信的基础上，利用云计算、大数据等新一代信息技术，实现信息的协同共享。新业态包括个性化定制、远程运维、工业云等服务制造模式。

如图 16-1 所示，为基于生命周期、系统层级、智能功能三个维度下的智能制造系统架构。

在这个三维体中，可以让我们在分析某一方面元素的同时，能够从更多维的角度和视角看待该元素的作用。例如，以“资源要素”这一点为基础，向生命周期维度下的延展。也就是”资源要素”分别在设计、生产、物流、销售、服务过程中的演变，这个演变过程就构成了”资产流”。同理，“互联互通”向生命周期维度下的延展，构成了“数据流”。“新业态”向生命周期维度下的延展，构成了“服务流”。

4．在智能制造架构体系下，看 PLC 的定位和发展

在《指南解读》中，特别对 PLC 在“智能制造系统架构”中的位置和作用做了特别的解释。这说明 PLC 作为工业 3.0 时代的核心技术，在工业技术变革的今天，不仅依然发挥着重要作用，同时也有了新的内涵和方向。

如图 16-2 所示为 PLC 在智能制造系统架构中的位置，它处在系统层次中的控制层，其主要目的在于控制设备进行产品的生产，所以处于生命周期中的生产环节。PLC 控制着底层的设备（“资源要素”范畴），同时将生产数据与上一层级互联（“互联互通”范畴），因此 PLC 在智能功能维度上处于系统集成。按照这样的定位方式，工业机器人的“坐标”位置是设备层、生产环节、资源要素。

这样的架构和定位，让我们以更清晰的视角和方法来看待 PLC 的发展。从生命周期的维度来看，PLC 处在生产环节，但是 PLC 本身却与其他环节有着紧密联系。从设计环节来看，产品的设计决定了控制系统的设计。而产品在物流过程中，PLC 管控的 RFID 信息是物

流的重要数据基础。在销售和服务过程中，PLC 和 MES 系统对于生产现场采集、记录、归档的大量数据是快速准确定位产品缺陷和进行改进调整的基础。PLC 极其相关技术使得在销售和服务过程中对于产品的缺陷调查和改进实施得以快速准确进行，保证了整个价值链的快速和稳定运行。

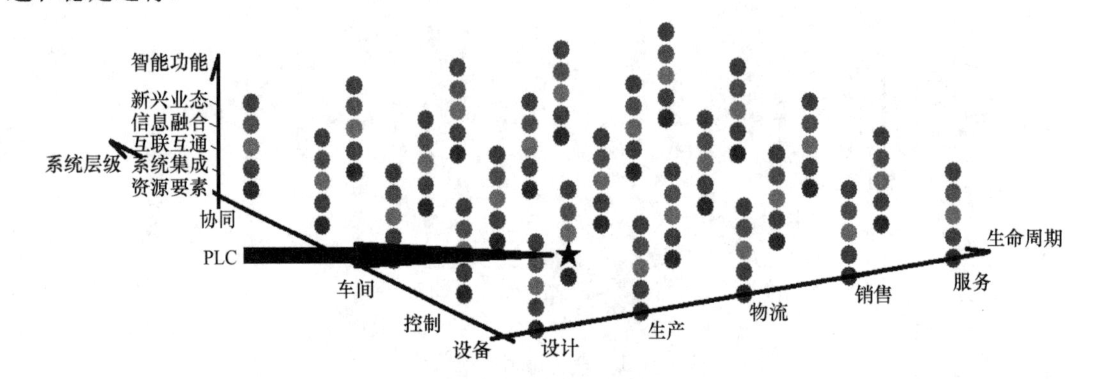

图 16-2　PLC 在“智能制造系统架构”中的位置

从智能功能和系统层级来看，无论是云计算和工业大数据的应用还是远程运维、协同开发，都需要 PLC 提供更大量的数据和更快速的通信。

可以预见，PLC 和相关技术在当前情况下的发展思路：既要基于架构本身的作用增强更多的功能，也要基于架构中各个环节的需求改进和提升其自身的功能。在这样的思路下，PLC 和相关技术可能会有如下改善和发展趋势。

1）工业机器人的大量应用

当生产的各个环节都在“奔向”智能的时候，执行器的智能化也不会例外。工业机器人作为智能的执行器将会更多出现在生产现场。具体来看，有如下几个原因：

（1）满足大规模个性化定制生产的需要。个性化定制是指用户介入产品的生产过程，生产线需要为每一位用户的需求调整生产工艺，生产个性化的产品。同时还要保证不会提高生产成本和降低生产效率。机器人是一个高度灵活的机器，这种灵活不仅体现在其本身的功能上，也体现在对它的设计、编程上。这种灵活使得一台机器人只占用一个固定工位，但是却可以完成多种生产工艺，且便于对生产工艺的添加和修改。这使得低成本进行大规模个性化定制生产成为了可能。

（2）拥有”标准件”的一切优点，节约设计成本、便于备件管理和维护、便于报废处理等。对于某一个特定工位，如果设计一台非标设备用于这个工位的生产，需要对这台非标设备进行机械的设计和组装、电控柜的设计和组装、PLC 程序、伺服控制器的程序和参数编辑、调试、整定等工作，而使用一台机器人，相当于使用了一个“标准件”，在设计环节只需要进行机器人程序的编辑和调试便可。工厂大量使用机器人后，只需要备件几台机器人就可以为多个工位做替补，维护和更换也变得更加标准化。降低了整个车间的运维成本。同时当一个工位作废或取消后，相比较非标设备来说，机器人还可以在其他工位上继续使用，有效降低了车间改造成本，节约了投资。

2）智能传感器的大量应用

在整个控制系统中，传感器和变送器负责测量被控对象的过程量，如温度、压力、流量等，同时也需要采集被控对象的运动数据和其他状态，如位置、速度等。传感器和变送器将测量结果传递给 PLC，为 PLC 的控制提供现场信息。智能传感器是让传感器不仅可以采集现场信息而且还包含一定的处理这些信息的能力。智能传感器的出现，使其可以更高效地传递 PLC 最直接需要的信息。

当智能传感器的模式得到进一步发展并应用了更复杂的算法和功能时，其优势将显著体现。例如，德国西克（SICK）公司出产的一款激光扫描器，该激光扫描器用于扫描其前方 270°范围内的障碍物。通常该器件会安装在自动引导小车上（AGV，Automated guide vehicle），用于探测行进的前方是否安全。对于 PLC 的控制，其只关心一个布尔量——前方安全（无障碍物）还是不安全（有障碍物）。传感器本身探测到障碍后，不仅可以智能地测量障碍出现的区域和距离，然后作出是否安全的判断，还可以连接编码器，通过编码器，传感器获知小车当前的运行速度，根据不同的速度，传感器改变不同的安全距离和安全区域，最终向 PLC 提供是否安全的判断。

当前，正是模式识别、机器人视觉等技术从实验室走向工业现场的高速时期，可以预言，更加智能的传感器将在未来更广泛地应用于工业现场。原因大体为以下两个方面。

（1）从技术背景方面来看：模式识别理论已被研究多年，存在较为完善的理论基础。另外，随着工业云计算和大数据技术的应用，对于音频、视频等复杂的辨识对象有了更好的技术支撑。

（2）从工业现场的需求来看：使用智能传感器可以让控制系统的设计、调试、维护和改造更加简便。例如，某汽车制造厂的流水线可以同时生产若干个车型的汽车，需要某个传感器探测当前生产线某个位置上是哪一款车型。如果使用传统传感器，需要架设各种支架，添加若干个光电开关，然后确定对应关系，哪几个光电开关有信号对应什么车型，最后写到程序中。这个设计和调试的过程本身就很复杂。如果日后该车厂增减车型，那么改造起来更加复杂。若使用基于图像识别技术的智能传感器，只需要安装一个支架和摄像头，然后在配置软件中设置好各个车型的特征值便可。当该工厂增减车型时，改造也仅仅是更改软件设置而已，所以工业现场更加偏好使用智能传感器。事实上，现在的工业现场可以看到越来越多的工程师在使用各种图像识别软件了。

综合来看“机器人”、“PLC”和“智能传感器”之间的关系：

若把一个控制系统按照“信息采集器”“控制器”“执行器”划分，那么智能传感器属于”信息采集器”范畴，机器人属于“执行器”范畴，两边的部分都已经“智能化”了。在这种模式下，控制器的主要功能将会集中在控制、集成和通信上。从整个结构上看，与现场信息处理有关的程序分散到了智能传感器上，与执行有关的程序分散到了机器人上，这种分散提高了各个小环节的处理质量。根据集散控制的理念，集散化的控制结构可以提高整个系统的稳定性、信息处理和反馈速度及系统的容错能力。另外，这种分散并未使得系统程序更加混乱，这是一种基于明确功能基础上的分散。分散后，各部件的功能更加明确，有益于系统的设计、调试和维护。只需要做好 PLC 与智能传感器和机器人之间的接口标准，就可以搭建起整个控制系统的框架。可以说，这些智能装备的使用将使得整个系统“控制更分散、功能更清晰、集成更便利”。

3）CPU 的程序更加标准

（1）更加标准的数据。智能制造的时代，需要产生和储存通信更多的数据。PLC 系统所

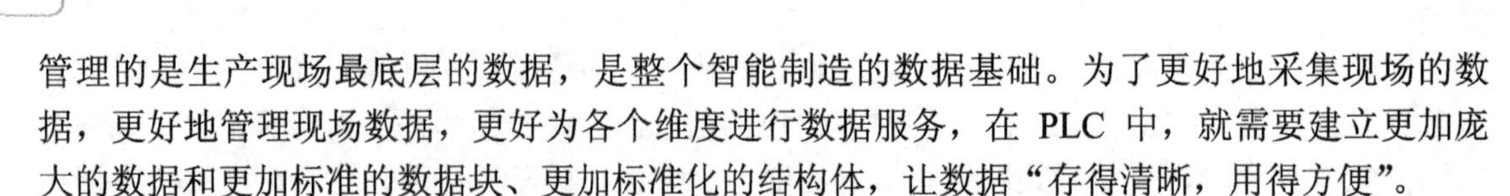

管理的是生产现场最底层的数据，是整个智能制造的数据基础。为了更好地采集现场的数据，更好地管理现场数据，更好为各个维度进行数据服务，在 PLC 中，就需要建立更加庞大的数据和更加标准的数据块、更加标准化的结构体，让数据“存得清晰，用得方便”。

（2）更加标准的接口。在智能制造的时代下，数据和数据的共享是相伴而生的一对主题。庞大的数据和各种设备间的数据高度共享及协同工作是智能制造的重要特征。在 PLC 中有必要为这些设备的数据互联做好标准的接口。这些接口与标准的数据块和程序块应该相互对应，形成一个易于集成、易于设计、易于维护的控制和管理的程序整体。

（3）更加标准的程序。从上述内容来看，在智能制造的时代下，PLC 的任务除了承担控制算法以外，还需要与更多智能设备交互，越是智能的控制系统，PLC 进行智能设备间通信、集成、交互的工作比重就会越重，这对 PLC 程序的标准提出了更高的要求。PLC 程序的标准应该更加有利于任何智能设备在本系统内的集成和脱离。任何智能设备在本系统内集成后，程序应该依然保持清晰有序，而且集成的设备可以快速共享数据，融合为一个整体。

4）更智能的程序

当工业大数据、云技术和企业、行业间互联互通之后，PLC 控制程序本身有可能变得更加智能。PLC 可以将其程序和运行数据上传至云服务器中。云服务器中的专家系统通过庞大的知识库和推理机进行精准的数据分析，再将结果反馈给 PLC。可以预见这样的机制至少可以实现如下几个功能。

让 PLC 的程序可以智能优化：编程者所编写的 PLC 程序主要保证安全和达到相应功能，有可能无法涉及其他方面，云端服务器可以通过多次运行数据的分析，对程序进行优化（或提出优化报告），在保证安全和功能的情况下，还可以兼顾节能、环保等方面的需求。

让程序自行发现潜在的漏洞：云服务器可以通过数据的分析和比对，发现一些现场工程师不容易发觉的小漏洞，比如电动机运行出现短时卡顿，或者运行不够平稳。这些小漏洞可能因为某些变量在极短时间内状态异常所致，若不影响设备功能，可能并不容易发现，但相似故障的特征可以存放在云服务器中，云服务器通过特征的提取分析和比对，实现自行发现这些潜在漏洞的功能。

让控制参数更加精准：有可能某些控制参数由云服务器进行处理，得到更加准确的控制。比如云端服务器可以直接对 PID 参数进行整定，并动态进行调整，自行推理出调整规律。

让智能控制技术应用更广泛：有了云服务器的技术支撑，如神经网络、模糊控制、专家控制、等智能控制技术将有可能更加广泛地应用于工业现场。

5）更加智能的设计

设计一套自动化系统的过程将更加智能，让设计的各个环节之间可以高度融合，让设计过程中各个步骤无缝对接。让我们把设计的概念告诉软件，让软件智能地完成设计，就像电影《钢铁侠》中的托尼一样，在制造他的机器人时，只是告诉计算机要设计一个什么样的东西，然后对着计算机设计好的原型机指指点点，提提意见。之后，一台机器人就制造好了。

纵观一套自动化系统开发的全过程（仅电气部分），最先根据实际的要求进行设备概念上的设计，然后逐渐细化，设计电控原理图，整理 BOM 表（Book of materials，订货清单），整理各种报表（线缆表，端子表，IO表，标签表，等等），设计PLC程序。不同的环节使用不同的软件，对于电控图纸和报表的生成，可以使用EPLAN或AutoCAD软件，PLC程序的设计可能使用的是TIA博途软件。虽然这两个设计环节无法用同样一个软件，但是EPLAN和AutoCAD都支持脚本程序的运行和数据的输出。TIA博途软件也支持通过源文件形式（或使用“TIA Portal Openness插件）进行程序和数据的导入或导出。用户可以通过设置各种软件内的模板和脚本程序，实现软件之间的互联互通。也可以由用户开发第三方软件，完成软件之间数据的处理和交互，达到智能的设计。

我们可以在将这种智能设计扩展到机械设计部分，那么一套自动化设备的设计过程将是这样的：首先，机械工程师在计算机上设计好了一台自动化设备，Solidworks、CATIA、Inventor等软件都支持数据的导出功能，软件自动将设备上面所有传感器和分布式IO进行了统计，统计数据自动导入EPLAN软件中，EPLAN根据这些数据和设定的模板（或程序）自动完成图纸的编辑和报表的生成，同时生成PLC程序，生成的PLC程序再导入TIA博途软件中，设计工作便宣告结束。

5．再看TIA博途软件和S7-1200/1500系列PLC

西门子的TIA博途软件和S7-1200/1500系列PLC本身就是面向“智能制造”的产品。《指南解读》中概括地提出了“智能制造”的4点要素：

（1）广泛互联的工作网络。

（2）贯穿全层级、全周期的信息数据线。

（3）集数据汇总、储存、处理和控制功能于一体的软件平台。

（4）可感知、可连网、可控制的智能机器。

可见，PROFInet网络符合第（1）和第（2）个要素，TIA博途软件符合第（3）个要素，S7-1200/1500系列PLC可以通过标准总线集成智能装备，所以符合第（4）个要素的条件。

TIA博途软件、PROFInet网络标准和S7-1200/1500系列PLC可以作为智能制造的硬件支撑，但这只是完成智能制造的条件之一，如何更优化地进行系统的集成，如何编写和制定更高标准的程序，如何最终完成《中国制造2025》的战略，将会是每一位控制工程师的使命。

反侵权盗版声明